Dr. Marco Stein, Paul Jahnke

Anatomie Band 7

MEDI-LEARN Skriptenreihe

6., komplett überarbeitete Auflage

MEDI-LEARN Verlag GbR

Autor: Dr. Marco Stein, Paul Jahnke
Fachlicher Beirat: PD Dr. Rainer Viktor Haberberger

Teil 7 des Anatomiepaketes, nur im Paket erhältlich
ISBN-13: 978-3-95658-000-0

Herausgeber:
MEDI-LEARN Verlag GbR
Dorfstraße 57, 24107 Ottendorf
Tel. 0431 78025-0, Fax 0431 78025-262
E-Mail redaktion@medi-learn.de
www.medi-learn.de

Verlagsredaktion:
Dr. Marlies Weier, Dipl.-Oek./Medizin (FH) Désirée Weber, Denise Drdacky, Jens Plasger, Sabine Behnsch, Philipp Dahm, Christine Marx, Florian Pyschny, Christian Weier

Layout und Satz:
Fritz Ramcke, Kristina Junghans,
Christian Gottschalk

Grafiken:
Dr. Günter Körtner, Irina Kart, Alexander Dospil,
Christine Marx

Illustration:
Daniel Lüdeling

Druck:
A.C. Ehlers Medienproduktion GmbH

6. Auflage 2014

Wichtiger Hinweis für alle Leser
Die Medizin ist als Naturwissenschaft ständigen Veränderungen und Neuerungen unterworfen. Sowohl die Forschung als auch klinische Erfahrungen führen dazu, dass der Wissensstand ständig erweitert wird. Dies gilt insbesondere für medikamentöse Therapie und andere Behandlungen. Alle Dosierungen oder Applikationen in diesem Buch unterliegen diesen Veränderungen.
Obwohl das MEDI-LEARN Team größte Sorgfalt in Bezug auf die Angabe von Dosierungen oder Applikationen hat walten lassen, kann es hierfür keine Gewähr übernehmen. Jeder Leser ist angehalten, durch genaue Lektüre der Beipackzettel oder Rücksprache mit einem Spezialisten zu überprüfen, ob die Dosierung oder die Applikationsdauer oder -menge zutrifft. Jede Dosierung oder Applikation erfolgt auf eigene Gefahr des Benutzers. Sollten Fehler auffallen, bitten wir dringend darum, uns darüber in Kenntnis zu setzen.

Inhalt

1 Allgemeines

Fragen in den letzten 10 Examen: 12

1

In diesem ersten Kapitel wirst du die Lageverhältnisse der Organe in Bezug auf das Peritoneum kennen lernen. Nach dem Durcharbeiten dieses Kapitels hast du außerdem die wichtigsten Fakten über immer wieder gerne gefragte anatomische Strukturen des großen und kleinen Netzes und der Bursa omentalis gelernt.

1.1 Das Peritoneum, was ist das?

Das Peritoneum (Bauchfell) überzieht die Organe und die Bauchfellhöhle als seröse Haut. Durch die glatte Oberfläche des Peritoneums wird eine relativ reibungslose Verschiebbarkeit der Organe gewährleistet.
Man unterscheidet zwei Anteile des Peritoneums:

- das **viszerale Blatt** überzieht die Organoberfläche,
- das **parietale Blatt** kleidet die Bauchfellhöhle aus.

Die beiden Blätter des Peritoneums gehen an einer Umschlagfalte ineinander über. Diese Umschlagfalte befindet sich am Gefäßstiel/am Aufhängeapparat des jeweiligen Organs.
Die sensible Innervation des Peritoneum parietale erfolgt unmittelbar unterhalb des Zwerchfells durch den N. phrenicus, ansonsten durch die segmentalen Spinalnerven. Das Peritoneum viscerale wird nicht sensibel innerviert.

1.2 Mesenterien

Mesenterien sind als Duplikaturen der Bauchfellblätter zu verstehen und enthalten Arterien, Venen, Nerven, Lymphgefäße und Fett. Sie dienen der Aufhängung, der Resorption, der Immunabwehr und der Fettspeicherung. Die Mesenterien enthalten Strukturen, die der Ernährung dienen (Arterien/Venen). In der mündlichen Prüfung kann man das fächerförmige Mesenterium des Dünndarms mit der Radix mesenterii, welche sich von der linken Seite der Flexura duodenojejunalis aus über die Pars ascendens duodeni zur rechten Darmbeinschaufel erstreckt, oder das Mesocolon transversum als gutes Beispiel für ein Mesenterium am Präparat zeigen.

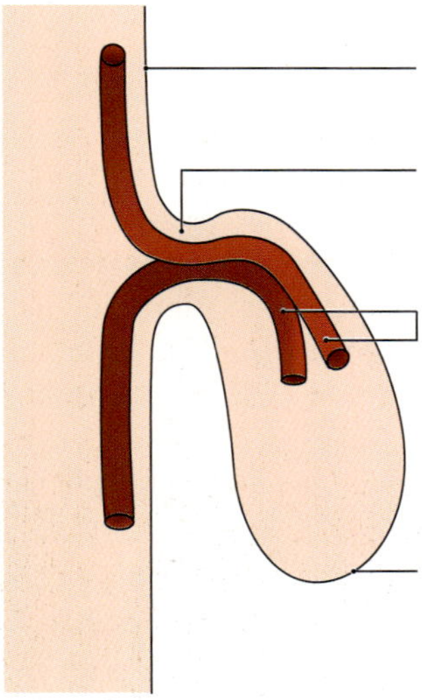

Abb. 1: Peritoneum/Gefäßstiel

medi-learn.de/6-ana7-1

Merke!

Alle Organe, die ein Mesenterium besitzen, liegen intraperitoneal.

1.3 Lageverhältnisse der Organe

Die Lageverhältnisse der Bauchorgane wurden bislang im Physikum immer gefragt, besonders gern am Beispiel von Pankreas und Duodenum. Es lohnt sich daher, hier etwas Zeit zu investieren. Die Lage der Bauchorgane kann man aus zwei Blickwinkeln beschreiben:

intraperitoneal	primär retroperitoneal	sekundär retroperitoneal
Das Organ ist mit dem vizeralen Blatt des Peritoneums überzogen und besitzt einen Gefäßstiel oder eine Aufhängung, an welcher sich die Umschlagfalte des Peritoneums befindet.	Das Organ liegt hinter dem parietalen Blatt des Peritoneums im Retroperitonealraum und lag nie intraperitoneal.	Das Organ liegt ebenfalls hinter dem parietalen Blatt des Peritoneums im Retroperitonealraum, ist jedoch sekundär hierher verlagert worden und lag ursprünglich intraperitoneal.
– Leber und Gallenblase – Milz – Magen – Duodenum, pars superior – Jejunum und Ileum – Colon transversum und sigmoideum – Appendix vermiformis	– Aorta – V. cava inferior – Nieren – Nebennieren – Ureteren	– Pankreas – Duodenum, pars descendens, horizontalis und ascendens – Colon ascendens und descendens

Tab. 1: Lageverhältnisse der Bauchorgane

- im Bezug zum Peritoneum oder
- bezüglich der embryonalen Entstehung.

Organe, die in intraperitonealer Lage liegen, sind mit dem viszeralen Blatt des Peritoneums überzogen und haben einen Gefäßhilus, eine Anheftung oder ein Mesenterium, an welchem das viszerale Blatt in das parietale Blatt des Peritoneums übergeht. Dieser Bereich wird als Umschlagfalte des Peritoneums bezeichnet.

Wenn du dir die intraperitoneale Lage von Organen noch einmal vor Augen führen möchtest, kannst du dies mit Hilfe einer mittelgroßen Tüte tun. Du legst einen nicht zu großen Gegenstand in die Tüte und umfasst die Tüte von außen knapp über dem Gegenstand, sodass dieser von der Tüte eingeschnürt ist. Die Oberfläche des Gegenstandes ist nun von der Tüte überzogen, besitzt also ein viszerales Blatt. Wenn du jetzt die übrig bleibenden Tütenanteile oberhalb des Gegenstandes wie bei einer Tulpe einfaltest (umfasse den Gegenstand immer noch so, dass er das viszerale Blatt nicht verliert!), so liegt der Gegenstand mit seinem viszeralen Blatt in der Mitte dieser „Tulpe". Das viszerale Blatt geht nun unterhalb des Gegenstandes (in dem Bereich, den ich noch umfasse) in das

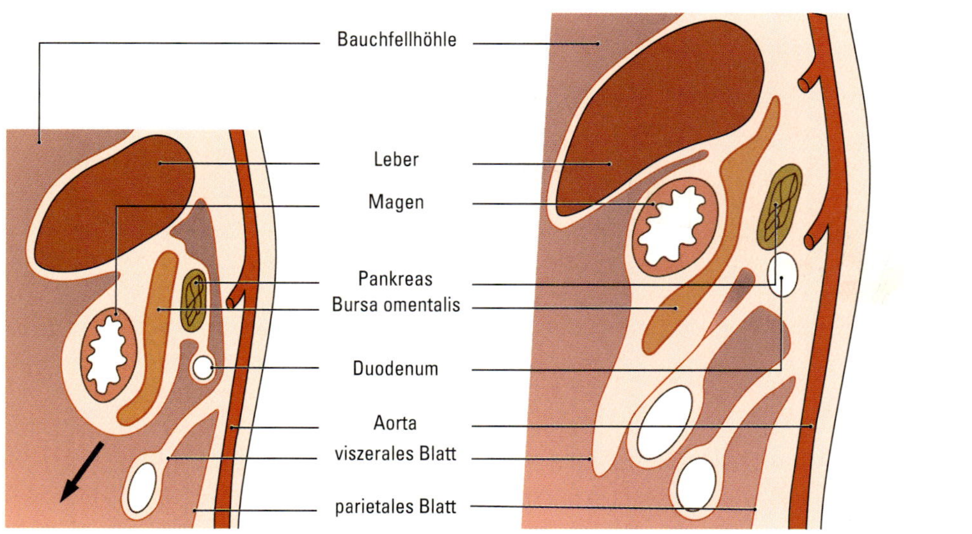

Abb. 2: Peritoneum

medi-learn.de/6-ana7-2

parietale Blatt an den Seitenwänden über. Der Gegenstand liegt folglich intraperitoneal.

Retroperitoneal gelegene Organe besitzen kein viszerales Blatt des Peritoneums. Sie liegen im Retroperitonealraum, eingebettet in Binde- und Fettgewebe. Dieser Retroperitonealraum liegt hinter (retro) dem parietalen Blatt der Bauchfellhöhle vor der Wirbelsäule und ist nicht als offener Spaltraum, sondern – wie oben erwähnt – als mit Fett- und Bindegewebe ausgefüllt zu verstehen. Organe, die in retroperitonealer Lage liegen, lassen sich weiterhin in eine primär oder sekundär retroperitoneale Lage untergliedern:

- Primär retroperitoneal gelegene Organe sind entwicklungsgeschichtlich außerhalb des Peritoneums entstanden und verbleiben auch dort. Beispiel: die Nieren.
- Sekundär retroperitoneal gelegene Organe wurden ursprünglich intraperitoneal angelegt (besaßen ein viszerales Blatt) und wurden erst später sekundär in den Retroperitonealraum verlagert. Beispiel: das Pankreas.

Head-Zonen sind Hautgebiete, die bestimmten inneren Organen zugeordnet sind. Erkrankungen oder Reizungen dieser Organe erzeugen über viszerokutane Reflexe Schmerzen im zugeordneten Hautareal (übertragener Schmerz).

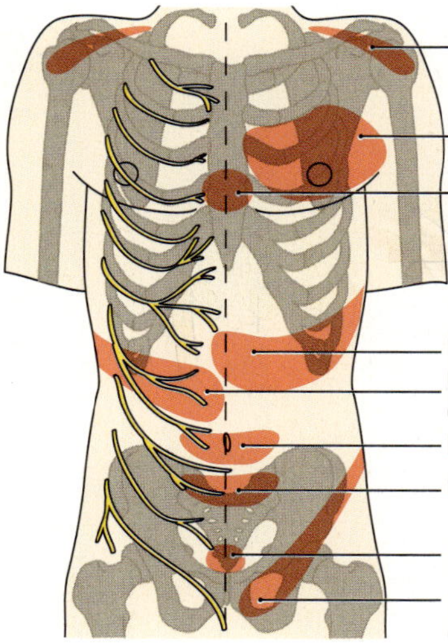

Abb. 3: Head-Zonen *medi-learn.de/6-ana7-3*

In der Anatomie unterteilt man den Bauch in neun Regionen (s. Abb. 4, S. 3):

- Regio epigastrica (1)
- Regio hypochondriaca sinistra (2)
- Regio umbilicalis (3)
- Regio lateralis sinistra (4)
- Regio inguinalis sinistra (5)
- Regio pubica (6)
- Regio inguinalis dextra (7)
- Regio lateralis dextra (8)
- Regio hypochondriaca dextra (9)

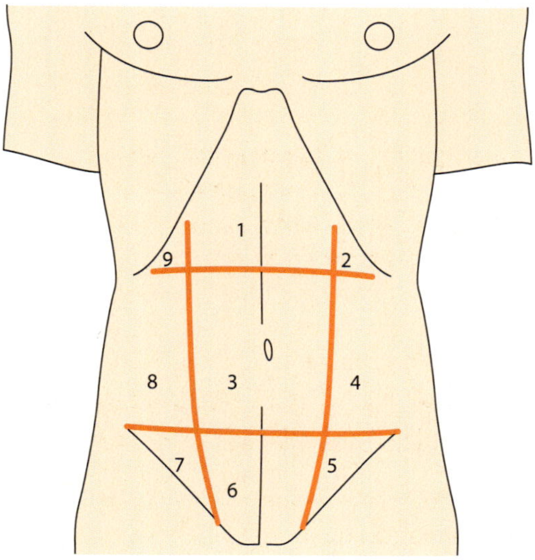

Abb. 4: Bauchregionen *medi-learn.de/6-ana7-4*

1.4 Das große und das kleine Netz

In diesem Kapitel erhältst du eine Übersicht über die immer gerne gefragten makroskopischen Strukturen des Omentum majus (großes Netz) und des Omentum minus (kleines Netz). Es lohnt sich vor allem, die Bandstrukturen zu lernen, da sie in Prüfungen gerne gefragt werden und du damit leicht punkten kannst.

1.4.1 Omentum majus

Das große Netz liegt bei Eröffnung des Bauchraums auf dem Dünndarmgekröse und ist ein Organ, welches der lymphatischen Abwehr und der Fettspeicherung dient. Das Omentum majus ist an der großen Kurvatur des Magens, am Kolon und an der hinteren Leibeswand befestigt. Besondere Prüfungsrelevanz haben folgende Bandstrukturen, die Gefäße beinhalten oder als Halteapparat dienen:

Lig. gastrocolicum	Lig. gastrosplenicum	Lig. splenorenale
– spannt sich zwischen Magen und Colon transversum – beinhaltet die A. gastroomentalis sinistra et dextra	– zieht vom Magen zur Milz – beinhaltet die A. gastroomentalis sinistra und die Aa. gastricae breves	– beginnt an der linken Niere und zieht zum Milzhilus – beinhaltet die A. und V. splenica

Tab. 2: Bandstrukturen des Omentum majus

1.4.2 Omentum minus

Das kleine Netz bildet die ventrale Begrenzung der Bursa omentalis und spannt sich von der Leber zur kleinen Kurvatur des Magens und zur pars superior duodeni. Wichtige Bandstrukturen des Omentum minus im Überblick:

Lig. hepatoduodenale	Lig. hepatogastricum
zieht vom Duodenum zur Leberpforte und beinhaltet – die A. hepatica propria, – die V. portae und – den Ductus choledochus.	spannt sich von der Leber zur kleinen Kurvatur des Magens und beinhaltet die Aa. gastricae sinistra et dextra.

Tab. 3: Bandstrukturen des Omentum minus

1.5 Bursa omentalis

Die Bursa omentalis ist eine abgetrennte Körperhöhle im Abdominalraum, die im Rahmen der physiologischen Darm- und Magendrehung entstanden ist. Ihr einziger Zugangsweg aus dem Abdominalraum liegt hinter dem Lig. hepatoduodenale und wird als **Foramen epiploicum (= Foramen omentale)** bezeichnet. Wenn du deinen Finger hierdurch in den Vorhof der Bursa omentalis (Vestibulum bursae omentalis) vorschiebst, kannst du nach ventral das Omentum minus und nach dorsal die V. cava inferior tasten. Von besonderer Prüfungsrelevanz sind die begrenzenden Organe der Bursa omentalis, die in Tab. 4, S. 5 zusammengefasst sind.

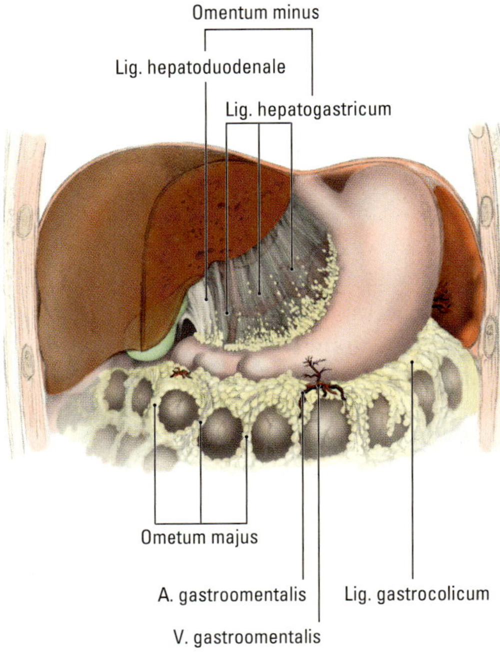

Abb. 5: Omentum majus und minus

medi-learn.de/6-ana7-5

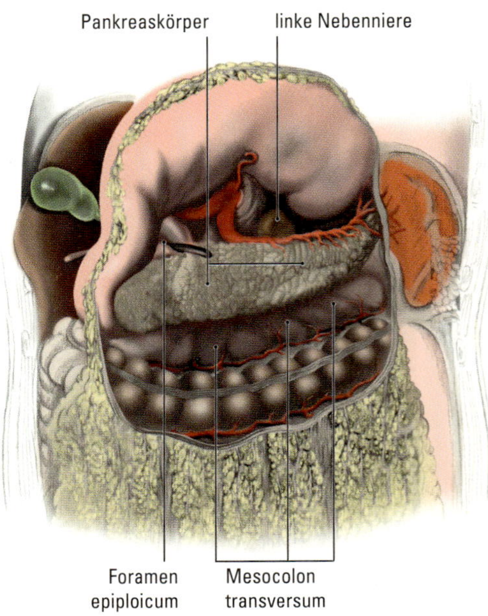

Abb. 6: Bursa eröffnet *medi-learn.de/6-ana7-6*

oben	unten	links	rechts	hinten	vorne
– Leber – Diaphragma (pars lumbalis)	– Mesocolon transversum	– Milz	– Leber – Lig. hepatoduodenale	– linke Niere und Nebenniere – Pankreas (mit Tuber omentale) – Aorta und Abgänge des Truncus coeliacus (A. hepatica communis, A. splenica, A. gastrica sinistra)	– Magen – Omentum minus – Lig. gastrocolicum

Tab. 4: Begrenzende Organe der Bursa omentalis

1.6 Sympathikus und Parasympathikus des Abdomens

Der Bauchsympathikus besteht aus dem lumbalen Grenzstrang, dem Truncus sympathicus, beiderseits der Wirbelsäule. Diesem entspringen meist vier Nn. splanchnici, welche den lumbalen Spinalnerven entstammen und in den Plexus enden. Der Parasympathikus verläuft über den N. vagus (Zielorgane: Kolon bis linke Flexur, intramurale Ganglien) und die Nn. splanchnici pelvici aus den sakralen Spinalnerven (Zielorgane: Kolon ab linker Flexur, Rektum, Harnblase, innere Geschlechtsorgane). Er ist der Gegenspieler des Sympathikus und verstärkt die Peristaltik und Drüsensekretion, bewirkt eine Kontraktion des Musculus detrusor vesicae, Erschlaffung des Sphinkters der Harnblase sowie Kontraktion des Uterus.

2 Gastrointestinaltrakt

Fragen in den letzten 10 Examen: 33

Dieses Kapitel gibt dir eine kompakte Übersicht über die wichtigen Themen der letzten Examina. Nach dem Durcharbeiten hast du die komplette makroskopische Anatomie des Gastrointestinaltrakts vom Magen bis zum Rektum bearbeitet und kannst auch den Großteil der sehr speziellen Prüfungsfragen beantworten. Von besonderem Belang ist hier die Gefäßversorgung der einzelnen Organe. Spätestens wenn man das erste Mal im OP steht und von dem Operateur gefragt wird, welches Gefäß er da gerade abgebunden hat, wird man sich gerne an dieses Kapitel erinnern.

2.1 Magen

Der Magen ist ein muskulöses Hohlorgan, das den Speisebrei vermischt und mit Salzsäure und Enzymen versetzt. Der Speisebrei gelangt über den Ösophagus in die **Pars cardiaca**, passiert den **Fundus gastricus** und gelangt in das **Corpus gastricum**. Über die **Pars pylorica** (mit dem Musculus pylorus) gelangt der Speisebrei schließlich in das Duodenum. Der **M. pylorus** bildet die Grenze zwischen Magen und Duodenum. Seine Innervation erfolgt über spezielle Äste der Nn. vagi (Rr. pylorici), welche über das Omentum minus zum M. pylorus gelangen.

Übrigens ...
In einer stehenden Röntgenaufnahme zeigt sich häufig eine Luftblase im Bereich des Magenfundus, da dies der höchste Punkt des Magens ist. Der Magenfundus befindet sich in der Nähe des Zwerchfells.

Als wichtige makroskopische Strukturen solltest du die **Curvatura minor** mit dem Ansatz des **Omentum minus** und die **Curvatura major** mit dem Ansatz des **Omentum majus** kennen.

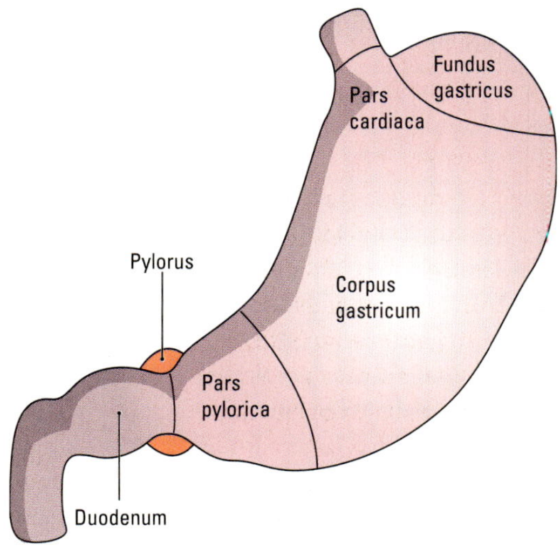

Abb. 7: Mageneinteilung *medi-learn.de/6-ana7-7*

Die arterielle Versorgung des Magens erfolgt über die **A. gastrica dextra** aus der A. hepatica propria und die **A. gastrica sinistra** aus dem Truncus coeliacus, die an der kleinen Kurvatur anastomosieren. An der großen Kurvatur anastomosieren die **A. gastroomentalis dextra** und die **A. gastroomentalis sinistra**, die aus Ästen des Truncus coeliacus entspringen. Die **Aa. gastricae breves** entsprechen kleinen Ästen der **A. splenica** und versorgen hauptsächlich den Magenfundus. Die Venen des Magens entsprechen von der Bezeichnung her den Arterien, und das in ihnen enthaltene Blut fließt in die Pfortader ab. Den Venenbogen der großen Kurvatur bilden V. gastroomentalis dextra (Abfluss über V. mesenterica superior) und V. gastroomentalis sinistra (Abfluss über V. splenica). Der Venenbogen der kleinen Kurvatur wird gebildet von V. gastrica sinistra und V. gastrica dextra (Abfluss direkt in V. portae). Hierzu siehe auch Kapitel 3.1.3, S. 19.

Merke!

Das venöse Blut der paarigen Bauchorgane fließt in die V. cava inferior ab, das der unpaarigen Bauchorgane in die V. portae!

2.2 Truncus coeliacus

Die Äste des Truncus coeliacus sind an der Versorgung der meisten Organe im Ober- und Mittelbauch beteiligt. Daher ist er für die Kenntnis des Gefäßverlaufs von großem Belang. Der Truncus coeliacus teilt sich in drei Äste:
1. die **A. gastrica sinistra**,
2. die **A. splenica** als stärksten Ast und
3. die **A. hepatica communis**.

Die **A. gastrica sinistra** liegt zunächst in der **Plica gastropancreatica**, einer Peritonealfalte an der Rückwand der Bursa omentalis. Anschließend verläuft die A. gastrica sinistra entlang der kleinen Magenkurvatur, wo sie mit der **A. gastrica dextra** anastomosiert. Die **A. splenica** verläuft entlang des Oberrands des Pankreas und zieht über das Lig. splenorenale zum Milzhilus. Bevor sie in den Milzhilus eintritt, zweigt sich die A. gastroomentalis sinistra von ihr ab, zieht über das Lig. gastrosplenicum zur großen Magenkurvatur und bildet dort mit der A. gastroomentalis dextra eine Anastomose. Die **A. hepatica communis** zieht nach rechts Richtung Leber und teilt sich in die A. hepatica propria und die A. gastroduodenalis auf. Die **A. hepatica propria** tritt in das Lig. hepatoduodenale ein und verläuft in diesem Band zusammen mit dem Ductus choledochus und der V. portae bis zur Leberpforte. Auf ihrem Weg zur Leber gibt die A. hepatica propria die A. gastrica dextra ab. Zumeist aus dem Ramus dexter der A. hepatica propria entspringt die A. cystica (für die Gallenblase). Die **A. gastroduodenalis** verläuft entlang der Rückseite der Pars superior duodeni, um sich dann in die A. gastroomentalis dextra (bildet eine Anastomose an der großen Magenkurvatur) und die A. pancreaticoduodenalis superior aufzuzweigen.

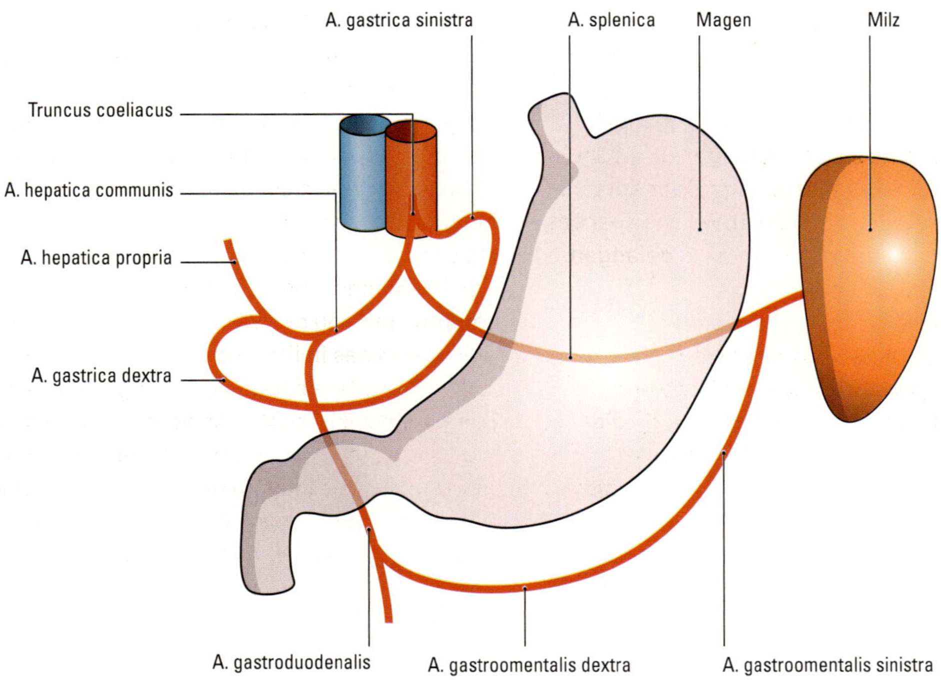

Abb. 8: Truncus coeliacus

medi-learn.de/6-ana7-8

2.3 Dünndarm

Der Dünndarm unterteilt sich in folgende Darmanteile:

- Duodenum,
- Jejunum,
- Ileum.

Er erstreckt sich vom Bulbus duodeni bis zu seinem Übergang in das Caecum an der Valva ileocaecalis (= Bauhin-Klappe).

2.3.1 Duodenum

Das Duodenum hat eine Länge von circa 30 cm und die Form eines C. Das duodenale C umfasst den Kopf der **Bauchspeicheldrüse**.

Fett- und Aminosäuren führen zur Ausschüttung von **Cholezystokinin** aus enteroendokrinen Zellen (I-Zellen) des Duodenums. Cholezystokinin stimuliert die Pankreassekretion und die Gallenblasenkontraktion, inhibiert die Magentätigkeit und vermittelt zentralnervös ein Sättigungsgefühl.

Anhand der Lageverhältnisse kann man vier Abschnitte des Duodenums unterteilen:

Pars superior	Pars descendens	Pars horizontalis	Pars ascendens
intraperitoneal	sek. retroperitoneal	sek. retroperitoneal	sek. retroperitoneal

Tab. 5: Abschnitte des Duodenums

Die **Pars superior duodeni** steht über das **Lig. hepatoduodenale** mit der Leber in Verbindung (s. Tab. 6, S. 9). Bei einem Ulcus duodeni besteht hier über die hinter dem **Bulbus duodeni** ziehende **A. gastroduodenalis** die Gefahr einer arteriellen Blutung. In der **Pars descendens** münden der **Ductus choledochus** und der Ductus pancreaticus auf die **Papilla duodeni major** (Vateri). Der nicht immer vorhandene Ductus pancreaticus accessorius mündet häufig etwas weiter kranial auf die Papilla duodeni minor. Die **Pars horizontalis** wird von der A. und V. mesenterica superior überkreuzt und geht in die **Pars ascendens** über.

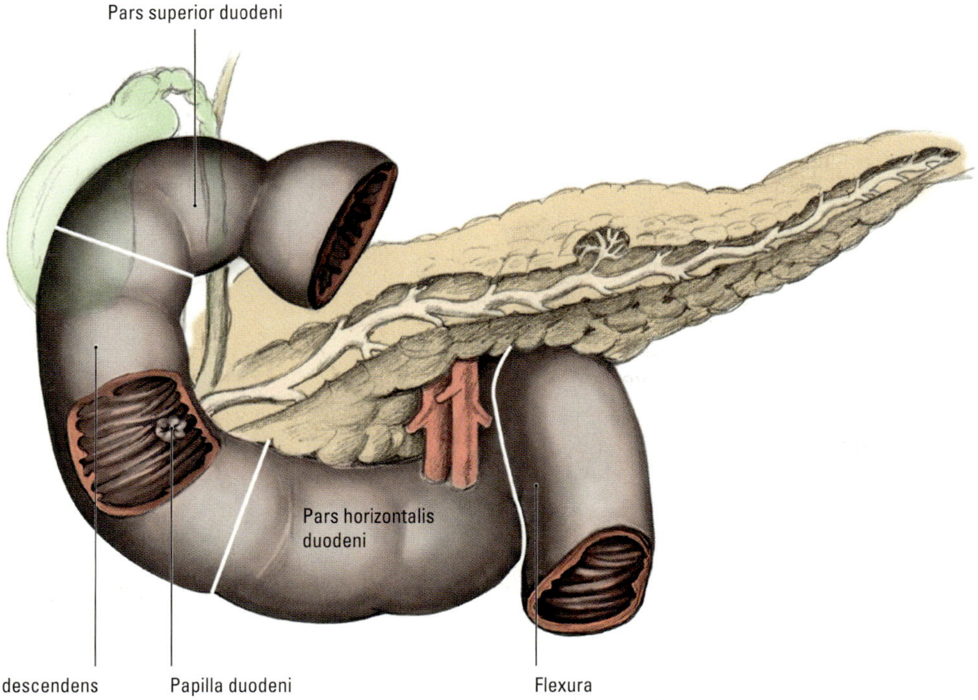

Abb. 9: Duodenum

medi-learn.de/6-ana7-9

Pars superior	Pars descendens	Pars horizontalis	Pars ascendens/Flexura
Ductus choledochus	Ductus choledochus	Pankreaskopf	Pankreas
Gallenblase	Pankreaskopf	Aorta/V. cava inferior	Colon transversum
Leber	rechte Niere	3. LWK	1. bis 2. LWK
Pankreaskopf	Colon transversum	Colon transversum	
rechte Niere		A. und V. mesenterica superior	
1. LWK			

Tab. 6: Organe mit enger anatomischer Beziehung zum Duodenum

Am Übergang zum Jejunum befindet sich der Recessus duodenalis superior, der durch die in einer Peritonealfalte verlaufende V. mesenterica inferior begrenzt wird. Das Duodenum wird über Äste des Truncus coeliacus und der A. mesenterica superior arteriell versorgt.

2.3.2 Jejunum und Ileum

An der **Flexura duodenojejunalis** (Höhe L2) geht das Duodenum in das **Jejunum** über. Ab dieser Stelle liegen die restlichen Dünndarmanteile bis zur Valva ileocaecalis wieder intraperitoneal. Das Jejunum und das **Ileum** bilden das eigentliche Dünndarmkonvolut und haben eine Länge von mehreren Metern (5–6 m). Dabei nimmt das Jejunum die oberen 2/5, das Ileum die unteren 3/5 ein. In diesem Darmbereich findet die hauptsächliche Resorption von Nährstoffen aus dem Darmlumen statt. Das gesamte Jejunum und Ileum besitzen ein Mesenterium, in welchem die versorgenden Gefäße – **Aa. jejunales** und **Aa. ileales** – verlaufen. Diese sind Äste der **A. mesenterica superior** und bilden untereinander zahlreiche kleine Anastomosen. Die A. mesenterica superior entspringt hinter dem Corpus des Pankreas und zieht dann über die Pars horizontalis duodeni in die Radix mesenterii. Das venöse Blut aus dem Dünndarm fließt über die V. mesenterica superior in die Pfortader ab.
Eine besonders gerne gefragte Struktur in der schriftlichen und den mündlichen Prüfungen ist das Meckeldivertikel.

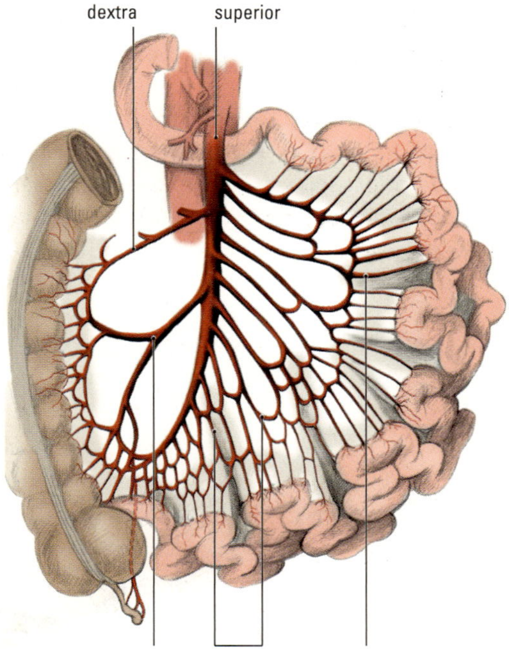

Abb. 10: A. mesenterica sup.

medi-learn.de/6-ana7-10

Das **Meckeldivertikel** ist ein Rest des Ductus omphaloentericus (vitellinus), der als ehemalige Verbindung zwischen Darmkanal und embryonalem Dottersack vorhanden war, und findet sich bei etwa zwei Prozent der Bevölkerung. Ein Meckeldivertikel kann versprengte Magenschleimhaut enthalten, welche – sofern sie Belegzellen enthält – Salzsäure produzieren kann.

Diese Salzsäure greift die Schleimhaut des Darms an und verursacht so Schmerzen ähnlich einer Appendizitis. Zu suchen ist ein eventuelles Meckeldivertikel im terminalen Ileum, etwa 60–90 cm proximal der Ileocaecalklappe.

2.4 Dickdarm

Der Dickdarm beginnt mit dem **Caecum**, an den sich die **Appendix vermiformis** (Wurmfortsatz) anschließt.
Eine Entzündung der Appendix vermiformis wird umgangssprachlich fälschlicherweise als Blinddarmentzündung bezeichnet. Korrekterweise sollte man von einer Appendizitis sprechen. Zur klinischen Untersuchung bei Appendizitis gehören:

- **McBurney-Punkt**: Druckschmerz auf der Linie zwischen Nabel und rechter Spina iliaca anterior superior.
- **Lanz-Punkt**: Druckschmerz im lateralen Drittel zwischen äußerem und mittlerem Drittel rechts auf der Linie zwischen beiden Spinae iliacae anteriores superiores.
- **Rovsing-Zeichen**: Schmerz bei retrogradem Darmausstreichen Richtung Appendix.

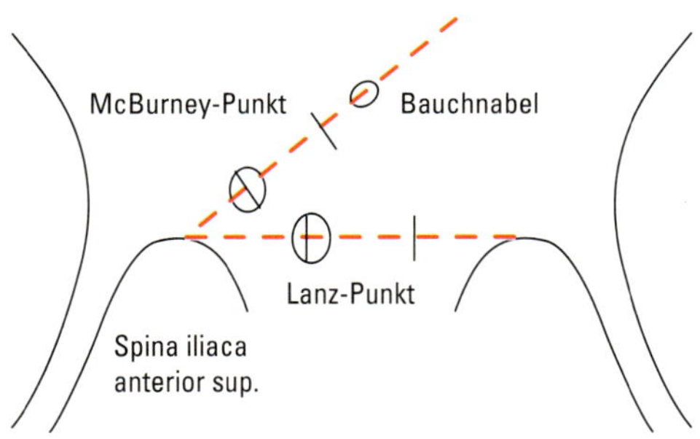

Abb. 11: Druckpunkte Appendizitis

medi-learn.de/6-ana7-11

In etwa 2/3 der Fälle liegt die Appendix retrozäkal, hinter dem Caecum hochgeschlagen. In 1/3 der Fälle hängt sie in das kleine Becken.

Über das Ostium ileale (Bauhin-Klappe) ist das Caecum mit dem terminalen Ileum verbunden. Die Bauhin-Klappe verhindert den Reflux von Darminhalt des Dickdarms in den Dünndarm. Ihre Schleimhautlippen sind durch Muskelzüge aus dem Stratum circulare der Tunica muscularis des Ileums verstärkt. Topograpisch liegt das Caecum in der Fossa iliaca.
Das Caecum setzt sich in das **Colon ascendens** fort. Dieses bildet zusammen mit dem **Colon transversum**, **Colon descendens** und **Colon sigmoideum** den Kolonrahmen. Seine Hauptfunktion liegt in der Wasserresorption und der damit verbundenen Eindickung des Speisebreis.

2.4.1 Besonderheiten im Wandbau des Dickdarms

Der Dickdarm ist anhand von Taenien und Haustren sicher zu identifizieren, da diese Strukturen nur in der Dickdarmwand vorkommen. Besonderheiten sind immer gerne gefragte Prüfungsthemen; du solltest dir daher dieses Kapitel gut einprägen.

Taenien

Taenien entsprechen in Streifen zusammengerückter Längsmuskulatur. Am gesamten Kolon und Caecum sind jeweils drei dieser Taenien vorhanden:

- **Taenia libera** (an allen Abschnitten zu sehen),
- **Taenia mesocolica** (findet sich am Colon transversum als Ansatz des Mesocolon transversum) und
- **Taenia omentalis** (markiert die Ansatzstelle des Omentum majus im Bereich des Colon transversum).

An den sekundär retroperitoneal gelegenen Dickdarmabschnitten ist nur eine Taenia libera zu sehen, da die anderen beiden Taenien in diesem Bereich an der Rückseite des Darms liegen. Durch Kontraktion dieser Längsmuskulatur wird der Dickdarm verkürzt und so der Speisebrei vorwärts transportiert.

Haustren

Als Haustren bezeichnet man die Ausbuchtungen des Dickdarms, die durch die Kontraktion der Quermuskulatur des Kolons zustande kommen. Da diese Kontraktionen nicht ortsgebunden sind, sind Haustren nicht auf einer Stelle fest fixiert und können so den Speisebrei weitertransportieren.

Übrigens ...
Ein Tipp zur Identifizierung der Appendix vermiformis: einfach die Taenien am Caecum in Richtung Appendix vermiformis verfolgen. Alle drei Taenien laufen am unteren Pol des Caecums zum Ansatz der Appendix vermiformis zusammen.

Plicae semilunares

Plicae semilunares entstehen im Darmlumen durch die Kontraktion der Quermuskulatur des Kolons und sind somit nicht ständig vorhanden. Anhand des Namens kannst du dir herleiten, dass es sich hier um halbmondförmige Falten handelt.

Appendices epiploicae

Appendices epiploicae sind Fettanhängsel, die an der Außenseite des Kolons befestigt sind, der Fettspeicherung dienen und sonst keine erwähnenswerte Funktion besitzen.

2.4.2 Lageverhältnisse des Dickdarms

Das Caecum (Caecum mobile) ist variabel an der Vorder- und Hinterseite mit viszeralem Peritoneum bedeckt, liegt intraperitoneal und in der Fossa inguinalis auf dem M. iliacus. In etwa 8 % der Fälle ist das Caecum breit im Bett fixiert und wird dann Caecum fixum genannt. Die Appendix vermiformis geht medial kaudal vom Caecum ab. Das **Colon ascendens** liegt bis zur Flexura coli dextra sekundär retroperitoneal und geht dann in das intraperitoneal (hat ein Meso) gelegene **Colon transversum** über. Ab der Flexura coli sinistra liegt das **Colon descendens** wieder sekundär retroperitoneal und geht dann in das intraperitoneal gelegene **Colon sigmoideum** über.

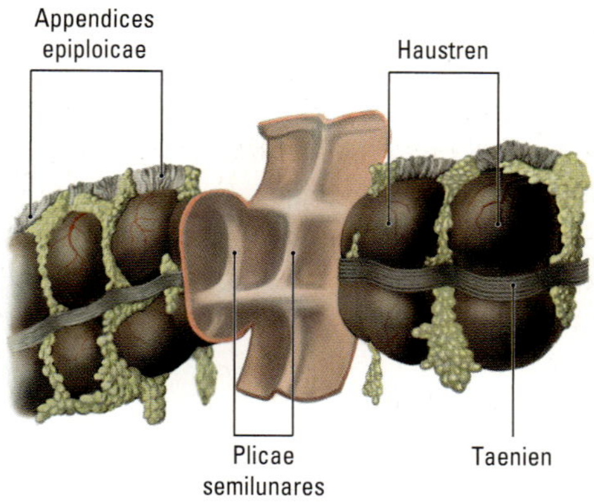

Abb. 12: Haustren und Taenien

medi-learn.de/6-ana7-12

Die Radix (Wurzel) des **Mesocolon sigmoideum** bildet einen Knick, den **Recessus intersigmoideus**. Hinter ihm verläuft retroperitoneal der **linke Ureter**.

2.4.3 Gefäßversorgung des Dickdarms

Der Dickdarm wird arteriell über die **A. mesenterica superior** und **A. mesenterica inferior** versorgt. A. mesenterica superior und inferior bilden an der linken Kolonflexur die **Riolan-Anastomose**.
Die **A. mesenterica superior** gibt die **A. ileocolica** ab für die distalen Ileumanteile (Aa. ileales), das Caecum (A. caecalis) und die Appendix vermiformis (A. appendicularis). Die Versorgung des Colon ascendens und des Colon transversum erfolgt hauptsächlich aus zwei weiteren großen Ästen, der **A. colica dextra** und der **A. colica media**.

Caecum mobile	Caecum fixum	Colon ascendens	Colon transversum	Colon descendens	Colon sigmoideum
intraperitoneal	sek. retroperitoneal	sek. retroperitoneal	intraperitoneal	sek. retroperitoneal	intraperitoneal

Tab. 7: Abschnitte des Colons

Die **A. mesenterica inferior** gibt als ersten Ast die **A. colica sinistra** zur Versorgung des Colon descendens ab. Sie anastomosiert mit dem zweiten Ast, der **A. sigmoidea**, die das Colon sigmoideum versorgt.
Die Bezeichnung der Venen entspricht weitgehend der der Arterien. Das in ihnen enthaltene venöse Blut fließt in das Pfortadersystem ab.

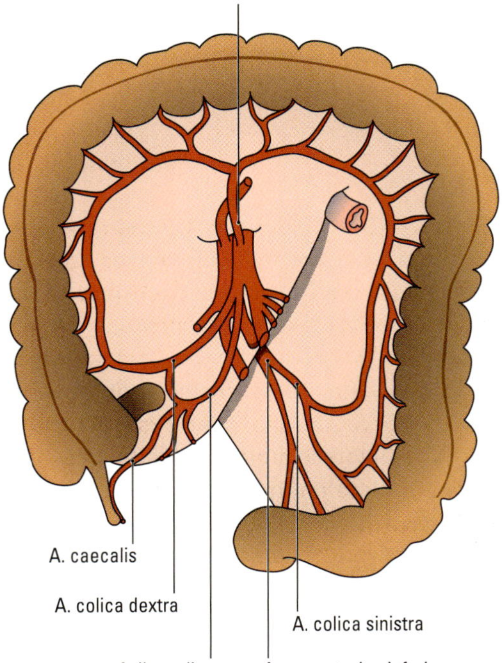

Abb. 13: Arterien Colon *medi-learn.de/6-ana7-13*

2.4.4 Parasympathische Innervation des Dickdarms

Eine Besonderheit der parasympathischen Innervation des Darms ergibt sich daraus, dass bis zum **Cannon-Böhm-Punkt** an der linken Kolonflexur die Innervation über den **N. vagus** stattfindet. Die weiter distal gelegenen Anteile werden durch den **sakralen Parasympathikus** innerviert.

2.4.5 Lymphabfluss Dickdarm

Die intraperitonealen Abschnitte des Darms werden durch Lymphbahnen drainiert, die in den Mesenterien verlaufen. Unterschieden werden Lnn. mesenterici superiores und Lnn. mesenterici inferiores. Die Lnn. mesenterici superiores nehmen die Lymphe aus Jejunum, Ileum, Caecum, Colon ascendens und Colon transversum auf. Die Lnn. mesenterici inferiores empfangen die Lymphe aus dem Colon descendens und dem Colon sigmoideum.

2.5 Rektum

Das Rektum ist der letzte Abschnitt des Dickdarms und unterteilt sich in das **Rectum mobile** (schließt sich an das Colon sigmoideum an und liegt noch intraperitoneal) und in das **Rectum fixum** mit extraperitonealer Lage (macht den größten Rektumanteil aus).
Makroskopisch unterteilt man das Rektum in eine **Ampulla recti** mit den **Plicae transversae recti** (innere Querfalten) und den **Canalis analis**, der die **Zona columnaris** mit den **Columnae anales** beinhaltet und am Anus endet.

2.5.1 Verschlusssystem des Rektums

Das Sphinktersystem des Rektums beinhaltet unterschiedliche Muskeln und Muskelarten. Der vegetativ (Sympathikus, Parasympathikus) innervierte **M. sphincter ani internus** besteht aus glatter Muskulatur, umschließt den Analkanal als Ringmuskel und unterliegt einer Dauerkontraktion, die sich zur Defäkation entspannt. Der **M. sphincter ani externus** besteht aus quergestreifter Muskulatur, sitzt dem Analkanal und dem M. sphincter ani internus auf und wird durch den N. pudendus innerviert. Zur Feinabdichtung des Afters dient das **Corpus cavernosum recti,** welches arteriell aus der **A. rectalis superior** versorgt wird und sich in den Columnae anales in das Lumen verwölbt. Ein weiterer wichtiger stuhlkontinenzerhaltender Muskel ist der **M. levator ani**. Er entspringt am Os pubis, der Faszie des M. obturatorius internus und am Os coccygis. Das Rektum wird so trichterförmig umfasst und zieht durch das **Levatortor**.

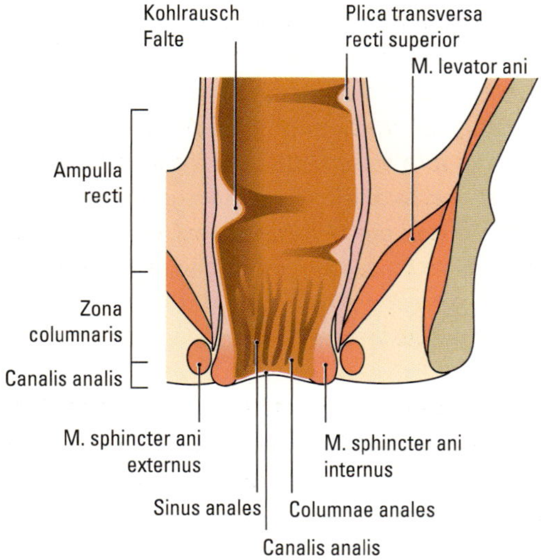

Abb. 14: Rektum in der Übersicht

medi-learn.de/6-ana7-14

Die Innervation des M. levator ani erfolgt aus dem Plexus sacralis. Er bildet mit der Gesamtheit seiner Muskelfasern das Diaphragma pelvis.

Die arterielle Versorgung des Rektums erfolgt aus der **A. mesenterica inferior**, der **A. iliaca interna** und der **A. pudenda interna**. Die oberen Rektumanteile werden durch die **A. rectalis superior** (entspringt aus der A. mesenterica inferior) versorgt. Im mittleren Rektumanteil erfolgt die arterielle Versorgung über die **A. rectalis media**, die aus der **A. iliaca interna** stammt und das Rektum oberhalb des **M. levator ani** erreicht. Die Versorgung der unteren Rektumanteile erfolgt durch die A. rectalis inferior, die aus der **A. pudenda interna** (Ast der A. iliaca interna) entspringt.

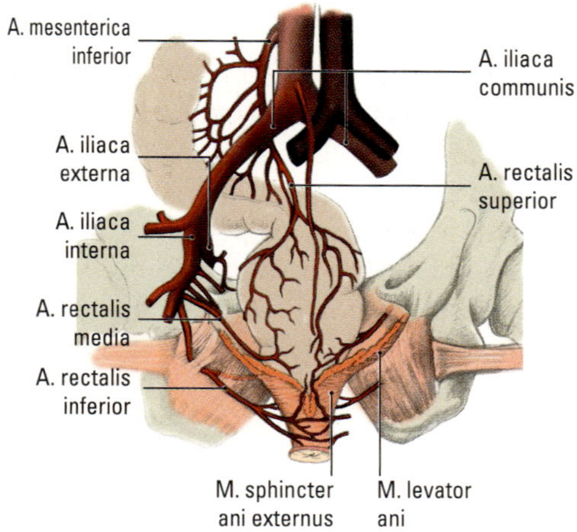

Abb. 15: Arterielle Gefäßversorgung Rektum

medi-learn.de/6-ana7-15

Der venöse Abfluss erfolgt ebenfalls über drei große Gefäße: Das venöse Blut der oberen Rektumanteile gelangt über die **V. rectalis superior** in die **V. mesenterica inferior** und über diese in die **V. portae**. Von den mittleren und unteren Rektumbereichen fließt das venöse Blut dagegen über die **V. rectalis inferior** und über die **V. rectalis media** in die **V. iliaca interna**. Die V. iliaca interna mündet schließlich in die **V. cava inferior**.

Übrigens ...

Hier noch ein Praxistipp: Zäpfchen nie zu weit einführen, da sie sonst über die V. mesenterica inferior resorbiert werden, in den Leberkreislauf gelangen und dadurch abgeschwächt werden. In den unteren Anteilen des Rektums werden die Wirkstoffe dagegen in die V. cava inferior abgegeben und gelangen so direkt in den systemischen Kreislauf.

DAS BRINGT PUNKTE

Bisher wurden zum **allgemeinen** Themengebiet nur **Lageverhältnisse** und **Bandstrukturen** gefragt. Du kannst deshalb einfach punkten, wenn du dir folgende Sachverhältnisse einprägst:

Zu den Lageverhältnissen solltest du wissen, dass

- die **intraperitoneal** gelegenen Organe (Leber, Milz, Colon transversum, Colon sigmoideum, Pars superior duodeni) alle ein Mesenterium oder einen Gefäßstiel haben und beweglich fixiert sind und
- **retroperitoneal** gelegene Organe dagegen fixiert und nur wenig verschiebbar sind.

Außerdem solltest du die Unterscheidung von primär retroperitoneal gelegenen Organen (Nieren, Nebennieren, Ureteren, Aorta, V. cava inferior) und von sekundär retroperitoneal gelegenen Organen (Pankreas, Colon ascendens, Colon descendens, alle Teile des Duodenums bis auf Pars superior duodeni) parat haben.

Gerne werden auch die Bandstrukturen des großen und kleinen Netzes gefragt. Zu den **Bandstrukturen des Omentum majus** solltest du dir deshalb Folgendes einprägen:

- Das Lig. gastrocolicum zieht vom Magen zum Colon transversum und enthält die A. und V. gastroomentalis.
- Das Lig. splenorenale zieht von der linken Niere zum Milzhilus und enthält die **A. und V. splenica**.

Zu den **Bandstrukturen des Omentum minus** solltest du wissen, dass

- das Lig. hepatoduodenale vom Duodenum zur Leberpforte zieht und die A. hepatica propria, den Ductus choledochus und die V. portae enthält.

Im Kapitel **Gastrointestinaltrakt** liegt das Hauptaugenmerk auf der **Gefäßversorgung der einzelnen Darmanteile**. Wenn du dir hierzu die drei großen Gefäßstämme (Truncus coeliacus, A. mesenterica sup. und inf.) und ihre Versorgungsgebiete einprägst, kannst du leicht Punkte machen. Weiterhin gibt es ein paar Fakten, auf die im schriftlichen Examen besonderer Wert gelegt wird (Columnae anales und Lageverhältnisse). Diese Besonderheiten sind für dich hier noch mal erklärend zusammengefasst und bringen dir so hoffentlich Extrapunkte im Examen.

Beim **Truncus coeliacus** sind die gebildeten Anastomosen und der Verlauf der A. hepatica communis sowie ihre Äste besonders wichtig:

- Die drei Hauptäste sind die A. gastrica sinistra, die A. splenica als stärkster Ast und die A. hepatica communis.
- Die A. gastrica sinistra bildet mit der A. gastrica dextra (aus der A. hepatica propria) an der kleinen Magenkurvatur eine Anastomose.
- Die A. hepatica communis zweigt sich in die A. hepatica propria (zieht im Lig. hepatoduodenale zur Leber) und die A. gastroduodenalis auf. Bei einem Ulkus besteht Blutungsgefahr in der Pars superior des Duodenums.
- Aus der A. gastroduodenalis entspringt die A. gastroomentalis dextra, die an der großen Magenkurvatur mit der A. gastroomentalis sinistra anastomosiert.
- Die A. splenica zieht am Oberrand des Pankreas zur Milz und von ihr zweigt die A. gastroomentalis sinistra ab.

Sehr gerne wird auch nach der **Pars superior duodeni** gefragt. Du solltest dazu wissen, dass die Pars superior duodeni intraperitoneal liegt, die restlichen Anteile des Duodenums jedoch sekundär retroperitoneal liegen.

DAS BRINGT PUNKTE

Zur **A. mesenterica superior** solltest du dir Folgendes merken:
Die A. mesenterica superior versorgt den gesamten Dünndarm, Blinddarm, das Colon ascendens und Teile des Colon transversum. Ihre Äste anastomosieren an der linken Kolonflexur mit Ästen der A. mesenterica inferior.

Der nächste wichtige Ast der Aorta abdominalis ist die **A. mesenterica inferior**. Bitte merke dir Folgendes:
Die A. mesenterica inferior bildet über einen ihrer Äste – die A. colica sinistra – eine Anastomose mit der A. colica media (Ast der A. mesenterica superior). Ihr Versorgungsgebiet reicht von der linken Colonflexur bis zu den oberen Rektumanteilen, die sie über die A. rectalis superior versorgt.

Auch im Bereich des **Dickdarms** gilt es wieder die Besonderheiten der Lageverhältnisse zu beachten.

- Alles was ein „Meso" hat, liegt intraperitoneal: Colon transversum, Colon sigmoideum, Caecum mobile, Rectum mobile.
- Alle anderen Kolonanteile (Colon ascendens, Colon descendens, Caecum fixum) liegen sekundär retroperitoneal. Sie wurden ursprünglich intraperitoneal angelegt und kamen dann sekundär retroperitoneal zum Liegen.
- Das Rektum fixum liegt extraperitoneal.

Von besonderem Interesse ist im Bereich des **Rektums** die Zona columnaris mit den Columnae anales und die Gefäßversorgung:

- Die Columnae anales dienen dem gasdichten Verschluss des Rektums. Sie entsprechen einem arteriovenösen Gefäßgeflecht, das arterielle Zuflüsse aus der A. mesenterica inferior über die A. rectalis superior erhält. Dieser besondere Punkt, dass hier eine Mitversorgung über die A. mesenterica inferior erfolgt, wurde schon in mehreren Examina gefragt.
- Die Gefäßversorgung des Rektums ist durch den unterschiedlichen Ursprung der drei versorgenden Arterien ebenfalls ein immer wieder gerne gefragtes Prüfungsthema.

Die Versorgung erfolgt über drei Arterien:

- A. rectalis superior (aus der A. mesenterica inferior),
- A. rectalis media (aus der A. iliaca interna) und
- A. rectalis inferior (aus der A. pudenda interna).

Die **Muskelwand der unteren Rektumabschnitte** wird

- oberhalb des Beckenbodens durch die A. rectalis media,
- unterhalb des Beckenbodens durch die A. rectalis inferior versorgt.
- Der venöse Abfluss ist vor allem im Bezug auf den Metastasierungsweg von Karzinomen von Belang.
- Das venöse Blut der oberen Rektumanteile fließt in den Pfortaderkreislauf ab. Dies hat zur Folge, dass es im Falle eines Karzinoms zu Lebermetastasen kommen kann.
- Die unteren Rektumanteile haben ihren venösen Abfluss dagegen in die V. iliaca interna. Die V. iliaca interna mündet in die V. cava inferior. Von hier gelangt das venöse Blut über den rechten Vorhof und die rechte Herzkammer in den Lungenkreislauf. Wenn ein Karzinom in diesen unteren Rektumbereichen liegt, kann es auf diesem Weg zu Lungenmetastasen kommen.

FÜRS MÜNDLICHE

Nach den Lageverhältnissen der Organe im Bauchraum und dem Kapitel zum Gastrointestinaltrakt kannst du jetzt dein Wissen anhand der Fragen aus unserer Prüfungsprotokoll-Datenbank überprüfen.

1. **Erklären Sie bitte, was man unter retroperitonealer Lage versteht.**
2. **Erläutern Sie bitte den Begriff intraperitoneale Lage.**
3. **Sagen Sie, was ist das Lig. hepatoduodenale?**
4. **Zählen Sie bitte die Organe auf, mit denen die Bursa omentalis in topografischer Beziehung steht.**
5. **Was ist die klinische Bedeutung der Bursa omentalis? Kennen Sie die operativen Zugangswege?**
6. **Erklären Sie uns die arterielle Versorgung des Magens.**
7. **Was ist ihrer Meinung nach die Papilla duodeni major?**
8. **Welche Funktionen erfüllt v. a. das terminale Ileum? Was muss bei Fehlen des terminalen Ileum substituiert werden?**
9. **Welche Anastomosen im Bereich des Dickdarms kennen Sie?**
10. **Haben Sie eine Erklärung, warum Rektumkarzinome sowohl in die Lunge als auch in die Leber metastasieren können?**
11. **Was sind Taenien und wo finden Sie sie?**

---

1. Erklären Sie bitte, was man unter retroperitonealer Lage versteht.
Das Organ liegt hinter dem parietalen Blatt des Peritoneums im retroperitonealen Fettgewebe.

2. Erläutern Sie bitte den Begriff intraperitoneale Lage.
Das Organ ist mit dem viszeralen Blatt des Peritoneums überzogen und besitzt an seinem Hilus oder Mesenterium eine Umschlagfalte, an der das viszerale Blatt des Peritoneums in das parietale Blatt des Peritoneums umschlägt.

3. Sagen Sie, was ist das Lig. hepatoduodenale?
Das Lig. hepatoduodenale ist als Teil des Omentum minus eine Bandverbindung zwischen der Leber und dem Duodenum und enthält die Pfortader, den Ductus choledochus und die A. hepatica propria.

4. Zählen Sie bitte die Organe auf, mit denen die Bursa omentalis in topografischer Beziehung steht.
Die Bursa omentalis besitzt topografische Beziehungen zu folgenden Organen: Leber, Pankreas, Milz, Mesocolon transversum, Magen, linke Niere, linke Nebenniere, Lig. hepatoduodenale.

5. Was ist die klinische Bedeutung der Bursa omentalis? Kennen Sie die operativen Zugangswege?
Die Bursa kann als Spaltraum eine große Menge Flüssigkeit fassen, v. a. bei Ulkusblutungen. Zudem ist sie Zugangsweg zum Pankreas über das Lig. gastrocolicum, Mesocolon transversum oder Omentum minus.

6. Erklären Sie uns die arterielle Versorgung des Magens.
Über die A. gastrica sinistra (direkter Ast aus dem Truncus coeliacus) und die A. gastrica dextra (Ast der A. hepatica propria). Weiterhin über die A. gastroomentalis sinistra (Ast aus der A. splenica) und A. gastroomentalis dextra (entspringt der A. gastroduodenalis).

7. Was ist ihrer Meinung nach die Papilla duodeni major?
Die Papilla duodeni major ist die gemeinsame Mündungsstelle von Ductus pancreaticus und Ductus choledochus in der Pars descendens duodeni.

8. Welche Funktionen erfüllt v. a. das terminale Ileum? Was muss bei Fehlen des terminalen Ileums substituiert werden?
Resorption von Vitamin B_{12}, Cobalamin und Gallensäuren. Bei Fehlen: Substitution von Vitamin B_{12} und fettlöslichen Vitaminen, Cobalamin, Calcium, Restriktion der Fettaufnahme.

9. Welche Anastomosen im Bereich des Dickdarms kennen Sie?
Die A. mesenterica superior anastomosiert über die A. colica media mit der A. colica sinistra der A. mesenterica inferior (Riolan-Anastomose).

10. Haben Sie eine Erklärung, warum Rektumkarzinome sowohl in die Lunge als auch in die Leber metastasieren können?
Die venösen Abflüsse des Rektums erfolgen in den unteren Anteilen über die V. iliaca interna in die V. cava inferior und so zur Lunge. Die oberen Rektumanteile fließen über die V. mesenterica inferior in die V. portae und somit in die Leber.

11. Was sind Taenien und wo finden Sie sie?
Zu finden sind Taenien im Dickdarm. Sie entsprechen zusammengerückten Streifen der Längsmuskulatur. Man unterscheidet eine Taenia libera, eine Taenia mesocolica und eine Taenia omentalis. An den sek. retroperitoneal gelegenen Kolonanteilen sieht man jedoch nur die Taenia libera.

Pause

Mach mal kurz Pause! Und gönn dir 'nen Lacher ...

Mehr Cartoons unter www.medi-learn.de/cartoons

3 Leber, Gallenblase, Pankreas und Milz

Fragen in den letzten 10 Examen: 22

3

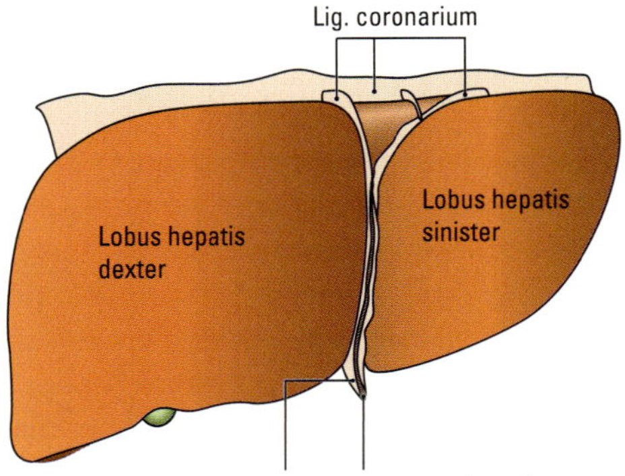

Abb. 16: Leber ventral *medi-learn.de/6-ana7-16*

Die Leber und die Gallenblase sind übersichtliche Gebiete der makroskopischen Anatomie. Der Schwerpunkt dieses Kapitels befasst sich mit den topografischen Gesichtspunkten, die immer wieder geprüft werden. Ein weiteres besonderes Augenmerk solltest du auf den Verlauf der ableitenden Gallenwege legen.

3.1 Leber

Die Leber ist quasi das Labor unseres Körpers: In ihr finden zahlreiche Stoffwechselvorgänge statt: Sie dient als Vitamin-B_{12}-Speicher, ist eine exokrine Drüse (mit der Gallenflüssigkeit als Produkt) und produziert wichtige Faktoren für die Blutgerinnung. Sie ist am Zwerchfell fixiert, somit atemverschieblich und liegt intraperitoneal unter dem rechten Rippenbogen.

3.1.1 Leberoberfläche

Man kann die Leberoberfläche in eine **Facies diaphragmatica**, die dem Zwerchfell anliegt, und eine **Facies visceralis** auf der Leberrückseite unterteilen. Betrachtet man die Leber von ventral, so sieht man auf den größeren **rechten Leberlappen** und den kleineren **linken Leberlappen**. Das **Lig. falciforme** teilt den linken vom rechten Leberlappen und enthält an seinem freien Ende das **Lig. teres hepatis**, das aus der obliterierten V. umbilicalis entstanden ist.

Blickt man von kaudal auf die Leber, so kann man vier Leberlappen unterscheiden: den **rechten** und den **linken Leberlappen**, zwischen diesen beiden einen oben gelegenen **Lobus caudatus** und den unten gelegenen **Lobus quadratus**. Zwischen Lobus caudatus und linkem Leberlappen erblickt man das **Lig. venosum**, das den Rest des Ductus venosus enthält. Weiterhin erkennt man die Leberpforte mit **Ductus hepaticus**, **V. portae** und **A. hepatica propria**. Die **Gallenblase** liegt der Leber am Lobus quadratus nach kaudal gerichtet an und überragt die Leber meist etwas nach unten. Im oberen Bereich ist die **V. cava inferior** zu erkennen, die durch das Lig. venae cavae fixiert ist.

Folgende Organe stehen in enger anatomischer Beziehung zur Leber:

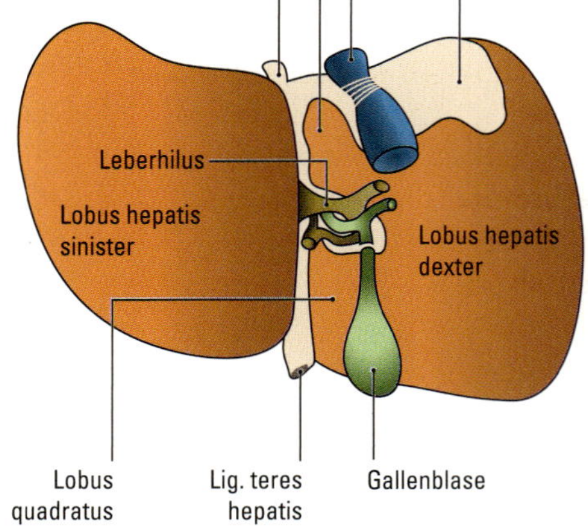

Abb. 17: Leber kaudal *medi-learn.de/6-ana7-17*

Linker Leberlappen	Rechter Leberlappen
– Magen – Ösophagus	– Colon – Duodenum – rechte Niere – rechte Nebenniere

Tab. 8: Organe mit enger anatomischer Beziehung zur Leber

Die Leber wird anhand der Aufteilung der portalen Gefäßtrias in acht Segmente unterteilt. Ins Zentrum eines jeden Segments zieht ein größerer Ast der A. hepatica propria, V. portae hepatis und des Ductus hepaticus.

Du solltest dir merken, dass Segment 1 dem Lobus caudatus zugeordnet wird. Die restlichen Segmente verteilen sich mit Blick von kaudal auf die Facies visceralis gegen den Uhrzeigersinn, sodass Segment 4 dem Lobus quadratus und die Segmente 5-8 dem rechten Leberlappen zuzuordnen sind.

Die **Facies diaphragmatica** wird an ihrer Verwachsungsfläche mit dem Zwerchfell als **Area nuda** bezeichnet. Am Rand der Area nuda schlägt das Peritoneum viszerale der Leber auf das Peritoneum parietale des Zwerchfells um. Die Area nuda besitzt demnach keinen Peritonealüberzug. Die Umschlagstellen werden als **Lig. coronarium** bezeichnet. Zur Seite laufen die Ligg. coronaria zu den **Ligg. triangularia sinistrum** und **dextrum** aus.

3.1.2 Gefäßversorgung der Leber

Arteriell wird die Leber über die **A. hepatica propria**, die dem **Vas privatum** der Leber entspricht, versorgt. Der venöse Abfluss erfolgt über die **Vv. hepaticae**, die das venöse Blut zur **V. cava inferior** ableiten.

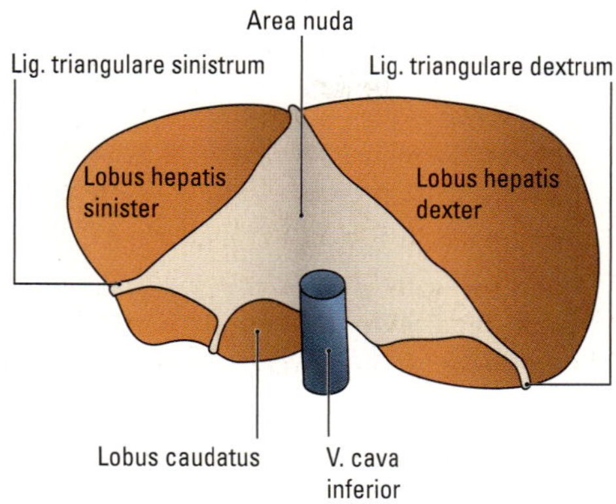

Abb. 18: Leber in der Aufsicht

medi-learn.de/6-ana7-18

3.1.3 Pfortaderkreislauf

Über das Pfortadersystem werden die Nährstoffe aus den Darmanteilen zur Leber transportiert. Um die wichtigen Fakten des Pfortadersystems parat zu haben, solltest du dir die folgenden Punkte einprägen:

Die **V. portae** erhält ihre Zuflüsse aus der **V. mesenterica superior**, der **V. splenica** und der **V. mesenterica inferior**. Die V. mesenterica inferior mündet in der Mehrzahl der Fälle in die V. splenica. Hier gibt es sicherlich unterschiedliche Normvarianten, für das Examen zählt jedoch nur der Regelfall. Das Gebiet des venösen Abflusses der einzelnen Venen entspricht hierbei dem Versorgungsgebiet der A. mesenterica superior, A. splenica und A. mesenterica inferior. Die V. portae ist als das **Vas publicum** der Leber zu bezeichnen.

Merke!

- Das venöse Blut aller unpaaren Bauchorgane fließt in die V. portae.
- Die V. portae hepatis ist Bestandteil des enterohepatischen Kreislaufs.

Als **enterohepatischen Kreislauf** bezeichnet man die Zirkulation von Substanzen über Darm, Vena portae, Leber, und die Produktion von Galle, welche schließlich wieder dem Darm zugeführt wird.

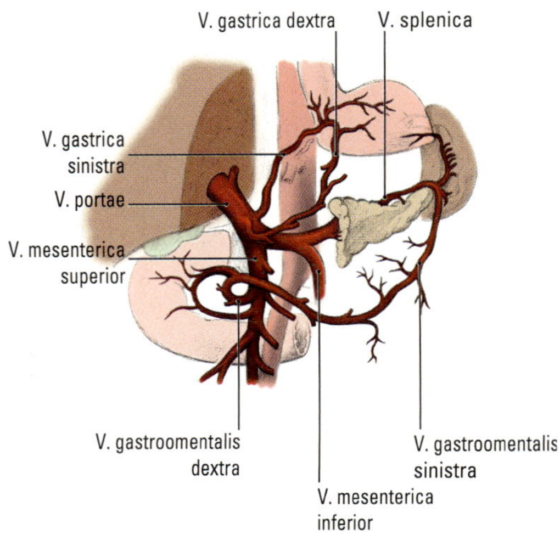

Abb. 19: Pfortaderkreislauf *medi-learn.de/6-ana7-19*

Portokavale Anastomosen verbinden die Einzugsgebiete der V. portae und V. cava und können so bei Behinderung des Blutabstroms der V. portae (z. B. bei Leberzirrhose) die Leber umgehen. Klinisch wichtig ist dabei die Anastomose der kleinen Kurvatur des Magens (Vv. gastricae sin. und dex.) und Ösophagus, der Vv. rectales superior und mediales und seltener über die Vv. paraumbilicales zu den Hautvenen („Caput medusae").

3.2 Gallenblase

Beim Thema Galle ist zunächst eine Klärung der Begriffe notwendig, denn die Umgangssprache ist hier sehr ungenau und deshalb der Feind jeder mündlichen Prüfung: Die Galle (Gallenflüssigkeit ist hier das bessere Wort!) ist ein Produkt der Leber und du solltest dich davor hüten, in einer mündlichen Prüfung die Gallenblase als Galle zu bezeichnen.

3.2.1 Funktion der Gallenblase

Die Gallenblase dient als Reservoir, um bei Bedarf Gallenflüssigkeit in das Duodenum abgeben zu können. Sie liegt der Leber von dorsal an und ist ein sackförmiges Hohlorgan mit muskulösen Anteilen.

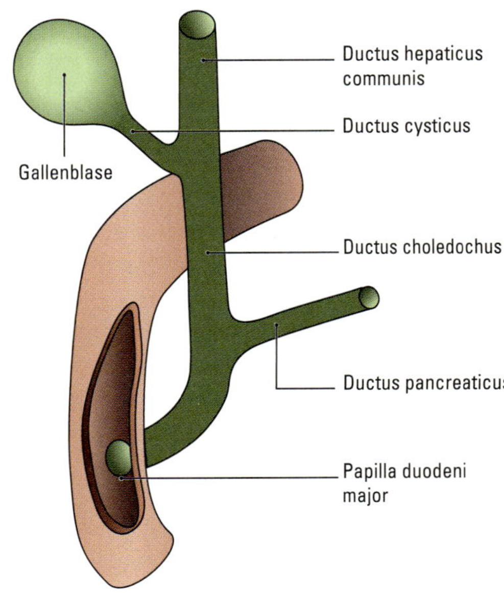

Abb. 20 a: Gallengänge *medi-learn.de/6-ana7-20a*

Die Gallenflüssigkeit sammelt sich in den Gallengängen der Leber, die sich dann zum **Ductus hepaticus communis** vereinigen. Nach wenigen Zentimetern folgt hier die Abzweigung des **Ductus cysticus**, der die Gallenflüssigkeit zur Gallenblase ableitet. Die **Plica spiralis** im Ductus cysticus am Übergang zum Gallenblasenhals soll bei plötzlicher Steigerung des Bauchbinnendruckes die Entleerung der Gallenblase verhindern. Fortgeführt wird der Ductus hepaticus communis nach dieser Abzweigung als Ductus choledochus und tritt schließlich in das Lig. hepatoduodenale ein. Im Regelfall münden Ductus choledochus und Ductus pancreaticus in einem gemeinsamen erweiterten Endabschnitt (Ampulla hepatopancreatica), um zusammen in die Pars descendens duodeni (Papilla duodeni major) zu münden.

Von besonderem Belang bei Gallensteinen sind die Engstellen der Gallengänge. Meist bleiben Gallensteine im relativ engen Ductus cysticus oder an der Papilla duodeni major stecken.

Übrigens ...
Bei einer Gallenkolik klagt der Patient über Schmerzen in der Medioklavikularlinie unterhalb des rechten Rippenbogens.

Löst ein Drücken mit den Fingern unterhalb des rechten Rippenbogens während der Inspiration einen Druckschmerz mit vorzeitiger Beendigung der Einatmung aus, spricht dies für eine Cholezystitis (Murphy-Zeichen). Dieses Zeichen bitte nicht mit Courvoisier-Zeichen (kein Schmerz bei vergrösserter, prall-elastischer Gallenblase) verwechseln.

3.2.2 Gefäßversorgung der Gallenblase

Arteriell wird die Gallenblase über die A. cystica zumeist aus der A. hepatica dextra versorgt. Die Aa. hepatica dextra und sinistra sind die ersten beiden großen Abzweigungen der A. hepatica propria nach ihrem Eintritt in die Leberpforte.
Der venöse Abfluss erfolgt über die V. cystica direkt in die V. portae.

3

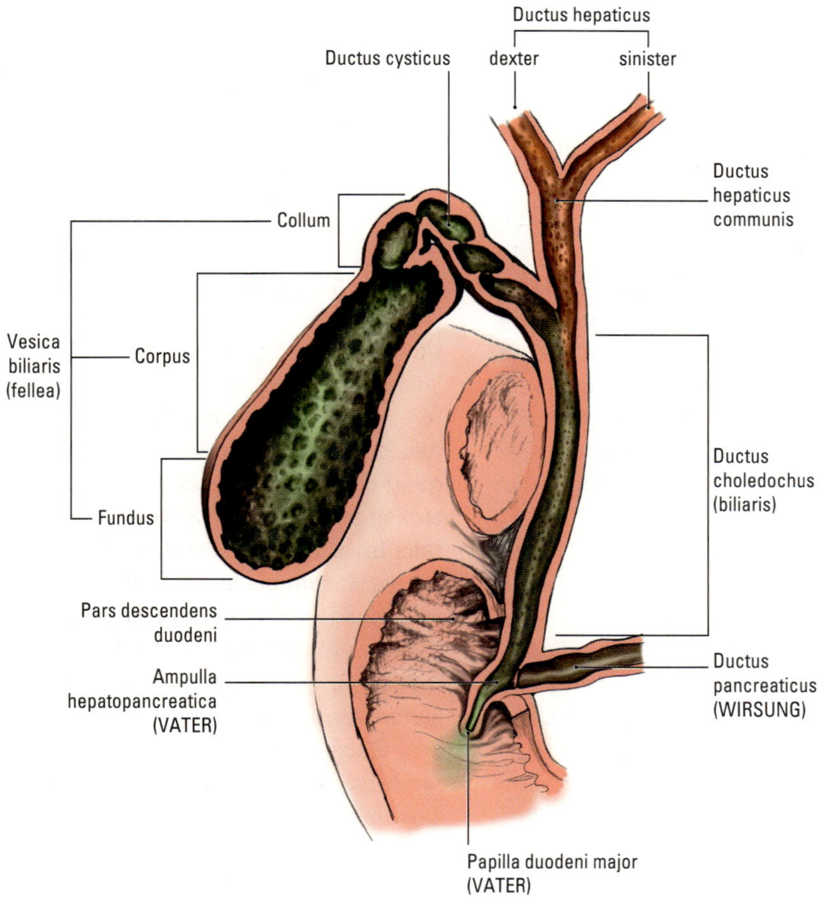

Abb. 20 b: Gallengänge

medi-learn.de/6-ana7-20b

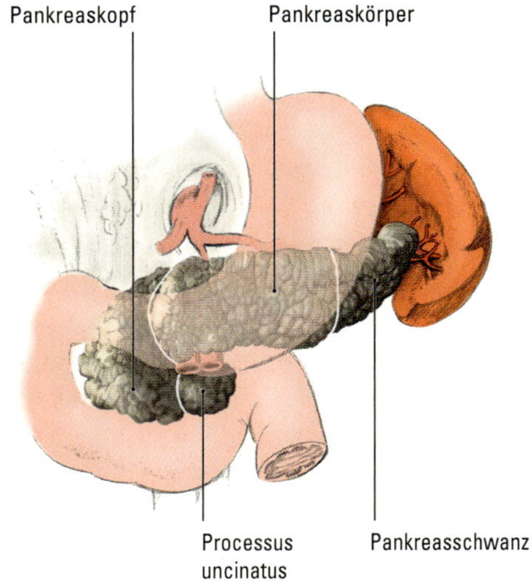

Abb. 21: Übersicht Pankreas

medi-learn.de/6-ana7-21

3.3 Pankreas

Das Pankreas ist eine Drüse mit sowohl endokrinen Anteilen, die Insulin, Glukagon und Somatostatin produzieren, als auch mit exokrinen Anteilen, die Enzyme für die Protein-, Fett- und Kohlenhydrataufspaltung (Trypsin, Lipase und Amylase) produzieren. Pro Tag gelangen über diesen exokrinen Anteil rund zwei Liter Pankreassaft in den Dünndarm und neutralisieren dort unter anderem den sauren Speisebrei (Chymus).

3.3.1 Lage und Aufbau

Makroskopisch lässt sich das Pankreas in sein **Caput** (liegt im duodenalen C), den **Processus uncinatus** (liegt als einziger Anteil hinter A. und V. mesenterica superior), das **Corpus** mit dem **Tuber omentale** (wölbt sich vor der Wirbelsäule) und in die **Cauda** (reicht bis zum Milzhilus) unterteilen.

Das gesamte Organ liegt sekundär retroperitoneal und überzieht die Wirbelsäule in Höhe L1–L2. Es hat in etwa eine Länge von 14–18 cm und ein Gewicht von 65–80 Gramm.

Der **Pankreasgang** (Ductus pancreaticus) durchzieht die gesamte Bauchspeicheldrüse und mündet gemeinsam mit dem Ductus choledochus als Ampulla hepatopancreatica auf der **Papilla duodeni major** (Vateri) in den absteigenden Teil des Duodenums. Der variabel vorhandene Ductus pancreaticus accessorius mündet häufig etwas weiter kranial auf der Papilla duodeni minor.

3.3.2 Gefäßversorgung des Pankreas

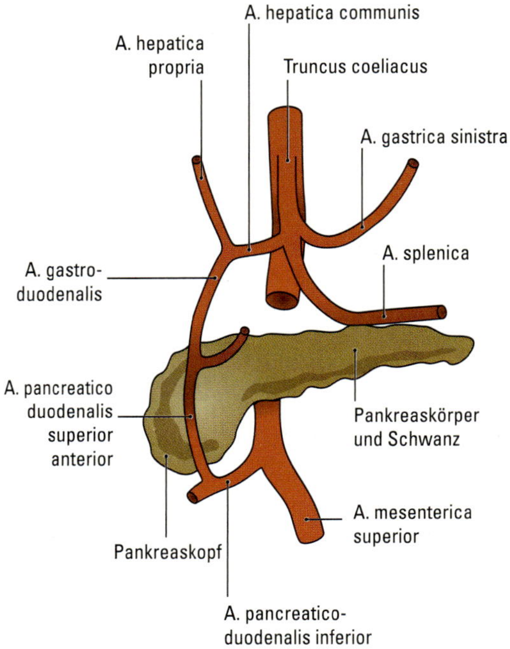

Abb. 22: Arterielle Versorgung des Pankreas

medi-learn.de/6-ana7-22

Das Caput und der Processus uncinatus des Pankreas werden arteriell aus dem Truncus coeliacus über die A. hepatica communis, A. gastroduodenalis und A. pancreaticoduodenalis superior versorgt. Aus der A. mesenterica superior erfolgt eine weitere arterielle Versorgung über die A. pancreaticoduodenalis inferior.

Die A. mesenterica superior entspringt hinter dem Pankreaskopf und legt sich vor den Processus uncinatus. Corpus und Cauda des Pankreas werden über Äste der A. splenica versorgt.

Das venöse Blut fließt aus den Vv. pancreaticae über die V. splenica und die V. mesenterica superior in die Pfortader ab.
Während die A. splenica entlang des Oberrands des Corpus zum Milzhilus zieht, verläuft die V. splenica an der Pankreasrückseite.

Merke!

A. mesenterica superior und Truncus coeliacus bilden hier über A. pancreaticoduodenalis inferior und A. pancreaticoduodenalis superior eine Anastomose.

3.4 Milz

Die Milz dient in erster Linie der Blutmauserung: Abnorme oder altersschwache Blutzellen werden in ihr herausgefiltert und abgebaut. Weiterhin erfüllt die Milz eine Abwehrfunktion und ist ein lymphatisches Organ.

3.4.1 Lage und Aufbau

Makroskopisch kann man sich die Milzgröße mit 4711 (wie das „Kölnischwasser") merken: 4 cm · 7 cm · 11 cm. Sie liegt intraperitoneal im linken Oberbauch, etwa in Höhe der 9.–11. Rippe, ist atemverschieblich und sollte beim Gesunden nicht zu tasten sein.

Merke!

Jede tastbare Milz bedarf einer weiteren diagnostischen Abklärung!

Übrigens ...
Durch ihre Lage direkt an der 9.–11. Rippe ist die Milz besonders bei stumpfen Traumen an der linken Flanke gefährdet. Ein Milzriss kann anfangs unentdeckt bleiben, ist jedoch durch die sehr gute Durchblutung des Organs meist lebensgefährlich. Eine Milzruptur lässt sich sonografisch als Randsaum (Flüssigkeitsansammlung) um die Milz oder als Flüssigkeitsansammlung im Koller-Pouch nachweisen. Als Koller-Pouch bezeichnet man den Raum zwischen linker Niere und Milz (Recessus splenorenalis).

Die Form der Milz lässt sich als große Kaffeebohne beschreiben. Ihr normales Gewicht liegt bei 150–200 Gramm. Ihr weiches Organparenchym liegt in einer derben Capsula fibrosa. Auf ihrer Oberfläche lässt sich eine Facies visceralis von einer Facies diaphragmatica unterscheiden.

3.4.2 Wichtige Bandstrukturen der Milz

Die Bandverbindungen der Milz werden gerne geprüft. Es lohnt sich also, sich etwas länger mit der folgenden Tabelle zu beschäftigen.

Lig. gastrosplenicum	Lig. splenorenale	Lig. phrenicocolicum
verbindet Magen mit dem Milzhilus und enthält die A. gastroomentalis sinistra und die Aa. gastricae breves	zieht vom Retroperitoneum zum Milzhilus und enthält die A. und V. splenica	bildet die kaudale Begrenzung der Milznische und zieht von der linken Rumpfwand (vom Zwerchfell) zur linken Kolonflexur

Tab. 9: Bandstrukturen der Milz

3.4.3 Gefäßversorgung der Milz

Die arterielle Versorgung erfolgt aus dem Truncus coeliacus über seinen stärksten Ast, die **A. splenica**. Die A. splenica tritt am Milzhilus in die Milz ein.
Das venöse Blut fließt über die **V. splenica** in die Pfortader ab. Die V. splenica hat ihren Ursprung am Milzhilus und zieht an der Pankreasrückseite zur Pfortader.

DAS BRINGT PUNKTE

Die Bereiche **Leber** und **Gallenblase** sind recht überschaubar und lassen sich durch die folgende Zusammenfassung schnell wiederholen. Damit bist du in diesem Bereich bestens auf die Fragen der makroskopischen Anatomie vorbereitet.

In den schriftlichen Examina wird großer Wert auf die **anatomische Nähe der Leber zu bestimmten Organen** gelegt. Du solltest dir deshalb einprägen, welche Organe in welcher topografischen Beziehung zur Leber liegen:

- am linken Leberlappen Magen und Ösophagus,
- am rechten Leberlappen rechte Niere, rechte Nebenniere, Duodenum und rechte Colonflexur.

Zur **Leberoberfläche** solltest du dir vor allem zwei wichtige Bandstrukturen merken:
Hier wird immer wieder nach dem Lig. falciforme und nach dem Lig. teres hepatis gefragt.
Das Lig. falciforme liegt in der ventralen Ansicht zwischen dem rechten und linken Leberlappen und enthält an seinem freien Rand das Lig. teres hepatis mit der obliterierten V. umbilicalis.

Die **Gallengänge** sind ein weiteres Lieblingsthema des schriftlichen Examens. Du solltest den Verlauf der Gallengänge von der Leber bis zur Mündung in die Papilla duodeni major wiedergeben können:
Leberpforte, Ductus hepaticus communis, nach Abgang des Ductus cysticus zur Gallenblase: Ductus choledochus (im Lig. hepatoduodenale). Der Ductus choledochus vereinigt sich im Regelfall mit dem Ductus pancreaticus und tritt so in den absteigenden Teil des Duodenums ein.

Beim Thema **Pankreas** bezogen sich bisher die meisten makroskopischen Anatomiefragen der schriftlichen Examina auf das Lageverhältnis des Pankreas in Bezug auf das Peritoneum oder auf die anatomische Nähe zu bestimmten Organen und anatomischen Strukturen. Unbedingt einprägen solltest du dir daher folgende topografische Zusammenhänge:

- Das Pankreas liegt sekundär retroperitoneal und
- an der Hinterwand der Bursa omentalis.
- Der Pankreaskopf liegt im duodenalen C.
- Der Schwanz des Pankreas reicht bis an den Milzhilus heran und verläuft in nächster Nähe zur linken Niere und linken Nebenniere.
- Die A. mesenterica superior tritt unter dem Pankreaskopf hervor und legt sich vor den Processus uncinatus.

In den vorklinischen Examina wird immer wieder nach der Lage der **Milz** gefragt. Die Lage der Milz zu kennen, ist auch unter dem Aspekt der Gefahr von Milzverletzungen bei Unfällen wichtig.
Du solltest dir also merken, dass

- die Milz in Höhe der 9.–11. Rippe liegt,
- atemverschieblich und
- beim Gesunden NICHT tastbar ist.

Wie schon erwähnt, sind auch die **Bandstrukturen** der Milz ein immer wieder gerne geprüftes Thema. Die folgenden Bänder solltest du dir deshalb gut einprägen:

- Das **Lig. gastrosplenicum** enthält die A. gastroomentalis sinistra und die Aa. gastricae breves. Es zieht von der großen Kurvatur des Magens zur Milz und kann als Fortsetzung des Lig. gastrocolicum gesehen werden.
- Das **Lig. splenorenale** spannt sich von der linken Niere zum Milzhilus und enthält die A. und V. splenica.
- Das **Lig. phrenicocolicum** bildet die kaudale Begrenzung der Milznische und zieht vom Zwerchfell zum Kolon.

FÜRS MÜNDLICHE

Passend zum vorangegangenen Kapitel folgen jetzt die Fragen zu den Themen Leber, Gallenblase, Pankreas und Milz. Egal ob alleine oder in der Gruppe – hiermit kannst du dein Wissen überprüfen.

1. **Beschreiben Sie bitte die großen Gefäße des Pfortadersystems.**
2. **Wie unterteilen Sie die Leberlappen?**
3. **Welche Organe liegen in topografischer Beziehung zur Leber? Zählen Sie bitte auf.**
4. **Sagen Sie, an welchen Stellen der Gallenwege bleiben Gallensteine besonders häufig hängen und können so zu Koliken und zu einem Rückstau der Gallenflüssigkeit führen?**
5. **Beschreiben Sie bitte das Lageverhältnis des Pankreas in Bezug auf das Peritoneum.**
6. **Welche anatomischen Strukturen liegen in unmittelbarer Nachbarschaft des Pankreaskopfes? Kennen Sie eine Erkrankung des Pankreaskopfes mit entsprechender Symptomatik?**
7. **Beschreiben Sie bitte kurz die Funktionen des Pankreas.**
8. **Erklären Sie bitte, warum die Milz besonders bei Unfällen gefährdet ist.**
9. **Erläutern Sie bitte kurz die Lage der Milz in Bezug zum Peritoneum.**
10. **Beschreiben Sie bitte die Oberfläche der Milz.**

---

1. Beschreiben Sie bitte die großen Gefäße des Pfortadersystems.
In die V. portae münden die V. mesenterica superior und die V. splenica. Die V. splenica nimmt im Regelfall die V. mesenterica inferior auf.

2. Wie unterteilen Sie die Leberlappen?
Linker und rechter Leberlappen, Lobus caudatus und Lobus quadratus.

3. Welche Organe liegen in topografischer Beziehung zur Leber? Zählen Sie bitte auf.
Colon, Duodenum, Magen, Ösophagus, rechte Niere und rechte Nebenniere.

4. Sagen Sie, an welchen Stellen der Gallenwege bleiben Gallensteine besonders häufig hängen und können so zu Koliken und zu einem Rückstau der Gallenflüssigkeit führen?
Häufig bleiben Gallensteine im Ductus cysticus und an der Papilla duodeni major hängen.

5. Beschreiben Sie bitte das Lageverhältnis des Pankreas in Bezug auf das Peritoneum.
Das Pankreas liegt sekundär retroperitoneal.

6. Welche anatomischen Strukturen liegen in unmittelbarer Nachbarschaft des Pankreaskopfes? Kennen Sie eine Erkrankung des Pankreaskopfes mit entsprechender Symptomatik?
Duodenale C-Schleife, Ductus choledochus, Papilla duodeni major, Mesenterialgefäße. Pankreaskopfkarzinom: Ikterus, Courvoisier-Zeichen, Thrombosen, Schmerzen im Oberbauch mit Ausstrahlung in den Rücken.

7. Beschreiben Sie bitte kurz die Funktionen des Pankreas.
Ein Organ mit exokrinen (Verdauungsenzyme), und endokrinen (Insulin, Glukagon und Somatostatin) Drüsenanteilen.

8. Erklären Sie bitte, warum die Milz besonders bei Unfällen gefährdet ist.
Durch ihre Lage an der seitlichen Bauchwand kann es bei einem Trauma schnell zu Verletzungen durch die Rippen oder zu einem Milzriss infolge der direkten Kraftübertragung kommen.

9. Erläutern Sie bitte kurz die Lage der Milz in Bezug zum Peritoneum.
Die Milz liegt intraperitoneal.

10. Beschreiben Sie bitte die Oberfläche der Milz.
Man kann eine Facies visceralis von einer Facies diaphragmatica unterscheiden.

Mehr Cartoons unter www.medi-learn.de/cartoons

Pause

Leber? Galle?
So einfach ist es nicht immer!
Zeit für eine schöne Pause.

4 Harntrakt und Nebennieren

Fragen in den letzten 10 Examen: 8

Unter dem Begriff Harntrakt werden folgende Organe zusammengefasst:
- Niere (Ren),
- Harnleiter (Ureter),
- Harnblase (Vesica urinaria),
- Harnröhre (Urethra).

Die makroskopischen Aspekte des Harntrakts befassen sich in erster Linie mit dem Verlauf von Harnleiter und Harnröhre, mit den Lageverhältnissen der Organe und mit ihrer Blutversorgung. Aufgrund der unterschiedlichen anatomischen Verhältnisse der männlichen und weiblichen Harnröhre wird diese jeweils in den Abschnitten der männlichen und weiblichen Geschlechtsorgane besprochen.

4.1 Niere

Die Nieren regulieren unseren Flüssigkeits- und Mineralhaushalt, entfernen harnpflichtige Substanzen (Harnstoff, Ammoniak) und bilden Renin zur Blutdruckregulierung und Erythropoetin für die Blutbildung.
Bei einem ausgewachsenen Menschen sind die Nieren etwa 10 cm · 4 cm · 5 cm groß und wiegen rund 120–300 Gramm.
Die Oberfläche der Nieren wird von der **Capsula fibrosa** überzogen und hat dadurch eine glatte und derbe Konsistenz. Um die Nieren mitsamt Nebennieren liegt die **Capsula adiposa** (eine Fettschicht). Ein gemeinsamer **Fasziensack**, der nach medial (zum Eintritt der Gefäße) und nach medial-kaudal (zum Austritt des Ureters) je eine Öffnung aufweist, umschließt Niere, Nebenniere und Fettkapsel. Man unterscheidet ein vorderes und ein hinteres Blatt, Fascia praerenalis und Fascia retrorenalis.

4.1.1 Lageverhältnisse der Nieren

Die Nieren liegen primär retroperitoneal, seitlich parallel zur Wirbelsäule (in Höhe BWK12 – LWK3) und haben folgende topografische Beziehungen:

Linke Niere	Rechte Niere
– Magen – Milz – Pankreas – Flexura coli sinistra – linke Nebenniere	– Pars descendens duodeni – Flexura coli dextra – Leber – rechte Nebenniere

Tab. 10: Organe mit enger anatomischer Beziehung zu den Nieren

4.1.2 Gefäßversorgung der Nieren

Die rechte Niere wird über die **A. renalis dextra** (rechte Nierenarterie) versorgt, die aus der Aorta abdominalis entspringt und hinter der V. cava inferior und dem Pankreaskopf verläuft.
Die **A. renalis sinistra** (linke Nierenarterie) verläuft von der Aorta abdominalis hinter dem Pankreaskörper zur linken Niere.
Die beiden **Vv. renales** münden direkt in die **V. cava inferior**. Hierbei zieht die V. renalis sinistra (linke Nierenvene) knapp unter dem Ursprung der A. mesenterica superior über die Aorta hinweg. Diese Überkreuzung wird von manchen Anatomen als „Nussknacker" bezeichnet.
Wenn man sich vor Augen führt, dass die Aorta näher zur linken Niere und die V. cava inferior näher zur rechten Niere liegt, kann man sich die obigen Lageverhältnisse der Gefäße einfacher erklären.

4.2 Nebenniere

Die **Glandulae suprarenales** (Nebennieren) sitzen den beiden Nieren am oberen Pol auf und sind von Fettgewebe (Capsula adiposa) umgeben. Die rechte Nebenniere liegt in einer Nische zwischen Niere, V. cava inferior und Leber und projiziert sich in etwa in Höhe des 11. Rippenhalses.

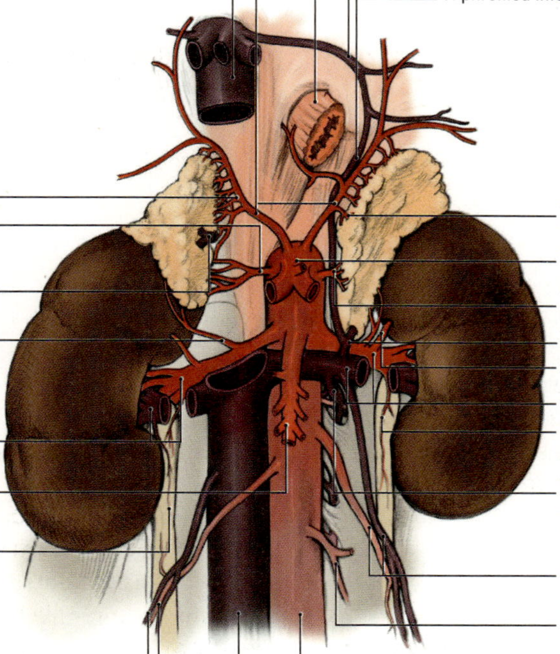

Abb. 23: Gefäße der Niere

medi-learn.de/6-ana7-23

Die linke Nebenniere grenzt an die Aorta abdominalis und liegt meist etwas weiter kaudal als die rechte Nebenniere.

4.2.1 Funktion der Nebennieren

Die Nebennieren zählen zu den endokrinen Organen. Sie produzieren in ihrer Rinde **Steroidhormone** und in ihrem Mark **Katecholamine**.

Den drei Abschnitten der Rinde lassen sich verschiedene Hormone zuordnen:

Zona glomerulosa - Mineralcorticoide, Zona fasciculata - Glucocorticoide, Zona reticularis - Sexualsteroide.

In den folgenden Tabellen siehst du die Steroidhormone und die Katecholamine der Nebenniere in einer Übersicht. Du solltest dein Augenmerk auf die fettgedruckten Hormone richten und diese in der Prüfung wiedergeben können.

Mineralocorticoide	Glucocorticoide
– Corticosteron – 11-Desoxycorticosteron – **Aldosteron**	– 11-Desoxycortisol – **Cortisol**

Tab. 11: Mineral- und Glucocorticoide der Nebennierenrinde

Androgene	Gestagene	Östrogene
– Dehydroepiandrosteron (DHEA) – Androstendion – 11-Hydroxyandrostendion – Testosteron (geringe Mengen)	– 17-Hydroxyprogesteron – Progesteron	– Östron – Östradiol

Tab. 12: Sexualhormone der Nebennierenrinde

Katecholamine
– **Adrenalin** – **Noradrenalin**

Tab. 13: Katecholamine des Nebennierenmarks

4

4.2.2 Gefäßversorgung der Nebennieren

Da die Nebennieren wichtige endokrine Hormone produzieren, muss eine sehr gute Blutversorgung gewährleistet sein. Die arterielle Versorgung erfolgt daher aus drei unterschiedlichen Arterien:

A. suprarenalis superior	A. suprarenalis media	A. suprarenalis inferior
entspringt links und rechts aus der A. phrenica inferior	entspringt direkt aus der Aorta abdominalis	entspringt jeweils aus der linken und rechten A. renalis

Tab. 14: Arterielle Versorgung der Nebennieren

Der venöse Abfluss der Nebennieren erfolgt **rechts** direkt in die **V. cava inferior, links** erst in die **V. renalis**, welche die Aorta überkreuzt und dann in die V. cava inferior mündet.

Merke!

Die Natur geht den einfachsten Weg: Rechts liegt die V. cava inferior nahe an der Nebenniere, links muss erst die Aorta überkreuzt werden. Hierfür wird die bereits vorhandene V. renalis benutzt.

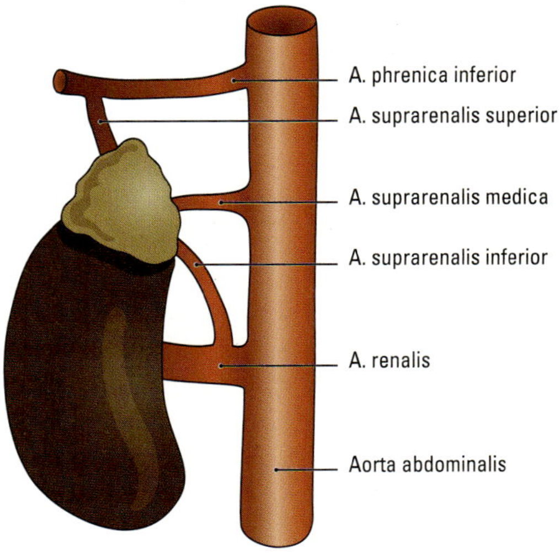

Abb. 24: Gefäßversorgung der Nebennieren

medi-learn.de/6-ana7-24

4.3 Ureter

In diesem Kapitel geht es um den klinisch wichtigen Verlauf des Ureters und die damit verbundenen Konsequenzen bei Erkrankungen des Harnsystems.

4.3.1 Aufbau und Lage

Der etwa 30 cm lange Ureter entspringt am **Pelvis renalis** (Nierenbecken) und tritt durch eine Öffnung im Fasziensack aus diesem heraus. Er verläuft im Retroperitoneum bis zu seiner Mündung in die **Vesica urinaria** (Harnblase) im Trigonum vesicae.

Übrigens ...

- Bezüglich der Diagnostik von Nierensteinen ist es wichtig zu wissen, dass der Ureter an manchen Stellen enger als an anderen ist. An diesen Engstellen können sich Nierensteine festsetzen und so zu **Koliken** führen.
- Koliken sind Schmerzen, die durch eine Überdehnung der Ureterwände ausgelöst werden. Ein Nieren-

stein bleibt an einer Engstelle des Ureters stecken und verursacht so einen Rückstau mit einer Wandüberdehnung.

1. Ureterenge	2. Ureterenge	3. Ureterenge
direkt am Übergang des Nierenbeckens in den Ureter	bei der Überkreuzung der A. iliaca communis oder manchmal der A. iliaca externa	direkt am Übergang vom Ureter in das Trigonum vesicae der Harnblase

Tab. 15: Ureterengen

In den schriftlichen und mündlichen Prüfungen wird gerne nach dem Verlauf des Ureters gefragt. Hier ist es von besonderer Wichtigkeit, die Strukturen zu beschreiben, die vom Ureter überkreuzt und unterkreuzt werden:

Der Ureter unterkreuzt:	Der Ureter überkreuzt:	Der Ureter unterkreuzt:
– die A. und V. ovarica bei der Frau – die A. und V. testicularis beim Mann	sowohl bei der Frau als auch beim Mann die A. und V. iliaca communis oder in manchen Fällen die A. und V. iliaca externa	– die A. uterina bei der Frau – den Ductus deferens beim Mann

Tab. 16: Verlauf des Ureters

4.3.2 Gefäßversorgung des Harnleiters

Der Ureter wird jeweils durch die in der Nähe liegenden arteriellen Gefäße mitversorgt. Diese Gefäßversorgung unterliegt vielen Normvarianten. Zur Orientierung solltest du dir jedoch merken, dass folgende arterielle Gefäße an der Versorgung beteiligt sind:

- **A. renalis**
- **Aorta abdominalis**
- **A. ovarica** (Frau), **A. testicularis** (Mann)
- **A. iliaca interna**
- **A. uterina** (Frau)

4.4 Harnblase

Die Harnblase dient als Sammelstelle für den in den Nieren produzierten Urin und ist durch Kontraktion für dessen Austreibung zuständig. In den schriftlichen Examina beschränkten sich die Fragen der makroskopischen Anatomie bislang auf die Mündung der Ureteren und die Lage der Harnblase im Bezug zum Peritoneum.

4.4.1 Aufbau und Lage der Harnblase

Die **Vesica urinaria** (Harnblase) liegt **subperitoneal**, also unter dem parietalen Blatt des Peritoneums. Sie speichert den Harn, den sie durch die Ureteren zugeleitet bekommt. Als muskulöses Hohlorgan hat sie normalerweise ein Fassungsvermögen von 300-500 ml. Makroskopisch kann man die Harnblase in das **Corpus vesicae** (Blasenkörper), den **Apex vesicae** (Blasenspitze), den **Fundus vesicae** (Blasengrund) und das **Collum vesicae** (Blasenhals) unterteilen.

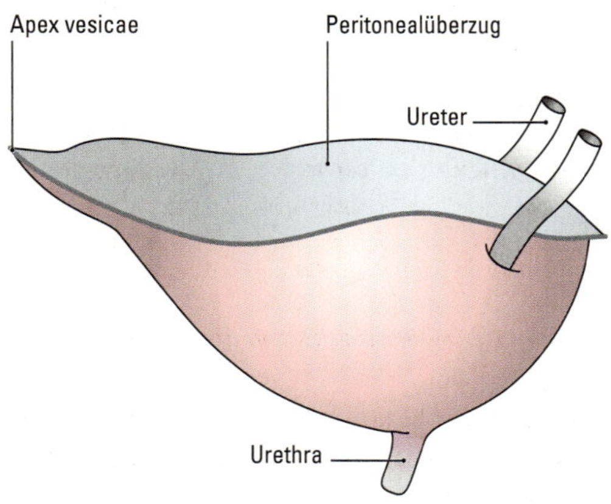

Abb. 25: Harnblase *medi-learn.de/6-ana7-25*

4.4.2 Gefäßversorgung der Harnblase

Die arterielle Versorgung der Harnblase erfolgt über die **A. vesicalis superior** (Ast der A. umbilicalis) und **A. vesicalis inferior** (Ast der A. iliaca interna).
Der venöse Abfluss erfolgt über den **Plexus venosus vesicalis** (liegt den unteren Anteilen der Harnblase an) in die V. iliaca interna.

4.4.3 Innervation der Harnblase/Miktion

Die glatte Muskulatur der Harnblasenwand wird als **M. detrusor vesicae** bezeichnet. Er ist **parasympathisch** innerviert und dient der Austreibung des Harns bei Kontraktion. Die Perikaryen der afferenten Fasern zur Messung der Wandspannung liegen wie auch für andere Afferenzen zum Rückenmark in den Spinalganglien der Hinterwurzel der Spinalnerven. Eine **sympathische** Innervation von Fasern des M. detrusor vesicae, die den Anfang der Urethra umschließen und so einen Verschluss bewirken, wird von verschiedenen Autoren kontrovers diskutiert und ist nicht gesichert. Zudem reagiert der gesunde Mensch bei durch Dehnungsrezeptoren vermittelter Füllung der Blase mit willkürlicher Anspannung des quergestreiften **M. sphincter urethrae externus** um die Entleerung zu unterdrücken. Dieser Muskel geht aus dem M. transversus perinei profundus hervor und wird genau wie dieser vom N. pudendus innerviert.

Das **Trigonum vesicae** verläuft zwischen den beiden Uretermündungen und dem Abgang der Urethra. Hier geht die Uretermuskulatur in die Blasenwandmuskulatur über. Durch die Peristaltik der Uretermuskulatur werden die Uretermündungen geöffnet, sodass sich die Harnblase füllt. Während der Miktion werden die Uretermündungen verschlossen, um einen Harnreflux (Rücklauf) in die Ureteren zu verhindern.

DAS BRINGT PUNKTE

Die makroskopischen Fragen mit Bezug auf die **Niere** befassen sich meist mit dem Aufbau der Nierenkapsel und mit der Nähe der Niere zu anderen wichtigen anatomischen Strukturen. Folgendes solltest du dir gut einprägen:

- Aufbau der Nierenkapsel von innen nach außen: Capsula fibrosa, Capsula adiposa (umfasst die Niere und Nebenniere), Fasziensack (mit seiner Öffnung am Nierenhilus).
- Die linke Niere hat Bezug zu folgenden Organen: Magen, Milz, Pankreas, linke Colonflexur, linke Nebenniere.
- Die rechte Niere liegt in anatomischer Nähe zum absteigenden Teil des Duodenums, der rechten Colonflexur, der Leber und der rechten Nebenniere.
- Die Gefäßversorgung erfolgt über die A. renalis dextra und sinistra. Die V. renalis sinistra zieht unter der A. mesenterica superior über die Aorta und bildet hier den „Nussknacker".

Zum Thema **Nebenniere** wird gerne deren Gefäßversorgung gefragt. Die Nebennierenarterien und -venen solltest du dir deshalb unbedingt merken:

- Drei Nebennierenarterien mit unterschiedlicher Herkunft: A. suprarenalis superior aus der A. phrenica inferior (= erster Ast der Bauchaorta), A. suprarenalis media (direkter Ast aus der Aorta abdominalis) und A. suprarenalis inferior aus der A. renalis.
- Das venöse Blut wird im Regelfall über je eine V. suprarenalis abgeleitet. Auf der rechten Seite erfolgt der Abfluss über die V. suprarenalis dextra direkt in die V. cava inferior. Das venöse Blut der linken Nebenniere fließt über die linke V. suprarenalis erst in die linke V. renalis und gelangt dann über diese zur V. cava inferior.

Beim Thema **Ureter** liegt der Schwerpunkt der schriftlichen Examina auf dem Ureterverlauf und seinen Engstellen.
Merke dir deshalb

- die drei Engstellen des Ureters: Abgang aus dem Nierenbecken, Überkreuzung der A. und V. iliaca communis, Eintritt in die Harnblase,
- den Verlauf des Ureters: entspringt am Nierenbecken, unterkreuzt die A. und V. ovarica bei der Frau oder die A. und V. testicularis beim Mann, überkreuzt die A. und V. iliaca communis, unterkreuzt die A. uterina bei der Frau bzw. den Ductus deferens beim Mann, tritt von hinten im Trigonum vesicae in die Harnblase ein.

Zur **Harnblase** solltest du schließlich noch folgende Fakten parat haben:

- Das Trigonum vesicae liegt an der dorsalen Innenseite der Harnblase und hat die Form eines Dreiecks. Hier liegen die Mündungsstellen der beiden Ureteren, und die Urethra beginnt mit ihrem Ostium urethrae internum.
- Die Harnblase liegt in Bezug zum Peritoneum subperitoneal.

Zum **Lymphabfluss des Beckens** gilt es sich den Lymphstamm Truncus lumbalis zu merken:
Der Truncus lumbalis kann sowohl unpaarig als auch paarig angelegt sein. Er folgt der A. iliaca communis sowie der abdominellen Aorta und führt Lymphe hauptsächlich aus den unteren Extremitäten, den Beckeneingeweiden und der dorsalen Rumpfwand.

FÜRS MÜNDLICHE

Mit den folgenden Fragen zum Thema Urogenitaltrakt kannst du nun gut das Gelernte rekapitulieren.

1. **Beschreiben Sie bitte Gestalt und Lage der Nieren.**
2. **Wo würden Sie Harnsteine im Verlauf des Ureters als erstes vermuten?**
3. **Sagen Sie bitte, was mündet und entspringt im Trigonum vesicae?**
4. **Zählen Sie bitte auf, welche anatomischen Strukturen vom Ureter in seinem Verlauf unterkreuzt werden.**

---

1. Beschreiben Sie bitte Gestalt und Lage der Nieren.
Die Nieren liegen primär retroperitoneal. Sie sind etwa 10 cm lang, 5 cm breit und 4 cm dick. Sie liegen im Bezug auf die Wirbelsäule in Höhe BWK12-LWK3.

2. Wo würden Sie Harnsteine im Verlauf des Ureters als erstes vermuten?
Harnsteine bleiben meist im Bereich der Engstellen des Ureters hängen:
- Ausgang aus dem Nierenbecken,
- Überkreuzung der A. und V. iliaca communis,
- Eintritt in die Harnblase.

3. Sagen Sie bitte, was mündet und entspringt im Trigonum vesicae?
In das Trigonum vesicae münden die beiden Ureteren und es entspringt die Urethra.

4. Zählen Sie bitte auf, welche anatomischen Strukturen vom Ureter in seinem Verlauf unterkreuzt werden.
Der Ureter unterkreuzt bei der Frau die A. und V. ovarica und die A. uterina. Beim Mann unterkreuzt der Ureter die A. und V. testicularis und den Ductus deferens.

Mehr Cartoons unter www.medi-learn.de/cartoons

Pause

Alltagsprobleme ...
Dir geht es hoffentlich mit einer kurzen Pause besser!

5 Weibliche Geschlechtsorgane

Fragen in den letzten 10 Examen: 13

Auf den folgenden Seiten werden die weiblichen Geschlechtsorgane von innen nach außen mit allen wichtigen Fakten besprochen. Das besondere Augenmerk dieses Kapitels liegt auf den Bandstrukturen und der Gefäßversorgung, da beide Themen gerne geprüft werden.

Zuvor noch ein kleiner, aber gefragter Exkurs zum Thema Engstellen des weiblichen Beckenkanals:

Der Beckenkanal weist einige Engstellen auf, durch die der kindliche Kopf bei der Geburt hindurch muss (s. Abb. 26 a, S. 36 und Abb. 26 b, S. 36). Im Vergleich zum Mann ist bei der Frau der Beckeneingang rundlicher bis quer-oval.

1. **Conjugata (vera) anatomica** ist mit ca. 12 cm der Abstand zwischen Promontorium und Symphysenoberkante.
2. **Conjugata vera = Diameter conjugata** ist mit nur 11 cm die effektiv engste Stelle des weiblichen Beckens und liegt zwischen Promontorium und Hinterfläche der Symphyse.
3. **Conjugata diagonalis** ist mit ca. 13 cm die Distanz zwischen Promontorium und Unterrand der Symphyse (messbar).
4. **Conjugata recta** ist mit 9 cm die Distanz zwischen der Steißbeinspitze und dem Unterrand der Symphyse. Unter der Geburt erweitert sich dieser Abstand.
5. **Diameter transversa der Beckeneingangsebene** ist mit 13,5 cm der größte Abstand zwischen den Lineae terminales.

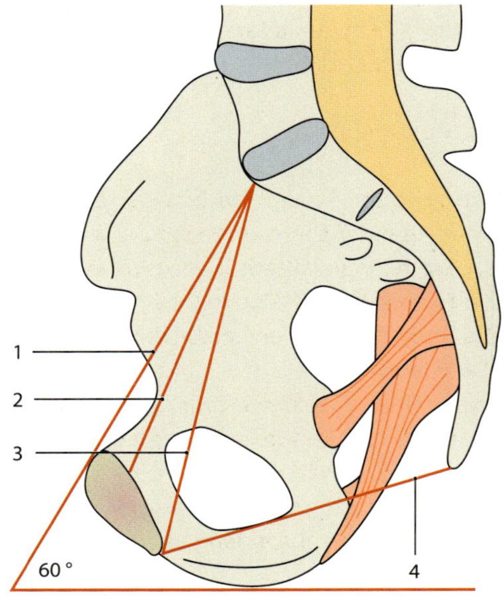

Abb. 26 a: Beckendiameter – Blick von medial

medi-learn.de/6-ana7-26a

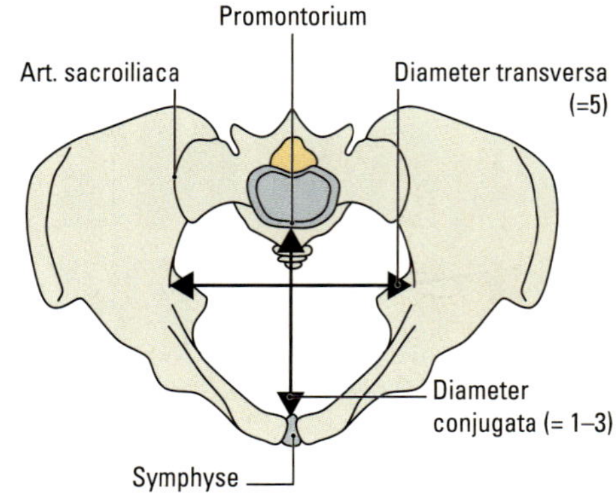

Abb. 26 b: Beckendiameter – Blick von kranial

medi-learn.de/6-ana7-26b

5.1 Innere weibliche Geschlechtsorgane

Zu den inneren weiblichen Geschlechtsorganen zählen die **Ovarien** (Eierstöcke), die **Tuba uterina** (Eileiter), der **Uterus** (Gebärmutter) und die **Vagina** (Scheide).

5.1.1 Uterus

Der Uterus ist ein muskulöses Hohlorgan. Er dient der Eizelle zur Einnistung, ist dann für die Ernähung des Embryos zuständig und ermöglicht schließlich durch Kontraktion die Austreibung des Kindes.

Lage und Aufbau

Makroskopisch kann man den Uterus in das **Corpus uteri** (Gebärmutterkörper), die **Cavitas uteri** (Gebärmutterhöhle) und die **Cervix uteri** (Gebärmutterhals) mit der **Portio vaginalis** (Vorwölbung der Cervix in die Scheide) unterteilen.
In dem Spalt zwischen Uterus und Rektum liegt die **Excavatio rectouterina**, die tiefste Stelle des Peritoneums. Die Excavatio rectouterina ist zu Untersuchungszwecken am besten über das hintere Scheidengewölbe der Vagina zugänglich.

Übrigens ...
In der Klinik wird die Excavatio rectouterina auch als Douglasraum bezeichnet.

Im weiblichen Körper liegt das Corpus uteri nach vorne gekippt mit seiner Vorderfläche der Harnblase auf. Die Abkippung der Längsachse des Gebärmutterkörpers gegen die Längsachse des Gebärmutterhalses bezeichnet man als **Anteflexio uteri**. Als **Anteversio uteri** bezeichnet man die Abknickung der Längsachse des Gebärmutterhalses gegen die Längsachse der Vagina.

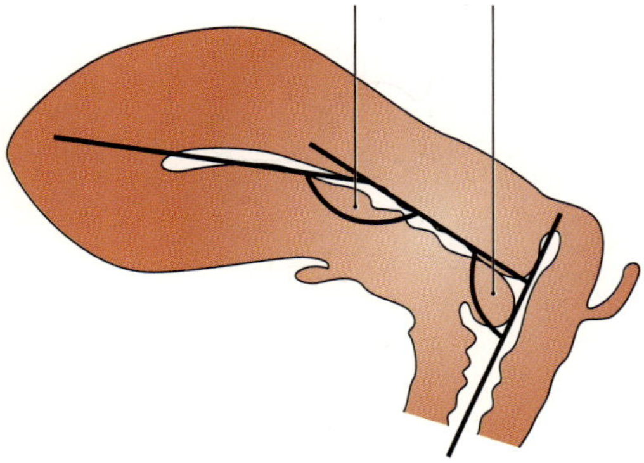

Abb. 27: Uterus anteversio und anteflexio

medi-learn.de/6-ana7-27

Halteapparat des Uterus

Der Uterus steht über das **Lig. teres uteri** mit den großen Schamlippen in Verbindung. Es verläuft vom **Tubenwinkel** (Mündungsstelle der Tuba uterina in den Uterus) durch den Leistenkanal zu den großen Schamlippen. Eine Abknickung oder Retroflexio bzw. Retroversio uteri können zu Beschwerden führen. In diesem Fall ist u. a. eine operative Verkürzung der Ligg. teres uteri möglich. Über eine Bauchfellduplikatur – das **Lig. latum uteri** – ist der Uterus an der seitlichen Beckenwand aufgehängt. Nach dem gleichen Prinzip wie die weiter oben beschriebenen Mesos enthält diese Peritonealduplikatur die zuführenden und abführenden Uterusgefäße und bildet somit das **Mesometrium**. Die Besonderheit des Uterus liegt darin, dass das Organ nicht an der dorsalen Leibeswand, sondern zu beiden Seiten befestigt ist. Hierbei umschließt das Lig. latum uteri (also die beiden Blätter des Peritoneums) nicht nur den Uterus, sondern auch die Tuba uterina und das Ovar. Daher werden oft alle drei Mesos - das Mesometrium, das Mesovar und die Mesosalpinx – dem Lig. latum uteri zugeordnet. Nach neueren Lehrmeinungen werden **Mesovar** und **Mesosalpinx** jedoch als eigenständige Strukturen betrachtet. Diese Sichtweise wird in den schriftlichen Examina als richtig angesehen.

Gefäßversorgung des Uterus

Die Gebärmutter wird hauptsächlich über die **A. uterina** arteriell versorgt. Die A. uterina ist ein direkter Ast der A. iliaca interna und zieht über das Lig. latum uteri zum Uterus. Zur Versorgung der Vagina gibt die A. uterina die A. vaginalis ab.

Um die Gebärmutter liegt ein venöses Gefäßgeflecht, der **Plexus venosus uteri**. Von hier aus fließt das venöse Blut in die V. iliaca interna ab.

Lymphgefäße des Uterus

Die Lymphe des Uterus drainiert hauptsächlich in die **Nodi lymphatici iliaci** und die **Nodi lymphatici lumbales** (iliakale und lumbale Lymphknoten). Über Lymphgefäße im Lig. teres uteri kann es jedoch bei Vorliegen einer Krebserkrankung auch zu inguinalen Lymphknotenmetastasen kommen.

5.1.2 Eierstöcke

Die **Ovarien** (Eierstöcke) sind die weiblichen Keimdrüsen. Hier entwickeln sich die Eizellen zu sprungreifen **Follikeln**, und es wird **Östrogen** und **Progesteron** produziert.

Lage und Aufbau

Die Ovarien liegen **intraperitoneal** und sind über das **Mesovar** und über verschiedene Bandsysteme mit der seitlichen Wand des kleinen Beckens und dem Lig. latum uteri verbunden.
Die folgende Tabelle gibt einen Überblick über den **Halteapparat des Ovars**:

5

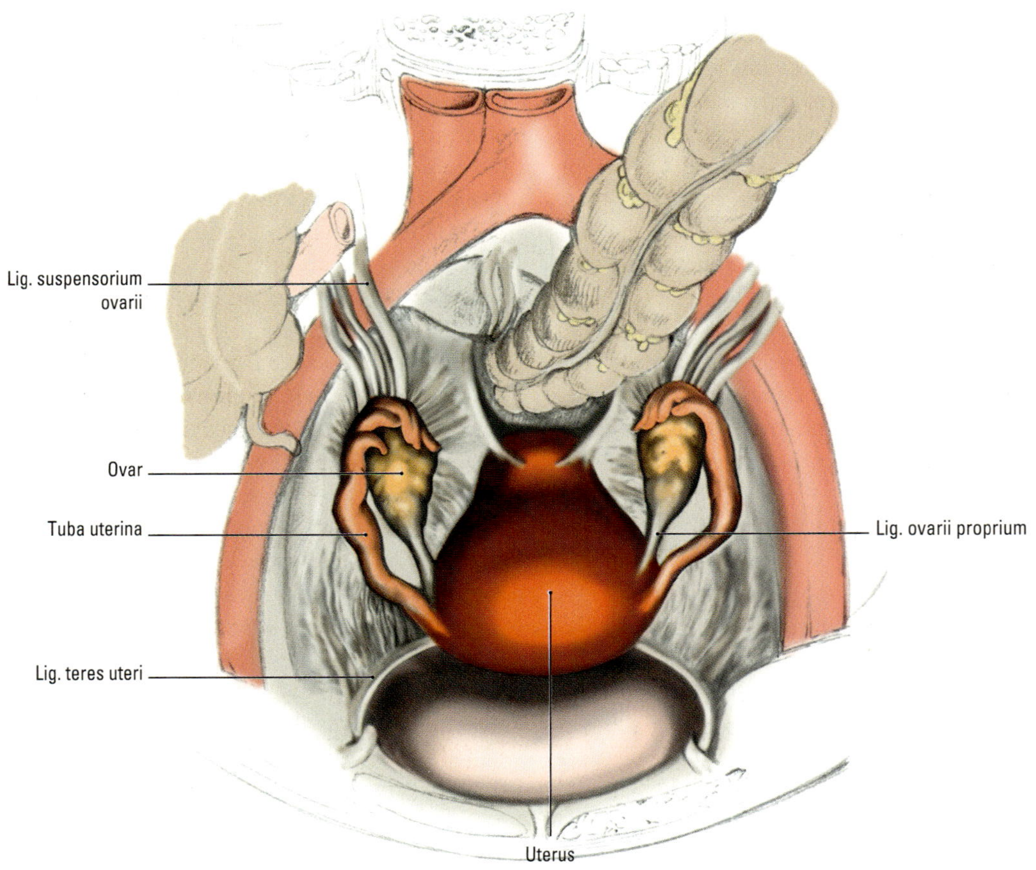

Abb. 28: Halteapparat Ovar *medi-learn.de/6-ana7-28*

Lig. ovarii proprium	Lig. suspensorium ovarii	Mesovar
zieht vom Ovar zum Tubenwinkel und enthält den R. ovaricus der A. uterina	verbindet den Ovaroberrand mit der seitlichen Beckenwand und enthält die A. und V. ovarica	befestigt das Ovar am Lig. latum uteri und dient als Eintrittsstelle für Gefäße und Nerven

Tab. 17: Halteapparat des Ovars

Gefäßversorgung der Eierstöcke

Die Eierstöcke werden arteriell über die **A. ovarica** und den **Ramus ovaricus** der **A. uterina** versorgt. Die A. ovarica entspringt direkt aus der Aorta abdominalis in Höhe des zweiten Lendenwirbels und zieht durch das Lig. suspensorium ovarii zu den Eierstöcken. Die A. uterina entspringt direkt aus der A. iliaca interna und gibt am Tubenwinkel den Ramus ovaricus ab. Dieser zieht dann durch das Lig. ovarii proprium in Richtung Ovar, um auf diesem Weg mit der A. ovarica eine Anastomose zu bilden. Der venöse Abfluss des Blutes erfolgt über den **Plexus ovaricus**, ein das Ovar umgebendes Gefäßgeflecht, in die V. ovarica. Die V. ovarica verläuft dann durch das Lig. suspensorium ovarii, um schließlich – etwas unter dem Abgang der Nierenarterien aus der Aorta – rechts direkt in die V. cava inferior und links in die V. renalis sinistra abzufließen.

Lymphabfluss der Eierstöcke

Der Abfluss der Lymphe aus den Eierstöcken erfolgt in die **Nodi lymphatici lumbales** (lumbalen Lymphknoten). Von dort fließt die Lymphe in den paarig angelegten **Truncus lumbalis** (Lendenstamm), der die Lymphe schließlich über die **Cisterna chyli** in den **Ductus thoracicus** ableitet.

5.1.3 Eileiter

Die Tuba uterina (paarige Eileiter) dient der Eizelle als Weg vom Ovar zum Uterus. Die Eileiter liegen intraperitoneal und sind über die **Mesosalpinx** befestigt. Sie beginnen am Ovar mit dem **Infundibulum tubae uterinae**, erweitern sich zur **Ampulla tubae uterinae**, verengen sich nach medial zum **Isthmus tubae uterinae** und treten schließlich mit ihrer **Pars uterina** in den Uterus ein.
Das Infundibulum des Eileiters ist trichterförmig erweitert und steht über die **Fimbriae ovaricae** (Fimbrien) mit dem Ovar in lockerer Verbindung. Die Fimbrien sichern den Kontakt zum Ovar, wobei das Tubenende jedoch auch mit dem **Ostium abdominale** (Peritonealhöhle) kommuniziert.

5.1.4 Vagina

Die Vagina kann makroskopisch als muskulärer Schlauch angesehen werden. Sie hat durch den in ihrer Schleimhaut vorherrschenden sauren pH-Wert eine Schutzfunktion und verhindert so das Eindringen von Bakterien in den Uterus. Außerdem kann über sie das Menstrualblut abfließen. Sie dient als Geburtskanal und zur Kopulation.

Gefäßversorgung der Vagina

Die arterielle Blutzufuhr erfolgt über einen Ast der A. uterina, die **A. vaginalis**.
Auch um die Vagina besteht ein venöses Gefäßgeflecht, der **Plexus venosus vaginalis**, der in die V. iliaca interna abfließt.

Lymphabfluss der Vagina

Der Lymphabfluss der oberen zwei Drittel der Vagina erfolgt in die **Nodi lymphatici iliaci** (iliakalen Lymphknoten). Die Lymphe des unteren Drittels der Vagina fließt als erstes in die **Nodi lymphatici inguinales** (inguinalen Lymphknoten) ab.

5.1.5 Urethra

Die Harnröhre der Frau zieht von ihrem Abgang im Trigonum vesicae zum **Ostium ure-**

thrae externum, das im **Vestibulum vaginae** liegt. Sie ist mit 3–5 cm Länge relativ kurz und eröffnet durch ihre Nähe zum Darmausgang die Möglichkeit für bakterielle Infektionen der Harnröhre oder der Harnblase (meist sind dies Bakterien vom Typ E. coli).

5.2 Äußere weibliche Geschlechtsorgane

Zum äußeren weiblichen Genital zählt man den **Mons pubis** (Schamberg), die **Labia minora pudendi** (= kleine Schamlippen) und die **Labia majora pudendi** (große Schamlippen), die teilweise die kleinen Schamlippen bedecken. Zwischen den kleinen Schamlippen liegt das **Vestibulum vaginae** (Scheidenvorhof) mit dem **Ostium urethrae externum** (Ausgang der Harnröhre) und der Mündungsstelle des Scheidengangs. Die **Clitoris** (Kitzler) liegt am oberen Ende der kleinen Schamlippen und wird vom **Preputium clitoridis** (Kitzlervorhaut) bedeckt.

5.2.1 Die Gefäßversorgung des äußeren weiblichen Genitals

Arteriell erfolgt die Versorgung der äußeren weiblichen Geschlechtsorgane über die **A. pudenda interna**, ein Ast der **A. iliaca interna**.

5.2.2 Lymphgefäße der äußeren weiblichen Geschlechtsorgane

Der Lymphabfluss aus dem Gebiet des äußeren weiblichen Genitals erfolgt in die **Nodi lymphatici inguinales**.

6 Männliche Geschlechtsorgane

Fragen in den letzten 10 Examen: 16

In diesem Kapitel werden die wichtigsten Fakten über die männlichen Geschlechtsorgane für die mündliche und schriftliche Prüfung zusammengefasst sowie klinische Hinweise gegeben. Konkret sind dies alle prüfungsrelevanten Fakten vom Hoden, über die inneren Geschlechtsorgane bis hin zum Penis.
Zu den männlichen Geschlechtsorganen zählen folgende Organe:
- **Hoden (Testis),**
- **Nebenhoden (Epididymis),**
- **Samenleiter (Ductus deferens),**
- **Samenblase (Vesicula seminalis),**
- **Vorsteherdrüse (Prostata),**
- **männliche Harnröhre (Urethra),**
- **Penis.**

Die männliche Urethra wird in diesem Kapitel wegen ihres besonderen Verlaufs mit abgehandelt.

6.1 Hoden

Die Hauptfunktion des Hodens ist die **Spermienproduktion.** Weiterhin bilden die **Leydig-Zellen** Testosteron; die **Sertoli-Zellen** bilden die Blut-Hoden-Schranke und produzieren ABP (androgenbindendes Protein).

6.1.1 Lage und Aufbau

Der Testis (Hoden) selbst ist etwa 3 cm · 4 cm groß und liegt zusammen mit dem **Epididymis** (Nebenhoden) im Skrotum. Gerne gefragt werden die Hüllen des Hodens und ihre Fortsetzung in den vorderen Schichten der Rumpfwand. Deshalb zeigt Tab. 18, S. 43 sie im Überblick.

Entwicklungsgeschichtlich werden die Hoden in Höhe des Abgangs der A. testicularis in der Bauchhöhle angelegt und gelangen erst später durch den Leistenkanal in das Skrotum (**Descensus testis**). Hierbei ziehen sie ihre Gefäße und Lymphbahnen sowie eine Aussackung der Serosa des Bauchraums, den **Proc. vaginalis**, mit sich. Noch vor der Geburt verödet die Verbindung des Proc. vaginalis zum Peritoneum, sodass der voll entwickelte Hoden seinen eigenen serösen Überzug besitzt, der nun **Tunica vaginalis testis** heißt.

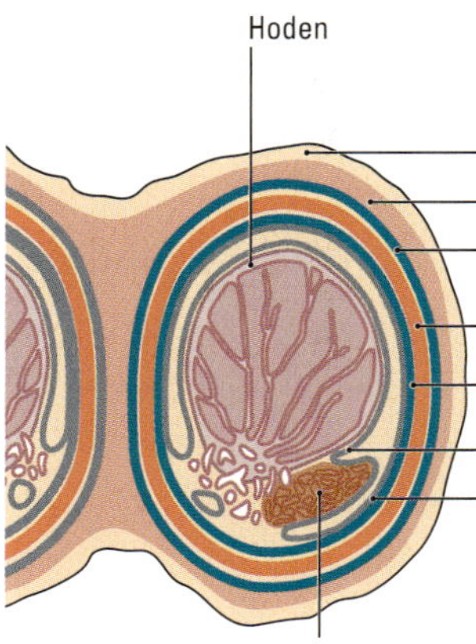

Abb. 29: Hodenhüllen *medi-learn.de/6-ana7-29*

Die Tunica vaginalis testis besitzt wie andere seröse Häute (Peritoneum, Pleura, Perikard) eine **Lamina visceralis (Epiorchium)** und eine **Lamina parietalis (Periorchium)**, zwischen denen sich ein seröser Spalt befindet. Dieser dient der Verschieblichkeit des Hodens und steht bei vollständiger Entwicklung nicht mit der Cavitas peritonealis in Verbindung.
Das Periorchium liegt der Fascia spermatica interna und das Epiorchium der Tunica albuginea des Hodens und Nebenhodens an. Die Gefäße und der Samenstrang treten am Mesorchium aus, das an der Rückfläche des Hodens liegt. Das Mesorchium ist gleichzeitig der Ort, an dem sich die Umschlagfalte von Epiorchium zu Periorchium befindet.

Skrotalhaut und Tunica dartos	Fascia spermatica externa	M. cremaster	Fascia spermatica interna
Fortsetzung der Bauchhaut (die Tunica dartos bezeichnet Myofibroblasten in der Skrotalhaut)	Fortsetzung der Bauchfaszie (Fascia abdominalis superficialis)	Fortsetzung des M. obliquus internus abdominis	Fortsetzung der Fascia transversalis

Tab. 18: Hüllen des Hodens und ihre Herkunft aus den vorderen Schichten der Rumpfwand

Übrigens ...
- Eine Wasseransammlung zwischen Epiorchium und Periorchium wird als **Hydrocele testis** bezeichnet.
- Nach vollständiger Entwicklung des Hodens verhindert das Peritoneum als einzige Schicht, dass intraperitoneal gelegene Darmanteile über den Funiculus spermaticus in das Skrotum prolabieren. Bei unvollständigem Descensus testis, z. B. bei Frühgeborenen, ist die Verbindung zwischen Proc. vaginalis und Peritoneum unter Umständen noch nicht verödet, sodass der Darm ungehindert aus der Cavitas peritonealis in den serösen Spalt der Hodenserosa rutscht. Hierbei handelt es sich um eine angeborene, **indirekte Leistenhernie**. Natürlich kann diese auch von voll entwickelten Männern erworben werden, indem das Peritoneum aussackt und mit dem Darm gemeinsam in den Funiculus spermaticus hineingedrückt wird.

- Unter einer **Hodentorsion** versteht man eine Verdrehung des Hodens, wodurch die blutzuführenden Gefäße verdrillt werden und es zur Minderdurchblutung kommt. Ein so verdrehter Hoden muss umgehend in seine normale Lage gebracht werden, da die Gefahr von Nekrosen besteht.

6.1.2 Gefäßversorgung des Hodens

Die arterielle Versorgung des Hodens erfolgt über die **A. testicularis** (entspringt direkt aus der Aorta abdominalis). Der venöse Abfluss findet über den **Plexus pampiniformis** (zieht vom Mesorchium bis durch den Leistenkanal) in die **V. testicularis dextra** und in die **V. testicularis sinistra** statt. Da Besonderheiten in Prüfungen immer gerne gefragt werden, solltest du dir unbedingt Folgendes dazu merken:

Merke!

Die rechte V. testicularis fließt direkt in die V. cava inferior, während die linke V. testicularis in die linke V. renalis (fast in einem 90-Grad-Winkel) mündet und erst die V. renalis sinistra zur V. cava inferior führt.

6.1.3 Lymphabfluss des Hodens

In schriftlichen Examina wird immer wieder gerne nach dem **Metastasierungsweg** von Hodenkarzinomen oder der Fortleitung von Entzündungen im Hodenbereich gefragt. Hierzu solltest du dir merken, dass der Lymphabfluss der Hoden über Lymphgefäße im Samenstrang, durch den Leistenkanal zuerst in die retroperitoneal gelegenen paraaortalen Lymphknoten, die **Nodi lymphatici lumbales** erfolgt.

Übrigens ...
Eine Erweiterung der Venen des Plexus pampiniformis führt zum Bild der **Varikozele**. Hierbei kommt es meist durch eine Abflussbehinderung im Be-

6

reich der Mündung der linken V. testicularis in die linke V. renalis (fast ein-90-Grad-Winkel) zu einem venösen Rückstau, welcher die Hodenfunktion beeinträchtigen kann.

6.1.4 Innervation des Hodens

Der Hoden wird hauptsächlich sympathisch versorgt. Der **Ramus genitalis** aus dem **N. genitofemoralis** innerviert motorisch den M. cremaster. Sensibel innerviert er zusammen mit dem **N. ilioinguinalis** die Skrotalhaut.

6.2 Nebenhoden

Aus funktioneller Sicht dient der Nebenhoden der Ausreifung und Speicherung der im Hoden gebildeten Spermatozoen. Der Nebenhoden liegt dem Hoden an der dorsalen Seite hilusnah an. Am Hodenhilus ziehen die **Ductuli efferentes** zum **Ductus epididymidis** (Nebenhodengang). Der Nebenhodengang zieht von dort bis an die Rückseite des kaudalen Hodenpols, um dann nach kranial in den **Ductus deferens** überzugehen.

6.3 Samenleiter

Die Aufgabe des Samenleiters wird sicher jedem bekannt sein, sodass wir hier nicht näher darauf eingehen müssen ...

6.3.1 Lage des Samenleiters

Der **Ductus deferens** (Samenleiter) hat seinen Ursprung am Nebenhoden und zieht von hier im **Funiculus spermaticus** (Samenstrang) nach kranial durch den Leistenkanal. Im kleinen Becken verläuft er über dem Ureter zur Prostata. Kurz vor der Prostata erweitert sich der Samenleiter zur **Ampulla ductus deferentis**. Der gemeinsame Ausführungsgang des Ductus deferens und der Samenbläschen wird als **Ductus ejaculatorius** bezeichnet. Dieser zieht durch die Prostata und mündet auf jeweils einen (rechts und links) **Colliculus seminalis** (Samenhügel) in der Pars prostatica der Urethra.

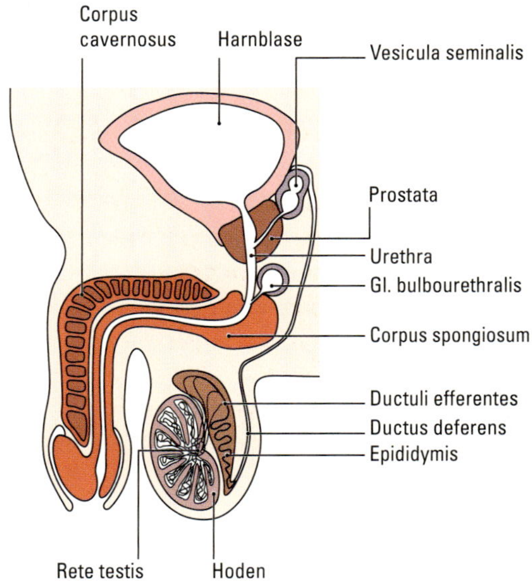

Abb. 30: Verlauf Ductus deferens

medi-learn.de/6-ana7-30

6.3.2 Gefäßversorgung des Samenleiters

Der Samenleiter wird arteriell durch die **A. ductus deferentis** versorgt. Die A. ductus deferentis ist ein Ast der **A. umbilicalis**, welche aus der **A. iliaca interna** entspringt.

6.3.3 Lymphabfluss des Samenleiters

Die Lymphgefäße ziehen zu den Nodi lymphatici iliaci externi et interni.

6.3.4 Innervation des Samenleiters

Die sympathische Innervation des **Ductus deferens** erfolgt über den **Plexus hypogastricus inferior**.

6.4 Bläschendrüse

Die paarige **Glandula vesiculosa** (Bläschendrüse) zählt zu den akzessorischen Geschlechtsdrüsen und produziert den größten Anteil des Ejakulats (50–70 Prozent). Ihr Produkt ist ein fructosereiches, leicht alkalisches Sekret, das die Energie für die Spermien bereitstellt und über den **Ductus excretorius** abgegeben wird. Dieser vereint sich mit dem Ductus deferens zum **Ductus ejaculatorius**.

Die Bläschendrüse wird auch Vesicula seminalis (Samenbläschen) genannt. Dieser Name kann jedoch etwas irritieren, da in den Samenbläschen keine Spermien produziert werden. Beide Namen existieren in den verschiedenen Lehrbüchern jedoch parallel, sodass du dich hiervon nicht verwirren lassen solltest. Das schriftliche Examen bevorzugt die Bezeichnung Vesicula seminalis.

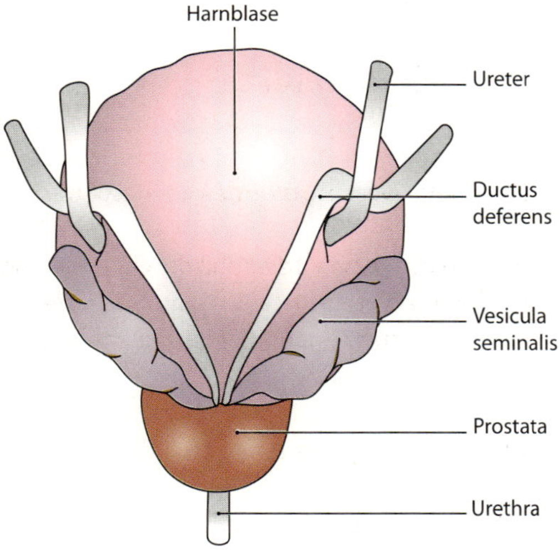

Abb. 31: Prostata/Samenbläschen

medi-learn.de/6-ana7-31

6.4.1 Lage der Bläschendrüsen

Die Bläschendrüse liegt dorsal am Harnblasenfundus in subperitonealer Lage und ist paarig angeordnet.

6.5 Prostata

Die **Prostata** (Vorsteherdrüse) ist ebenfalls zu den akzessorischen Geschlechtsdrüsen zu zählen. Sie produziert ein saures Sekret, das über etwa 20 eigene kleine Ausführungsgänge um die Colliculi seminales dem Ejakulat zugesetzt wird (macht etwa 30 Prozent des Ejakulats aus). Ihre Größe wird als etwa feigen-/kastaniengroß beschrieben.

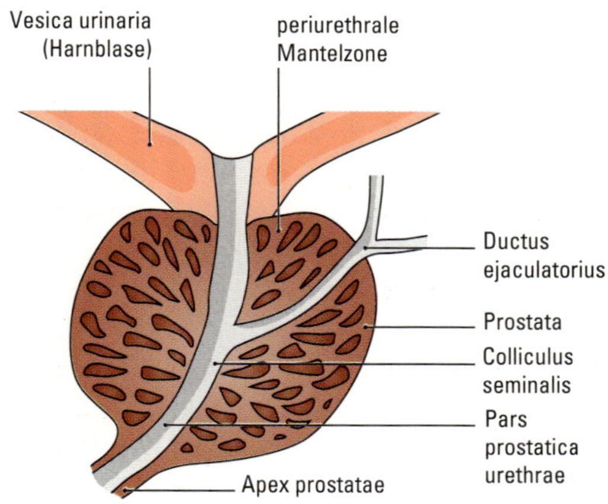

Abb. 32: Prostata seitlich *medi-learn.de/6-ana7-32*

6.5.1 Lage und Aufbau der Prostata

Die Prostata liegt dem Diaphragma urogenitale auf und wird vom Blasenfundus bedeckt. Da sie keine Beziehung zum Peritoneum hat, ist ihre Lage als **extraperitoneal** bzw. **subperitoneal** zu bezeichnen. Über das Rectum ist die Prostata unterhalb der Plica transversa recti media (Kohlrauschfalte) tastbar. Die Prostata wird von der Harnröhre durchzogen. Der Ductus ejaculatorius dringt von kranial dorsal in die Prostata und mündet auf dem **Colliculus seminalis** (Samenhügel) in die Harnröhre.
Im Aufbau der Prostata lassen sich drei Zonen unterscheiden:
- **periurethrale Zone** (liegt um die Harnröhre herum),
- **Innenzone**,
- **Außenzone** (hier liegt der Hauptteil des Drüsengewebes).

Übrigens ...
Die Kenntnis der verschiedenen Zonen der Prostata spielt bei der Unterscheidung eines bösartigen **Prostatakarzinoms** gegenüber einer gutartigen **Prostatahyperplasie** eine große Rolle.

Die relativ häufige Prostatahyperplasie bezeichnet eine Größenzunahme der Innenzone, was schließlich zu einer Komprimierung der Harnröhre und den damit verbundenen Schwierigkeiten (Harnverhalt) führt. Das bösartige Prostatakarzinom dagegen wächst bevorzugt in den drüsigen Anteilen in der Außenzone und macht klinisch im Frühstadium kaum Symptome. Bei einer digitalen rektalen Untersuchung ist die Prostata gut zu tasten und man kann so die Größe und die Oberfläche beurteilen.

6.5.2 Gefäßversorgung der Prostata

Hauptsächlich erhält die Prostata ihre arteriellen Zuflüsse aus der **A. vesicalis inferior** und der **A. rectalis media**. Der venöse Abfluss erfolgt über den Plexus vesicoprostaticus in die **V. iliaca interna**.

6.6 Männliche Harnröhre

Die männliche **Urethra** (Harnröhre) verläuft in einer S-Form von ihrem Beginn im Trigonum vesicae (Ostium urethrae internum) zur äußeren Harnröhrenöffnung an der Glans penis (Ostium urethrae externum). Sie ist 20–25 cm lang und lässt sich in verschiedene Bereiche unterteilen:
- Pars intramuralis,
- Pars prostatica,
- Pars membranacea,
- Pars spongiosa.

Die Pars intramuralis bezeichnet den kurzen Teil der Harnröhre bei der Passage der Harnblasenwand. Beim Durchtritt der Prostata (Pars prostetica) münden die Ducti ejaculatorii auf den Samenhügeln (Colliculi seminales) in die Harnröhre. In diesem Bereich liegen auch die kleinen Ausführungsgänge der Prostata. Der Teil der Harnröhre, der im Diaphragma urogenitale liegt, wird als Pars membranacea bezeichnet und ist der engste und am stärksten am Beckenboden fixierte Anteil der Urethra. Im Diaphragma urogenitale liegen die **Glandulae bulbourethrales** (Cowper-Drüsen). Sie zählen zu den akzessorischen Geschlechtsdrüsen und bilden 1–3 Prozent des Ejakulats. Das visköse Sekret der Glandulae bulbourethrales gelangt über kleine Ausführungsgänge in die **Ampulla der Pars spongiosa** der Urethra. Im Bereich des Bulbus penis mündet die Harnröhre in das Corpus spongiosum penis und zieht in diesem zum Ostium urethrae externum an der Glans penis. Die männliche Harnröhre weist jeweils 3 Engstellen und Erweiterungen auf. Die insgesamt weiteste Stelle befindet sich hierbei in der Ampulla urethrae.

1. Engstelle	Ostium urethrae internum
1. Erweiterung	Pars prostatica
2. Engstelle	Pars membranacea
2. Erweiterung	Ampulla urethrae
3. Erweiterung	Fossa navicularis urethrae
3. Engstelle	Ostium urethrae externum

Tab. 19: Engstellen und Erweiterungen der männlichen Harnröhre

6.7 Penis

Der Penis besteht aus unterschiedlichen Anteilen:
- Radix penis (pars affixa) mit Bulbus und Crura penis
- Corpus penis (pars pendulans)
- Glans penis (Eichel)

Zu den Schwellkörpern gehören:
- Corpora cavernosa (paarig)
- Corpus spongiosum (mit Glans penis)

6.7.1 Penisschwellkörper

Die **Corpora cavernosa penis** sind am Unterrand des Os pubis fixiert und bilden hier die **Crura penis**.

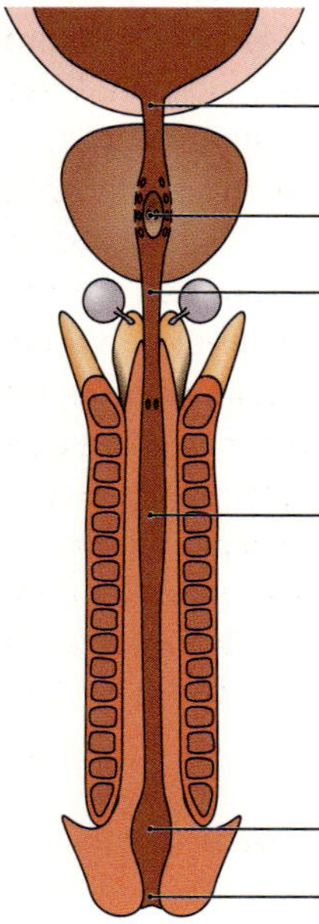

Abb. 33: Erweiterungen und Engstellen der Harnröhre
medi-learn.de/6-ana7-33

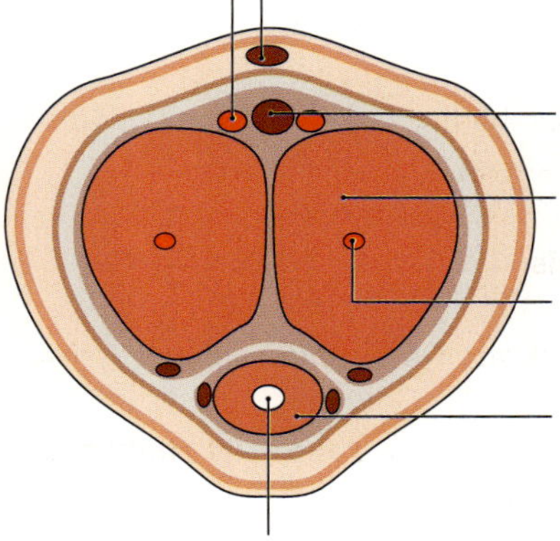

Abb. 34: Axialschnitt Penis *medi-learn.de/6-ana7-34*

Das **Corpus spongiosum penis** beginnt unter dem Diaphragma urogenitale mit Kontakt zur Membrana perinei als Bulbus penis und wird an seinem Ursprung vom Musculus bulbospongiosus umfasst. Das Corpus spongiosum penis legt sich von unten medial den beiden Corpora cavernosa penis an und endet distal mit der **Glans penis** (Eichel). Im Inneren des Corpus spongiosum penis liegt die Harnröhre. Die Eichel ist durch eine dünne Rinne, die **Corona glandis** vom Penisschaft getrennt. Das Corpus penis bildet hier eine um den Penis laufende Hautfalte, die die Eichel mehr oder weniger bedeckt. Diese Hautfalte wird als **Präputium** (Vorhaut) bezeichnet. Diese Vorhaut ist an der Unterseite der Eichel über ein Bändchen, das **Frenulum praeputii** angeheftet.

6.7.2 Gefäßversorgung des Penis

Der Penis wird arteriell durch drei Arterien versorgt:

- A. dorsalis penis (versorgt Glans und Präputium),
- A. profunda penis (versorgt die Corpora cavernosa penis),
- A. bulbi penis (versorgt die Harnröhre und das Corpus spongiosum penis).

Alle drei Arterien entspringen aus der A. pudenda interna.
Das venöse Blut aus dem Penis fließt hauptsächlich über die paarige V. dorsalis penis in den Plexus vesicoprostaticus und dann schließlich in die V. iliaca interna ab.

6.7.3 Lymphabfluss aus dem Penis

Die Lymphe aus dem Penis drainiert als erstes in die **tiefen inguinalen Lymphknoten**. Sollte zum Beispiel eine Entzündung der Glans penis vorliegen, so ist es daher hochwahrscheinlich, dass auch die inguinalen Lymphknoten angeschwollen sind.

6.7.4 Innervation der Schwellkörper

Die Steuerung der Erektion erfolgt über Fasern der **Nn. cavernosi penis** aus dem Plexus prostaticus und dem N. dorsalis penis des N. pudendus.

DAS BRINGT PUNKTE

Um im Examen wichtige Punkte zu sammeln, solltest du die zwei wichtigsten Bänder des **Uterus** (Lig. teres uteri und Lig. latum) und seine Lage im Bauchraum kennen. Hierzu die Fakten:

- Der Corpus uteri liegt intraperitoneal, die Zervix subperitoneal.
- Das **Lig. teres uteri** zieht vom Uterus (Tubenwinkel) durch den Leistenkanal zu den großen Schamlippen.
- Das **Lig. latum uteri** zieht vom Uterus zum seitlichen Beckenrand und ist mit Mesosalpinx und Mesovar verbunden.
- Das Abknicken des Corpus uteri gegen den Uterushals wird als **Anteflexio uteri** bezeichnet.
- Das Abknicken des Uterushalses gegen die Längsachse der Vagina wird als **Anteversio uteri** bezeichnet.

Im Bezug auf **Ovar** und **Tuba uterina** werden immer wieder die folgenden Haltestrukturen gefragt:

- Das Ovar ist über drei Haltestrukturen fixiert: Das **Lig. suspensorium ovarii** (enthält die A. und V. ovarica), das **Lig. ovarii proprium** (enthält den Ramus ovaricus der A. uterina) und das **Mesovar** (hierdurch gelangen die Gefäße schließlich zum Ovar).
- R. ovaricus und A. ovarica anastomosieren im Lig. ovarii proprium.
- Die Tuba uterina wird durch die Mesosalpinx am Lig. latum uteri fixiert.

Zum **Lymphabfluss** des inneren und äußeren **weiblichen Genitals** solltest du dir Folgendes merken:

- Die Lymphe des inneren Genitals (Uterus, Tube, Ovar) drainiert in die paraaortalen und lumbalen Lymphknoten.
- Die Lymphe des äußeren Genitals (Vulva) drainiert dagegen zuerst in die inguinalen Lymphknoten.

Zu den **Hodenhäuten** solltest du dir merken, dass die einzelnen Schichten der Leibeswand vom Hoden bei seinem Durchtritt durch den Leistenkanal mitgenommen werden und im Hoden wiederzufinden sind. Dieser Sachverhalt wird besonders gerne in den schriftlichen Examina gefragt.
Die Fortsetzungen der Leibeswand gliedern sich wie folgt:

- Die Fortsetzung der Haut entspricht am Hoden der Skrotalhaut,
- die Fortsätze von Fascia abdominalis superficialis bilden die Fascia spermatica externa,
- der M. obliquus internus entspricht in der Fortsetzung der Leibeswand dem M. cremaster,
- die Fascia transversalis setzt sich als Fascia spermatica interna fort.

Die Ausführungsgänge der akzessorischen **Geschlechtsdrüsen** werden ebenfalls öfters geprüft und sind daher hier noch einmal aufgeführt:

- Das Sekret der paarigen Bläschendrüse mündet über den Ductus excretorius gemeinsam mit dem Ductus deferens in den Ductus ejaculatorius, welcher durch die Prostata verläuft und auf die Colliculi seminales (Samenhügel) der Pars prostatica der Urethra mündet.
- Die etwa 20 Ausführungsgänge der Prostata münden neben den Colliculi seminales ebenfalls in die Pars prostatica der Urethra.
- Das Sekret der Cowper-Drüsen mündet in die Ampulla der Pars spongiosa urethrae.

DAS BRINGT PUNKTE

Beim Thema **Harnröhre** sind besonders die Engstellen und die Erweiterungen der Urethra prüfungsrelevant.

- Die Engstellen liegen in folgenden Bereichen der Urethra: Ostium urethrae internum, Pars membranacea, Ostium urethrae externum.
- Die Erweiterungen der Urethra finden sich in der Pars prostatica sowie in der Ampulla und der Fossa navicularis der Pars spongiosa.

Zum **Penis** wurden bislang besonders die Schwellkörper gefragt. Du solltest dir deshalb gut einprägen, dass

- die paarigen Corpora cavernosa penis an den unteren Schambeinästen ansetzen und den Penisschaft bilden,
- das unpaare Corpus spongiosum penis die Glans penis und die Harnröhre enthält, an seinem Ursprung vom M. bulbospongiosus fixiert wird und so den Bulbus penis bildet.

FÜRS MÜNDLICHE

Zum Abschluss des Skriptes geht es jetzt um die Fragen der mündlichen Prüfungsprotokolle zum Thema weibliche und männliche Geschlechtsorgane. Teste dein Wissen!

1. **Sagen Sie, welche Arterie versorgt den Uterus und womit anastomosiert sie!**
2. **Nennen Sie bitte die tiefste Stelle des Peritoneums bei einer stehenden Frau!**
3. **Nennen Sie die Fixierung des Ovars!**
4. **Wo mündet ihrer Meinung nach die Harnröhre?**
5. **Sagen Sie, wie lang ist die weibliche Harnröhre?**
6. **Welche Lymphknoten sind bei einer Entzündung der Glans penis als erstes betroffen?**
7. **Sagen Sie, in welchen Lymphknoten werden sich bei einem Patienten mit Hodenkarzinom als erstes maligne Zellen nachweisen lassen?**
8. **Was fassen Sie unter dem Begriff akzessorische Geschlechtsdrüsen zusammen?**
9. **Was versteht man unter dem Begriff Hydrozele?**
10. **Beschreiben Sie bitte, wie eine Varikozele entsteht!**

---

1. Sagen Sie, welche Arterie versorgt den Uterus und womit anastomosiert sie!
Der Uterus wird über die A. uterina (Ast der A. iliaca interna) arteriell versorgt. Die A. uterina anastomosiert über den Ramus ovaricus mit der A. ovarica.

2. Nennen Sie bitte die tiefste Stelle des Peritoneums bei einer stehenden Frau!
Die Excavatio rectouterina (Douglasraum) ist der tiefste Punkt des Peritoneums bei der Frau. Er liegt zwischen Rektum und Uterus.

FÜRS MÜNDLICHE

3. Nennen Sie die Fixierung des Ovars!
- Mesovar
- Lig. suspensorium ovarii
- Lig. ovarii proprium

4. Wo mündet ihrer Meinung nach die Harnröhre?
Die Harnröhre mündet in das Vestibulum vaginae.

5. Sagen Sie, wie lang ist die weibliche Harnröhre?
Die weibliche Harnröhre hat etwa eine Länge von 3–5 cm.

6. Welche Lymphknoten sind bei einer Entzündung der Glans penis als erstes betroffen?
Der Penis liegt im Abflussgebiet der inguinalen Lymphknoten, weswegen diese zuerst betroffen sind.

7. Sagen Sie, in welchen Lymphknoten werden sich bei einem Patienten mit Hodenkarzinom als erstes maligne Zellen nachweisen lassen?
Die Lymphflüssigkeit aus dem Hoden drainiert zuerst in die paraaortalen und lumbalen Lymphknoten. Hier werden sich also zuerst maligne Zellen nachweisen lassen.

8. Was fassen Sie unter dem Begriff akzessorische Geschlechtsdrüsen zusammen?
Die akzessorischen Geschlechtsdrüsen produzieren den Hauptanteil des Ejakulats. Bläschendrüsen, Prostata und Cowper-Drüsen werden als akzessorische Geschlechtsdrüsen bezeichnet.

9. Was versteht man unter dem Begriff Hydrozele?
Eine Hydrozele ist eine Flüssigkeitsansammlung im serösen Spalt der Tunica vaginalis des Hodens (zwischen Periorchium und Epiorchium).

10. Beschreiben Sie bitte, wie eine Varikozele entsteht!
Eine Varikozele ist als eine Erweiterung von skrotalen Venen zu verstehen und beruht meist auf einer venösen Abflussbehinderung.

Pause

Geschafft! Jetzt noch ein Blick auf wichtig
Gefäße und dann hast du dir eine große Pau
verdient.
Danach kann gekreuzt werden!

Wichtige Gefäße im Überblick

Dieses Kapitel gibt dir einen kompakten Überblick über die wichtigsten Gefäße im Bereich des Abdomens und des Beckens. Die jeweiligen Arterien sind einschließlich ihrer wichtigsten Äste aufgelistet und können so nochmal schnell wiederholt oder nachgeschlagen werden.

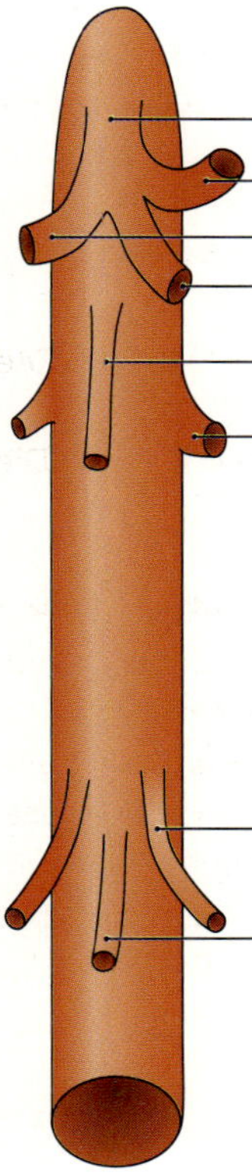

Abb. 35: Abgänge der Aorta abdominalis

medi-learn.de/6-ana7-35

Die Abgänge der Aorta abdominalis von kranial nach kaudal

1. A. phrenica inferior (paarig angelegt)

2. Truncus coeliacus (Höhe BWK 12/LWK 1, teilt sich in drei große Äste)
2.1 A. hepatica communis (teilt sich in zwei Äste)
2.1.1 A. hepatica propria (**1. Ast**)
– A. cystica
– A. gastrica dextra
2.1.2 A. gastroduodenalis (**2. Ast**)
– A. gastroomentalis dextra
– A. pancreaticoduodenalis superior
2.2 A. splenica (stärkster Ast des Truncus coeliacus)
2.2.1 A. gastroomentalis sinistra
2.2.2 Aa. gastricae breves
2.3 A. gastrica sinistra

3. A. suprarenalis media (paarig angelegt)

4. A. mesenterica superior (Höhe LWK 1/2, versorgt den Darm bis zur linken Kolonflexur)
4.1 A. pancreaticoduodenalis inferior
4.2 Aa. jejunales und Aa. ileales
4.3 A. ileocolica
4.3.1 A. appendicularis
4.3.2 A. caecalis
4.4 A. colica dextra
4.5 A. colica media

5. A. renalis (Höhe LWK 2, paarig angelegt)
5.1 A. suprarenalis inferior

6. A. ovarica (bei der Frau) oder A. testicularis (beim Mann) (paarig angelegt)

7. A. mesenterica inferior (Höhe LWK 3/4)
7.1 A. colica sinistra
7.2 Aa. sigmoideae
7.3 A. rectalis superior

Merke!

Alle unpaaren Abgänge der Aorta abdominalis bilden Anastomosen.

- Der Truncus coeliacus bildet durch die A. pancreaticoduodenalis superior mit der A. pancreaticoduodenalis inferior, als Ast der A. mesenterica superior, eine Anastomose im Bereich des Pankreaskopfes.
- Die A. mesenterica superior bildet über die A. colica media mit der A. colica sinistra, als Ast der A. mesenterica inferior, im Bereich der linken Colonflexur die Riolan-Anastomose.

Anhang

Die Arterien des Beckens in der Übersicht

Die Äste der A. iliaca interna lassen sich in parietale Äste und in viszerale Äste unterteilen:

1. A. iliaca interna
1.1 Parietale Äste
1.1.1 A. iliolumbalis
1.1.2 A. sacralis lateralis
1.1.3 A. glutea superior
1.1.4 A. glutea inferior
1.1.5 A. obturatoria
1.2 Viszerale Äste
1.2.1 A. umbilicalis
– A. vesicalis superior
– A. ductus deferentis
1.2.2 A. vesicalis inferior
1.2.3 A. uterina
– A. vaginalis
– Ramus ovaricus
1.2.4 A. rectalis media
1.2.5 A. pudenda interna
– A. rectalis inferior
2. A. iliaca externa
2.1 Äste zum M. psoas
2.2 A. epigastrica inferior
2.3 A. circumflexa ilium profunda

Die A. iliaca externa zieht durch die Lacuna vasorum aus dem Becken und geht in die A. femoralis über.

Index

Index

Ulrike Bommas-Ebert

Anatomie Band 6

MEDI-LEARN Skriptenreihe

6., komplett überarbeitete Auflage

MEDI-LEARN Verlag GbR

Autorin: Ulrike Bommas-Ebert
Fachlicher Beirat: PD Dr. Rainer Viktor Haberberger

Teil 6 des Anatomiepaketes, nur im Paket erhältlich
ISBN-13: 978-3-95658-000-0

Herausgeber:
MEDI-LEARN Verlag GbR
Dorfstraße 57, 24107 Ottendorf
Tel. 0431 78025-0, Fax 0431 78025-262
E-Mail redaktion@medi-learn.de
www.medi-learn.de

Verlagsredaktion:
Dr. Marlies Weier, Dipl.-Oek./Medizin (FH) Désirée Weber, Denise Drdacky, Jens Plasger, Sabine Behnsch, Philipp Dahm, Christine Marx, Florian Pyschny, Christian Weier

Layout und Satz:
Fritz Ramcke, Kristina Junghans,
Christian Gottschalk

Grafiken:
Dr. Günter Körtner, Irina Kart, Alexander Dospil,
Christine Marx

Illustration:
Daniel Lüdeling

Druck:
A.C. Ehlers Medienproduktion GmbH

6. Auflage 2014

Wichtiger Hinweis für alle Leser
Die Medizin ist als Naturwissenschaft ständigen Veränderungen und Neuerungen unterworfen. Sowohl die Forschung als auch klinische Erfahrungen führen dazu, dass der Wissensstand ständig erweitert wird. Dies gilt insbesondere für medikamentöse Therapie und andere Behandlungen. Alle Dosierungen oder Applikationen in diesem Buch unterliegen diesen Veränderungen.
Obwohl das MEDI-LEARN Team größte Sorgfalt in Bezug auf die Angabe von Dosierungen oder Applikationen hat walten lassen, kann es hierfür keine Gewähr übernehmen. Jeder Leser ist angehalten, durch genaue Lektüre der Beipackzettel oder Rücksprache mit einem Spezialisten zu überprüfen, ob die Dosierung oder die Applikationsdauer oder -menge zutrifft. Jede Dosierung oder Applikation erfolgt auf eigene Gefahr des Benutzers. Sollten Fehler auffallen, bitten wir dringend darum, uns darüber in Kenntnis zu setzen.

Inhalt

1 Respirationstrakt

Fragen in den letzten 10 Examen: 18

Zum Brustsitus gehören der gesamte Respirationstrakt und das Herz, die beide im schriftlichen Physikum ein häufig gefragtes Thema sind. Hervorzuheben – da besonders gerne gefragt – ist in diesem Zusammenhang der Ösophagus, der sich ja ebenfalls im Bereich des Brustsitus befindet. Zum Thymus hingegen gibt es kaum Fragen. Was du unbedingt für die Prüfung parat haben solltest, sind topografische Kenntnisse im Bereich des Brustsitus: die Aufteilung in die einzelnen Mediastinalräume sowie die Durchtrittstellen durch das Zwerchfell werden einfach erwartet.

Um dir ein strukturiertes Lernen zu ermöglichen, wird in diesem Skript zunächst der gesamte Respirationstrakt vorgestellt, anschließend werden das Herz sowie die weiteren Brustorgane besprochen. Den Abschluss bildet die Topografie des Thorax.

Der Respirationstrakt erstreckt sich vom Kehlkopf über die Trachea und den weiteren Bronchialbaum bis hin zur Lunge mit ihren Alveolen und schließlich zur Pleura. Der ebenfalls im Halsbereich liegende Kehlkopf wird hier nicht besprochen; er ist Thema des Skripts Anatomie 4.

1.1 Trachea

Die Trachea beginnt auf Höhe des 6. bis 7. Halswirbels. Dies kannst du an dir selbst nachvollziehen: Die Trachea beginnt unterhalb des Kehlkopfs. Den Kehlkopf kannst du ventral am Hals tasten. Dorsal ist auf derselben Höhe die Vertebra prominens (7. Halswirbel) zu tasten. Auf Höhe C6/C7 beginnt allerdings nicht nur die Trachea. Hier liegen auch der Kehlkopf, ventral der Trachea liegt die Schilddrüse und auch der Ösophagus beginnt bei C6/C7.

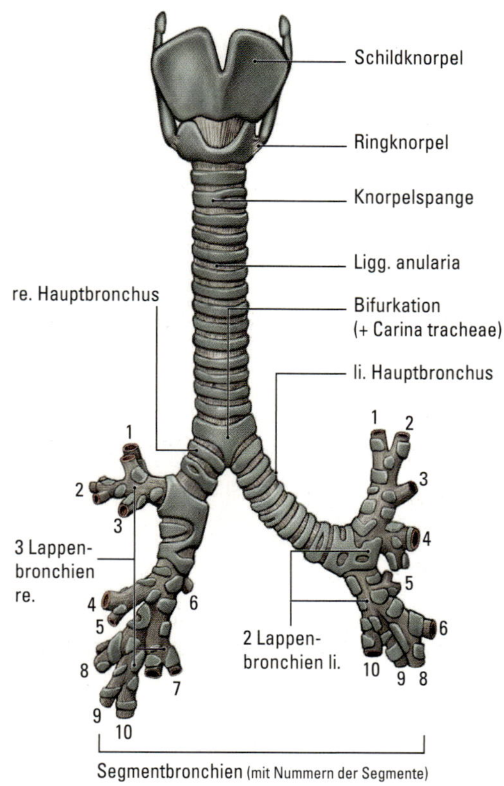

Abb. 1: Trachea *medi-learn.de/6-ana6-1*

Alle diese Strukturen – die topografisch auf einer Höhe liegen – weisen Gemeinsamkeiten in der Innervation und der Gefäßversorgung auf.

Von C6/C7 erstreckt sich die Trachea über eine Länge von 10 bis 12 cm nach kaudal. Ihr Durchmesser beträgt in diesem Bereich ca. 1,5 cm. Nach dieser Strecke kommt die Trachea auf Höhe von Th4 an und gabelt sich dort in die beiden Hauptbronchien (s. Abb. 1, S. 1). Durch den schrägen Verlauf der Rippen von dorsal-kranial nach ventral-kaudal entspricht die Höhe von Th4 etwa dem Ansatz der 3. Rippe am Sternum: eine

Angabe, die übrigens häufig im Schriftlichen auftaucht. Die Gabelung der Trachea in die beiden Hauptbronchien erfolgt in einem Winkel von 55 bis 65 Grad, wobei der Aortenbogen, der ja über den linken Hauptbronchus zieht, die Trachea etwas nach rechts verschiebt. Dies führt dazu, dass der rechte Hauptbronchus steiler verläuft: Er verläuft fast senkrecht und setzt damit die Verlaufsrichtung der Trachea am ehesten fort. Der linke Hauptbronchus hingegen verläuft bogenförmig nach links. Sein Lumen ist etwas enger als das des rechten, und da die Trachea etwas nach rechts verschoben ist, ist der linke Hauptbronchus bis zu 5 cm länger.
An der Gabelungsstelle der beiden Hauptbronchien ragt ein sagittaler Sporn in das Lumen hinein. Dabei handelt es sich um die **Carina tracheae**, an der bei der Atmung Turbulenzen entstehen, die als Atemgeräusche hörbar sind.

Übrigens ...
Den erstaunlich kleinen Durchmesser der Trachea von 1,5 cm kannst du dir vielleicht besser einprägen, wenn du dabei an den Cuff (kleiner aufblasbarer Ballon) zur Blockung eines Beatmungstubus denkst. Der ist ja auch nicht besonders dick (als Anhaltspunkt für die Größenwahl dient der kleine Finger des Patienten) und dichtet dennoch die Trachea vollständig ab.

Die Trachea und der Bronchialbaum weisen einen typischen dreischichtigen Wandaufbau auf: Die innere Schicht wird als **Tunica mucosa respiratoria** bezeichnet. Sie besteht aus dem typischen mehrreihigen respiratorischen **Flimmerepithel**, hat eine deutlich sichtbare Basalmembran und eingebettete seromuköse Drüsen (Glandulae tracheales). Die mittlere Schicht wird als **Tunica fibromusculocartilaginea** bezeichnet. Die Bezeichnung klingt etwas abschreckend, setzt sich jedoch einfach aus den Bestandteilen dieser Schicht zusammen:
- „fibro" bezeichnet die Ligamenta anularia, die von kranial nach kaudal die einzelnen Knorpelspangen miteinander verbinden,
- „musculo" bezeichnet den M. trachealis, der dorsal die beiden Enden der hufeisenförmigen Knorpelspangen verbindet und
- „cartilaginea" bezeichnet die Knorpelspangen aus hyalinem Knorpel, von denen die Trachea etwa 16 bis 20 Stück aufweist (s. Abb. 1, S. 1).

Die äußere Schicht ist die Tunica adventitia, die aus lockerem kollagenem Bindegewebe besteht und dazu dient, die Trachea mit ihrer Umgebung zu verbinden.

Sowohl die Tunica adventitia als auch die Serosa der Bauchorgane haben die Aufgabe, Organe mit ihrer Umgebung zu verbinden. Während die Adventitia jedoch aus lockerem kollagenem Bindegewebe besteht, ist die Serosa üblicherweise aus einem einschichtigen Plattenepithel aufgebaut.

Die **Innervation der Trachea** erfolgt über den Nervus laryngeus recurrens, den 2. Ast des Nervus vagus (Verlauf s. 4.2, S. 46) sowie durch Äste des Sympathikus. Die Gefäßversorgung der Trachea übernehmen Äste der Arteria thyroidea inferior, die aus dem Truncus thyreocervicalis stammt, der wiederum aus der Arteria subclavia entspringt.
In enger **topografischer Beziehung zur Trachea** stehen:
- die Schilddrüse, die kranio-ventral an die Trachea grenzt (Innervation: N. laryngeus recurrens sowie N. laryngeus superior des N. vagus und Äste des Sympathikus, Gefäßversorgung: A. thyroidea inferior aus der A. subclavia sowie A. thyroidea superior aus der A. carotis externa),
- dorsal der Ösophagus (im zervikalen Anteil Innervation durch den N. laryngeus recurrens sowie durch Äste des Sympathikus, Gefäßversorgung über Äste der A. thyroidea inferior),
- kranial der Kehlkopf (Innervation: N. laryngeus superior und recurrens, Äste des Sympathikus, Gefäßversorgung: A. thyroidea superior und inferior),

- von ventral nach dorsal bogenförmig über den linken Hauptbronchus ziehend der Aortenbogen,
- der Truncus brachiocephalicus und
- die rechte sowie die linke Arteria carotis communis.

Die Vena thyroidea inferior grenzt häufig ebenfalls an einen Teil der Trachea. Dorsal verläuft in der Rinne zwischen Trachea und Ösophagus beiderseits der Nervus laryngeus recurrens (s. 4.2, S. 46).

Die rechte und linke Vena brachiocephalica liegen ventral der Arterien und haben somit KEINE direkte topografische Beziehung zur Trachea.

Merke!

- C4 = Gabelung der A. carotis
- Th4 = Gabelung der Trachea
- L4 = Gabelung der Aorta und der V. cava

1.2 Bronchialbaum

Die Trachea gabelt sich zunächst in die beiden **Hauptbronchien**, die Bronchi principales dexter et sinister. Rechts erfolgt die weitere Gabelung in drei **Lappenbronchien** (Bronchi lobares), die zu den drei Lungenlappen (Lobus superior, medius et inferior) ziehen, links in zwei Lappenbronchien (zum Lobus superior et inferior). Die einzelnen Lappenbronchien teilen sich dann in **Segmentbronchien** (Bronchi segmentales) auf, die zu den einzelnen Segmenten ziehen (s. Abb. 1, S. 1):

Auf der **rechten** Seite teilt sich der

- Lobus superior in das Segmentum apicale, anterius und posterius,
- Lobus medius in das Segmentum laterale und mediale und der
- Lobus inferior in das Segmentum superius, basale mediale, basale laterale, basale anterius und basale posterius.

Auf der linken Seite unterteilt sich der

- Lobus superior in das Segmentum apicoposterius, anterius, linguale superius und linguale inferius und der
- Lobus inferior unterteilt sich wie auf der rechten Seite auch in ein Segmentum superius, basale mediale, basale laterale, basale anterius und basale posterius.

Zusammenfassend lässt sich sagen, dass

- auf der rechten Seite drei Lappenbronchien (Bronchi lobares) zu drei Lungensegmenten ziehen, die sich rechts in 10 Segmentbronchien (Bronchi segmentales) zu 10 Segmenten unterteilen,
- auf der linken Seite nur 2 Lappenbronchien/Lappen liegen mit 9 Segmentbronchien/Segmenten (s. Abb. 2, S. 5).

Dies ist entwicklungsgeschichtlich u. a. dadurch bedingt, dass das Herz ja zu zwei Dritteln in der linken Thoraxhälfte liegt und somit auf der linken Seite weniger Raum vorhanden ist. Auf der linken Seite fehlen also der mittlere Lungenlappen sowie das 7. Lungensegment. Als rudimentäre Strukturen davon können das Segmentum linguale superius und inferius angesehen werden.

Übrigens ...

- Gelegentlich kommt ausschließlich im Bereich des Segmentum linguale superius und inferius eine isolierte Lungenentzündung vor, die Lingula-Pneumonie.
- In der Regel werden die lateinischen Namen für die einzelnen Segmente nicht verwendet. Sie werden einfach von oben nach unten durchnummeriert. Hierbei ist aber zu beachten, dass auf der linken Seite das 7. Segment fehlt. Um dies zu veranschaulichen, wird beim Durchnummerieren die Nummer 7 weggelassen mit der Folge, dass es zwar nur 9 Segmente links gibt, jedoch trotzdem ein Segment mit der Nummer 10 (s. Abb. 1, S. 1).

Merke!

Auf der Seite mit den **zwei** Lungenlappen liegt auch die **Bi**kuspidal- oder Mitralklappe (links), bei den **drei** Lungenlappen (rechts) liegt die **Tri**kuspidalklappe des Herzens.

Bis zu den Segmentbronchien liegt in der Tunica mucosa das typische mehrreihige respiratorische Epithel mit Kinozilien und Becherzellen sowie seromukösen Drüsen vor. In der Tunica fibromusculocartilaginea liegen die Knorpelspangen, die glatte Muskulatur und die Ligg. anularia. In den Lappen- und Segmentbronchien ändert sich im Bereich der Tunica mucosa nichts, die Tunica fibromusculocartilaginea weist aber statt Knorpelspangen nur noch Knorpelplättchen auf und ihre Muskulatur ist überwiegend konzentrisch angeordnet. Die weitere Unterteilung des Bronchialbaums erfolgt von den Segmentbronchien aus in die jeweiligen Bronchus lobularis (**Läppchenbronchien**). Hier ist das respiratorische Epithel nur noch einschichtig und es liegen weniger Becherzellen vor. Die Muskulatur der Tunica fibromusculocartilaginea ist überwiegend gitterartig angeordnet, es finden sich nur noch wenige Knorpelplättchen und Drüsen lassen sich kaum noch nachweisen.

Nach den Läppchenbronchien folgen die Bronchioli terminales (**Terminalbronchien**), deren Durchmesser kleiner als 1 mm ist. Ihr Name entsteht dadurch, dass hier der Totraum der Lunge endet. Es finden sich keinerlei Becherzellen mehr, kein Knorpel und auch keine Drüsen. Was bleibt ist jedoch das einschichtige Flimmerepithel mit den Kinozilien. Die glatte Muskulatur ist konzentrisch angeordnet.
An die Terminalbronchien schließen sich die Bronchioli respiratorii (**respiratorischen Bronchien**) an. Ihren Namen haben sie erhalten, da in ihrer Wand die Öffnungen zu den Alveolen der Lunge liegen. Die Bronchioli sind ausgekleidet von einem einschichtigen kubischen Epithel. Hier gibt es keinerlei Kinozilien, Becherzellen, Knorpel und Drüsen. Die Muskulatur ist gitterartig angeordnet.

Zusammenfassend lässt sich zur histologischen Unterscheidung des Bronchialbaums sagen, dass
- bis zu den Terminalbronchien Kinozilien vorhanden sind und
- die sezernierenden Strukturen (Becherzellen und Drüsen) schon vor den Bronchioli terminales enden.

Dies ist physiologisch sinnvoll, da durch die bis zum Ende des Totraums reichenden Kinozilien eingedrungene Fremdkörper sowie Alveolarmakrophagen rachenwärts abtransportiert werden können. Man bezeichnet dies als **mukoziliäre Clearance**.

Dass die sezernierenden Zellen bereits vor den Terminalbronchien enden, verhindert, dass das Sekret in die Bronchioli respiratorii gelangt und die Alveolen verlegt.
Clara-Zellen sind für den terminalen Respirationstrakt typische Zellen, die lysosomale Enzyme freisetzen. Des Weiteren sezernieren sie die Surfactant-Proteine SP-A und SP-D.
An den Bronchioli respiratorii geht das Gewebe des Bronchialbaums in das Alveolargewebe der Lunge über.

Klinisches Beispiel:
Ein Patient gibt an, dass er einen Erdnusskern „eingeatmet" habe, als er am Tisch saß.

Frage: Aus Gründen der anatomischen Geometrie des Bronchialbaums könnte dieser Fremdkörper am ehesten in welche der genannten Strukturen gelangt sein? In den linken Unterlappenbronchus, den linken Oberlappenbronchus, den rechten Oberlappenbronchus, den rechten Mittellappenbronchus oder den rechten Unterlappenbronchus?
Antwort: In den rechten Unterlappenbronchus.

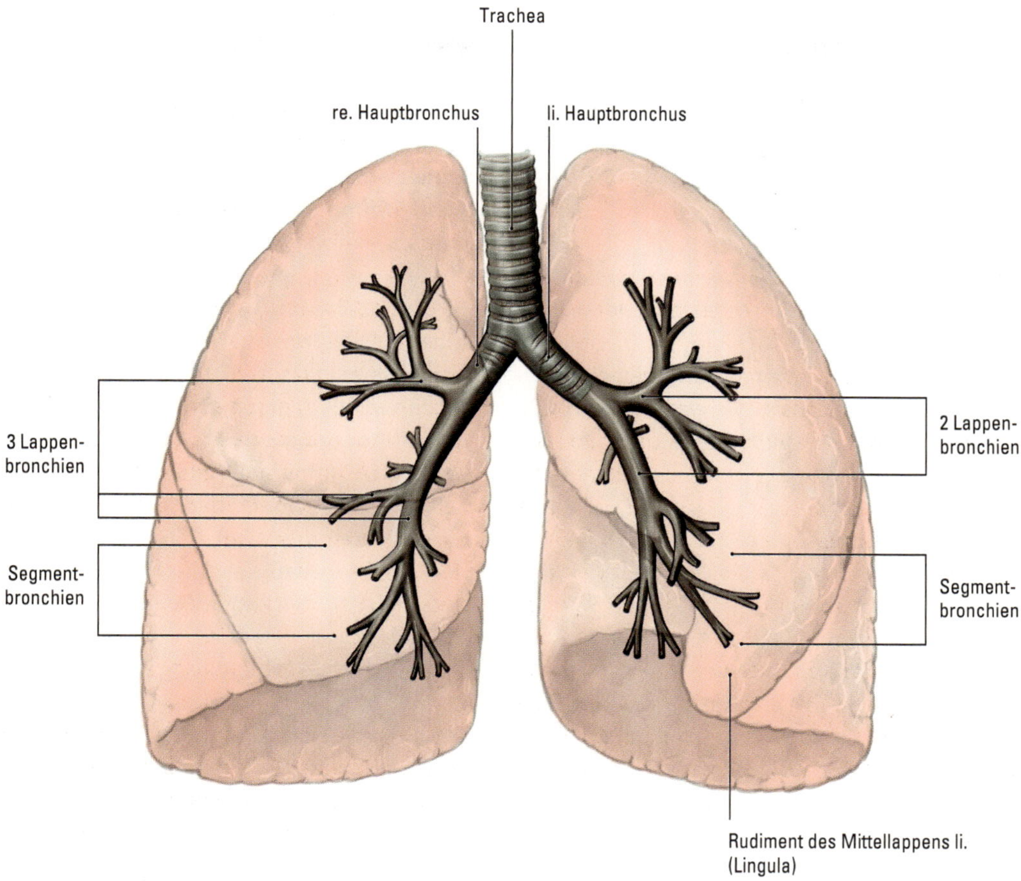

Abb. 2: Unterteilung des Bronchialbaums

medi-learn.de/6-ana6-2

1.3 Lunge

Die Lunge gliedert sich in einen rechten und einen linken Lungenflügel, die jeweils in einer Cavitas pleuralis (Pleurahöhle) liegen. Die Pleura, die die Lunge direkt umgibt, bezeichnet man als Pleura pulmonalis oder Pleura visceralis; die daran angrenzende Pleura, die dem Thorax fest anliegt, als Pleura parietalis.

Die Form der Lunge wird vor allem von den sie umgebenden Organen geprägt. Das bedeutet, dass die Lunge im Wesentlichen die vorhandenen Hohlräume ausfüllt. Die Außenflächen der Lunge unterteilt man nach den angrenzenden Strukturen in eine

- Facies diaphragmatica (grenzt an das Zwerchfell; unter dem Zwerchfell grenzen links Magen und Milz, rechts die Leber an die Lunge),
- Facies costalis (den Rippen zugewandte Seite) und
- Facies medialis oder mediastinalis (grenzt an das Mediastinum und die Wirbelsäule).

Die Lunge ragt ca. zwei fingerbreit über die Clavicula und häufig auch über die erste Rippe hinaus. Sie endet spätestens auf Höhe von C7. Durch die enge topografische Beziehung zur Clavicula grenzen auch die Arteria und die Vena subclavia an die Lunge.

Die kraniale Lungenkuppel wird von den drei Musculi scaleni umgeben. Am Mediastinum zugewandten Teil der Lunge grenzen u. a. die Vena azygos, die

Vena cava superior (s. IMPP-Bild 1, S. 53), die Aorta thoracica mit dem Aortenbogen, der Truncus pulmonalis, der Ösophagus, der rechte sowie der linke Vorhof des Herzens sowie die linke Herzkammer. Kaudal grenzt das Zwerchfell an die Lunge.
Die Lunge kann man rechts in drei, links in zwei Lappen unterteilen (s. 1.2, S. 3). Der obere und der mittlere Lappen werden rechts von der Fissura horizontalis unterteilt, der Mittel- und der Unterlappen durch die Fissura obliqua; auf der linken Seite trennt ebenfalls eine Fissura obliqua den Ober- vom Unterlappen. Damit ist die Fissura obliqua also obligatorisch in beiden Lungenflügeln vorhanden.

Übrigens ...
Neuerdings wird auch nach der Projektion der Fissura obliqua in Atemmittellage gefragt: Sie endet in Atemmittelstellung etwa am Margo inferior in Höhe der Knorpel-Knochen-Grenze der 6. Rippe.

Als Lungenhilum wird die Region bezeichnet, an der die einzelnen Strukturen in die Lunge ein- und austreten. Das Hilum pulmonis liegt an der Facies medialis der Lunge, etwa auf der Höhe von Th5 (Ansatz der 4. Rippe am Sternum).
Eintretende Strukturen am Lungenhilum sind
- dorsal die Hauptbronchien,
- ventral-kranial
  - die Arteria pulmonalis,
  - die arteriellen Rami bronchiales sowie
  - sympathische und parasympathische Nerven.

Austretende Strukturen am Lungenhilum sind
- ventral-kaudal
  - die Venae pulmonales,
  - venöse Rami bronchiales und
  - Lymphgefäße.

Ausschließlich am Hilum treten Strukturen in die Lunge ein und aus. Am Hilum befindet sich außerdem der Umschlagspunkt von der visceralen in die parietale Pleura (s. Abb. 5, S. 12). Ansonsten ist die Lunge komplett von Pleura umgeben und gleitet bei In- und Exspiration im Bereich des Pleuraspalts. Etwaige durchtretende Strukturen würden die Ausdehnung und das Zusammenschrumpfen der Lunge behindern.

Es kommt also NUR am Hilum zu Ein- und Austritt von Gefäßen und Nerven. Hierbei ist noch zu beachten, dass die **Arterien mit den Bronchien ziehen**, die Venen jedoch NICHT. Dies gilt sowohl für die Vasa privata als auch für die Vasa publica (s. Kapitel 1.3.1, S. 7) und hat physiologische Gründe. Die Vasa privata dienen der Eigenversorgung des Bronchialbaums und der Lunge mit arteriellem Blut. Die Bronchien und die Alveolen enthalten zwar Luft, die jedoch viel zu schnell durch den Bronchialbaum strömt, als dass hier genügend Sauerstoff aufgenommen werden könnte. Außerdem ist die Wand der Bronchien zu dick, um ausschließlich über Diffusion ernährt zu werden. Daher ist eine eigene arterielle Gefäßversorgung vonnöten, die durch die Rami bronchiales (aus der Aorta thoracica und den Interkostalarterien) gewährleistet wird.
Die Arterien der Vasa publica kommen vom Herzen (A. pulmonalis). Ihre Aufgabe ist es, am Ende des Bronchialbaums ihr venöses Blut mit Sauerstoff sättigen zu lassen.
Sowohl die Arterien der Vasa privata als auch die Arterien der Vasa publica bilden also mit den Bronchien eine **funktionelle Einheit**. Deswegen verlaufen sie auch gemeinsam **intrasegmental** (im Inneren der einzelnen Lappen und Segmente).

Bei den Venen steht das zügige Verlassen der Lunge im Vordergrund. Die Venen der Vasa publica enthalten nämlich sauerstoffreiches Blut, das möglichst schnell wieder dem Körper zur Verfügung gestellt werden soll. Daher ziehen sie rasch zwischen den einzelnen Lappen und Segmenten aus der Lunge hinaus. Auch die Venae bronchiales der Vasa privata, die venöses Blut enthalten, verlassen auf kürzestem Wege die Lunge, um das venöse Blut dem Körperkreislauf wieder zuzuführen und mit Sauerstoff anreichern zu lassen. Die Venen verlaufen im Gegensatz zu den Arterien intersegmental (zwischen den einzelnen Lappen und Segmenten). Aus hämodynamischen Gründen (das Blut fließt mit der Schwerkraft nach unten, die Venen enthalten wenig Klappen) verlaufen die Venen jeweils am Boden der einzelnen Lappen und Segmente.

1.3.1 Gefäßversorgung der Lunge

In der Lunge werden zwei verschiedene Gefäßsysteme unterschieden: Zum einen die **Vasa publica**, die für den Gasaustausch des gesamten Körpers zuständig sind und daher auch als Arbeitsgefäße bezeichnet werden, zum anderen die **Vasa privata**, deren Aufgabe die private Gefäßversorgung der Bronchien ist und die daher auch als Versorgungsgefäße bezeichnet werden.
Zu den Vasa publica zählt man die Arteriae und die Venae pulmonales. Die Arteria pulmonalis führt der Lunge sauerstoffarmes Blut zu. Sie bzw. ihre Äste verlaufen mit den Bronchien. Ihre großen Äste sind vom elastischen Typ, ihre kleinen Äste vom muskulären Typ. Damit sind die kleinen Arterienäste der Arteria pulmonalis in der Lage, die Durchblutung zu regeln und die Perfusion der Ventilation anzupassen (Euler-Liljestrand-Mechanismus, s. Skript Physiologie 4). Die Venae pulmonales transportieren dann das sauerstoffreiche Blut wieder zurück zum Herzen. Sie verlaufen zwischen den einzelnen Segmenten.
Die Vasa privata sind nach den Strukturen benannt, die sie versorgen: Es wird zwischen arteriellen und venösen Rami bronchiales unterschieden. Die arteriellen Rami bronchiales stammen überwiegend aus der Aorta thoracica und auch aus den Interkostalarterien, die topografisch in der Nähe des Lungenhilums liegen. Die venösen Rami bronchiales münden rechts in die Vena azygos, links in die Vena hemiazygos; diese liegen topografisch am nächsten.

1.3.2 Lymphabflüsse der Lunge

Aus dem Lungengewebe wird die Lymphflüssigkeit zunächst in die Nodi lymphoidei pulmonales geleitet, die an den Segmentbronchien liegen. Von dort aus fließt die Lymphe dann weiter bis zur nächsten Sammelstelle, den Nodi lymphoidei bronchiopulmonales, die sich am Lungenhilum befinden. Anschließend geht es zu den Nodi lymphoidei tracheobronchiales an der Bifurcatio tracheae und schließlich zu den Nodi lymphoidei tracheales lateral der Trachea. Von dort erfolgt der Lymphabfluss dann links in den Ductus thoracicus, rechts in den Ductus lymphaticus dexter, die dann in den linken bzw. rechten Venenwinkel münden.
Wie bei allen Organen und im gesamten Körper erfolgt der Lymphabfluss von der Oberfläche in die Tiefe, bis die Lymphe schließlich in den Venenwinkel mündet.

Allgemeines zum Lymphabfluss

Eigentlich musst du die Eigennamen zum Lymphabfluss nicht auswendig lernen. Hast du das generelle Prinzip des Lymphabflusses nämlich verstanden, kannst du dir die meisten Antworten herleiten. Der erste wichtige Punkt, den es dabei zu berücksichtigen gilt, ist, dass die Lymphe immer in den rechten bzw. linken Venenwinkel mündet. Der Venenwinkel liegt auf beiden Seiten dort, wo die Vena subclavia und die Vena jugularis interna zusammentreffen und sich zur Vena brachiocephalica vereinen. Unterhalb des Venenwinkels fließt die Lymphe von unten nach oben, oberhalb des Venenwinkels fließt sie von oben nach unten. Im gesamten Körper gilt, dass der Lymphabfluss von oberflächlich nach tief erfolgt. Die Lymphe fließt also grundsätzlich vom Einzugsgebiet in regionäre Lymphknoten, hierbei von oberflächlich nach tief und mündet dann in die weiteren Lymphbahnen, bis sie schließlich in den Venenwinkel mündet. Ein großer Zusammenfluss von Lymphgefäßen ist die **Cisterna**

1

chyli, die unterhalb des Zwerchfells etwa auf Höhe des Truncus coeliacus liegt. Hier münden drei große Zuflüsse:
Die Lymphbahnen
- des rechten Beines,
- des linken Beines und
- der Bauchorgane.

Von der Cisterna chyli zieht durch das Zwerchfell (durch den Hiatus aorticus) der Ductus thoracicus (Ductus albicans) nach kranial und mündet schließlich in den linken Venenwinkel. In den linken Venenwinkel münden außerdem Lymphgefäße von der linken Kopfhälfte und vom linken Arm.
Auf der rechten Thoraxseite gibt es einen lymphführenden Gang – den Ductus lymphaticus dexter – der erst im Thorax beginnt und NICHT aus der Cisterna chyli entspringt. Der Ductus lymphaticus dexter mündet in den rechten Venenwinkel. Dort mündet auch die Lymphe

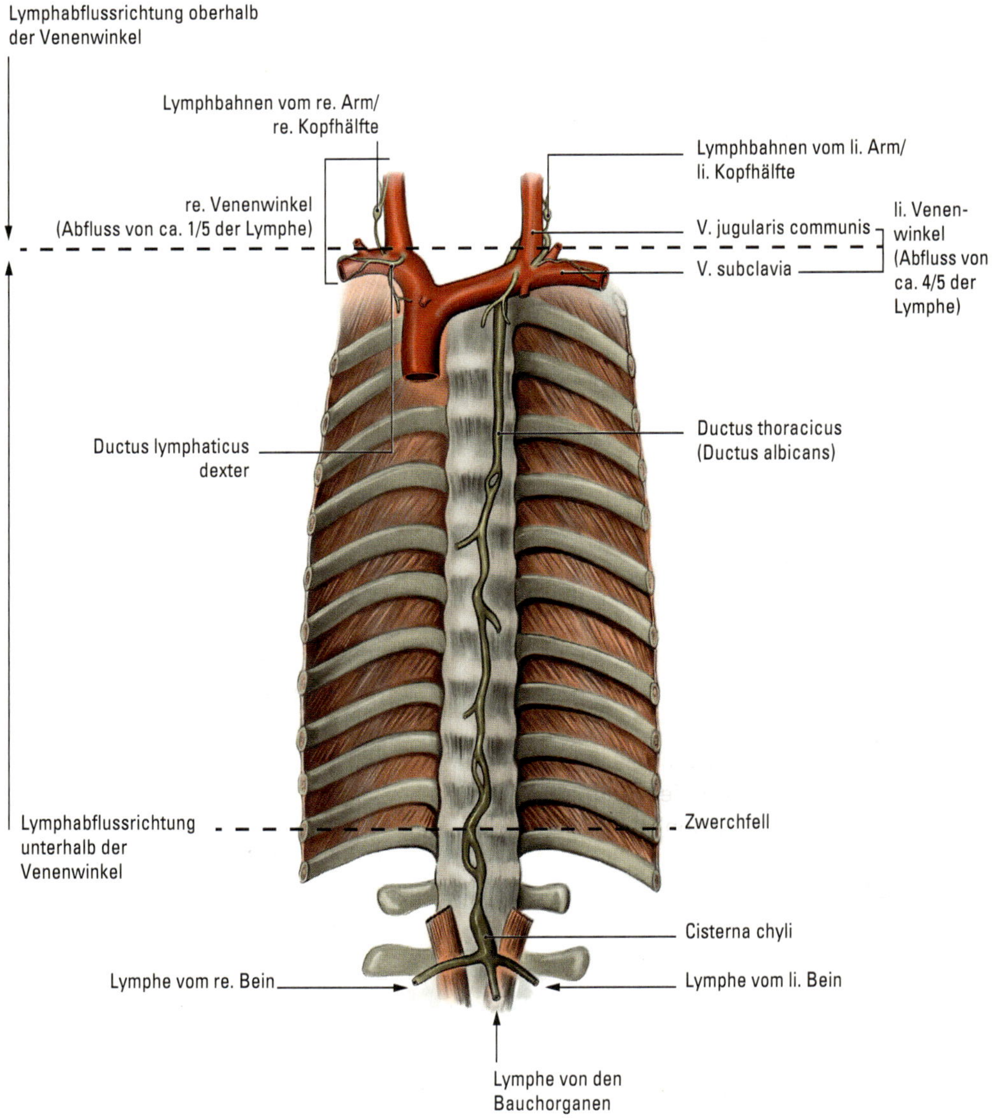

Abb. 3: Lymphabfluss im Körper *medi-learn.de/6-ana6-3*

der rechten Kopfhälfte und des rechten Arms. Als Fazit kann man sagen, dass ca. 1/5 der Lymphe im rechten Venenwinkel dem venösen System zugeführt wird, im linken Venenwinkel sind es ca. 4/5 der Lymphe.

Unterhalb des Venenwinkels liegt also ganz distal das Einzugsgebiet und etwas weiter proximal kommen die regionären Lymphknoten. Die Lymphe wird dann weiter nach kranial zum Venenwinkel geleitet.
Oberhalb des Venenwinkels ist dies umgekehrt: Das Einzugsgebiet liegt kranial, darauf folgen etwas kaudaler die regionalen Lymphknoten, bis die Lymphe schließlich kaudal in den Venenwinkel mündet (s. Abb. 3, S. 8).

Merke!

Da es im Körper sehr viele Lymphknoten gibt, sind die einzelnen Einzugsgebiete relativ klein. Man kann als Merkhilfe sagen, dass das Einzugsgebiet kaudal des Venenwinkels etwa eine Hand breit ist, kranial des Venenwinkels etwa zwei Finger breit.

Beispiele:
Das Einzugsgebiet der regionären Lymphknoten in der Kniekehle liegt etwa eine Handbreit unterhalb, was in etwa der Wade entspricht. Bereits in der Kniekehle erfolgt ein Lymphabfluss von oberflächlich nach tief. Dasselbe lässt sich auch auf die Leistenlymphknoten anwenden. Hier liegt das Einzugsgebiet ebenfalls eine Handbreit kaudal. Zum Einzugsgebiet gehören daher der ventrale Oberschenkel und das äußere Genitale.
Oberhalb des Venenwinkels liegen deutlich mehr Lymphknoten und das Einzugsgebiet ist hier nur zwei Finger breit. Daher mündet in die Nodi lymphoidei parotidei superficiales nur die Lymphe der Schläfe sowie eines Teils der Ohrmuschel und in die submentalen Lymphknoten im Wesentlichen die Lymphe der Unterlippe, des vorderen Anteils des Unterkiefers sowie der Zungenspitze.

Zur Verdeutlichung soll auch Abb. 3, S. 8 dienen.

Übrigens ...
Hast du das generelle Prinzip des Lymphabflusses verstanden, so lassen sich in der Regel die Antworten auf Examensfragen herleiten.

Ductus thoracicus

Der Ductus thoracicus beginnt an/mit der Cisterna chyli und zieht durch den Hiatus aorticus. Anschließend verläuft er streckenweise an der Wirbelsäule entlang. Er nimmt im Regelfall die Lymphe des linken Lungenflügels auf (die des rechten Lungenflügels gelangt in den Ductus lymphaticus dexter) und mündet in den linken Venenwinkel.
Folgende Körperregionen entsenden z. B. ihre Lymphe in den Ductus thoracicus:
- die linke Hals-/Kopfregion,
- die linke Brustregion,
- die unteren Extremitäten (beiderseits) und
- die Bauchregion.

Die rechte Hals-/Kopfregion, der rechte Arm und die rechte Thoraxseite geben ihre Lymphe in den Ductus lymphaticus dexter ab.

1.3.3 Innervation der Lunge

Wie alle inneren Organe wird auch die Lunge sympathisch und parasympathisch innerviert. Die hierfür zuständigen Fasern bezeichnet man als **Plexus pulmonalis anterior** und **posterior**. Entsprechend liegen die Fasern also vor und hinter dem Lungenhilum.

Der Plexus pulmonalis besteht aus
- Fasern des Nervus vagus = parasympathische Efferenzen, bronchokonstriktorisch

und zuständig für den Hering-Breuer-Reflex (mehr dazu s. Skript Physilogie 3), begleitet von schmerzleitenden Fasern.
- Fasern des Grenzstrangs = sympathisch, bronchodilatatorisch und vasokonstriktorisch.

Dass der Sympathikus bronchodilatatorisch wirkt, mag im ersten Moment etwas verwirren. Dies hat jedoch seine Ursache darin, dass der Sympathikus als Stressnervensystem überwiegend dafür entwickelt wurde, um in einer Stresssituation wegzulaufen (für den entwicklungsgeschichtlich neuen Stress in der Examensvorbereitung ist der Sympathikus dagegen nicht ausgelegt). Um also möglichst schnell weglaufen zu können, muss dem Körper ausreichend Sauerstoff angeboten werden, was durch eine Bronchodilatation geschieht. Das Blut soll dabei optimal sauerstoffgesättigt werden und zügig den Sauerstoff zur Muskulatur bringen.

1.3.4 Histologie der Lunge

Die Histologie des Bronchialbaums wurde in 1.2, S. 3 bereits besprochen. Was noch fehlt und daher hier aufgeführt wird, ist die Histologie der Alveolen (s. Abb. 4, S. 11). Die Alveolen bestehen aus einem Alveolarepithel, wobei man zwischen **Alveolarepithelzellen Typ I** und **Typ II** (auch **Pneumozyten 1** und **2** genannt) unterscheidet.

- Die Alveolarepithelzellen Typ I übernehmen die erste wichtige Funktion der Lunge, nämlich den Gasaustausch. Um dies möglichst effektiv leisten zu können, sind die Alveoarepithelzellen Typ I sehr lang gestreckt und dadurch sehr flach, sodass der Sauerstoff nur eine kurze Diffusionsstrecke zu überwinen hat. Dies führt dazu, dass die Alveolarepithelzellen Typ I – obwohl sie nur ca. 8 % der Zellen im Bereich der Alveole ausmachen – ca. 80 % der Oberfläche der Alveole bedecken. Sie sind durch Tight Junctions miteinander verbunden.
- Die Alveolarepithelzellen Typ II haben als Aufgabe die Produktion und Sekretion von Surfactant. Sie sind eher kugelig geformt und nehmen daher – obwohl sie ca. 15 % der Zellen der Alveole stellen – nur 20 % der Oberfläche ein. Außerdem entstehen aus den Alveolarepithelzellen Typ II die Alveolarepithelzellen Typ I.

Das Alveolarepithel ist vollständig von **Surfactant** bedeckt, der das Kollabieren der einzelnen Alveolen verhindert. In der Surfactant-Flüssigkeit schwimmen einzelne **Alveolarmakrophagen**, die Staub und andere eingedrungene Fremdkörper phagozytieren. Phagozytieren sie Erythrozyten, die z. B. aufgrund einer ausgeprägten Herzinsuffizienz in die Alveole gelangt sind, nennt man sie auch **Herzfehlerzellen**.

Die Alveolarmakrophagen werden von den Kinozilien rachenwärts transportiert und dort entweder ausgehustet oder verschluckt. Unterhalb des Alveolarepithels liegt eine besondere Basalmembran. Besonders deshalb, da es sich um eine Verschmelzung zweier Basalmembranen handelt: der des Alveolarepithels und der des Kapillarendothels. Auf diese Basalmembran folgt das Kapillarendothel.

Die Blut-Luft-Schranke wird vom Oberflächenepithel gebildet – genauer gesagt von den Alveolarepithelzellen Typ I, von der Basalmembran und vom Kapillarendothel. Streng genommen muss auch die Erythrozytenmembran noch dazugezählt werden.

Alveolarepithelzellen Typ II werden von Sauerstoff nicht passiert und zählen daher auch NICHT zur Blut-Luft-Schranke; genauso wenig wie die Alveolarmakrophagen. Diese Zellen bilden keine eigenständige Schicht und sind am Gasaustausch nicht beteiligt (s. Abb. 4, S. 11).

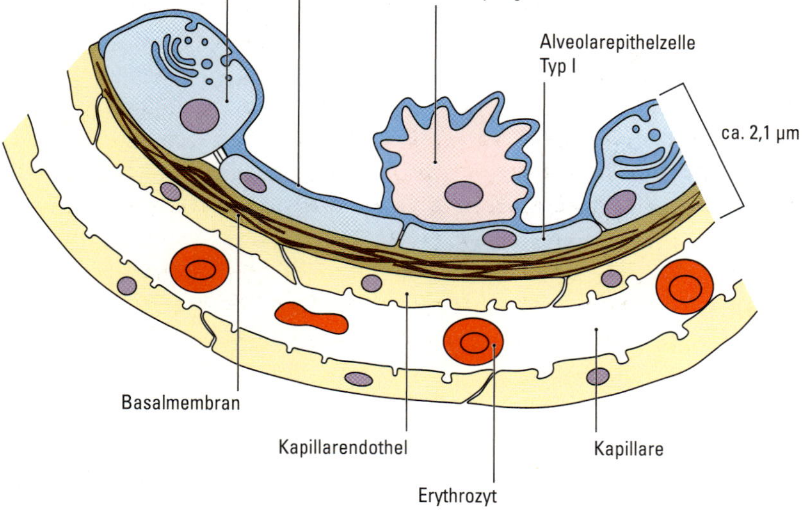

Abb. 4: Histologie der Alveolen und Blut-Luft-Schranke *medi-learn.de/6-ana6-4*

1.4 Pleura

Die Pleura ist ein einschichtiges Plattenepithel, das die Lunge und die äußere Wand der Pleurahöhle auskleidet. Sie wird in zwei Schichten unterteilt (s. Abb. 5 und Abb. 6, S. 12):

- Die Pleura visceralis (Pleura pulmonalis oder Lungenfell), die der Lunge anliegt und
- die Pleura parietalis (Rippenfell), die die Pleurahöhle auskleidet.

Die viszerale Pleura überzieht die gesamte Lunge und schlägt sich am Lungenhilum unter Bildung einer Umschlagsfalte in die parietale Pleura um. Diese verläuft dann – wieder die Lunge umgebend – entlang der Thoraxwand. Die parietale Pleura wird gelegentlich noch weiter unterteilt, je nachdem welchen Bereich sie überzieht:

- Die Pleura diaphragmatica bedeckt das Zwerchfell von kranial (außer im Bereich des Mediastinums).
- Die Pleura mediastinalis überzieht das Mediastinum (außer im Bereich des Lungenhilums). Der Teil der mediastinalen Pleura, der dem Herzen anliegt, wird als Pleura pericardiaca bezeichnet.
- Die Pleura costalis überzieht die Rippen, das Sternum und die Wirbelkörper.

Ein Pleuraduplikatur ist das sogenannte Ligamentum pulmonale. Es zieht vom Lungenhilum in Richtung Zwerchfell. Die parietale Pleura ist sensibel sehr gut innerviert und daher ausgesprochen schmerzempfindlich. Sie wird von den Nerven innerviert, die topografisch in ihrer Nähe liegen. Dies sind im Bereich der Pleura costalis die Interkostalnerven, im Bereich der Pleura mediastinalis und der Pleura diaphragmatica der Nervus phrenicus.

Da die Lunge sich bei Exspiration zusammenzieht, wandert hierbei das Zwerchfell nach kranial. Bei Inspiration wandert es dagegen nach kaudal. Dies führt dazu, dass insbesondere bei der Exspiration Teile der parietalen Pleura aneinander zu liegen kommen. Diese Umschlagsfalten, die als Komplementärräume der Atembewegungen dienen, bezeichnet man als Recessus pleurales. Von diesen Recessus gibt es drei verschiedene (s. Abb. 5, S. 12):

- Den Recessus costodiaphragmaticus,
- den Recessus costomediastinalis und
- den Recessus phrenicomediastinalis.

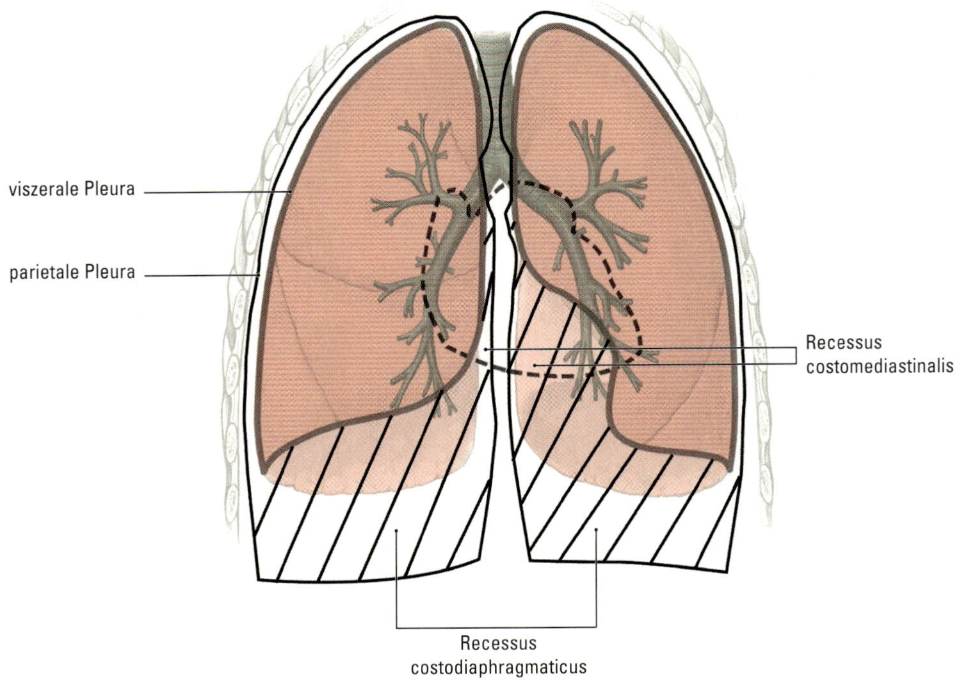

Abb. 5: Recessus und an die Lunge angrenzende Strukturen *medi-learn.de/6-ana6-5*

Der größte Recessus ist der Recessus costodiaphragmaticus, der auch bei Röntgenaufnahmen des Thorax mit beurteilt wird.

Übrigens ...
Einen Pleuraerguss, der sich infolge der Schwerkraft kaudal sammelt, erkennt man an den abgeflachten seitlichen Lungenspitzen (s. Abb. 6, S. 12).

Der Recessus costodiaphragmaticus ist der einzige Recessus, der bei einem Pleuraerguss gelegentlich punktiert wird. Die Punktion findet in der Regel in der hinteren Axillarlinie am Oberrand einer Rippe statt. Dies hat mehrere Gründe: Der Oberrand der Rippe wird ausgewählt, da am Thorax Vene, Arterie und Nerv (VAN von kranial nach kaudal) am Unterrand der Rippe liegen; somit wird durch dieses Vorgehen das Verletzungsrisiko minimiert. Insbesondere dorsalseitig liegen diese Strukturen

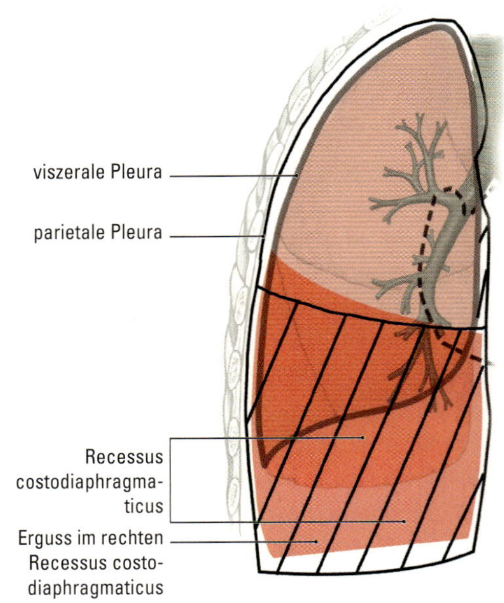

Abb. 6: Schematische Darstellung eines Pleuraergusses *medi-learn.de/6-ana6-6*

direkt unter der Rippe, doch je weiter die Gefäße und Nerven nach ventral ziehen, desto eher ragen sie in den Interkostalraum hinein. Bezüglich der Lage der Nerven und Gefäße wäre also die Scapular-Linie die beste Punktionsstelle. Der Recessus costodiagphragmaticus hat seine größte Ausdehnung jedoch in der mittleren Axillarlinie. Als Kompromisslösung zwischen den beiden anatomischen Gegebenheiten erfolgt die Punktion deshalb in der hinteren Axillarlinie.

Im Pleuraspalt befindet sich auch regulär etwas Flüssigkeit, dies sind pro Seite etwa 5 ml **Transsudat**. Der Begriff Transsudat bedeutet, dass es sich hierbei um eine Flüssigkeit handelt, die in einen Raum abgegeben und von dort auch wieder resorbiert wird. Der Körper ist also durchaus in der Lage, aus dem Pleuraspalt Flüssigkeiten, Luft und Teilchen zu resorbieren, nur reicht dies bei größeren Verletzungen oder einem Pleuraerguss nicht aus, sodass ggf. eine Drainage gelegt werden muss.

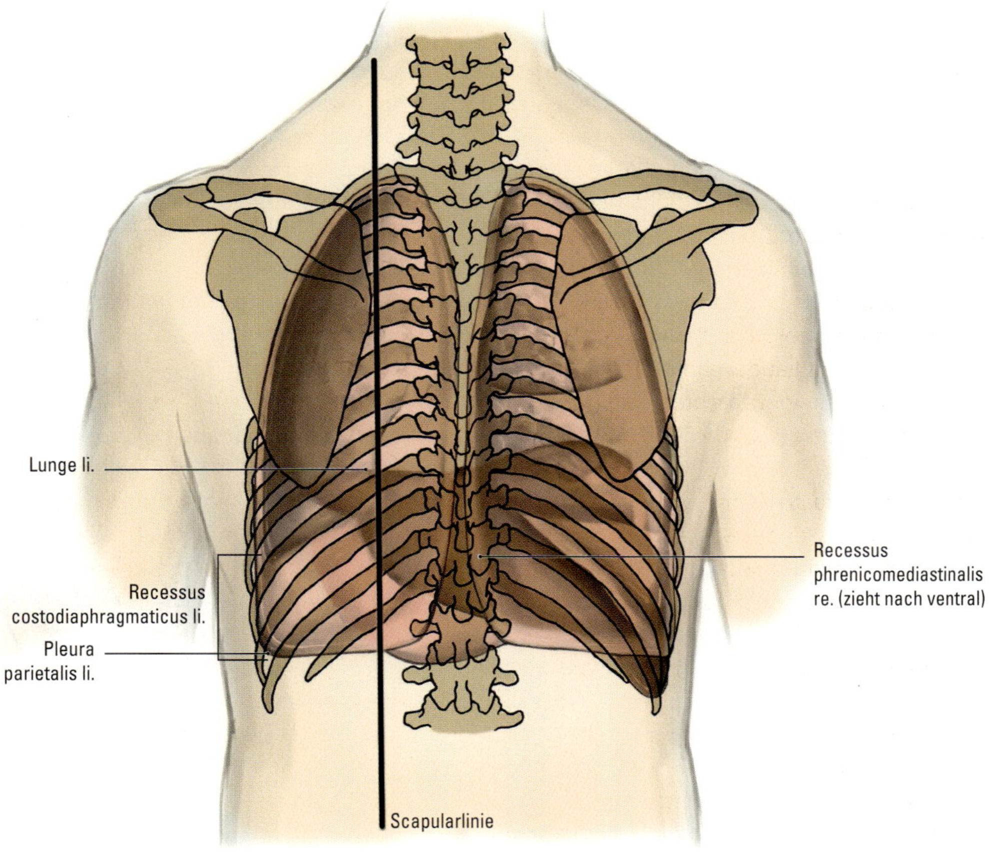

Abb. 7: Recessus von dorsal

medi-learn.de/6-ana6-7

Merke!

Der Unterdruck im Pleuraspalt wird auch als Donder-Druck bezeichnet und liegt zwischen –4 bis –7 cm H_2O.
Die Pleurakuppel ragt bis zu zwei cm über den Oberrand der Clavicula hinaus.
In enger topografischer Beziehung zur Pleurakuppel verlaufen
- Arteria und Vena subclavia (liegen der Pleurakuppel am nächsten),
- Arteria und Vena thoracica interna,
- Plexus brachialis,
- Ansa subclavia,
- Nervus phrenicus,
- Arteria vertebralis,
- links der Ductus thoracicus und
- rechts der Ductus lymphaticus dexter sowie das Ganglion stellatum.

Histologisch besteht die Pleura aus einem einschichtigen Plattenepithel mit Kollagen und elastischen Fasern. Darunter liegt eine Subpleura mit Blut- und Lymphgefäßen.
Wie bereits erwähnt, ist lediglich die parietale Pleura innerviert. Die viszerale Pleura dagegen ist NICHT sensibel innerviert. Die sensiblen Nerven enden bereits im Lungengewebe und reichen daher nicht bis in die Pleura hinein.

Die Lungen- und Pleuragrenzen sowie die einzelnen Linien zeigt Abb. 7, S. 13.

1.5 Atemmechanik

Die Atemmechanik ändert sich bei Inspiration und Exspiration je nach erforderlicher Intensität. Die normale Inspiration erfolgt einfach durch Kontraktion des Zwerchfells, wodurch es zur Erweiterung des Recessus costodiaphragmaticus kommt. Im Wesentlichen ist die normale Inspiration also eine Bauchatmung. Bei etwas tieferer Inspiration kontrahieren sich zusätzlich die Musculi intercostales externi. Hier kommt also die Brustatmung bereits dazu.

Bei sehr tiefer Inspiration wird schließlich noch die Atemhilfsmuskulatur mit genutzt.
Zur inspiratorischen Atemhilfsmuskulatur zählen im Wesentlichen alle Muskeln, die am Thorax ansetzen und in der Lage sind, den Thorax auseinander zu ziehen. Dies sind im Einzelnen
- der Musculus sternocleidomastoideus,
- die Musculi scaleni,
- die Musculi serrati posteriores superiores,
- die Musculi serrati posteriores inferiores,
- die Musculi pectorales major et minor sowie
- der Musculus erector spinae.

Die Exspiration erfolgt in Ruhe ausschließlich durch Erschlaffung der inspiratorischen Muskeln und durch die Tendenz der elastischen Fasern der Lunge, sich zusammenzuziehen. Bei vertiefter Exspiration wird die Atemhilfsmuskulatur mit benutzt.
Zur exspiratorischen Atemhilfsmuskulatur gehören zum einen die Thoraxmuskeln:
- die Musculi intercostales interni et intimi sowie
- der Musculus transversus thoracis.

Des Weiteren helfen aber auch Bauchmuskeln bei der Exspiration:
- der Musculus transversus abdominis,
- die Musculi obliqui externus et internus abdominis,
- der Musculus rectus abdominis und
- der Musculus iliocostalis lumborum.

Übrigens ...
Im Liegen hilft auch das Gewicht der Bauchorgane bei der Exspiration mit. Dass die Bauchmuskeln an der forcierten Exspiration beteiligt sind, merkst du zum einen nach ausgiebigem Lachen, wenn die Muskeln schmerzen, zum anderen bei einer akuten Bronchitis. Nachdem du die halbe Nacht gehustet und somit forciert ausgeatmet hast, hast du am nächsten Morgen Muskelkater im Bereich der Bauchmuskeln.

DAS BRINGT PUNKTE

Hier gibt es zunächst ein paar ganz besonders gerne und häufig im Physikum gefragte Aussagen zum Thema **Trachea**:

- Die Bifurkation der Trachea liegt auf Höhe von Th4. Dies entspricht dem Sternalansatz der 3. Rippe.
- Der rechte Hauptbronchus verläuft steiler, fast senkrecht, und setzt somit die Verlaufsrichtung der Trachea am ehesten fort.
- Fremdkörper gelangen am ehesten in den rechten Hauptbronchus.

Nicht ganz so oft gefragt, aber trotzdem durchaus noch lernenswert, ist, dass

- die Trachea aus 16–20 Knorpelspangen besteht,
- die Trachea vom N. laryngeus recurrens innerviert und von der A. thyroidea inferior mit Blut versorgt wird und
- der Aortenbogen über den linken Hauptbronchus zieht und somit zu einer Verlagerung der Trachea nach rechts führt.

Die Namen der einzelnen Lungensegmente wurden bislang nur einmal im schriftlichen Physikum gefragt und müssen sicherlich nicht auswendig gelernt werden. Spitzenreiter unter den Fragen zum **Bronchialbaum** – und damit unbedingt wissenswert – sind aber folgende Sachverhalte:

- Bis zu den Terminalbronchien sind Kinozilien vorhanden.
- Die sezernierenden Strukturen (Becherzellen und Drüsen) enden schon vor den Bronchioli terminales.
- Clara-Zellen sind für den Respirationstrakt typische Zellen, die lysosomale Enzyme freisetzen sowie die surfactant-Proteine SP-A und SP-D sezernieren.
- Die rechte Lunge hat drei Lappen und zehn Segmente.
- Die linke Lunge hat zwei Lappen und neun Segmente.

Am häufigsten wurden zum Thema **Lunge** die folgenden Punkte im schriftlichen Physikum gefragt:

- Arterien verlaufen in der Lunge intrasegmental, die Venen intersegmental.
- Der Ober- und der Mittellappen werden rechts von der Fissura horizontalis, der Mittel- und der Unterlappen durch die Fissura obliqua voneinander getrennt.
- Auf der linken Seite trennt die Fissura obliqua den Ober- vom Unterlappen.
- Am linken Lungenhilum liegen Arterie, Bronchus und Vene von kranial nach kaudal übereinander.
- Am rechten Hilum liegen der Bronchus und die Arterie ungefähr auf einer Höhe, die Venen kaudal davon.

Zum Thema **Gefäßversorgung der Lunge** sind die folgenden Punkte bereits so oft gefragt worden, dass es sich wirklich lohnt, sie für das Schriftliche parat zu haben:
Folgende Möglichkeiten des Blutflusses in der Lunge sind wahrscheinlich:

- von Bronchialarterien in Bronchialkapillaren,
- von Bronchialarterien in Alveolarkapillaren,
- von Bronchialkapillaren in Pulmonalvenen und
- von Bronchialkapillaren in Bronchialvenen.

Unwahrscheinlich ist dagegen der Abfluss von Alveolarkapillaren in Bronchialvenen.

Hier sind noch einmal – da du damit im Schriftlichen viele Punkte holen kannst – die wichtigsten Aussagen zur **Histologie der Trachea, der Hauptbronchien und der Alveolen** zusammengefasst:
Folgende Zelltypen kommen im Epithel der Trachea und der großen Bronchien vor:

- Becherzellen,

DAS BRINGT PUNKTE

- kinozilientragende Zellen,
- Basalzellen und
- endokrine Zellen.

Ein typisches Merkmal der Schleimhaut des Respirationstrakts ist das Vorkommen von Kinozilien. Sie kommen vor im

- Bronchus segmentalis,
- Bronchus lobaris,
- Bronchiolus lobularis und
- Bronchiolus terminalis.

Im Ductus alveolaris FEHLEN dagegen die Kinozilien.
Außerdem solltest du noch wissen, dass Bronchioli bzw. Bronchioli terminales

- in ihrer Wand keine seromukösen Drüsen enthalten,
- in ihrer Wand glatte Muskulatur enthalten,
- in ihrem Epithel zilientragende Zellen und Clara-Zellen enthalten sowie
- in ihrer Wand sympathische Nervenfasern aufweisen.

Zum Thema **Alveolen** wurde schon häufig gefragt, dass

- Alveolarmakrophagen NICHT zur Blut-Luft-Schranke gehören,
- Alveolarepithelzellen Typ II Surfactant und Typ I-Zellen bilden sowie
- Alveolarepithelzellen Typ I am Gasaustausch beteiligt sind.

Kenntnisse der **Recessus** sowie der **Lungen- und Pleuragrenzen** sind für die mündliche und die schriftliche Prüfung (und für die Klinik) sehr wichtig, daher solltest du dir Abb. 7, S. 13 gut einprägen.
Daneben solltest du, um gut punkten zu können, noch wissen, dass

- der rechten Pleurakuppel am nächsten die V. subclavia liegt,
- sich ein Pleuraerguss insbesondere im Recessus costodiaphragmaticus sammelt,
- der Recessus costodiaphragmaticus in der Röntgenaufnahme des Thorax besonders wichtig und geeignet für die Beurteilung eines Ergusses ist,
- der Recessus costodiaphragmaticus in der mittleren Axillarlinie seine größte Ausdehnung hat und
- man einen Pleuraerguss in der hinteren Axillarlinie am Oberrand einer Rippe punktiert.

Zur **Atemmechanik** solltest du dir merken, dass

- verschiedene Mechanismen die Exspiration im Stehen unterstützen können. Zu diesen gehören charakteristischerweise die Senkung der Rippen, die Rückstellkräfte der Lunge, die Kontraktion der Mm. obliqui abdominis externi und die Kontraktion der Mm. obliqui abdominis interni.
- unterstützend für die Exspiration im Liegen auch das Gewicht der Baucheingeweide wirkt.

FÜRS MÜNDLICHE

Den makroskopischen und mikroskopischen Aufbau der Trachea sowie deren Topografie solltest du im Mündlichen wiedergeben können. Das gilt natürlich auch für alle anderen Organe. Werden offene Fragen zu den Organen gestellt, wie z. B. „Erzählen Sie mir bitte etwas über die Trachea ...", solltest du Wert auf eine strukturierte Antwort legen. Dadurch wirkst du souveräner, vergisst weniger und es entstehen weniger Pausen im Redefluss, weil du den Weg der Antwort bereits vor dir siehst. Natürlich kann sich jeder

FÜRS MÜNDLICHE

selbst eine Strukturierung für offene Fragen zu den Organen erstellen; eine beispielhafte Antwort könnte folgendermaßen gegliedert sein:

1. Ein kurzer Satz zur Funktion des Organs, z. B. „Die Trachea stellt die Verbindung zwischen Larynx und Hauptbronchien dar und dient der Luftleitung",
2. Lage und Topografie des Organs,
3. makroskopischer Aufbau des Organs,
4. Innervation und Gefäßversorgung des Organs,
5. Histologie des Organs, wobei hier auch Querverweise zur Physiologie, z. B. bei der Niere, oder eine genauere Erläuterung der Funktion „an den Prüfer gebracht" werden können und
6. wenn der Prüfer dann noch etwas hören möchte, kannst du mit der Embryologie glänzen (s. Skript Anatomie 1).

Welche Lunge wie viele Lappen hat und was durch das Lungenhilum zieht, solltest du im Mündlichen erzählen können. Daneben lohnt es sich sicherlich auch, die angrenzenden Strukturen zu beherrschen.
Von der Gefäßversorgung der Lunge werden besonders die Vasa privata und die Vasa publica gerne im Mündlichen gefragt.
Da Kenntnisse des Lympabflusses auch für die Klinik wichtig sind, z. B. für die lymphogene Metastasierung von Tumoren, ist dieses Thema auch im Mündlichen beliebt. Einen guten Eindruck wirst du sicherlich hinterlassen, wenn du die Inhalte von Abb. 3, S. 8 wiedergeben und/oder aufzeichnen kannst. Der Aufbau einer Alveole ist fürs Mündliche besonders wichtig. Daher solltest du dir Abb. 4, S. 11 gut einprägen.

1. Erläutern Sie bitte, welche Organe in enger topografischer Beziehung zur Trachea stehen.

2. Beschreiben Sie bitte kurz den Aufbau der Trachea.

3. Beschreiben Sie bitte kurz die histologischen Besonderheiten der Trachea.

4. Bitte erklären Sie, was der Totraum ist.

5. Nennen Sie die Anzahl der Lappen und Segmente der Lungen.

6. Erklären Sie bitte, wo ein aspirierter Fremdkörper oder ein zu tief vorgeschobener Tubus normalerweise landet.

7. Beschreiben Sie bitte, den makroskopischen Aufbau der Lunge.

8. Erklären Sie bitte, was das Lungenhilum ist.

9. Bitte erläutern Sie, was die Vasa privata und Vasa publica sind.

10. Bitte beschreiben Sie kurz die unterschiedlichen Aufgaben der Vasa privata im Vergleich zu den Vasa publica.

11. Bitte erläutern Sie, worin sich die Vasa privata von den Vasa publica unterscheiden.

12. Erklären Sie, wohin ein Tumor im Bereich der Genitalorgane vermutlich lymphogen metastasieren wird.

13. Ein Arzt findet bei einer 64-jährigen Frau einen kleinen bräunlichen Hauttumor im Bereich der linken Skapularlinie in Höhe des 7. Thorakalwirbels. Er vermutet, dass der Tumor bösartig ist und die regionären Lymphknoten befallen haben könnte. In welcher Körperregion würde er, unter Berücksichtigung der normalen Lymphabflusswege, bevorzugt nach vergrößerten Lymphknoten tasten?

FÜRS MÜNDLICHE

14. Welche Alveolarepithelzellen nehmen den größten Teil der Alveolaroberfläche ein?

15. Welche Alveolarepithelzellen sind – bezogen auf ihre Anzahl – häufiger vorhanden?

16. Nennen Sie bitte die Bestandteile der Blut-Luft-Schranke.

17. Erklären Sie bitte, was ein Recessus ist.

18. Erläutern Sie bitte, welcher Recessus der größte und klinisch relevanteste ist.

19. Bitte erklären Sie, wie die Pleura innerviert ist.

20. Ein 28-jähriger Mann erleidet eine Stichverletzung in der rechten mittleren Axillarlinie zwischen der 8. und 9. Rippe bis in die Leber, als er gerade ausgeatmet hat. Erklären Sie bitte, welche Strukturen verletzt werden und welche wahrscheinlich nicht.

21. Ein 85-jähriger Patient weist links einen geringen Pleuraerguss auf und wird im Stehen geröntgt. Erklären Sie bitte, in welchem Recessus sich die Ergussflüssigkeit überwiegend sammelt.

22. Erklären Sie bitte, wie die Exspiration in Ruhe erfolgt.

23. Bitte nennen Sie den Unterschied zwischen den verschiedenen exspiratorisch wirkenden Muskeln.

---

1. Erläutern Sie bitte, welche Organe in enger topografischer Beziehung zur Trachea stehen.
Die Trachea beginnt auf Höhe von C6/C7. In etwa auf dieser Höhe liegen auch der Kehlkopf, die Schilddrüse und der Beginn des Ösophagus. Die V. cava und die Vv. brachiocephalicae stehen – ebenso wie der Aortenbogen – in enger topografischer Beziehung zur Trachea, wobei die Vv. brachiocephalicae aber keinen direkten Kontakt haben. Kaudal der Trachea liegt das Herz, dorsal der Ösophagus.

2. Beschreiben Sie bitte kurz den Aufbau der Trachea.
Sie beginnt unterhalb des Kehlkopfs und besteht aus 16–20 nach ventral gerichteten hufeisenförmigen Knorpelspangen, die bindegewebig durch die Ligg. anularia miteinander verbunden sind. Dorsal liegt die Pars membranacea zwischen den offenen Enden der Knorpelspangen. Die hier vorkommende Muskulatur wird auch als M. trachealis bezeichnet. Auf Höhe von Th4 gabelt sich die Trachea in die beiden Hauptbronchien.

3. Beschreiben Sie bitte kurz die histologischen Besonderheiten der Trachea.
Von außen nach innen:
- Tunica adventitia, die das Organ mit der Umgebung verbindet.
- Tunica fibromusculocartilaginea mit Knorpelspangen aus hyalinem Knorpel, Bindegewebe der Ligg. anularia und Muskulatur des M. trachealis.
- respiratorisches (mehrreihiges) Flimmerepithel mit Kinozilienbesatz und Becherzellen.

4. Bitte erklären Sie, was der Totraum ist.
Zum Totraum zählt man die Teile des Respirationstrakts, die nicht am Gasaustausch beteiligt sind. Die letzte Station des Totraums sind die Terminalbronchien.

FÜRS MÜNDLICHE

5. Nennen Sie die Anzahl der Lappen und Segmente der Lungen.
- Rechts drei Lappen und zehn Segmente,
- Links zwei Lappen und neun Segmente.

6. Erklären Sie bitte, wo ein aspirierter Fremdkörper oder ein zu tief vorgeschobener Tubus normalerweise landet.
Je nach Tiefe im rechten Hauptbronchus oder im rechten Unterlappenbronchus. Dies ist insbesondere durch den anatomisch unterschiedlichen Verlauf der Hauptbronchien zu erklären.

7. Beschreiben Sie bitte den makroskopischen Aufbau der Lunge.
Folgende Stichworte sollten im Vortrag vorkommen:
- Rechter und linker Lungenflügel,
- Facies costalis, mediastinalis und diaphragmatica,
- links 2, rechts 3 Lappen,
- links 9, rechts 10 Segmente,
- Fissura horizontalis und obliqua.

8. Erklären Sie bitte, was das Lungenhilum ist.
Die Ein- und Austrittsstelle aller in die Lunge ein- und austretenden Strukturen. Es liegt auf Höhe von Th5. Hier schlägt die viszerale in die parietale Pleura um.

9. Bitte erläutern Sie, was die Vasa privata und Vasa publica sind.
- Vasa privata (Rr. bronchiales) dienen der Eigenversorgung der Lunge und der Bronchien = Versorgungsgefäße,
- Vasa publica (A./V. pulmonales) sind für die Sauerstoffversorgung des Körpers zuständig = Arbeitsgefäße.

10. Bitte beschreiben Sie kurz die unterschiedlichen Aufgaben der Vasa privata im Vergleich zu den Vasa publica.
- Die Vasa privata dienen der Eigenversorgung der Lunge. Durch die Bronchien fließt zwar Sauerstoff, ihre Wand ist jedoch zu dick, sodass eine eigene Gefäßversorgung erforderlich ist.
- Die Vasa publica dienen dazu, das Blut für den Körper mit Sauerstoff sättigen zu lassen.

11. Bitte erläutern Sie, worin sich die Vasa privata von den Vasa publica unterscheiden.
Bei den Vasa privata (A./V. bronchiales) führen die Arterien arterielles und die Venen venöses Blut, bei den Vasa publica (A./V. pulmonales) ist dies umgekehrt. Zudem haben Vasa privata und publica auch einen unterschiedlichen Ursprung: Die Vasa publica kommen aus dem Herz, die Vasa privata aus der Aorta.

12. Erklären Sie, wohin ein Tumor im Bereich der Genitalorgane vermutlich lymphogen metastasieren wird.
Sowohl in die paraaortalen als auch in die iliacalen Lymphknoten, da aufgrund der topografischen Lage hierhin der Lymphabfluss erfolgt.

13. Ein Arzt findet bei einer 64-jährigen Frau einen kleinen bräunlichen Hauttumor im Bereich der linken Skapularlinie in Höhe des 7. Thorakalwirbels. Er vermutet, dass der Tumor bösartig ist und die regionären Lymphknoten befallen haben könnte. In welcher Körperregion würde er, unter Berücksichtigung der normalen Lymphabflusswege, bevorzugt nach vergrößerten Lymphknoten tasten?
In der Regio axillaris sinistra.

14. Welche Alveolarepithelzellen nehmen den größten Teil der Alveolaroberfläche ein?
Alveolarepithelzellen Typ I.

15. Welche Alveolarepithelzellen sind – bezogen auf ihre Anzahl – häufiger vorhanden?
Alveolarepithelzellen Typ II.

16. Nennen Sie bitte die Bestandteile der Blut-Luft-Schranke.
- Surfactant,
- Alveolarepithelzellen Typ I,
- Basalmembran von Alveolen und Kapillaren,
- Kapillarendothel und
- Erythrozytenmembran.

17. Erklären Sie bitte, was ein Recessus ist.
Ein Recessus ist eine Duplikatur (Umschlagsfalte) der parietalen Pleura. Er dient als Komplementärraum bei Atembewegungen. Es gibt drei Recessus:
- Recessus costodiaphragmaticus,
- Recessus costomediastinalis und
- Recessus phrenicomediastinalis.

18. Erläutern Sie bitte, welcher Recessus der größte und klinisch relevanteste ist.
Der Recessus costodiaphragmaticus. Er wird bei Vorliegen eines Pleuraergusses punktiert in der hinteren Axillarlinie. Seine größte Ausdehnung hat er in der mittleren Axillarlinie.

19. Bitte erklären Sie, wie die Pleura innerviert ist.
- Die viszerale Pleura ist NICHT sensibel innerviert.
- Die parietale Pleura wird von den Interkostalnerven und vom N. phrenicus innerviert.

20. Ein 28-jähriger Mann erleidet eine Stichverletzung in der rechten mittleren Axillarlinie zwischen der 8. und 9. Rippe bis in die Leber, als er gerade ausgeatmet hat. Erklären Sie bitte welche Strukturen verletzt werden und welche wahrscheinlich nicht.
Zu erwarten ist eine Verletzung von
- Pleura parietalis,
- Diaphragma,
- Peritoneum parietale und
- Peritoneum viscerale.

Die Pleura visceralis wird vermutlich nicht verletzt, da die Stichverletzung genau in Höhe des Recessus costodiaphragmaticus liegt und der Patient gerade ausgeatmet hat. In Inspirationsstellung wären die viszerale Pleura und Lunge vermutlich mit verletzt worden.

21. Ein 85-jähriger Patient weist links einen geringen Pleuraerguss auf und wird im Stehen geröntgt. Erklären Sie bitte, in welchem Recessus sich die Ergussflüssigkeit überwiegend sammelt.
Aufgrund der Schwerkraft wird sich die Ergussflüssigkeit überwiegend im Recessus costodiaphragmaticus ansammeln.

22. Erklären Sie bitte, wie die Exspiration in Ruhe erfolgt.
In Ruhe ist die Exspiration ein rein passiver Vorgang, der ohne Muskelaktivität zustande kommt.

23. Bitte nennen Sie den Unterschied zwischen den verschiedenen exspiratorisch wirkenden Muskeln.
Bei forcierter Exspiration werden zum einen Muskeln im Bereich des Thorax genutzt, die direkt auf den Thorax wirken, zum anderen auch Bauchmuskeln, die durch Erhöhung des intraabdominellen Drucks indirekt den intrathorakalen Druck erhöhen und somit die Exspiration unterstützen.

Mehr Cartoons unter www.medi-learn.de/cartoons

Pause

Soviel zum Thema „Atmung"!
Päuschen und weiter geht's ...

2 Herz

Fragen in den letzten 10 Examen: 25

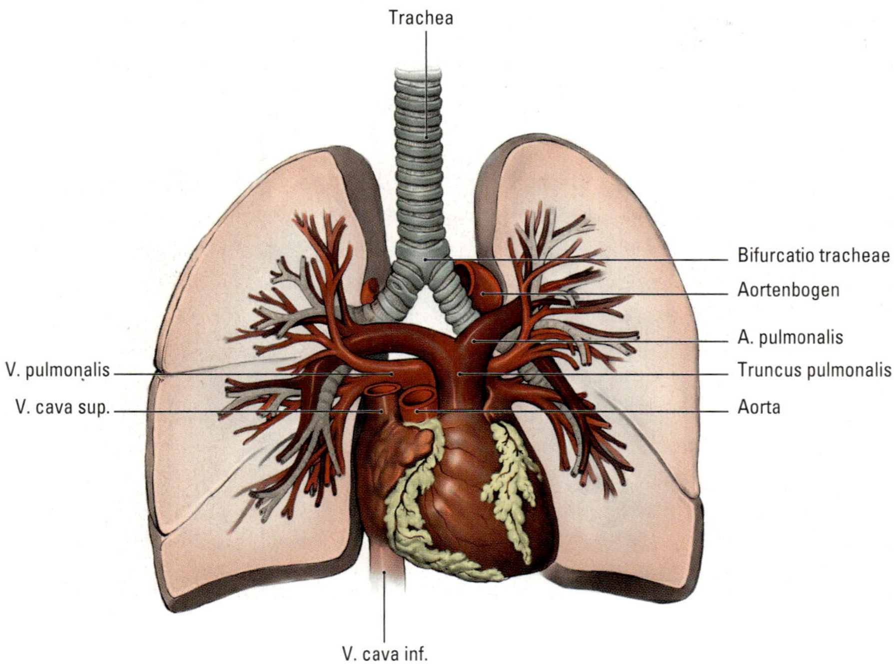

Abb. 8: Lage des Herzens im Thorax *medi-learn.de/6-ana6-8*

Das Herz ist nicht nur beim Menschen, sondern auch in der schriftlichen und mündlichen Prüfung ein ganz zentrales und unverzichtbares Organ. Insbesondere die Topografie des Herzens, aber auch sein makroskopischer und mikroskopischer Aufbau werden gerne gefragt.

2.1 Lage im Thorax

Das Herz liegt zu zwei Dritteln in der linken Thoraxseite. Die **Herzachse** zieht dabei von „rechts hinten oben" nach „links vorne unten". Nach den topografischen Beziehungen der Herzvorhöfe und Herzkammern wird sowohl in schriftlichen als auch in mündlichen Prüfungen häufig gefragt. Um sich das Ganze zu veranschaulichen, kannst du die Hände zur Hilfe nehmen. Hierbei stellst du dir vor, dass die Handrücken die Vorhöfe sind und die Finger die Kammern. Da die Herzachse von rechts hinten oben nach links vorne unten verläuft, kannst du dir die Lage des Herzens jederzeit (auch im Examen) vergegenwärtigen, wenn du die flach aneinander gelegten Hände so vor den Thorax hältst, dass die Handrücken nach rechts hinten oben und die Fingerspitzen nach links vorne unten zeigen. Zu beachten ist hierbei noch, dass die linke Hand weiter dorsal liegt als die rechte. Am einfachsten näherst du dich schrittweise der korrekten Lage an, d. h. du faltest die Hände vor dem Bauch, senkst dann die Fingerspitzen um ca. 30 Grad nach unten ab, dann um 30 Grad nach links und kippst schließlich das Ganze noch um 30 Grad, sodass du mit dem linken Ellenbogen auf der linken Hüfte landest und der rechte Ellenbogen nach oben

zeigt (jetzt nur bitte die Richtung der Herzachse nicht vergessen). Bevor du jetzt ganz verknotet dastehst, kannst du ja mal einen Blick auf Abb. 8, S. 23 werfen. Bei korrekter Positionierung der Hände liegt nun der linke Handrücken am weitesten dorsal (der linke Vorhof). Der linke Vorhof grenzt an den Ösophagus und ist nur durch den Herzbeutel von diesem getrennt. Etwas weiter dorsal liegt die Aorta thoracica. Am weitesten rechts liegt der rechte Handrücken (der rechte Vorhof), d. h. der rechte Vorhof grenzt an den Mittel- und Unterlappen der rechten Lunge. Am weitesten unten liegen die Finger der linken Hand (die linke Kammer), diese hat daher enge topografische Beziehung zum Zwerchfell. Da die linke Hand mit den Fingerspitzen nach links zeigt, siehst du hier, dass auch eine topografische Beziehung zum Unterlappen der linken Lunge besteht (Achtung: NICHT dagegen zum Mittellappen, da dieser links nicht vorliegt). Am weitesten nach ventral zeigen die Fingerspitzen der rechten Hand (der rechte Ventrikel). Der rechte Ventrikel grenzt also an das Sternum.

Im **Röntgenbild des Thorax** zeigt sich die Lage des Herzens folgendermaßen:
Bei einer Röntgenübersichtsaufnahme des Thorax im anterior-posterioren Strahlengang wird der „linke Herzrand" gebildet durch

- Arcus aortae,
- Truncus pulmonalis,
- Vv. pulmonales sinister,
- Atrium sinistrum und
- Ventriculus sinister.

Die Aorta ascendens liegt ventral des Herzens und ist daher NICHT zu sehen!
Der „rechte Herzrand" wird gebildet von

- V. cava sup. et inf. (die V. cava allerdings nur sehr wenig)
- rechtem Atrium
- A. pulmonalis dexter und
- Vv. pulmonales dexter.

Der rechte Ventrikel wird zu einem großen Teil vom Sternum überdeckt und lässt sich gegenüber dem Zwerchfell nur schwer abgrenzen. Er ist in der seitlichen Thoraxaufnahme viel besser zu beurteilen (ebenso das linke Atrium).

2.2 Makroskopischer Aufbau

Das Herz unterteilt man in einen rechten und linken Vorhof (Atrium dextrum et Atrium sinistrum) sowie in eine rechte und linke Kammer (Ventriculum dexter et sinister, s. IMPP-Bild 2, S. 53). Als trennende Strukturen liegen im Herzen die Herzklappen vor. Alle Herzklappen befinden sich im Bereich des Herzskeletts.

Übrigens ...
Das Herzskelett heißt so, weil hier beim Rind tatsächlich ein Knochen vorliegt.

Das Herzskelett ist eine bindegewebige Struktur, die den Vorhof von der Kammer trennt und somit ein Übergreifen der Erregung von den Vorhöfen auf die Kammern verhindert. Die Weiterleitung der Erregung ist also NUR im Bereich des AV-Knotens möglich. Da optisch gesehen alle Herzklappen auf einer Ebene liegen, bezeichnet man diese auch als Ventilebene. Die **Ventilebene** ist jedoch im Gegensatz zum Herzskelett nur eine gedachte theoretische Ebene und kann deshalb, ebenfalls im Gegensatz zum Herzskelett, die Erregungsausbreitung vom Vorhof zur Kammer NICHT verhindern. Auch dann nicht, wenn das die Antwortmöglichkeiten des schriftlichen Examens mal wieder behaupten sollten.

Die Ventilebene projiziert sich auf eine Linie vom Sternalansatz der 6. Rippe rechts zum Sternalansatz der 3. Rippe links. Die Klappen, die die Vorhöfe von den Kammern trennen, bezeichnet man als Segelklappen. Segelklappen zeichnen sich dadurch aus, dass ihr freier Rand durch Sehnenfäden – die Chordae tendineae – mit den Musculi papillares der Kammer verbunden ist (s. Abb. 9, S. 26).

Zu den Segelklappen zählt man die
- Trikuspidalklappe und
- die Mitral- oder Bikuspidalklappe.

Die Chordae tendineae und die Musculi papillares haben NICHT die Aufgabe der aktiven Klappenöffnung. Die Klappe öffnet sich vielmehr durch Kontraktion des Vorhofs und den dadurch resultierenden Druckaufbau. Kontrahiert sich nachfolgend die Kammer, so muss jedoch verhindert werden, dass die Klappe wieder zurück in den Vorhof schlägt. Das ist die Aufgabe der Chordae tendineae und der Papillarmuskeln: Sie halten bei Kammerkontraktion die Klappe zu.

An den Ausflussbahnen der Kammern – also am Beginn des Truncus pulmonalis und der Aorta – liegen die Taschenklappen. Hierzu zählt man
- die Pulmonalklappe und
- die Aortenklappe.

Taschenklappen besitzen KEINE Sehnenfäden und Muskeln, jedoch existiert auch hier eine Vorrichtung, die ein Zurückschlagen der Klappen in die Kammer verhindert. Da jedoch bei den auf die Taschenklappen folgenden Gefäßen keine Kontraktion stattfindet, reicht hier eine wesentlich einfachere Einrichtung aus: Eine Tasche der Klappe weist jeweils ein kleines Knötchen – einen Nodulus – auf. Dieser setzt sich bei Klappenschluss oben auf die Klappe, hakt sich dadurch quasi ein und verhindert so das Zurückschlagen der Taschenklappe in die Kammer.

Direkt oberhalb des Abgangs der Aortenklappe liegt der Sinus aortae. Hier entspringen die beiden Koronararterien Arteria coronaria dextra et sinistra aus der Aorta. Bei der Systole öffnet sich die Aortenklappe und lagert sich vor den Sinus aortae. Die Füllung der Herzkranzgefäße wird dadurch verhindert, und das Blut strömt an den Herzkranzgefäßen vorbei in die Aorta. In der Diastole schließt sich die Aortenklappe, das Blut staut sich zurück und füllt nun die Herzkranzgefäße.

Segel- und Taschenklappen haben gemeinsam, dass sie aus Endokard-Duplikaturen bestehen. Hier liegt also sozusagen Endokard auf Endokard und dazwischen noch eine kleine Schicht aus Bindegewebe. Da die Herzklappen ständig von Blut umspült sind, ist eine eigene Gefäßversorgung der Klappen nicht notwendig. Daher sind die Herzklappen beim gesunden Herzen immer kapillarfrei.

Übrigens ...

Insbesondere bei einer akuten Entzündung des Herzinnenraums – einer Endokarditis – können Gefäße in das Gewebe der Herzklappen einsprossen. Die typischen Entzündungssymptome mit Schwellung, Rötung, Überwärmung etc. entstehen dabei im Wesentlichen durch eine erhöhte Durchblutung. Herzklappen sind also nicht grundsätzlich gefäßfrei, sondern nur beim gesunden Herzen. Damit nehmen es die Examensfragen sehr genau ...

Merke!

Eine kleine Merkhilfe zu den Segel- und Taschenklappen kann das Wort „Segel-Tasche" darstellen: In der Reihenfolge des Blutflusses kommen zuerst die Segel- und dann die Taschenklappen.

2.2.1 Blutfluss im Herzen

Den Weg des Blutes durch das Herz solltest du sowohl für die schriftliche als auch für die mündliche Prüfung beherrschen (s. Abb. 9, S. 26). Das Blut fließt zunächst durch die Vena cava superior und inferior in den rechten Vorhof. Von dort gelangt es durch die Trikuspidalklappe in den rechten Ventrikel. Aus dem rechten Ventrikel gelangt es – an der Pulmonalklappe vorbei – in den Truncus pulmonalis, der sich dann in die Arteriae pulmonales gabelt. Von dort aus fließt das Blut in die Lunge, wird mit Sauerstoff gesättigt und kommt über die

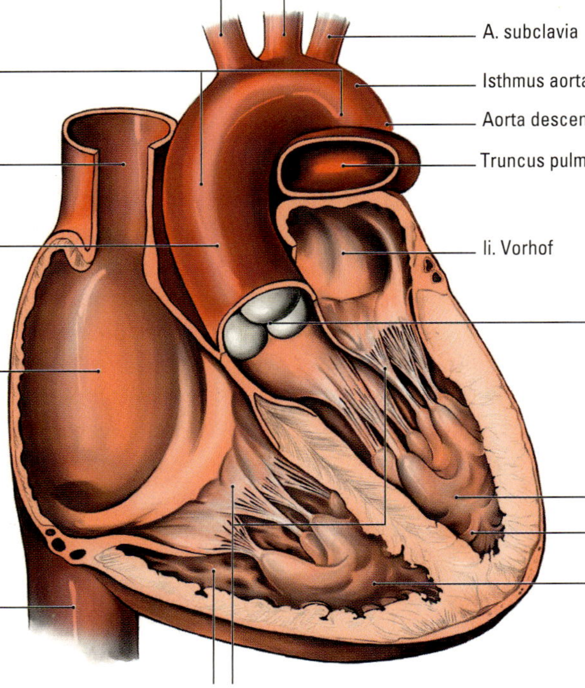

Abb. 9: Blutfluss im Herzen *medi-learn.de/6-ana6-9*

Venae pulmonales zurück zum linken Vorhof. Anschließend fließt es durch die Mitralklappe in die linke Kammer, von dort durch die Aortenklappe in die Aorta und dann in die Peripherie.

2.2.2 Veränderungen der Herzklappen

Bei den Veränderungen der Herzklappen unterscheidet man
- die Stenose und
- die Insuffizienz.

Auch hierfür gibt es ein Modell, das dir zur Veranschaulichung dienen soll: Die Herzklappen funktionieren wie Schwingtüren. Eine Klappenstenose wäre in diesem Modell eine Tür, die deutlich zu schmal/eng angelegt ist. Trotz der schmalen und etwas klemmenden Tür muss das Blut aber in einem festgelegten Zeitraum vom Vorhof in die Kammer gelangen. Dies ist aufgrund der Enge jedoch mit normalem Kraftaufwand der Herzmuskulatur nicht möglich. Daher versucht unser Körper, mehr Druck im Vorhof aufzubauen. Diese erhöhte Druckbelastung im Vorhof führt zur Herzhypertrophie (Vergrößerung der Herzmuskelzellen).
Eine Insuffizienz der Herzklappe ist vergleichbar mit einer Tür, die sich nicht mehr schließen lässt; das Blut fließt während der Systole zurück in den Vorhof. Hierdurch ist es unmöglich, das Volumen zu begrenzen. Insuffizienzen führen daher immer zu einer Volumenbelastung.

Übrigens ...
- Stenosen führen zu einer Druckbelastung vor der Stenose. Dies erklärt, warum das Herzgeräusch bei einer Stenose vor der eigentlichen Klappenöffnung zu hören ist.
- Insuffizienzen hört man im Wesentlichen nach dem Geräusch der ent-

sprechenden Klappe, da das Volumen durch Rückfluss zu einem Zeitraum entsteht, zu dem die Klappe bereits wieder geschlossen sein sollte.

2.2.3 Besonderheiten

Eine Besonderheit des Herzens sind sicherlich die Herzohren. Sie haben sowohl äußerlich als auch innerlich eine vom übrigen Herzen abweichende Struktur. Ihre Form dient zum einen dazu, ventralseitig an der Austrittsstelle der Gefäße das Herz vorne abzuflachen bzw. eine einigermaßen ebene Oberfläche zu schaffen. Eine weitere sehr wichtige Aufgabe der Herzmuskelzellen der Vorhöfe ist die Produktion von ANF/ANP (atrialer natriuretischer Faktor bzw. atriales natriuretisches Peptid). ANF wird bei erhöhter Vorhoffüllung/erhöhtem Blutdruck ausgeschüttet und steigert die Diurese.

Übrigens ...
Das rechte Herzohr ist häufig Bildungsort eines Blutgerinnsels, das zu einer Lungenembolie führen kann.

Merke!

Für die Wirkung von ANF: „Vorhof voll, Blase voll".

Auch im Bereich der Kammern zeigt sich zum Teil ein abweichendes Relief des Herzens. Der zum Reizleitungssystem gehörige rechte Tawara-Schenkel verläuft direkt unter der Kammerscheidewand (s. Abb. 10, S. 28). Dies führt dazu, dass sich in diesem Bereich, den man Trabeculum septomarginalis nennt, die Muskulatur etwas vorwölbt. Er enthält daher also Fasern des Erregungsleitungssystems. Außerdem entspringt der M. papillaris anterior der rechten Kammer von der Trabecula septomarginalis. Eine weitere Vorwölbung besteht zwischen der Pulmonal- und der Trikuspidalklappe. Diese bezeichnet man als Crista supraventricularis. Sie begrenzt die Einstrom- und die Ausstrombahn der rechten Kammer.

Die Trabecula septomarginalis und die Crista supraventricularis bezeichnet man gemeinsam auch als Moderatorband. Das Moderatorband ist eine U-förmige Struktur, die das Blut von der Kammer in Richtung Truncus pulmonalis spült.

2.3 Erregungsleitungssystem

Das Herz besitzt ein eigenes autonomes Erregungsbildungssystem aus spezialisierten Herzmuskelzellen. Die Reizweiterleitung erfolgt über die Arbeitsmuskulatur, die durch Gap Junctions (Nexus) untereinander verbunden ist. Diese Öffnungen ermöglichen die elektrische und metabolische Koppelung der einzelnen Herzmuskelzellen, was sie zu einem funktionellen Synzytium macht. Die erste Station der Erregungsbildung ist der Nodus sinuatrialis oder Sinusknoten. Von dort ziehen Fasern zum Nodus atrioventricularis (AV-Knoten), und dann weiter zum Atrioventrikularbündel (His-Bündel). Anschließend teilen sich die Fasern in einen rechten und linken Kammerschenkel (Tawara-Schenkel, s. IMPP-Bild 2, S. 53), die sich dann weiter aufteilen in einzelne Fasern, die Purkinje-Fasern (Rami subendocardiales). Der Sinusknoten liegt im rechten Herzen an der Einmündung der Vena cava superior in den rechten Vorhof am kranialen Abschnitt des suculus terminalis (der suculus terminalis trennt den rechten Vorhof vom rechten Herzohr). Der AV-Knoten liegt im Herzskelett und dort eher rechts, im Bereich des Trigonum fibrosum dextrum und der Mündung des Sinus coronarius im sogenannten Koch-Dreieck. Nach Durchtritt durch das Herzskelett erfolgt die Teilung in die beiden Kammerschenkel. Da die ersten erregungsleitenden Fasern eher rechts im Herzen liegen, ist der linke Tawara-Schenkel die Struktur, die das Kammerseptum (s. IMPP-Bild 2, S. 53) durchbohren muss, um die linke Seite des Herzens zu versorgen. Die Kontraktion beginnt dann in der Herzspitze.

Bereits beim Embryo wird die autonome Erregung des Herzens durch spezialisierte Muskelzellen gewährleistet.

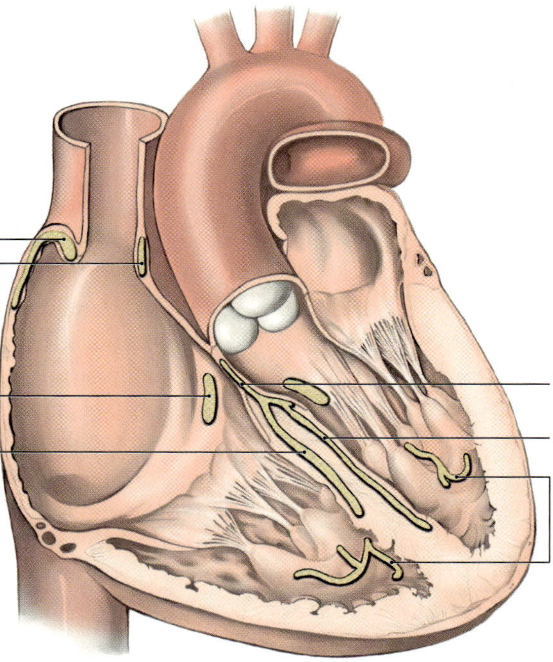

Abb. 10: Autonomes Erregungsleitungssystem *medi-learn.de/6-ana6-10*

Wie alle inneren Organe, wird auch das Herz sympathisch und parasympathisch innerviert. Die sympathischen Fasern kommen als Nervi cardiaci des Sympathikus aus den drei sympathischen Halsganglien. Damit geben also alle drei zervikalen Ganglien Fasern zum Herzen ab. Des Weiteren ziehen auch noch Fasern aus dem 1. Brustganglion zum Herzen (das 1. Brustganglion verschmilzt hier mit dem unteren Zervikalganglion zum Ganglion stellatum). Der Plexus cardiacus profundus versorgt vor allem die Herzkranzgefäße, er liegt in der Nähe der Herzbasis (also dorsokaudal der Vorhof-Kammer-Grenze des linken Herzens). Die parasympathischen Fasern sind Rami cardiaci des Nervus vagus. Der Plexus cardiacus superficialis liegt um den Aortenbogen herum. Seine Fasern ziehen zum Sinus- und zum AV-Knoten sowie zur Arbeitsmuskulatur. Hierbei solltest du unbedingt beachten, dass bis zur Arbeitsmuskulatur der Kammern NUR der Sympathikus zieht. Der Parasympathikus endet nämlich bereits am AV-Knoten. Leichter merken lässt sich das vielleicht, wenn du bedenkst, dass der Parasympathikus für die Drosselung der Herzfrequenz zuständig ist, und dass die Eigenfrequenz der Arbeitsmuskulatur bereits so langsam ist, dass eine parasympathische Innervation hier nicht mehr sinnvoll wäre. Die Wirkung der beiden Nerven auf das Herz bezieht sich auf die

- Kontraktilität (inotrop),
- Frequenz (chronotrop),
- Erregungsleitung (dromotrop) und
- Erregungsschwelle (bathmotrop).

Merke!

- Der Sympathikus wird in den Grenzstrangganglien und in den drei Zervikalganglien von prä- auf postganglionäre Fasern umgeschaltet (paravertebrale Ganglien). Zum Organ ziehen daher normalerweise postganglionäre Fasern.
- Der Parasympathikus (Fasern des N. vagus) schaltet erst in Organnähe oder sogar erst in der Wand des Organs um (prävertebrale Ganglien). Zum Organ ziehen daher in der Regel präganglionäre Fasern.

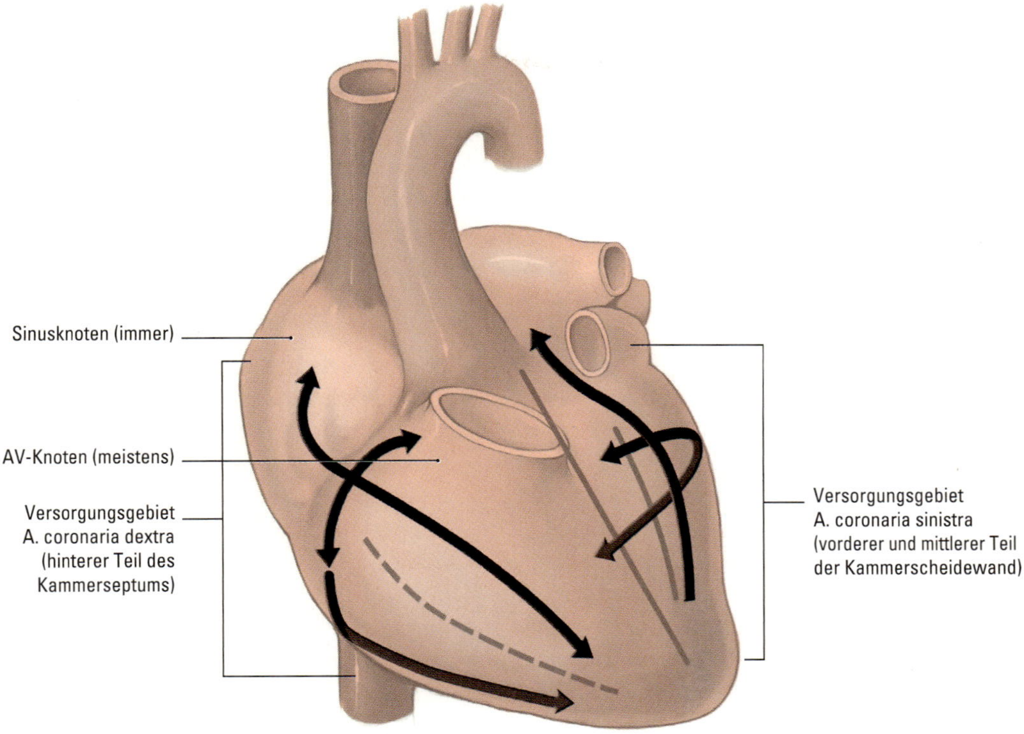

Abb. 11: Herzkranzgefäße und ihre Versorgungsgebiete *medi-learn.de/6-ana6-11*

2.4 Herzkranzgefäße

Bei den Herzkranzgefäßen ist nicht die letzte Verzweigung wichtig – wichtig ist, dass du weißt, wie der große Ast des rechten und die beiden Äste des linken Herzkranzgefäßes heißen, und welche Strukturen des Erregungsleitungssystems sowie des Herzens hiervon versorgt werden.

2.4.1 Herzarterien

Die Blutversorgung des Herzens erfolgt – genau wie die der Lunge – über Vasa privata. Obwohl das Herz permanent von Blut durchspült wird, reicht dies zu seiner Versorgung nicht aus, da die Herzwände viel zu dick sind und das Blut viel zu schnell vorbeiströmt, um das Myokard ausreichend mit Sauerstoff zu versorgen. Zusätzlich hat das Myokard auch noch einen hohen Sauerstoffbedarf, da es ja permanent arbeitet. Die Vasa privata des Herzens sind die Arteriae coronariae (Herzkranzgefäße). Dabei handelt es sich um Arterien vom muskulären Typ, deren Äste Endarterien sind. Abb. 11, S. 29, zeigt die Aufzweigung der Herzkranzgefäße. Der linke und der rechte Sinus aortae kommen aus der Aorta ascendens und werden dann jeweils zur Arteria coronaria sinistra (s. IMPP-Bild 2, S. 53) bzw. Arteria coronaria dextra. Gemeinsam haben die beiden Arterien,

dass die linke zwischen dem linken Herzen und dem Truncus pulmonalis sowie dem linken Herzohr entlang zieht, und die rechte unter dem rechten Herzohr verläuft. Die Arteria coronaria sinistra gabelt sich an der Facies sternocostalis in einen Ramus circumflexus, der über den

Sulcus coronarius sinistra zur Facies diaphragmatica zieht sowie in einen Ramus interventricularis anterior, der durch den Sulcus interventricularis anterior zur Herzspitze führt. Im Gegensatz dazu besteht bei der Arteria coronaria dextra KEINE Gabelung. Sie zieht über den Sulcus coronarius dexter in den Sulcus interventricularis posterior, heißt dort dann Ramus interventricularis posterior und führt weiter über die Facies diaphragmatica ebenfalls zur Herzspitze. Daher kann man sagen, dass die Arteria coronaria dextra insbesondere die Hinterwand des Herzens versorgt, während die Arteria coronaria sinistra die Vorder- und die Seitenwand versorgt.

Da der Sinusknoten an der Einmündung der Vena cava superior in dem rechten Vorhof liegt, wird dieser immer von der Arteria coronaria dextra versorgt. Beim Normalversorgungstyp – wie er hier geschildert ist – wird auch der AV-Knoten, der ja im Trigonum fibrosum dexter liegt, von der Arteria coronaria dextra versorgt. Da das bei anderen Versorgungstypen jedoch nicht immer der Fall ist, solltest du die Fragen hierzu sehr genau lesen: Der AV-Knoten wird eben nur meistens vom rechten Herzkranzgefäß versorgt und nicht immer.

Während das rechte Herzkranzgefäß also einen großen Teil des Erregungsleitungssystems versorgt, versorgt die linke Herzkranzarterie den größeren Teil der Kammerscheidewand.

Bei einem Herzinfarkt ist bei einem Hinterwandinfarkt der Ramus interventricularis posterior betroffen. Hierbei kommt es in der Akutphase zu einer deutlichen Gefährdung des Patienten, da die Gefäßversorgung des Erregungsleitungssystems zu einem großen Teil ausfällt.

Bei einem Vorderwandinfarkt ist der Ramus interventricularis anterior, bei einem Seitenwandinfarkt der Ramus circumflexus betroffen. Hierbei kommt es – insbesondere bei einem Vorder-Seitenwandinfarkt (kompletter Verschluss der Arteria coronaria sinistra) – innerhalb der ersten Woche zu einer ausgeprägten Gefährdung des Patienten, da – je nach Ausprägung der Ischämie – im Bereich der Herzwand eine Narbe oder Nekrose des Herzmuskels entstehen kann, die im weiteren Verlauf möglicherweise einreißt.

Bei einer Koronararterienstenose kann durch einen Bypass von der A. thoracica interna Blut in den nicht betroffenen Teil der Koronararterie geleitet werden (Mammaria interna-Bypass, nach dem englischen Namen des Gefäßes).

2.4.2 Herzvenen

Die Venen verlaufen zwar gemeinsam mit den Koronararterien, heißen aber ausnahmsweise NICHT so wie die arteriellen Gefäße.

- Die Vena cardiaca magna verläuft im Sulcus interventricularis anterior mit dem Ramus interventricularis anterior der Arteria coronaria sinistra. Sie sammelt das Blut aus der Vorderwand der Kammern und aus der Seitenwand der linken Kammer.
- Die Vena cardiaca media verläuft im Sulcus interventricularis posterior mit dem Ramus interventricularis posterior der Arteria coronaria dextra. Sie sammelt das Blut aus der Hinterwand.
- Die Vena cardiaca parva verläuft im rechten Teil des Sulcus coronarius mit der Arteria coronaria dextra. Sie sammelt das Blut aus der ventralen Wand des rechten Ventrikels und des rechten Vorhofs.

Alle Herzvenen vereinigen sich im Sinus coronarius und münden in den rechten Vorhof. Die einzige Ausnahme bilden die ausgesprochen kleinen Venae cardiacae minimae, die direkt in die Herzräume münden.

Merke!

Nicht alle Herzvenen münden in den Sinus coronarius, sondern nur der weitaus größte Teil. Vereinfachend kann man sich merken, dass

- die Magna das Blut aus der Vorderwand,
- die Media das Blut aus der Hinterwand und
- die Parva den Rest sammelt; wie im Kino: die Großen sitzen immer vorne und die Kleinen hinten.

2.5 Histologie

Das Herz weist einen typisch dreischichtigen Wandaufbau auf, vergleichbar dem der Gefäße:
- Endokard,
- Myokard und
- Epikard.

2.5.1 Endokard

Die innerste Schicht der Herzwand bezeichnet man als Endokard. Sie ist vergleichbar mit dem Endothel der Gefäße. Das Endokard überzieht alle Herzinnenräume, schafft eine sehr glatte Fläche und geht kontinuierlich in die Tunica intima der Gefäße über. Es besteht – ebenso wie das Endothel – aus einem einschichtigen Plattenepithel. Unterhalb des Endothels kann man ein Stratum subendotheliale aus Bindegewebe sowie ein Stratum myoelasticum aus elastischem Bindegewebe und glatter Muskulatur unterscheiden. Das Endokard ist gefäßlos. Seine Sauerstoffversorgung erfolgt aus dem vorbeifließenden Blut. Zwischen Endokard und Myokard liegt die subendokardiale Schicht aus lockerem Bindegewebe mit Nerven und Blutgefäßen.

2.5.2 Myokard

Das Myokard besteht aus einer **Sonderform** der **quergestreiften Muskulatur**. Diese Muskulatur ist strangartig angeordnet, aber im Gegensatz zur Skelettmuskulatur untereinander über die Disci intercalares (Glanzstreifen) geflechtförmig verbunden und so mechanisch und elektrisch gekoppelt. Ihre Schichtdicke passt sich den Druckverhältnissen bzw. den Erfordernissen an. Daher ist die linke Kammer physiologischerweise etwa dreimal so dick wie die rechte. Die Muskulatur des Herzens wird sehr gut von Gefäßen versorgt. Im linken Herzen hat sogar jede Muskelzelle ihre eigene Kapillare. Die Erregungsleitung im Bereich der Muskulatur erfolgt durch Nexus (Gap Junctions). Diese Interzellulärverbindungen machen aus dem Myokard ein funktionelles Synzytium und bewirken die elektrische und metabolische Koppelung der einzelnen Muskelzellen.

Übrigens ...
Im Erwachsenenalter sind die Muskelzellen nicht mehr regenerationsfähig, eine vermehrte Herztätigkeit führt daher grundsätzlich zu einer Hypertrophie. Die Hypertrophie wiederum bewirkt eine Minderversorgung der Muskelzellen, was schließlich eine Herzinsuffizienz verursacht.

2.5.3 Epikard

Auf dem Myokard liegt das Epikard, das man auch als viszerales Blatt des Herzbeutels bezeichnet. Es umschließt das Fettgewebe der subepikardialen Schicht und ist ein Mesothel (einschichtiges plattes/kubisches Epithel). Durch seinen Aufbau ermöglicht das Epikard ein reibungsfreies Gleiten des Herzens im Herzbeutel.

2.6 Herzbeutel

Als viszerales Blatt wird häufig das Epikard bezeichnet. Es liegt direkt an der Herzoberfläche und am Myokard. Das eigentliche Perikard kann man in zwei Schichten unterteilen:
- In das Pericardium serosum, eine seröse Haut, die Flüssigkeit zum reibungslosen Gleiten des Herzens absondert, ähnlich wie die Pleura der Lunge, wobei im Herzen jedoch kein Unterdruck entsteht;
- In das Pericardium fibrosum, das dem Pericardium serosum nach außen anliegt. Es besteht aus kollagenem Bindegewebe und verhindert die Überdehnung des Herzens.

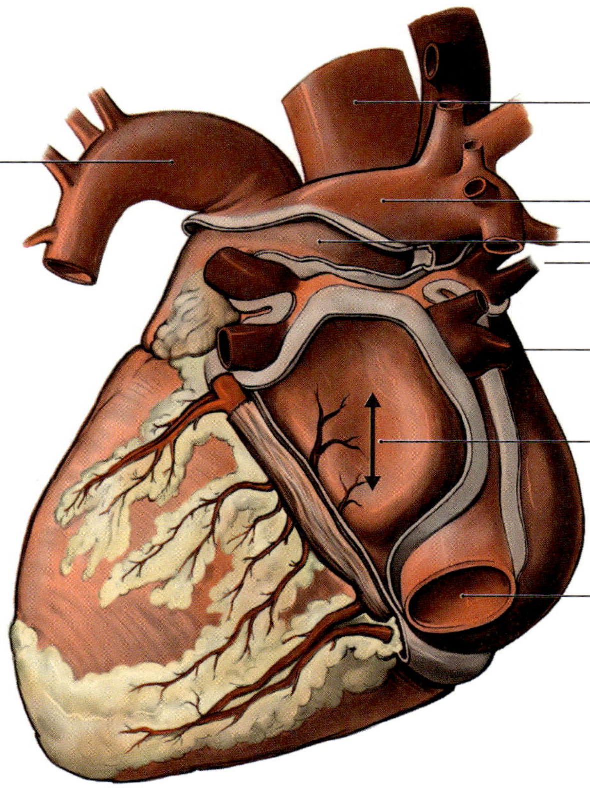

Abb. 12: Gefäße und Umschlagsfalten des Herzbeutels *medi-learn.de/6-ana6-12*

Das straffe Pericardium fibrosum, das physiologisch eine wichtige Aufgabe erfüllt, kann dem Herzen jedoch auch zum Nachteil gereichen. Kommt es zu einem Einreißen der Herzmuskulatur (z. B. bei einer Infarktnarbe) oder zu einer von außen herbeigeführten Verletzung des Myokards, so kann Blut aus dem Herzen in den Herzbeutel austreten. Da das Pericardium fibrosum jedoch kaum dehnbar ist, bewirkt das ausgetretene Blut eine Kompression des Herzens, einen Zustand, den man Herzbeuteltamponade nennt.

Übrigens ...
Eine Herzbeuteltamponade ist lebensgefährlich und kann nur durch eine Punktion des Perikards beseitigt werden.

Die sensible Innervation des Perikards erfolgt durch den Nervus phrenicus bzw. dessen Ramus pericardiacus. Die arterielle Versorgung übernehmen zum einen die Rami pericardiaci aus der Aorta thoracica, zum anderen die Arteria pericardiacophrenica aus der Arteria thoracica interna. Der Blutabfluss erfolgt – ebenso wie der der Lunge – über die Vena azygos (s. IMPP-Bild 1, S. 53) bzw. die Vena hemiazygos.

Die Umschlagfalten des Herzbeutels entstehen durch die Herzentwicklung. Man unterscheidet einen Sinus transversus, der von rechts nach links zwischen den Arteriae und den Venae pulmonales verläuft sowie einen Sinus obliquus, der dorsal der Pulmonalgefäße entlang der Vena cava (zwischen rechten und linken Pulmonalgefäßen) verläuft (s. Abb. 12, S. 32):

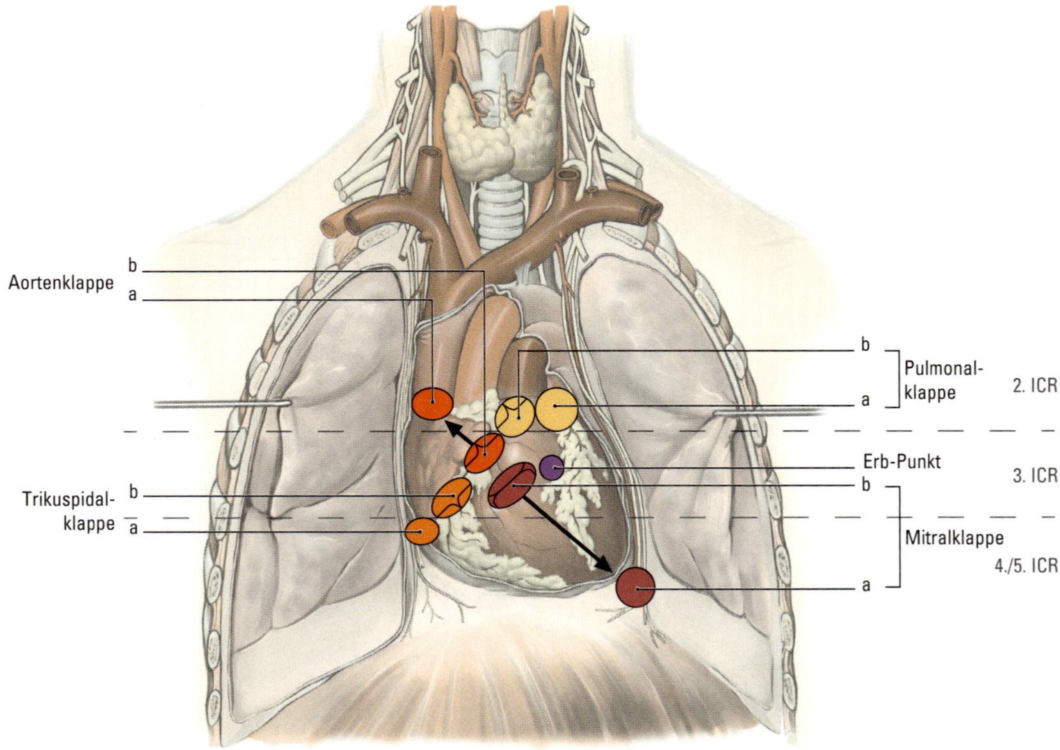

Abb. 13: Auskultations- und Projektionsstellen der Herzklappen *medi-learn.de/6-ana6-13*

- Der Sinus obliquus pericardii liegt zwischen den rechten und linken Lungenvenen. Er grenzt somit an die Lungenvenen, den linken Vorhof und an das Perikard, NICHT jedoch an die Bifurcatio tracheae.
- Der Sinus transversus pericardii verläuft zwischen der V. cava superior und der Aorta ascendens sowie zwischen den linken Lungenvenen und dem Truncus pulmonalis.

Der Herzbeutel reicht kranial bis zum Ansatz der 2. Rippe am Sternum und ist kaudal mit dem Centrum tendineum des Zwerchfells verwachsen. Dies führt dazu, dass das Herz den Atembewegungen des Zwerchfells harmonisch folgt und nicht bei jedem Atemzug das Zwerchfell von kaudal gegen das Herz stößt. Nach lateral wird der Herzbeutel von den Lungen begrenzt. In diesem Bereich verlaufen auch der Nervus phrenicus und die Arteria sowie die Vena pericardiacophrenica. Ventral des Herzens liegt das vordere, dorsal des Herzens das hintere Mediastinum (s. 3.2, S. 42).

Innerhalb des Herzbeutels liegen u. a.

- die Pars ascendens der Aorta,
- der Truncus pulmonalis,
- ein Teil der V. cava inferior und
- ein Teil der V. cava superior (s. IMPP-Bild 1, S. 53).

Merke!

Die V. brachiocephalica liegt bereits außerhalb des Herzbeutels.

Die Auskultations- und Projektionsstellen der Herzklappen zeigt Abb. 13, S. 33, den Herzschatten im Röntgenbild Abb. 14, S. 34.

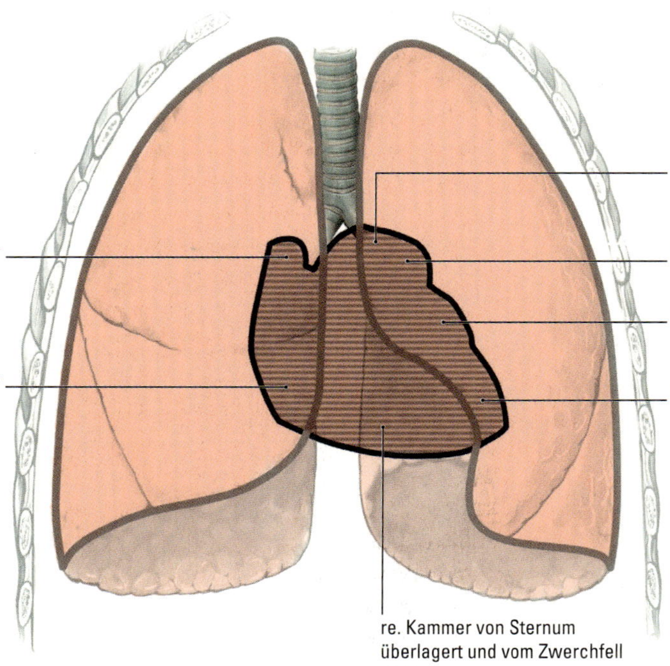

Abb. 14: Herzschatten im Röntgenbild *medi-learn.de/6-ana6-14*

DAS BRINGT PUNKTE

Die **Topografie des Herzens** wird sehr häufig im Schriftlichen gefragt. Die folgenden Punkte zu lernen, ist daher wirklich lohnend fürs Examen:

- Der linke Vorhof (Atrium) grenzt an den Ösophagus.
- Der linke Ventrikel grenzt an das Zwerchfell und an den Unterlappen der linken Lunge.
- Der linke Ventrikel grenzt an die Aorta descendens.
- Der rechte Vorhof grenzt an die rechte Lunge (Mittel- und Unterlappen).
- Der rechte Ventrikel grenzt an das Sternum.
- Der Truncus pulmonalis grenzt an das linke Herzohr.
- Der Aortenbogen grenzt an den Thymus.

Außerdem solltest du noch wissen, wodurch der **linke** und der **rechte Herzrand** in der Röntgenübersichtsaufnahme des Thorax gebildet werden.

Der „linke Herzrand“ wird gebildet durch

- Arcus aortae,
- Truncus pulmonalis,
- Vv. pulmonales sinister,
- Atrium sinistrum (linker Vorhof) und
- Ventriculus sinister (linke Kammer).

Der „rechte Herzrand“ wird gebildet durch

- V. cava,
- Atrium dextrum (rechten Vorhof),
- A. pulmonalis dexter und
- Vv. pulmonales dexter.

Zu den **Klappen und Gefäßen** solltest du dir insbesondere diese beiden Fakten einprägen:

- Der Sinusknoten wird immer, der AV-Knoten meistens von der A. coronaria dextra versorgt und
- die Herzklappen sind NICHT immer, sondern nur beim gesunden Herzen IMMER gefäßfrei.

Von den **Besonderheiten des Herzens** solltest du dir unbedingt die Lage der Trabecula septomarginalis und der Crista supraventricularis für das Schriftliche einprägen:

- Die Trabecula septomarginalis enthält Fasern des Erregungsleitungssystems,
- der M. papillaris anterior der rechten Kammer entspringt von der Trabecula septomarginalis und
- die Vorwölbung zwischen der Pulmonal- und der Trikuspidalklappe bezeichnet man als Crista supraventricularis. Sie begrenzt die Einstrom- und die Ausstrombahn der rechten Kammer.

Nicht nur die autonome, sondern vor allem die vegetative **Innervation des Herzens** werden im Schriftlichen gerne gefragt.
Dazu solltst du dir die folgenden Aussagen merken:
Die Innervation des Herzens erfolgt durch

- sensible Fasern des Nervus vagus mit Zellkörpern in den sensiblen Vagusganglien (Ggl. jugulare),
- präganglionäre parasympathische Fasern aus dem Hirnstamm, die mit dem N. vagus zu Ganglien am Herzen ziehen,
- sensible Fasern, die in thorakalen Spinalsegmenten enden; diese verlaufen mit den sympathischen Nervenfasern,
- postganglionäre sympathische Fasern aus dem Ganglion cervicale superius und medium sowie
- postganglionäre sympathische Fasern aus dem Ganglion stellatum (Verschmelzung des Ganglion cervicale inferior und des ersten thorakalen Grenzstrangganglions).

Aus dem Kapitel **Herzarterien** wird ganz besonders gerne gefragt, dass

- die A. coronaria dextra immer den Sinusknoten und meist auch den AV-Knoten versorgt.

DAS BRINGT PUNKTE

Zu den **Herzvenen** solltest du dir merken, dass
- NICHT alle Herzvenen im Sinus coronarius münden; die V. cardiacae minimae münden nämlich direkt in die Herzräume.

Zudem stehen folgende Fakten ganz oben auf der Hitliste für das Schriftliche:
- Das Endokard geht kontinuierlich in die Tunica intima der Gefäße über.
- Das Myokard besteht aus einer Sonderform der quergestreiften Muskulatur.
- Die Muskulatur des Myokards ist strangartig angeordnet, aber im Gegensatz zur Skelettmuskulatur untereinander geflechtförmig verbunden.
- Die Schichtdicke des Myokards passt sich den Druckverhältnissen bzw. den Erfordernissen an.
- Durch seinen Aufbau ermöglicht das Epikard ein reibungsfreies Gleiten des Herzens im Herzbeutel.

Folgende Punkte zum **Herzbeutel** werden immer wieder im Schriftlichen gefragt:
Innerhalb des Herzbeutels liegen
- die Pars ascendens der Aorta,
- der Truncus pulmonalis,
- ein Teil der V. cava inferior und
- ein Teil der V. cava superior.

Innerhalb des Herzbeutels liegt KEIN Teil der V. brachiocephalica sinistra.

FÜRS MÜNDLICHE

Ein Präparat des Herzens solltest du unbedingt entsprechend seiner anatomischen Lage halten. Die Topografie wird immer wieder gerne gefragt. Den Blutfluss durch das Herz und die Herzklappen solltest du im Mündlichen flüssig wiedergeben können.
Im Mündlichen wird gelegentlich nach dem Moderatorband gefragt. Unter dem Moderatorband versteht man die Trabecula septomarginalis und die Crista supraventricularis. Das Moderatorband ist U-förmig und spült das Blut von der Kammer in Richtung Truncus pulmonalis.
Die autonome und die vegetative Innervation des Herzens sind nicht nur für die mündliche Anatomie-, sondern auch für die mündliche Physiologie-Prüfung wirklich wichtig und sollten dir daher unbedingt geläufig sein. Die Herzkranzgefäße solltest du benennen und am Modell auch zeigen können. Die Besonderheiten der Herzmuskulatur werden gerne gefragt und sollten daher unbedingt beherrscht werden.

1. **Erklären Sie bitte, welchen Teil des Herzens man in einer normalen Ultraschalluntersuchung des Herzens (UKG) nur sehr eingeschränkt beurteilen kann.**

2. **Bitte erläutern Sie, wie die Herzachse verläuft.**

3. **Beschreiben Sie bitte den Blutfluss durch das Herz.**

4. **Beschreiben Sie bitte die autonome Innervation des Herzens.**

5. **Erläutern Sie bitte den Unterschied zwischen der autonomen und der vegetativen Innervation des Herzens.**

6. **Erklären Sie bitte, was das Ganglion stellatum ist.**

FÜRS MÜNDLICHE

7. Nennen Sie das Gefäß, welches beim Vorder-Seitenwandinfarkt verschlossen ist.

8. Erklären Sie bitte, welche Vene das Blut von der Vorderwand des Herzens sammelt.

9. Bitte erläutern Sie, wo die Herzvenen münden.

10. Nennen Sie die drei Schichten des Herzens und erläutern Sie, was ihre Besonderheiten sind.

11. Erklären Sie bitte den Unterschied zwischen Hypertrophie und Hyperplasie.

12. Erläutern Sie bitte das funktionelle Synzytium des Herzens.

13. Erläutern Sie, was die Herzmuskulatur ist.

14. Bei einem 45-jährigen Mann fällt bei einer Röntgenuntersuchung des Thorax ein vergrößerter Winkel zwischen den beiden Stammbronchien auf. Dies beruht auf einer Vergrößerung eines dort liegenden Organs/Organabschnitts. Nennen Sie das Organ, welches am wahrscheinlichsten betroffen ist.

15. Erklären Sie, was eine Herzbeuteltamponade sein könnte.

---

1. Erklären Sie bitte, welchen Teil des Herzens man in einer normalen Ultraschalluntersuchung des Herzens (UKG) nur sehr eingeschränkt beurteilen kann.
Den linken Vorhof. Er liegt am weitesten dorsal und wird von vielen Strukturen überdeckt. Zur Beurteilung des linken Vorhofs führt man daher ein TEE (transösophageales Echokardiogramm) durch.

2. Bitte erläutern Sie, wie die Herzachse verläuft.
Von rechts kranial nach links kaudal.

3. Beschreiben Sie bitte den Blutfluss durch das Herz.

- Vena cava,
- rechter Vorhof,
- Trikuspidal- (Segel-)Klappe,
- rechte Kammer,
- Pulmonal- (Semilunar-, Taschen-)Klappe,
- Truncus pulmonalis,
- Aa. pumonales,
- Lunge,
- Vv. pulmonales,
- linker Vorhof,
- Mitral- (Bikuspidal-, Segel-)Klappe,
- linke Kammer,
- Aorten- (Taschen-)Klappe,
- Aortenbogen und
- Körper.

4. Beschreiben Sie bitte die autonome Innervation des Herzens.
Das Herz hat ein eigenes Erregungsleitungssystem, kann aber auch „von außen" durch das vegetative Nervensystem angeregt oder gehemmt werden. Zum autonomen Erregungsleitungssystem gehören:

- Sinusknoten,
- AV-Knoten,
- His-Bündel,
- Tawara-Schenkel,
- Purkinje-Fasern.

5. Erläutern Sie bitte den Unterschied zwischen der autonomen und der vegetativen Innervation des Herzens.
Autonome Innervation:
Hier wird die Eigenfrequenz des Herzens festgelegt. Die Frequenz ändert sich je nach Lokalisation des Erregungszentrums. Für die Erregungsbildung sind autonome, spezialisierte Muskelzellen verantwortlich.

Vegetative Innervation:
Sympathikus und Parasympathikus können das autonome Erregungsleitungssystem beeinflussen (z. B. die Frequenz erhöhen oder verlangsamen).

6. Erklären Sie bitte, was das Ganglion stellatum ist.
Das Ganglion stellatum ist eine Verschmelzung des sympathischen Ganglion cervicale inferior und des ersten thorakalen Grenzstrangganglions

7. Nennen Sie das Gefäß, welches beim Vorder-Seitenwandinfarkt verschlossen ist.
Die A. coronaria sinistra.

8. Erklären Sie bitte, welche Vene das Blut von der Vorderwand des Herzens sammelt.
Die V. cardiaca magna.

9. Bitte erläutern Sie, wo die Herzvenen münden.
Zum größten Teil in den Sinus coronarius, dieser mündet dann in den rechten Vorhof.

10. Nennen Sie die drei Schichten des Herzens und erläutern Sie, was ihre Besonderheiten sind.
Endokard = Endothel des Herzens.
Myokard: Schichtdicke je nach Druckverhältnissen unterschiedlich, Gap Junctions, bei übermäßiger Belastung Entwicklung einer Hypertrophie.
Epikard überzieht die Außenseite des Herzens.

11. Erklären Sie bitte den Unterschied zwischen Hypertrophie und Hyperplasie.
Hypertrophie = Vergrößerung der Zellgröße ohne Vermehrung der Zellzahl.
Hyperplasie = Vermehrung der Zellzahl ohne Zunahme der Zellgröße.

12. Erläutern Sie bitte das funktionelle Synzytium des Herzens.
Die Gap Junctions (Nexus). Sie ermöglichen die elektrische und metabolische Kopplung der Zellen.

13. Erläutern Sie, was die Herzmuskulatur ist.
Eine Sonderform der quergestreiften Muskulatur: Die Zellen sind untereinander geflechtförmig verbunden und bilden ein funktionelles Synzytium.

14. Bei einem 45-jährigen Mann fällt bei einer Röntgenuntersuchung des Thorax ein vergrößerter Winkel zwischen den beiden Stammbronchien auf. Dies beruht auf einer Vergrößerung eines dort liegenden Organs/Organabschnitts. Nennen Sie das Organ, welches am wahrscheinlichsten betroffen ist.
Aufgrund der normalen Lage der Organe handelt es sich dabei am wahrscheinlichsten um den rechten Herzvorhof.

15. Erklären Sie, was eine Herzbeuteltamponade sein könnte.
Tritt Blut aus dem Herzen aus (z. B. durch Aufreißen einer Infarktnarbe oder durch ein Trauma), so sammelt es sich im Herzbeutel. Da dieser sehr fest ist, gibt er kaum nach und das Blut tamponiert das Herz, was zum Tod führen kann.

Mehr Cartoons unter www.medi-learn.de/cartoons

Pause

Kurze Pause!

3 Ösophagus und Mediastinum

Fragen in den letzten 10 Examen: 8

3.1 Ösophagus

Der Ösophagus beginnt auf Höhe von C6/C7. Auf dieser Höhe sind auch die Trachea, die Schilddrüse und der Kehlkopf lokalisiert. Er endet etwa auf Höhe von Th11/Th12 am Mageneingang (Kardia) und ist ca. 25 bis 30 cm lang. Damit ist der Ösophagus genauso lang wie z. B. das Duodenum, der Ureter und die männliche Urethra.
Entsprechend seines Verlaufs kann man den Ösophagus in drei Teile einteilen:

- Pars cervicalis bis zum oberen Sternumrand, hinter der Trachea gelegen. Sie besteht überwiegend aus quergestreifter Muskulatur und wird vom Nervus laryngeus recurrens innerviert.
- Pars thoracica bis zum Zwerchfell, zwischen Trachea und Aorta etwas rechts, sonst eher links liegend. Sie zieht zwischen dem Herzbeutel und der Wirbelsäule nach kaudal sowie mit dem Truncus vagalis anterior und posterior durch das Zwerchfell.
- Pars abdominalis unterhalb des Zwerchfells bis zum Magen. Sie hinterlässt auf dem linken Leberlappen eine Impression und liegt intraperitoneal.

Eine **Besonderheit** des Ösophagus ist seine **Muskulatur**. Diese ist im oberen Drittel quergestreift, dann folgt ein Übergangsstück aus quergestreifter und glatter Muskulatur, wobei der Anteil der glatten Muskulatur überwiegt und schließlich der distale Anteil mit ausschließlich glatter Muskulatur.
Auch das Epithel des Ösophagus unterscheidet sich von dem des restlichen Verdauungstrakts. Es ist ein mehrschichtig unverhorntes Plattenepithel (im gesamten restlichen Verdauungstrakt ist das Epithel einschichtig hochprismatisch).

Übrigens ...
Auf einigen histologischen Schnitten ist das mehrschichtig unverhornte Epithel verhornt. Zu dieser Verhornung kommt es bei starker mechanischer Beanspruchung wie z. B. durch Aufnahme von sehr ballaststoffreicher Nahrung (Das Präparat stammt häufig von Nagetieren).

In seinem **Verlauf** weist der Ösophagus drei Engen auf:

- Die erste Enge befindet sich direkt am Anfang (Ösophagusmund) auf Höhe C6/C7.
- Die zweite Enge entsteht an der Bifurcatio tracheae, wo von lateral zusätzlich die Aorta über den linken Hauptbronchus zieht und somit den Ösophagus einengt. Diese Enge wird als Aortenenge bezeichnet und liegt etwa auf Höhe von Th4/Th5.
- Die dritte und letzte Enge entsteht am Durchtritt des Ösophagus durch das Zwerchfell in Höhe Th10/Th11. Diese Zwerchfellenge ist NICHT durch einen Sphinkter o. Ä. bedingt, sondern dadurch, dass die Zwerchfellmuskulatur in einer Schlaufe um den Hiatus oesophageus herum zieht (s. Abb. 15, S. 41). Bei Kontraktion des Zwerchfells verengt sich so der Hiatus oesophageus.

Übrigens ...
Physiologischerweise ist die erste Enge die engste. Dies erscheint auch sinnvoll, denn es ist sicherlich angenehmer, gleich zu Beginn des Schluckens zu bemerken, dass der Bissen zu groß ist, anstatt es erst oberhalb des Zwerchfells festzustellen.

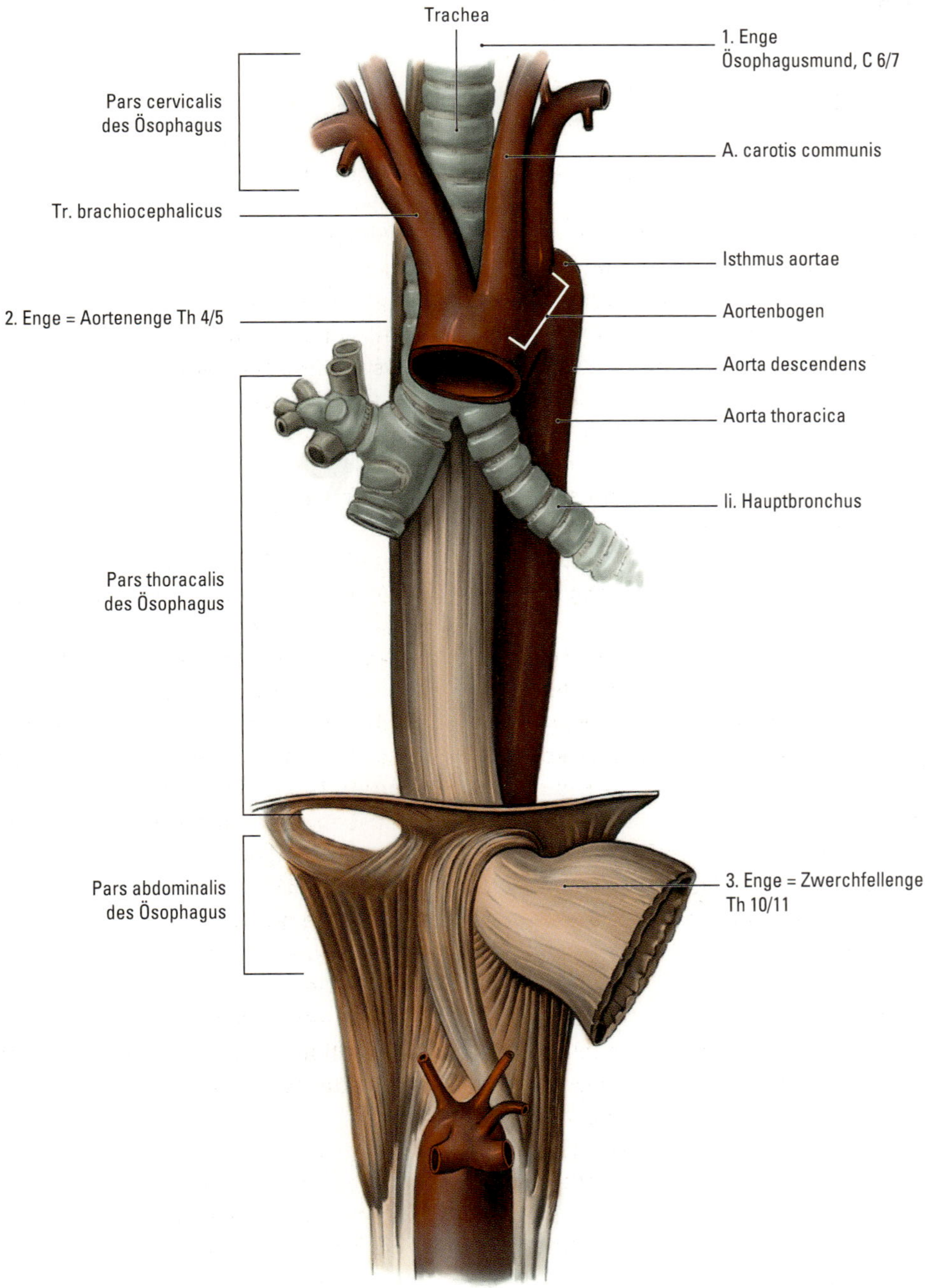

Abb. 15: Ösophagus

medi-learn.de/6-ana6-15

Die Innervation des Ösophagus erfolgt – wie bei allen inneren Organen – über sympathische und parasympathische Nerven und damit über den Nervus vagus bzw. seine Äste und über den Sympathikus.
Seine Blutversorgung unterscheidet sich in den einzelnen Bereichen:

- zervikal erfolgt die Versorgung über die Arteria subclavia und über die Arteria thyroidea inferior (sie stammt aus dem Truncus thyreocervicalis aus der Arteria subclavia),
- thorakal übernehmen die Rami oesophagei der Aorta thoracica, die ja in direkter topografischer Nähe liegt, die Gefäßversorgung und
- im Bereich des Zwerchfells sowie abdominal versorgen die Arteriae phrenicae inferiores und die Arteria gastrica sinistra den Ösophagus.

Der Blutabfluss verhält sich entsprechend:

- im zervikalen Bereich erfolgt er über die Venae thyroideae inferiores,
- thorakal über die Venae azygos (s. IMPP-Bild 1, S. 53) und hemiazygos und
- abdominal über die Vena gastrica sinistra.

3.2 Mediastinum

Das Mediastinum ist sicherlich ein sehr unbeliebtes Kapitel. Hast du jedoch seine grundsätzliche Einteilung verstanden, so kannst du Verlauf und Lage der Strukturen einfach herleiten und musst sie nicht auswendig lernen.

Als Mediastinum bezeichnet man einen zylinderförmigen Hohlraum. Dieser Hohlraum beginnt kranial an der oberen Thoraxapertur (gebildet von der 1. Rippe und der Clavicula) und endet am Zwerchfell. Die rechte und die linke Begrenzung stellen die beiden Lungenflügel dar, die ventrale Begrenzung sind das Sternum und die Rippen, die dorsale Grenze sind die Wirbelsäule und die Rippen.

Das Mediastinum kann jedoch noch weiter unterteilt werden (s. Abb. 16, S. 42):

- Als oberes Mediastinum bezeichnet man den Teil, der oberhalb des Herzens liegt,
- das untere Mediastinum liegt auf Höhe des Herzens.

Da das Herz nicht das gesamte untere Mediastinum ausfüllt, wird das untere Mediastinum noch einmal weiter unterteilt:

- Man unterscheidet hier ein vorderes Mediastinum (vor dem Herzen gelegen),
- ein mittleres Mediastinum (enthält im Wesentlichen das Herz) und
- ein hinteres Mediastinum (hinter dem Herzen gelegen).

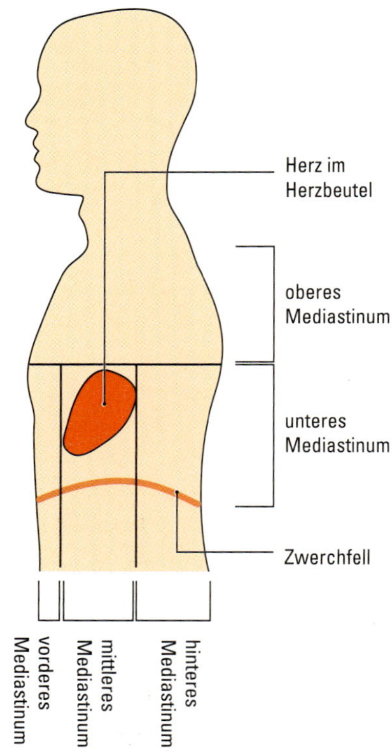

Abb. 16: Unterteilung des Mediastinums

medi-learn.de/6-ana6-16

Übrigens ...
Vergegenwärtigst du dir, dass die gesamte Einteilung des Mediastinums auf der Lage des Herzens beruht, kannst du dir die einzelnen Strukturen, die das jeweilige Mediastinum enthält, einfach herleiten.

Im **oberen Mediastinum** verlaufen also z. B.
- die Trachea,
- der Ösophagus,
- die Nn. vagi,
- der Nervus laryngeus recurrens,
- der Aortenbogen (zieht am weitesten nach dorsal),
- der Thymus-Restkörper
- die beiden sympathischen Grenzstränge,
- die Vena azygos (s. IMPP-Bild 1, S. 53),
- die Vena cava superior, die V. brachiocephalica
- die Vena hemiazygos accessoria,
- der Ductus thoracicus und
- gelegentlich auch die Arteria und Vena thoracica interna.

Im **vorderen Mediastinum** verlaufen
- ebenfalls gelegentlich die Arteria und Vena thoracica interna,

ansonsten enthält es beim Erwachsenen üblicherweise nur noch
- Fettgewebe,
- Lymphknoten und
- gelegentlich den Ramus phrenicoabdominalis dexter und kleine Teile des Thymusrestkörpers.

Im **mittleren Mediastinum** befinden sich
- das Herz mit der Pars ascendens aortae und
- die Nn. phrenici, da sie rechts und links des Herzbeutels verlaufen.

Übrigens ...
Gelegentlich kommt es durch die Drehung des Herzens sogar dazu, dass der rechte Nervus phrenicus soweit ventral liegt, dass er auch zum vorderen Mediastinum gezählt werden kann.

Im **hinteren Mediastinum** verläuft
- die Aorta thoracica,
- der Ösophagus,
- die Vena azygos (s. IMPP-Bild 1, S. 53),
- die Vena hemiazygos,
- der Nervus vagus,
- der Sympathikus und
- der Ductus thoracicus.

NICHT im hinteren Mediastinum verlaufen die Trachea, da sie oberhalb des Herzens bereits aufhört, und die Vena cava, die an dieser Stelle gerade das Herz erreicht hat.

4 Nerven und Gefäße im Thorax

Fragen in den letzten 10 Examen: 11

4.1 Verlauf des Nervus phrenicus

Von den Kenntnissen über den Verlauf der großen Nerven und Gefäße im Thorax kannst du sowohl im schriftlichen als auch im mündlichen Examen sehr profitieren!

Der Nervus phrenicus beginnt auf Höhe von C3, 4 und 5, wobei der Hauptteil des Nervus phrenicus aus C4 stammt. Er verläuft auf dem Musculus scalenus anterior und daher im Halsbereich lateral des Nervus vagus und zieht danach zwischen Arteria und Vena subclavia in den Thorax. Im Thorax zieht er rechts und links am Mediastinum entlang und innerviert zunächst sensibel die Pleura, dann das Perikard (er zieht also VOR dem Lungenhilum entlang), tritt anschließend durch das Zwerchfell (rechts mit der Vena cava, links mit dem Ösophagus) und innerviert von kaudal motorisch das Zwerchfell sowie sensibel das Peritoneum.

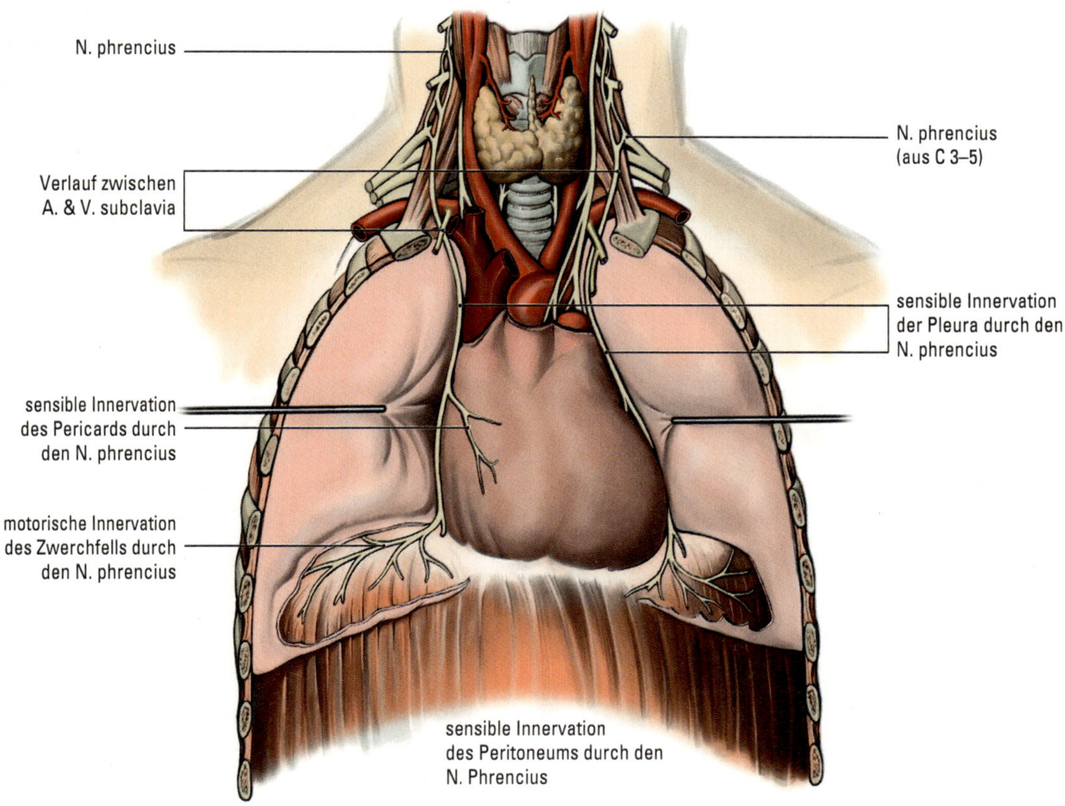

Abb. 17: Verlauf des N. phrenicus

medi-learn.de/6-ana6-17

Merke!

Die drei „P“ für die sensible Innervation des Nervus phrenicus lauten:
- Pleura,
- Perikard und
- Peritoneum.

Für die Durchtrittsstelle links durch das Zwerchfell gilt die Merkhilfe „ÖVP“: Hier treten
- der Ösophagus,
- der Vagus und
- der linke Phrenicus gemeinsam durch das Zwerchfell (gelegentlich hat der N. phrenicus auch eine eigene Durchtrittsstelle).

4.2 Verlauf des Nervus vagus

Der Nervus vagus verlässt den Schädel durch das Foramen jugulare gemeinsam mit der Vena jugularis, dem Nervus glossopharyngeus und dem Nervus accessorius (s. Abb. 18, S. 47).

Alle diese drei Hirnnerven – also IX, X und XI – besitzen auch einen gemeinsamen Kern, den Nucleus ambiguus.
Vom Foramen jugulare aus zieht der Nervus vagus in der Karotisfaszie nach kaudal und verläuft somit medial des Nervus phrenicus. Bereits im Halsbereich – ungefähr auf Höhe von C5 – gibt er den Nervus laryngeus superior ab. Dieser zieht zur Schilddrüse und innerviert am Kehlkopf den Musculus cricothyroideus motorisch sowie den Kehlkopfanteil oberhalb der Stimmbänder sensibel. Der Rest des Nervus vagus zieht weiter nach kaudal. Im Brustbereich gibt er den Nervus laryngeus recurrens ab. Dieser schlingt sich links von ventral nach dorsal um den Aortenbogen und rechts um die Arteria subclavia, was bedeutet, dass der linke Nervus laryngeus recurrens etwas länger ist als der rechte. Dieses Wissen kann dir im Examen häufiger einen Punkt bescheren. Der Nervus laryngeus recurrens zieht dann in der Rinne zwischen Trachea und Ösophagus wieder nach kranial in Richtung Kehlkopf und innerviert auf diesem Weg die Trachea und den Ösophagus, einen Teil der Schilddrüse, die Nebenschilddrüse sowie als N. laryngeus inferior sämtliche Kehlkopfmuskeln motorisch (AUSSER dem Musculus cricothyroideus) und sensibel den Teil kaudal der Stimmbänder. Der Rest des Nervus vagus verläuft als Truncus vagalis gemeinsam mit dem Ösophagus durch das Zwerchfell; merke „ÖVP“ (Ösophagus, Vagus, linker Phrenikus). Im Bauchbereich zieht dann der linke Nervus vagus über die Vorderwand des Magens, der rechte über die Hinterwand, was durch die embryonale Magendrehung um 90 Grad im Uhrzeigersinn bedingt ist. Dies bedeutet auch, dass z. B. der Pankreas ausschließlich vom rechten Nervus vagus versorgt wird (engere topografische Beziehung).

Merke!

Mit dem Nervus vagus ist es genauso wie mit den Herzkranzgefäßen: Der linke Ast zieht über die Vorderwand, der rechte über die Hinterwand. Oder als Merkspruch: Wer link ist, drängelt sich vor.

4.3 Vena azygos und Vena hemiazygos

Die Vena azygos stellt eine Fortsetzung der V. lumbalis ascendens dextra dar, die V. hemiazygos stammt dagegen aus der V. lumbalis ascendens sinistra. Auf Höhe des Herzens steht die V. azygos mit der V. hemiazygos in Verbindung. Im weiteren Verlauf heißt die V. hemiazygos dann V. hemiazygos accessoria. Beide nehmen u. a. die Vv. intercostales posteriores dextrae bzw. sinistrae auf und verlaufen dorsal des Lungenstiels nach kranial. Die V. azygos mündet dann in die V. cava superior (s. IMPP-Bild 1, S. 53), die V. hemiazygos accessoria in die linke V. brachiocephalica.

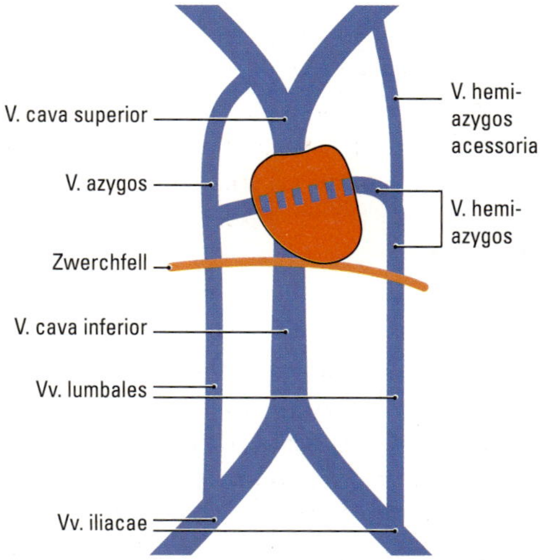

Abb. 18: Verlauf von V. azygos und V. hemiazygos

medi-learn.de/6-ana6-18

4.4 Weitere Gefäße im Thorax und deren Topografie

Die folgenden Aussagen tauchen mit konstanter Regelmäßigkeit im schriftlichen Examen auf (aber auch im mündlichen machen so detaillierte Kenntnisse der Anatomie einen sehr guten Eindruck). Um sie besser nachvollziehen zu können, solltest du dir parallel zum Lesen einen Atlas neben das Skript legen. So werden die Aussagen anschaulicher, lassen sich leichter vorstellen und besser einprägen.

- Die A. subclavia dextra geht aus dem Truncus brachiocephalicus hervor. Sie zieht hinter dem M. scalenus anterior zum Arm und gibt u. a. die A. vertebralis ab. Im weiteren Verlauf legt sie sich dem Plexus brachialis an und geht in die A. axillaris über. Außerdem zieht die A. subclavia durch die Lücke zwischen M. scalenus anterior und medius in den Brustraum.
- Die A. pulmonalis dextra verläuft hinter der Aorta ascendens und ebenfalls hinter der V. cava superior.
- Der Aortenbogen verläuft links von der Trachea nach hinten.
- Die V. azygos verläuft oberhalb des rechten Lungenstiels nach vorne.
- Die V. brachiocephalica sinistra verläuft in der Nähe des Aortenbogens, ventral der A. carotis communis sinistra, ventral des Truncus brachiocephalicus, ventral des N. vagus, aber dorsal des Thymus.
- Die V. cava superior geht aus der Vereinigung der beiden Vv. brachiocephalicae rechts hinter dem ersten Rippenknorpel hervor (s. IMPP-Bild 1, S. 53). Sie grenzt rechts an die Pleura mediastinalis (teilweise von der Pleura bedeckt) und nach dorsal an die A. pulmonalis dextra. Die V. cava grenzt auch an die Aorta ascendens und an den Thymus. Sie nimmt die V. azygos auf. Dagegen grenzt sie links NICHT an den Truncus pulmonalis. Auch der Sinus coronarius mündet NICHT in die V. cava, sondern direkt in den rechten Vorhof.
- Die V. subclavia liegt der Pleurakuppel an. Sie tritt aus dem Brustraum vor dem M. scalenus anterior in den Hals über (dort fließt ihr Blut in die V. brachiocephalica) und ist in ihrem Verlauf unter der Clavicula fest mit der Faszie des M. subclavius verwachsen. Über das Trigonum deltoideopectorale (clavipectorale) ist sie zugänglich. Sie nimmt u. a. Blut aus der V. cephalica auf und kann in ihrem Inneren im aufrechten Stand einen negativen Blutdruck aufweisen. Die V. subclavia geht aus der V. axillaris hervor.
- Die Aorta ascendens wird vom Perikard bedeckt.
- Der Isthmus aortae liegt außerhalb des vom Perikard bedeckten Teils der Aorta, distal des Abgangs der A. subclavia sinistra.
- Die Aorta teilt man (vom Ursprung in der linken Kammer ausgehend) ein in:
  - Aorta ascendens,
  - Arcus aortae,
  - Isthmus aortae,
  - Aorta descendens,
  - Aorta thoracica und
  - Aorta abdominalis.

Anschließend erfolgt die Gabelung in die Iliakalgefäße.

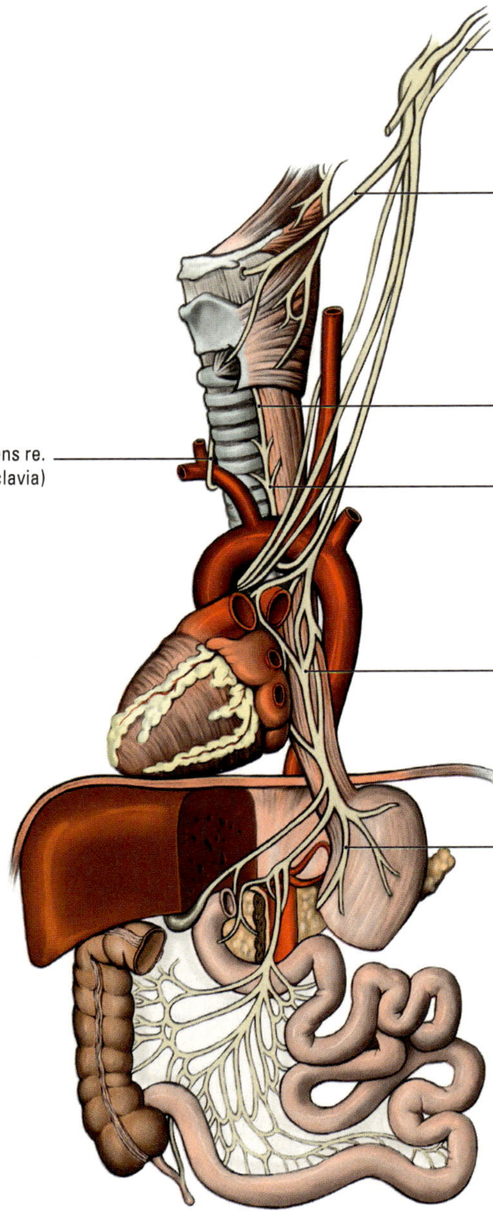

Abb. 19: Verlauf des N. vagus

medi-learn.de/6-ana6-19

4.5 Durchtrittsstellen durch das Zwerchfell

Das Zwerchfell weist einige größere und kleinere Öffnungen auf, die natürlich alle einen Namen haben und durch die bestimmte Strukturen ziehen. Auf jeden Fall solltest du die größten von ihnen kennen (s. Tab. 1, S. 49).

Übrigens ...
Große angeborene Zwerchfellhernien, die mit einer sekundären Lungenhypoplasie einhergehen, befinden sich am ehesten zwischen der Pars lumbalis und der Pars costalis des Zwerchfells.

Hiatus aorticus
– Aorta descendens – Ductus thoracicus
Lage: zwischen Crura media (Pars lumbalis) vor L1 und Lig. arcuatum medium.
Hiatus oesophageus
– Ösophagus – evtl. R. phrenicoabdominalis sinister des N. phrenicus – Nn. vagi
Lage: Pars lumbalis, Th10, vollständig von Muskulatur umgeben.
Foramen V. cavae
– V. cava inferior – R. phrenicoabdominalis dexter des N. phrenicus
Lage: im Centrum tendineum, bindegewebig mit der V. cava verbunden.
Larrey-Spalte (links) (Merke: Larrey, links)
– A. epigastrica superior – V. epigastrica superior Anschließend werden die beiden dann A. und V. thoracica interna genannt.
Lage: zwischen Pars sternalis und costalis, Th9.
medialer Lumbalspalt
– N. splanchnicus major – N. splanchnicus minor – V. azygos – V. hemiazygos
Lage: zwischen Crus dextrum/sinistrum, L1.
lateraler Lumbalspalt (jeweils rechts und links)
– Grenzstrang
Lage: zwischen Pars medialis/lateralis, L2.

Tab. 1: Durchtrittsstellen durch das Zwerchfell

4

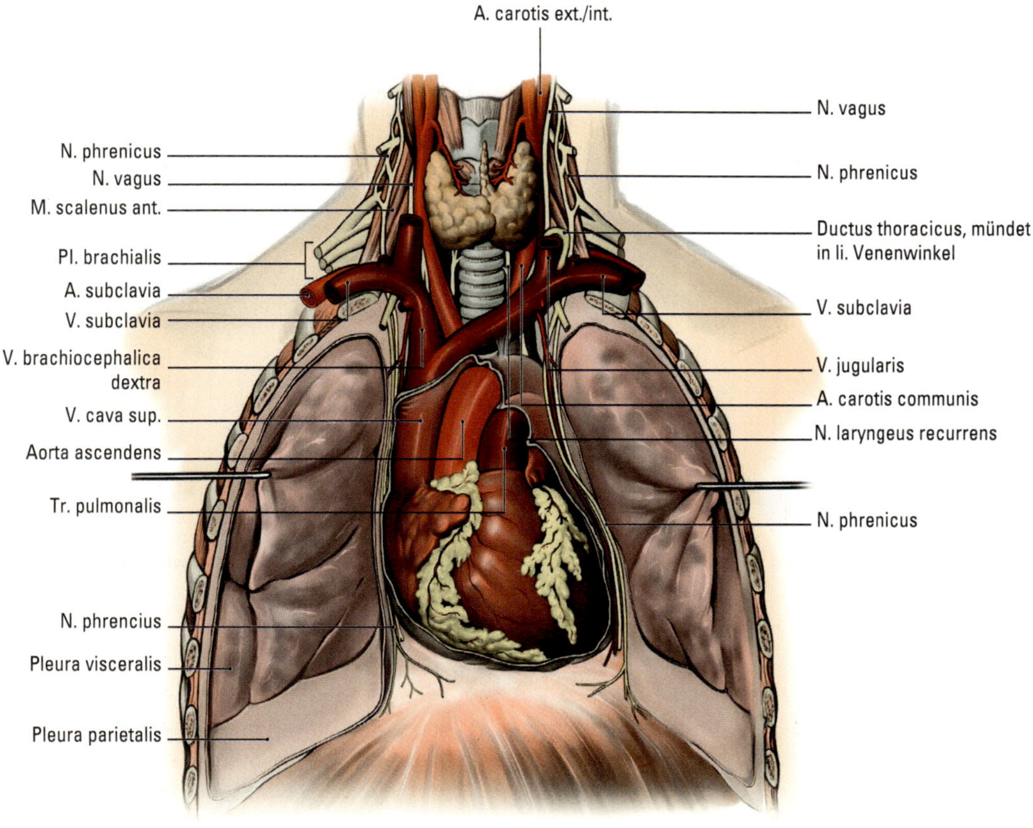

Abb. 20: Topografie der Gefäße im Thorax *medi-learn.de/6-ana6-20*

DAS BRINGT PUNKTE

Der **Ösophagus** war und ist ein gern gefragtes Thema im Schriftlichen. Besonders häufig werden folgende Fakten gefragt:

- Die „engste Enge“ des Ösophagus ist die erste Enge am Ösophagusmund.
- Im ersten Drittel ist die Muskulatur noch quergestreift, im unteren Drittel liegt glatte Muskulatur vor.
- Der Ösophagus liegt in der Pars abdominalis intraperitoneal.
- Der Ösophagus hinterlässt auf der Leber eine Impression.

Hast du die **Einteilung des Mediastinums** verstanden, kannst du dir die Antworten gut herleiten. Besonders gerne wurden bislang folgende Punkte gefragt:

- Im hinteren Mediastinum verlaufen die Vv. azygos und hemiazygos, der Ductus thoracicus, die Pars thoracica aortae und der Ösophagus, NICHT aber die Nn. phrenici.
- Der N. phrenicus verläuft im mittleren und vorderen Mediastinum, NICHT jedoch im hinteren.

Vor dem Examen ist es hilfreich, sich den Verlauf der beiden **Nerven Phrenikus und Vagus** noch mal mit Unterstützung durch einen Anatomieatlas anzuschauen. Merken solltest du dir besonders Folgendes:

- Der N. vagus verläuft hinter dem Lungenhilum, der N. phrenicus davor,
- der N. vagus verläuft im hinteren Mediastinum, der N. phrenicus im mittleren sowie
- der N. vagus und der Ramus phrenicoabdominalis sinister ziehen gemeinsam mit dem Ösophagus durch den Hiatus ösophageus.

Insbesondere ein Satz brachte in den letzten Jahren die Punkte im Schriftlichen:
Die V. azygos und die V. hemiazygos verlaufen dorsal der Trachea und des Lungenstiels.

Alle in Kapitel 4, S. 45 aufgeführten **Lagebeziehungen** wurden schon gefragt. Besonders häufig gefragt und daher wichtig zu wissen ist, dass

- die V. subclavia vor dem M. scalenus anterior verläuft und
- die A. subclavia hinter dem M. scalenus anterior.

Ebenfalls merken solltest du dir, dass die V. brachiocephalica sinistra vor dem Truncus brachiocephalicus verläuft.

Eine gute Punkteausbeute verspricht, wenn du weißt, dass

- die V. cava im Centrum tendineum durch das Zwerchfell tritt,
- die V. cava im Centrum tendineum bindegewebig verwachsen ist und
- der N. vagus mit dem Ösophagus durch das Zwerchfell zieht.

FÜRS MÜNDLICHE

Die Besonderheiten des jeweiligen Organs, seine Topografie sowie seine Innervation und Gefäßversorgung solltest du zu jedem Organ – also auch zum Ösophagus – fürs Mündliche parat haben. Den Verlauf von V. azygos und V. hemiazygos und ihre Funktion als cavo-cavale Anastomose (Umgehungskreislauf der V. cava) solltest du unbedingt kennen.

1. **Nennen Sie bitte die Organe, welche an den Ösophagus grenzen.**
2. **Bitte nennen Sie die Besonderheiten des Ösophagus.**

FÜRS MÜNDLICHE

3. **Bitte erläutern Sie die Einteilung des Mediastinums**
4. **Beschreiben Sie bitte den Verlauf des N. vagus und des N. phrenicus.**
5. **Erläutern Sie bitte, was eine cavo-cavale Anastomose ist.**
6. **Beschreiben Sie bitte den Verlauf der V. azygos und V. hemiazygos.**
7. **Nennen Sie bitte die einzelnen Abschnitte der Aorta.**
8. **Nennen Sie bitte, wer mit dem Ösophagus durch das Zwerchfell tritt.**
9. **Erläutern Sie die Besonderheit des Foramen venae cavae.**

---

1. Nennen Sie bitte die Organe, welche an den Ösophagus grenzen.

auf Höhe C6/C7:
- Kehlkopf,
- Trachea und
- Schilddrüse.

Pars thoracalis:
- Trachea,
- Aorta thoracica und
- linker Vorhof.

Pars abdominalis:
- Leber.

2. Bitte nennen Sie die Besonderheiten des Ösophagus.

Der Ösophagus hat
- ein unverhorntes mehrschichtiges Plattenepithel (restl. Verdauungstrakt: einschichtig hochprismatisches Epithel),
- im oberen Drittel quergestreifte, im unteren Drittel glatte Muskulatur, in der Mitte findet sich beides (s. Abb. 15, S. 41),
- drei Engen: Ösophagusmund, Aortenenge, Zwerchfellenge und
- unterschiedliche Gefäßversorgung:
  - kranial = A. thyroidea inferior,
  - thorakal = Aorta und
  - abdominal = A. phrenica inferior sowie A. gastrica sinistra.

3. Bitte erläutern Sie die Einteilung des Mediastinums.

Das Herz ist die zentrale Struktur für die Einteilung des Mediastinums:
- oberhalb des Herzens liegt das obere Mediastinum,
- auf Höhe des Herzens das untere, welches weiter unterteilt wird in
  - ein vorderes (vor dem Herzen),
  - ein mittleres (enthält das Herz) und
  - ein hinteres (hinter dem Herzen) Mediastinum.

4. Beschreiben Sie bitte den Verlauf des N. vagus und des N. phrenicus.

Nervus phrenicus:
- C3, C4 und C5,
- auf dem Musculus scalenus anterior lateral des Nervus vagus,
- zwischen Arteria und Vena subclavia in den Thorax,
- rechts und links am Mediastinum entlang,
- innerviert Pleura und Perikard (er zieht also VOR dem Lungenhilum entlang),
- tritt durch das Zwerchfell (rechts mit der Vena cava, links mit dem Ösophagus) und
- innerviert das Zwerchfell sowie das Peritoneum.

Nervus vagus:
- Er enthält präganglionäre, parasympathische und sensible Fasern,
- Foramen jugulare,
- Karotisfaszie (somit medial des Nervus phrenicus),
- C5: Nervus laryngeus superior,
- zu Schilddrüse und Kehlkopf (Musculus cricothyroideus),

der Rest des Nervus vagus zieht weiter nach kaudal.

Brustbereich N. laryngeus recurrens:
- links um den Aortenbogen, rechts um die Arteria subclavia, in der Rinne zwischen Trachea und Ösophagus wieder nach kranial in Richtung Kehlkopf,
- innerviert Trachea, Ösophagus, Schilddrüse, die Nebenschilddrüse sowie sämtliche Kehlkopfmuskeln motorisch - AUßER dem Musculus cricothyroideus - und sensibel den Teil kaudal der Stimmbänder.

Rest des Nervus vagus = Truncus vagalis mit dem Ösophagus durch das Zwerchfell.

Bauchbereich:
- linker Nervus vagus Vorderwand des Magens,
- rechter Nervus vagus Hinterwand.

5. Erläutern Sie bitte, was eine cavo-cavale Anastomose ist.

Eine cavo-cavale Anastomose stellt einen Umgehungskreislauf der V. cava dar. Sie verläuft parallel zur V. cava und verbindet die V. cava superior mit der V. cava inferior.

6. Beschreiben Sie bitte den Verlauf der V. azygos und V. hemiazygos.

Hier empfiehlt es sich, Abb. 18, S. 47 zu skizzieren. Wichtig ist, hierbei zu erwähnen, dass die Gefäße im Bauchraum primär retroperitoneal und im Brustraum im hinteren Mediastinum verlaufen.

7. Nennen Sie bitte die einzelnen Abschnitte der Aorta.
- Aorta ascendens,
- Arcus aortae,
- Isthmus aortae,
- Aorta descendens,
- Aorta thoracica und
- Aorta abdominalis.

Anschließend erfolgt die Gabelung in die Iliakalgefäße auf Höhe von L4.

8. Nennen Sie bitte, wer mit dem Ösophagus durch das Zwerchfell tritt.

Durch den Hiatus oesophageus ziehen
- der Ösophagus,
- der R. phrenicoabdominalis sinister des N. phrenicus und
- die Nn. vagi.

9. Erläutern Sie die Besonderheit des Foramen venae cavae.

Es liegt im Centrum tendineum. Die V. cava ist hiermit bindegewebig verwachsen.

Pause

Geschafft? Päuschen gefällig?
Das hast du dir verdient!

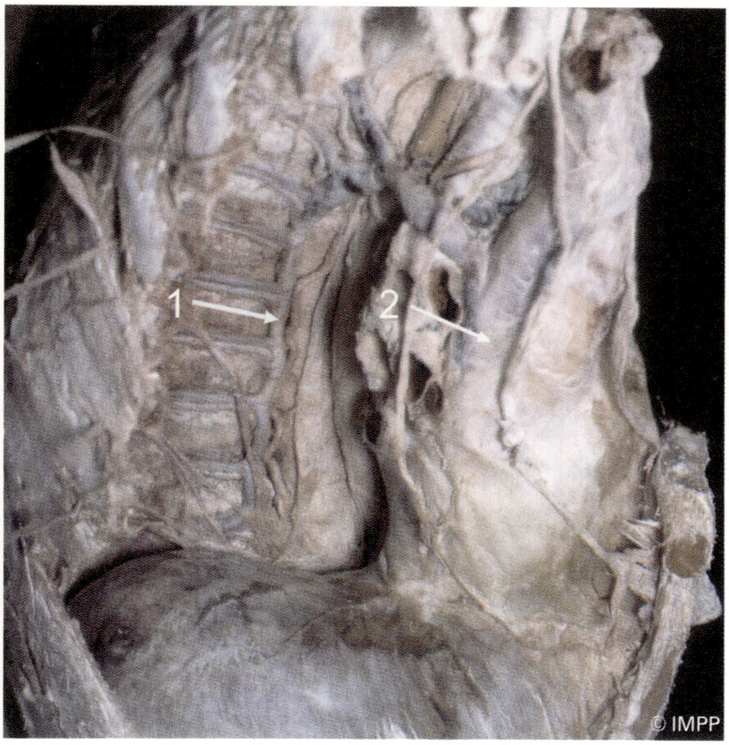

Blick von rechts in den eröffneten Thorax. Herz und Herzbeutel wurden belassen, Pfeil 1 zeigt auf die V. azygos, Pfeil 2 auf die V. cava superior.

IMPP-Bild 1: V. cava superior und V. azygos

medi-learn.de/6-ana6-impp1

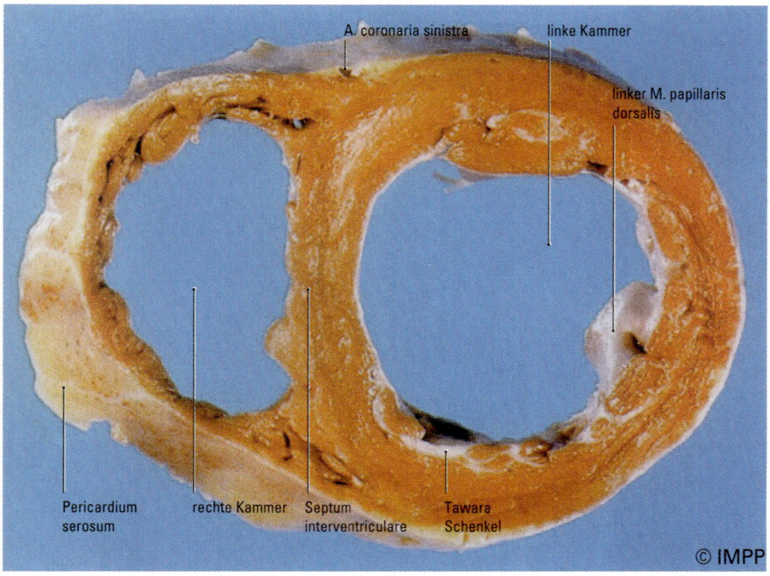

IMPP-Bild 2: Querschnitt durch das Herz

medi-learn.de/6-ana6-impp2

IMPP-Bild 3: Herz im Herzbeutel
medi-learn.de/6-ana6-impp3

*markiert das apikale Unterlappensegment (segmentum superius lobi inferius)

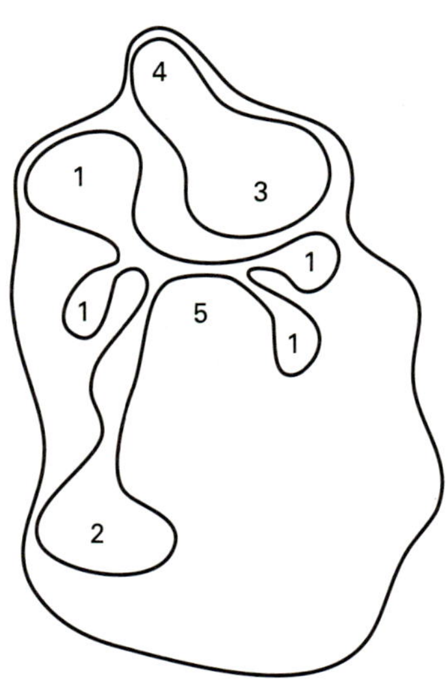

1. Vv. pulmonales
2. V. cava
3. Truncus pulmonalis
4. Aorta
5. linker Vorhof

IMPP-Bild 4: Schematisierte Darstellung der Hinterwand des Herzbeutels

medi-learn.de/6-ana6-impp4

Index

Dr. Malte Plato

Anatomie Band 5

MEDI-LEARN Skriptenreihe

6., komplett überarbeitete Auflage

MEDI-LEARN Verlag GbR

Autor: Dr. Malte Plato
Fachlicher Beirat: PD Dr. Rainer Viktor Haberberger

Teil 5 des Anatomiepaketes, nur im Paket erhältlich
ISBN-13: 978-3-95658-000-0

Herausgeber:
MEDI-LEARN Verlag GbR
Dorfstraße 57, 24107 Ottendorf
Tel. 0431 78025-0, Fax 0431 78025-262
E-Mail redaktion@medi-learn.de
www.medi-learn.de

Verlagsredaktion:
Dr. Marlies Weier, Dipl.-Oek./Medizin (FH) Désirée Weber, Denise Drdacky, Jens Plasger, Sabine Behnsch, Philipp Dahm, Christine Marx, Florian Pyschny, Christian Weier

Layout und Satz:
Fritz Ramcke, Kristina Junghans,
Christian Gottschalk

Grafiken:
Dr. Günter Körtner, Irina Kart, Alexander Dospil,
Christine Marx

Illustration:
Daniel Lüdeling

Druck:
A.C. Ehlers Medienproduktion GmbH

6. Auflage 2014

Inhalt

1 Allgemeines

Fragen in den letzten 10 Examen: 9

Bevor du dich mit der Anatomie des Bewegungsapparates beschäftigst, solltest du die Vokabeln zur Orientierung im Raum verstehen und auch anwenden können. Dazu gehören – neben den Ebenen und Achsen – auch die einzelnen Bewegungsarten. Diese alltäglichen Begriffe sollten in Fleisch und Blut übergehen, was sicherlich am besten gelingt, wenn du dir im Geist ein dreidimensionales Bild des Körpers machst und dann den einzelnen Bewegungen die passenden Bezeichnungen zuordnest. So wird nicht nur das Lernen einfacher, sondern auch das erfolgreiche Anwenden des Gelernten in schriftlichen und mündlichen Prüfungen. Da das folgende Einführungskapitel die Grundlage für alle weiteren bildet, wurde darauf verzichtet, einzelne Schwerpunktthemen herauszuarbeiten. Denn in vielen Fragen kommen die Begriffe, die hier erklärt sind, eben nicht als das Hauptthema vor, sondern sind Grundvoraussetzung für deren Verständnis. Mit anderen Worten: Obwohl eher selten explizit nach den

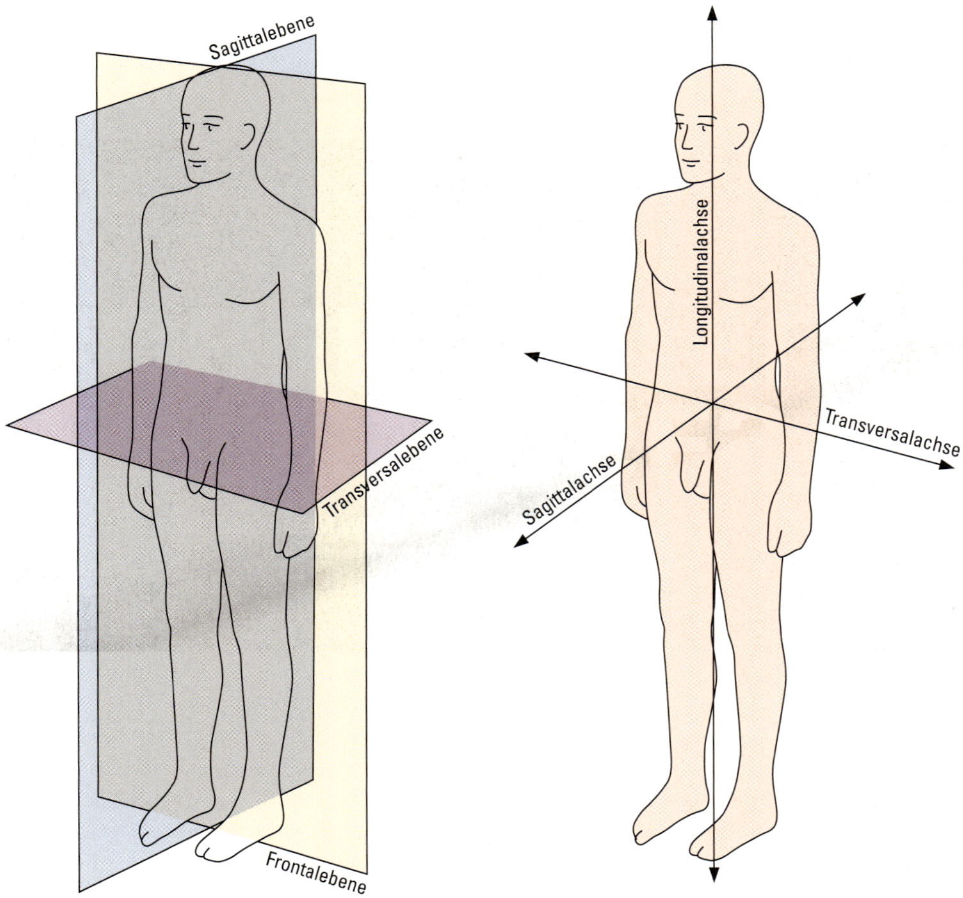

Abb. 1: Achsen und Ebenen

medi-learn.de/6-ana5-1

hier erklärten Begriffen gefragt wird, sind sie extrem wichtig und zwar nicht nur fürs Physikum.

1.1 Achsen und Ebenen

Da es im Raum drei Dimensionen gibt, in denen wir uns bewegen, lässt sich dieser Raum auch mit drei Achsen definieren und verfügt entsprechend über drei Ebenen.

Achse	Richtung im Körper
Sagittal	vorne nach hinten
Transversal	links nach rechts
Longitudinal	oben nach unten

Ebene	Unterteilt den Körper in
Sagittalebene	links und rechts
Transversalebene/ Horizontalebene	oben und unten
Frontalebene	vorne und hinten

Tab. 1: Achsen und Ebenen

1.2 Bewegungen um Achsen und damit in Ebenen

Eine Bewegung findet immer um eine Achse statt. Anstelle des Begriffs „Achse“ benutzt man in der Medizin den Begriff „Freiheitsgrad“.
Zur besseren Veranschaulichung eignet sich das Beispiel eines Fahrradreifens: Das Rad kann sich nach vorne oder nach hinten um die Achse drehen. In diesem Fall sind vorne und hinten die möglichen Bewegungen. Der Bewegungsvorgang spielt sich innerhalb einer Ebene ab, die durch die Speichen dargestellt wird.

Merke!

Um einen Freiheitsgrad (Achse) gibt es immer zwei mögliche Bewegungen, die innerhalb einer Ebene ablaufen.

Da wir pro Freiheitsgrad zwei mögliche Bewegungen haben, gibt es insgesamt folglich sechs Bewegungen. Dies sind:

Achse	Bewegungen	In der Ebene
Sagittal	Abduktion und Adduktion	Frontalebene
Transversal	Flexion und Extension	Sagittalebene
Longitudinal	Innenrotation und Außenrotation	Transversalebene/ Horizontalebene

Tab. 2: Achsen

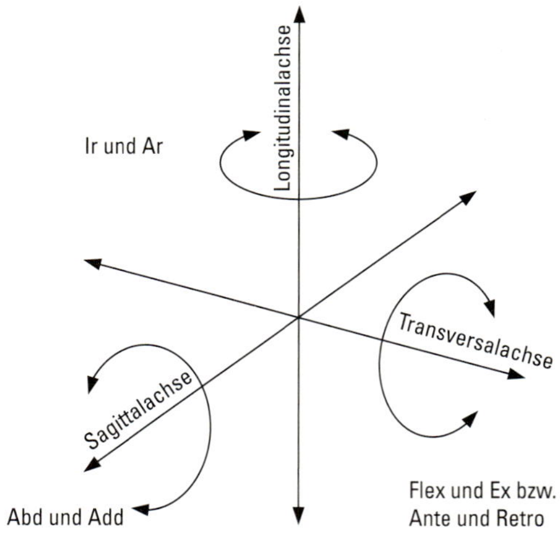

Abb. 2: Bewegungen *medi-learn.de/6-ana5-2*

Merke!

An sich gibt es im Körper nur sechs Bewegungen, von denen jeweils zwei gegenläufig sind. Diese beiden spielen sich **in einer Ebene um eine Achse** (Freiheitsgrad) ab.

Die zusätzlich existierenden weiteren Bezeichnungen sind lediglich Unterarten oder Kombinationen der bekannten sechs Bewegungen (s. Tab. 3, S. 3). Solche Fallen sollten dich jedoch nicht von dem einfachen und praktikablen „sechs-Bewegungs-Wissen" abhalten.

Begriff	Ist folgende Bewegung
Elevation	Abduktion über 90° im Schultergelenk
Anteversion	Flexion in Schulter- und Hüftgelenk
Retroversion	Extension in Schulter- und Hüftgelenk
Zirkumduktion	Kombinationsbewegung aller sechs Bewegungen, in der ein Arm oder ein Bein einen Kegel in die Luft malt
Opposition	Daumen an den kleinen Finger heranbringen (Kombination aus Flexion und Adduktion)
Reposition	Daumen vom kleinen Finger wegbewegen (Kombination aus Extension und Abduktion)

Tab. 3: Bewegungskombinationen

1.3 Gelenktypen und Freiheitsgrade

Gelenke können – je nach ihrer Bauart – in solche mit einem, zwei oder drei Freiheitsgraden unterteilt werden (mehr als drei Freiheitsgrade sind nicht möglich, weil es nicht mehr als drei Ebenen im dreidimensionalen Raum gibt). Pro Freiheitsgrad gibt es zwei Bewegungen, was bedeutet, dass ein Gelenk mindestens zwei und höchstens sechs Bewegungen zulässt.

Gelenktyp	Freiheitsgrade
Scharniergelenk	1
Radgelenk	1
Eigelenk	2
Sattelgelenk	2
Kugelgelenk	3

Tab. 4: Freiheitsgrade

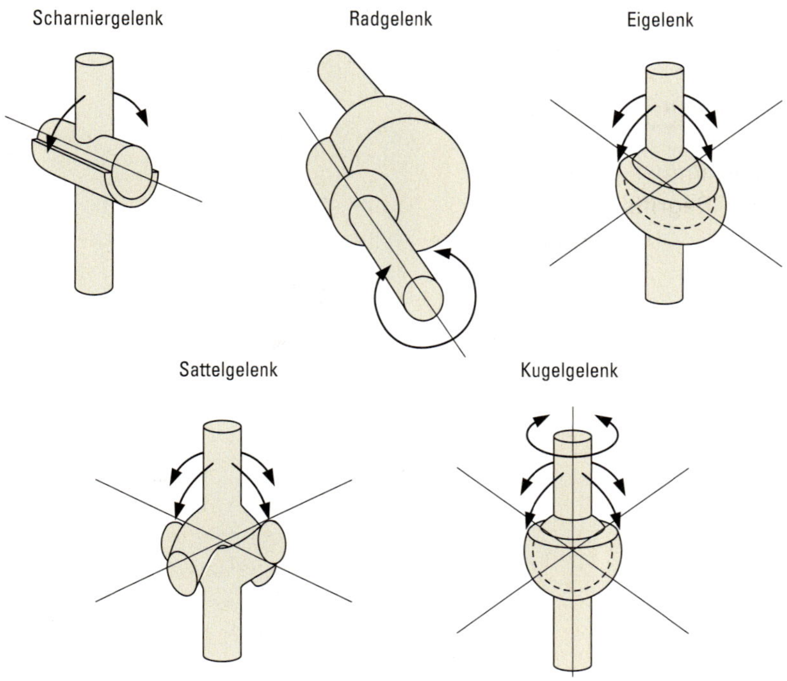

Abb. 3: Gelenktypen

medi-learn.de/6-ana5-3

1.3.1 Diarthrosen und Synarthrosen

Als **Diarthrosen** bezeichnet man **echte Gelenke**. Dazu zählen auch die **Amphiarthrosen**, obwohl diese nur ein geringes Bewegungsausmaß zulassen (z. B. kleine Fußgelenke, iliosakrales Gelenk).
Alle echten Gelenke müssen folgende **obligate Anteile** besitzen:
- mindestens zwei Knochenanteile,
- einen Gelenkspalt zwischen den Knochen,
- eine Gelenkkapsel mit der innen anliegenden Membrana synovialis,
- Gelenkknorpel.

Fakultative Anteile sind:
- Menisken,
- Disci,
- Bänder.

Synarthrosen werden auch „Haften" genannt. Sie sind keine echten Gelenke, sondern **Knochenverbindungen**, da sie sich zwar mehr oder weniger gegeneinander bewegen, aber keine der typischen Anteile eines echten Gelenkes aufweisen. Meistens sind sie recht straff und durch Bänder, Knorpel oder Knochen fest miteinander verbunden.

Synarthrosen	Verbindung	Beispiel
Syndesmosen	Bänder	– Membrana interossea – Schädelsuturen
Synchondrosen	Knorpel	– Zwischenwirbelscheiben – Symphysis pubica
Synostosen	Knochen	– Fossa acetabuli

Tab. 5: Synarthrosen

1.4 Gelenkphysik

Der **Hebelarm** ist der Abstand des Gelenks vom Ansatzpunkt eines Muskels. Je größer der Hebelarm ist, desto effektiver ist die Muskelwirkung. Mit der Stellung des Gelenks ändert sich auch der virtuelle (wirksame) Hebelarm. Je größer dieser ist, desto effizienter wird die Muskelwirkung ausgenutzt. In Streckstellung ist der virtuelle Hebelarm sehr klein, was dazu führt, dass die meiste Kraft nur zum Aufeinanderpressen der Knochenanteile verwendet wird. In Beugestellung wächst der virtuelle Hebelarm und die Kraft kann als **Hubkraft** (als Bewegung) genutzt werden.

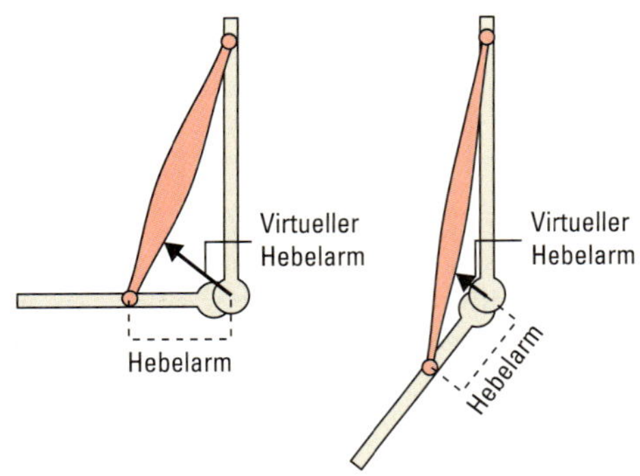

Abb. 4: Virtueller Hebelarm *medi-learn.de/6-ana5-4*

1.4.1 Zuggurtung

Das beste Beispiel für eine Zuggurtung ist der Tractus iliotibialis mit seiner Wirkung auf den Femur.
Ohne Zuggurtung würden im Einbeinstand auf die mediale Seite des Femurs Druckkräfte, auf die laterale Seite Zugkräfte wirken. Zugkräfte können Knochen jedoch nicht gut vertragen und Knochenbrüche wären die Folge.

Als Gegenmittel gibt es die **Zuggurtung**: Neben dem Knochen wird lateral ein Zügel eingebaut, der die entstehenden **Zugkräfte in Druckkräfte umwandelt** (**Zuggurtungsprinzip**). Daher bestehen nun auf beiden Seiten Druckkräfte, die der Knochen gut aushalten kann.

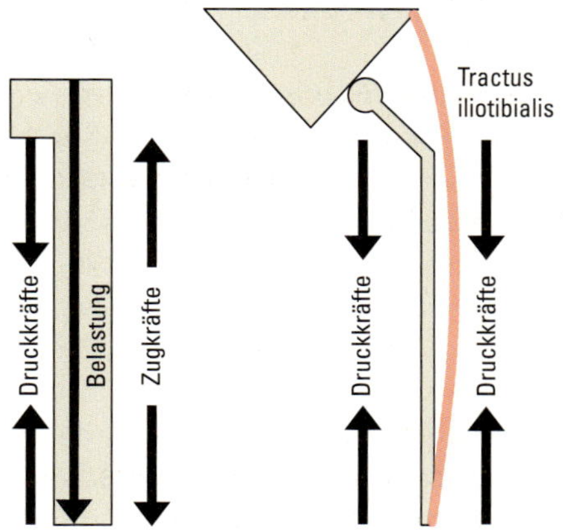

Abb. 5: Zuggurtung *medi-learn.de/6-ana5-5*

1.5 Aktive und passive Insuffizienz

Wenn man sich ausschließlich die Knochen vorstellt und alle anderen Anteile vernachlässigt, hat ein Gelenk fast immer ein sehr viel höheres Bewegungsausmaß als das in der Realität der Fall ist. Offensichtlich wird dies bei Betrachtung der Bewegungsmöglichkeiten des Hüftgelenks am Skelett, wenn du die theoretisch möglichen Bewegungen mit denen vergleichst, die du selbst durchführen kannst. Ursachen hierfür sind auf der einen Seite **Hemmungen**:

- Knochenhemmung bedeutet, dass ein Knochen die Bewegung limitiert;
- Weichteilhemmung bedeutet entsprechend, dass Weichteile der Bewegung im Wege stehen;
- Bänderhemmung bedeutet, dass Bänder so straff sind, dass sie eine Bewegung beenden.

Auf der anderen Seite sind aktive und passive Insuffizienzen bewegungslimitierend. Hierbei spielen die Muskeln, die ein Gelenk bewegen, die Hauptrolle.

Ein **Agonist** bewegt das Gelenk in eine Richtung (z. B. Extension), der **Antagonist** macht das Gegenteil (Flexion). Wichtig zu wissen ist, dass der Antagonist dann gedehnt wird, wenn der Agonist sich verkürzt.

Als Beispiel dient wieder einmal das Hüftgelenk: Am Skelett kannst du eine Flexion von 180° durchführen. In Wirklichkeit schaffst du aber nur so um die 130°, und das auch nur bei gebeugtem Knie. Das liegt daran, dass der Hüftbeuger bei ca. 130° Flexion seine absolute Verkürzungslänge – sie wird **Hubhöhe** genannt – erreicht hat. Damit kann die Bewegung nicht weiter ausgeführt werden. Diese Art der Begrenzung bezeichnet man als **aktive Insuffizienz**.

Versuchst du das gleiche mit gestrecktem Knie, ist die Hüftbeugung nur noch bis ca. 90° möglich. Außerdem spürst du, wie die Hüftstrecker auf der Oberschenkelrückseite gedehnt werden. Das liegt daran, dass bei gestrecktem Kniegelenk die Antagonisten der Hüftbeugung (die Hüftstrecker) schon vorgedehnt sind. Verkürzen sich jetzt die Beuger, werden die Strecker bis zum Maximum gedehnt und limitieren dadurch die Bewegung, was als **passive Insuffizienz** bezeichnet wird.

Insuffizienz	Erklärung	Beispiel
Aktive Insuffizienz	Da der Agonist einer Bewegung seine kürzeste Hubhöhe erreicht hat, wird die Bewegung beendet.	Hüftbeugung bei gebeugtem Kniegelenk
Passive Insuffizienz	Der Agonist hat zwar seine kürzeste Hubhöhe noch nicht erreicht, aber sein Antagonist ist so sehr gedehnt, dass dieser die Bewegung limitiert.	Hüftbeugung bei gestrecktem Kniegelenk

Tab. 6: Aktive und passive Insuffizienz

1.6 Muskelfaszien und Muskellogen

Wichtig hierbei ist der Begriff **Septum intermusculare**. Von der großen Körperfaszie (Scarpa fascie) ziehen Bindegewebsstränge (Septa intermuscularia) zum Knochen und bilden damit **Muskellogen**.

Die Muskeln, die innerhalb einer Loge liegen, werden als **Muskelgruppen** bezeichnet, wie z. B. die Flexoren in der Flexorenloge des Oberarms. Jeder einzelne Muskel hat dann zusätzlich eine eigene Muskelfascie die ihn umgibt, diese sichert, dass bei Bewegungen der Muskulatur nicht Muskel direkt an Muskel reibt. Die Kenntnis der Muskelgruppen ist hilfreich, da bis auf einige Ausnahmen alle Muskeln in einer Loge von dem gleichen Nerv motorisch innerviert und auch von den gleichen Gefäßen versorgt werden. Eine Tatsache, die das Lernen sehr viel einfacher macht.
Achtung: Nur weil ein Muskel in der Extensorenloge liegt, muss er noch lange kein Extensor sein (s. M. sartorius in Tab. 29, S. 46)!

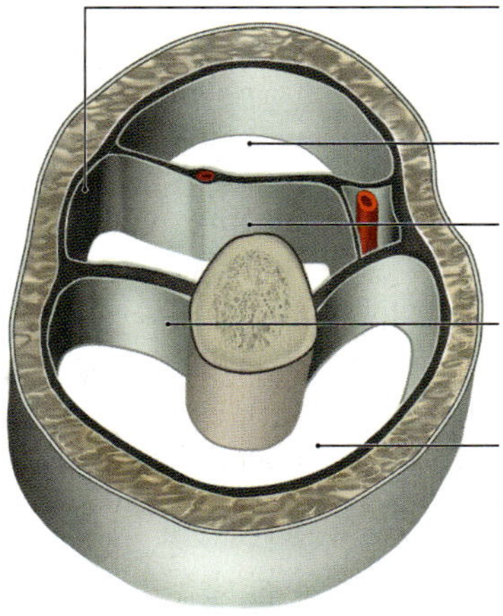

Abb. 6: Muskellogen *medi-learn.de/6-ana5-6*

Kompartmentsyndrome

Die Muskellogen bilden abgeschlossene Kompartimente. Kommt es zur Druckerhöhung innerhalb eines oder mehrerer Kompartimente und wird hierdurch der arterielle Kapillarperfusionsdruck überschritten (ab etwa 40 mmHg), folgt eine Minderperfusion. Im schlimmsten Fall führt das zum Absterben aller Strukturen in der betroffenen Loge mit Ausbildung einer Volkmann-Kontraktur. Obwohl hierbei die Kapillarperfusion gestört ist, lassen sich die peripheren Pulsationen ggf. noch tasten. Um den Druck zu senken, muss sofort eine operative Spaltung (Fasziotomie) der Logen erfolgen. Am häufigsten tritt ein Kompartmentsyndrom in der Extensorenloge des Unterschenkels auf, prinzipiell aber kann jede Muskelloge betroffen sein.

DAS BRINGT PUNKTE

In diesem Kapitel wurden die typischen Vokabeln behandelt, die eine Orientierung im Körper ermöglichen. Begriffen wie **Achsen, Ebenen** und den dazugehörigen **Bewegungen** ein inneres Bild zuzuordnen, erscheint anfangs schwierig. Es geht aber schnell ins Alltägliche über, wenn du grundsätzlich nur die hier erwähnten Vokabeln benutzt.
Viele Fragen im schriftlichen und mündlichen Physikum kannst du nur dann lösen, wenn die Bewegungen klar sind. Daher solltest du folgenden Vokabeln ein Bild zuordnen können:

- Achsen und Ebenen
- Bewegungen um Achsen und in Ebenen.

Einige Bewegungen haben eigene Namen:

- Opposition, Reposition
- Elevation
- Anteversion, Retroversion
- Zirkumduktion.

Dabei handelt es sich aber nur um „Sonderformen“ (s. Tab. 3, S. 3) der möglichen sechs Bewegungen im Körper:

- Abduktion, Adduktion
- Flexion, Extension
- Innenrotation, Außenrotation.

Häufig werden auch die **Gelenktypen** gefragt. Jedes größere Gelenk im Körper solltest du dem richtigen Typ zuordnen können (s. einzelne Gelenke im Skript). Gerade wenn es sich um Sonderformen handelt (s. Tab. 3, S. 3), kann man leicht ins Schleudern geraten. Die bekanntesten fünf Typen sind:

- Kugelgelenk
- Scharniergelenk
- Eigelenk
- Sattelgelenk
- Radgelenk.

Ein Gelenk kann maximal drei Freiheitsgrade haben und damit höchstens sechs Bewegungen. Auch die Anzahl der Freiheitsgrade zum Gelenktyp solltest du wissen, denn damit wird die Zuordnung der möglichen Bewegungen leichter.

Aktive und passive Insuffizienz werden alle zwei bis drei Jahre im schriftlichen Physikum gefragt, zum Glück aber immer das gleiche Beispiel mit der Flexion im Hüftgelenk bei gebeugtem und gestrecktem Knie:

- Aktive Insuffizienz = Beendigung der Hüftbeugung bei gebeugtem Kniegelenk,
- passive Insuffizienz = Beendigung der Hüftbeugung bei gestrecktem Kniegelenk.

FÜRS MÜNDLICHE

Auch in der mündlichen Prüfung ist ein sicherer Umgang mit den Bewegungen, Achsen, Ebenen und Gelenktypen unerlässlich, da das dem Prüfer die Sicherheit des Prüflings demonstriert. Oft werden Fragen zu diesen Themen als „Einführung“ in die Prüfung benutzt, um so das Basiswissen zu prüfen. Wenn du die Chance hast, auf das Zuggurtungsprinzip zu kommen, solltest du dieses Wissen auf alle Fälle anbringen, da es zeigt, dass du einen wichtigen Zusammenhang verstanden hast und mehr als nur die Vokabeln beherrschst.

1. **Wie viele und welche Bewegungen kennen Sie?**

2. **Bitte erklären Sie, in welcher Ebene und um welche Achse die Flexion verläuft.**

FÜRS MÜNDLICHE

3. **Nennen Sie einen Gelenktypen des menschlichen Körpers mit Beispiel.**
4. **Bitte erklären Sie, was eine Zuggurtung ist.**
5. **Erläutern Sie bitte, was Muskellogen sind.**

---

1. Wie viele und welche Bewegungen kennen Sie?
Sechs: Abduktion, Adduktion, Innenrotation, Außenrotation, Flexion, Extension. Zusätzlich Kombinationsbewegungen: Zirkumduktion, Opposition, Reposition.

2. Bitte erklären Sie, in welcher Ebene und um welche Achse die Flexion verläuft.
In der Sagittalebene um die Transversalachse.

3. Nennen Sie einen Gelenktypen des menschlichen Körpers mit Beispiel.
Scharniergelenk: distales Interphalangealgelenk und proximales Interphalangealgelenk;
Kugelgelenk: Schultergelenk;
Sattelgelenk: Daumensattelgelenk.

4. Bitte erklären Sie, was eine Zuggurtung ist.
Eine Zuggurtung dient der Umwandlung von Zug- in Druckkräfte. Ein Beispiel hierfür ist der Tractus iliotibialis.

5. Erläutern Sie bitte, was Muskellogen sind.
Bindegewebsräume, die die Muskeln in Gruppen zusammenfassen, die meistens von ein und demselben Nerven und auch demselbem Gefäß versorgt werden.
Beispiel: oberflächliche und tiefe Flexorenloge am Unterschenkel.

Mehr Cartoons unter www.medi-learn.de/cartoons

Pause

In diesem Sinne ... kurze Pause!

2 Obere Extremität

Fragen in den letzten 10 Examen: 20

2

Gerade das Thema obere Extremität eignet sich sehr gut, um Faktenwissen zu prüfen. Im schriftlichen Teil des Physikums werden dazu sowohl Bild- als auch Textfragen gestellt, die lediglich reines Auswendiglernen voraussetzen. Aber wie immer kannst du dir das Lernen viel einfacher machen, wenn du nicht stur Lernkarten paukst, sondern die einzelnen Themen auf das Wesentliche reduzierst und diese „Lernhäppchen" dann verstehst. Das Reduzieren haben wir gemacht, das Verstehen ist jetzt dein Part. Bei der oberen Extremität sind einige Muskeln und Nervenverläufe (s. Hinweise im Text) typische Themen, die nicht nur im Schriftlichen zum Punktesammeln dienen, sondern auch in mündlichen Prüfungen gerne als Einstiegsfragen gewählt werden, um zu testen, ob du die Grundlagen verstanden hast.

2.1 Gelenke und Bänder

Die Gelenke und Bänder dienen der Bewegung und der Sicherung der Gelenkanteile. Da der Arm im Schultergelenk die am besten bewegliche Extremität des Körpers ist, wird ihm besonders großes Interesse entgegen gebracht.

2.1.1 Schultergelenk

Der **Schultergürtel** verbindet den Rumpf mit dem Arm. Er besteht aus Scapula und Clavicula. Diese beiden Knochen bewegen sich bei fast jeder Bewegung der Schulter mit und bilden daher zusammen mit dem eigentlichen Schultergelenk eine **funktionelle Einheit**. Die folgenden Gelenke werden zwar sehr selten im schriftlichen Physikum gefragt und an dieser Stelle kurz gehalten, sind aber für das Verständnis der Schulter wichtig und daher doch wieder prüfungsrelevant.
Insgesamt besteht die funktionelle Einheit der Schulter aus vier Anteilen:
- drei echte Gelenke (zwei Gelenke der Clavicula + das Schultergelenk) und
- die thorakoscapulare Gleitschicht, die kein echtes Gelenk ist.

Besonders wichtig ist die thorako-scapulare Gleitschicht, durch die wir den Arm über 90° abduzieren können. Dieser Vorgang funktioniert so: Steht der Arm bei ca. 90° Abduktion, würde theoretisch der Humerus an das Acromion stoßen. Dazwischen liegt die Bursa subacromialis, eine Art Stoßdämpfer, um das

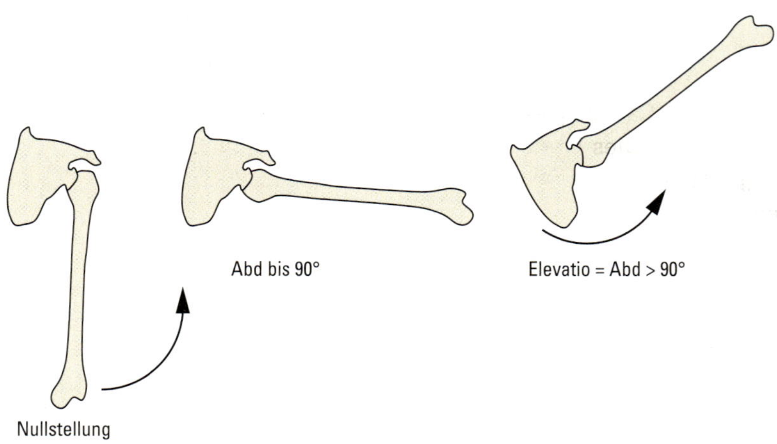

Abb. 7: Elevation

medi-learn.de/6-ana5-7

Aneinanderstoßen beider Knochen zu verhindern. Verschiedene Muskeln drehen nun die Scapula mit der unteren Spitze nach außen, dadurch wird das Acromion weggedreht und der Weg für den Humerus nach oben ist frei: Die Abduktion über 90° kann durchgeführt werden.

Merke!

Die Abduktion über 90° im Schultergelenk wird Elevation genannt, ist aber eine ganz normale Abduktion.

Übrigens ...
Die **Bursa subacromialis** ist der einzige Schleimbeutel, der jemals im Physikum gefragt wurde.

Die **Clavicula** dient als „Führungsstange" im Gefüge. Sie bildet die eigentliche Verbindung zwischen Arm und Rumpf. Ihre zwei Gelenke sind die Articulatio sternoclaviculare und die Articulatio acromioclaviculare.

Das sternoclaviculare Gelenk ist ein Zweikammergelenk, das durch einen Discus articularis unterteilt ist.

Das acromioclaviculare Gelenk – auch Schultereckgelenk genannt – ist keiner typischen Gelenkart zuzuordnen. Als Notlösung spricht man daher von einem funktionell eingeschränkten Kugelgelenk.

Das Hauptgelenk der Schulter ist die **Articulatio humeri**, deren Kopf vom Humerus und deren Pfanne von der Cavitas glenoidalis der Scapula gebildet wird. Dies ist das Kugelgelenk mit der **größten Bewegungsfreiheit** im menschlichen Körper. Die Gründe dafür sind:

- **Großer Kopf** und **kleine Pfanne** (Verhältnis ca. 4:1, mit dem Nachteil, dass es sehr leicht luxiert); dieses Verhältnis wird durch das Labrum glenoidale etwas zugunsten der Pfanne verbessert.
- Es ist **muskelgesichert** (Achtung: Es gibt hier auch einige Bänder, die absolut wichtig sind; s. Tab. 7, S. 12).
- Sehr **schlaffe Gelenkkapsel** und dass damit genügend Spielraum für die Knochen vorhanden ist. Dieser Reserveanteil der Kapsel liegt in der Achsel und ist der **Recessus axillaris**, der sich bei Abduktion spannt (vergleichbar mit einem Hemd, das bei adduziertem Arm in der Achsel Falten wirft).

Die Gelenkkapsel hat noch eine Besonderheit: Durch die Kapsel hindurch – also **intraartikulär – läuft die Sehne des langen Bizepskopfes**. Man sagt zwar, die „Sehne läuft frei durch das Gelenk", aber in Wirklichkeit liegt sie innerhalb einer röhrenartigen Verschiebeschicht (Vagina intertubercularis), die dafür sorgt, dass am Austrittspunkt der Sehne aus der Kapsel keine Synovialflüssigkeit heraustritt.

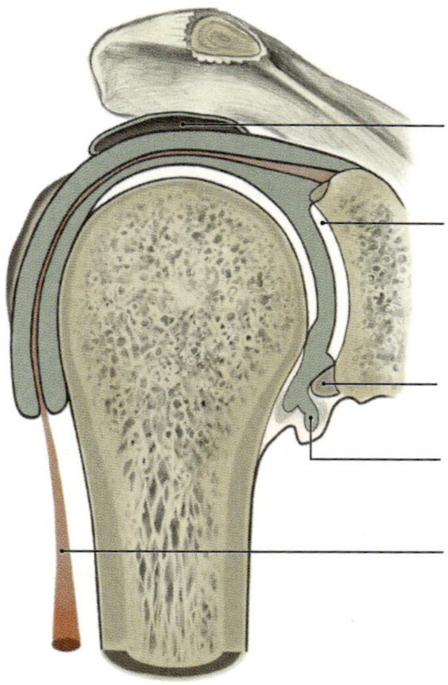

Abb. 8: Schultergelenk *medi-learn.de/6-ana5-8*

Bewegungen

Die Bewegungen im Schultergelenk sind die typischen sechs (s. Tab. 3, S. 3), werden jedoch anders genannt:

- Flexion/Extension heißen hier **Anteversion** und **Retroversion.**
- Die Abduktion über 90° heißt **Elevation.**
- Innen- und Außenrotation behalten ihre Namen.

– Die Zirkumduktion ist eine Kombination aller sechs Bewegungen, bei der der Arm einen Kegel in die Luft zeichnet.

Bänder

Sicher beherrschen solltest du die drei Bänder im Schultergelenk. Eine typische Falle ist, dass zwei der drei Bänder einen sehr ähnlichen Verlauf haben, aber unterschiedlich heißen: Es gibt zwei **Ligamenta coracoclavicularia**; das vordere heißt **Ligamentum trapezoideum**, das hintere **Ligamentum conoideum**. Ihre Funktion ist es – zusammen mit dem Ligamentum acromioclaviculare – die Clavicula an ihrem lateralen Ende unten am Acromion zu halten. Das ist wichtig, da der Zug des Musculus trapezius die Clavicula ansonsten nach kranial ziehen würde.

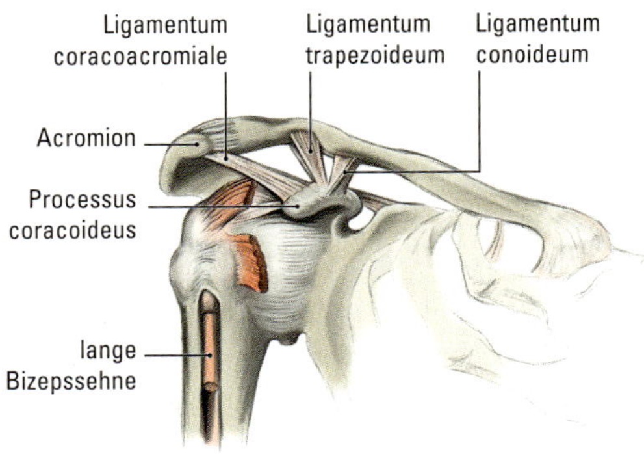

Abb. 9: Schulterbänder *medi-learn.de/6-ana5-9*

Übrigens ...
Die „Tossi-Verletzungen" sind Zerreißungen dieses Bandapparates, wodurch die Clavicula an ihrem lateralen Ende nach kranial schaut. Drückt man sie runter, schmerzt es und der Patient stöhnt. Lässt man los, springt die Clavicula wieder hoch, was zur Bezeichnung Klaviertastenphänomen geführt hat.

Schließlich solltest du noch das **Ligamentum coracoacromiale** kennen, das ein Dach über dem Humeruskopf bildet.

1. Thorako-scapulare Gleitschicht	– kein echtes Gelenk – ermöglicht die Elevation durch „nach außen drehen" des unteren Scapulaanteils
2. Art. sterno-clavicularis	– einzige knöcherne Verbindung Arm zu Rumpf – hat einen Discus articularis
3. Art. acromio-clavicularis	– Schultereckgelenk – Lig. acromioclaviculare
4. Art. humeri	– eigentliches Schultergelenk – Kugelgelenk mit der größten Bewegungsfreiheit des Menschen – muskelgesichert – großer Kopf, kleine Pfanne (Stabilität durch Labrum glenoidale verbessert) – Bursa subacromialis – Recessus axillaris (bei Abduktion gespannt) – intraartikulär verlaufende lange Bizepssehne – Ligamenta: trapezoideum, conoideum und coraco-acromiale

Tab. 7: Überblick über die funktionelle Einheit der vier Gelenke an der Schulter

2.1.2 Ellenbogengelenk

Auch das Ellenbogengelenk ist kein Gelenk, sondern eine funktionelle Einheit aus vier einzelnen Gelenken. Man spricht beim Ellenbogengelenk von einem „Drehscharniergelenk" (Trochoginglymus). Obwohl diese vier Gelenke alle zusammen arbeiten, haben sie streng getrennte Aufgaben:

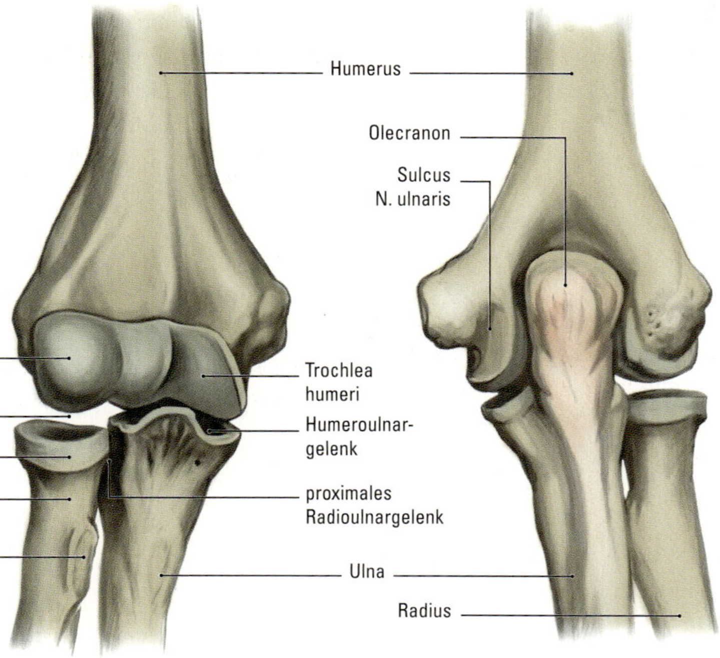

Abb. 10: Ellenbogenknochen (s. IMPP-Bild 6, S. 83)

medi-learn.de/6-ana5-10

1. Die Articulatio **humeroulnaris** ist ein reines Scharniergelenk, in dem nur Flexion und Extension durchgeführt werden.
2. Die Articulatio **humeroradialis** ist ein funktionell eingeschränktes Kugelgelenk mit vernachlässigbarer Funktion.
3. und 4. Die Articulatio **radioulnaris proximalis** und die Articulatio **radioulnaris distalis.** Diese beiden bilden eine funktionelle Einheit, bestehend aus einer festen **Ulna, um die herum sich der Radius drehen kann** („das Rad dreht sich"). Sie sind für Pronation und Supination zuständig und werden durch die Membrana interossea verbunden.

In der Gelenkkapsel des Ellenbogengelenks liegen die drei ersten Gelenke. Die Articulatio radioulnaris distalis besitzt eine eigene Gelenkkapsel direkt vor dem Handgelenk, hat aber funktionell NICHTS mit dem Handgelenk zu tun.

Merke!

- Supination: („als ob man Suppe tragen würde"): Die Handfläche zeigt bei gebeugtem Ellenbogen nach oben. Bei der Supination steht der Radius parallel zur Ulna. Die Membrana interossea ist gespannt.
- Pronation: („als ob man B(P)rot greifen würde"): Die Handfläche zeigt bei gebeugtem Ellenbogen nach unten. Bei der Pronation überkreuzt der Radius die Ulna. Die Membrana interossea ist schlaff.

Bänder

An Bändern solltest du kennen:

1. Auf der medialen Seite das **Ligamentum collaterale ulnare**, eine feste Verbindung zwischen Humerus und Ulna.
2. Das immer wieder gern gefragte **Ligamentum anulare**, das, von der Ulna ausgehend,

sich einmal kreisförmig um das Radiusköpfchen herumlegt und wieder an der Ulna ansetzt.

3. Das **Ligamentum collaterale radiale** auf der Lateralseite. Dieses Band hat seinen Ursprung am Humerus, setzt aber nicht – wie man es erwarten würde – am Radius an, sondern am **Ligamentum anulare**.

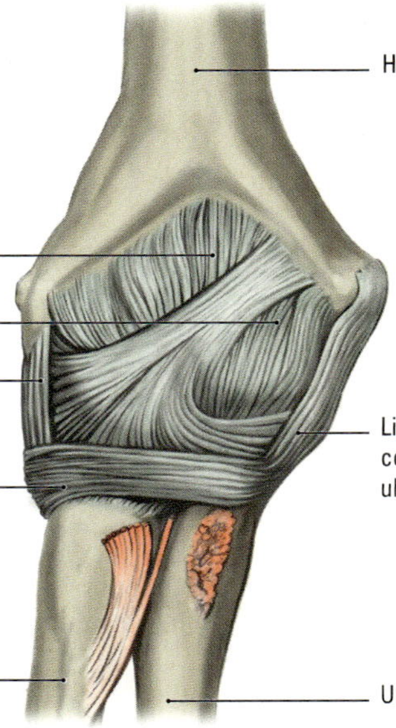

Abb. 11: Ellenbogenbänder *medi-learn.de/6-ana5-11*

Übrigens ...
Abgesehen von der Tatsache, dass auch der dritte Punkt gerne im Physikum gefragt wird, ist er die Ursache für das Krankheitsbild **Pronatio dolorosa**: Bei Kindern sind die Bänder noch nicht so fest wie bei Erwachsenen. Zieht man nun bei einem Kind kurz, aber kräftig am Arm, beispielsweise wenn man es an der Hand hält und es stolpert, so wird Zug auf die Kollateralbänder ausgeübt. Durch die Befestigung des Ligamentum collaterale radiale am Ligamentum anulare, kann das Ligamentum anulare über das Radiusköpfchen hinausrutschen und im Gelenkspalt zwischen Radius und Humerus eingeklemmt werden. Das tut dann ordentlich weh. Aber keine Angst: Durch einen gekonnten manualtherapeutischen Handgriff springt das Band in seine alte Position zurück.

Art. humeroulnaris	– reines Scharniergelenk – Flexion und Extension – Lig. collaterale ulnare – Lig. collaterale radiale – Achtung: Ansatz am Lig. anulare
Art. humeroradialis	– funktionell eingeschränktes Kugelgelenk
Art. radioulnaris proximalis	– funktionelle Einheit mit dem distalen Radioulnargelenk – Pronation und Supination – Lig. anulare
Art. radioulnaris distalis	– funktionelle Einheit mit dem proximalen Radioulnargelenk – Pronation und Supination – liegt in eigener Gelenkkapsel in der Nähe des Handgelenks, steht funktionell damit aber nicht in Verbindung

Tab. 8: Überblick über die funktionelle Einheit der vier Gelenke am Ellenbogen

2.1.3 Handgelenke

Es gibt eine Unzahl von kleinen Handgelenken, die sich zwischen den Handwurzeln ausbilden. Für uns sind glücklicherweise nur zwei von Interesse:

- Die **Articulatio radiocarpalis** (proximales Handgelenk) liegt zwischen dem Radius (als Gelenkpfanne) und der proximalen Handwurzelknochenreihe (als Gelenkkopf). Es ist ein Ellipsoidgelenk mit zwei Freiheitsgraden, also vier möglichen Bewegungen: Palmarflexion gegen Dorsalextension sowie Ulnarabduktion gegen Radialabduktion. Als zusätzliche Struktur existiert der Discus articularis. Er ist wichtig, denn er liegt zwischen der Ulna und den proximalen Handwurzelknochen und bildet den zweiten Teil der Gelenkpfanne.

Merke!

Du solltest dir angewöhnen, an der Hand die Richtungen der Bewegung mit zu nennen, denn manchmal wird die Dorsalextension auch Dorsalflexion genannt (leider auch immer noch in den Fragen des schriftlichen Examens). Solange du dich aber auf die Richtung (dorsal, palmar, ulnar, radial) konzentrierst, kann dir das, was dahinter steht, recht egal sein.

- Das zweite Gelenk ist die **Articulatio mediocarpalis**, die sich zwischen beiden Handwurzelknochenreihen ausbildet. Sie ist ein verzahntes Scharniergelenk, das bis jetzt meist als Falschantwort im schriftlichen Physikum auftauchte. Wenn du aber im Mündlichen das Thema Art. radiocarpalis bekommst, solltest du auch immer einige Sätze zur Art. mediocarpalis auf Lager haben.

Art. radiocarpalis	– Ellipsoidgelenk – Dorsalextension gegen Palmarflexion und Radialabduktion gegen Ulnarabduktion – Gelenkkopf: prox. Handwurzelknochen – Gelenkpfanne: Radius und Discus articularis
Art. mediocarpalis	– verzahntes Scharniergelenk

Tab. 9: Überblick über die beiden prüfungsrelevanten Handgelenke

2.1.4 Fingergelenke

Hier ist es sehr wichtig, dir die Zeit zu nehmen und die einzelnen Namen der Gelenke genau durchzulesen. Es gibt viele Gelenke mit ähnlichen Namen, was dich nicht verwirren darf, denn genau darauf sind die Fragen im schriftlichen Physikum ausgerichtet. Also: Die einzelnen Themen sind zwar einfach, aber wenn du

erstmal auf die falsche gedankliche Bahn geraten bist, sind Fehler leider unvermeidlich.

Merke!

Die verschiedenen Handwurzelknochen kannst du dir am besten so merken:

- Proximale Reihe (von radial nach ulnar): Ein **Kahn** fuhr im **Mond**enschein **dreieckig** ums **Erbsenbein** ...
- Distale Reihe (von radial nach ulnar): ... Vieleck **groß**, Vieleck **klein**, der **Kopf** muss am **Haken** sein.

Achtung: Nicht im oder entgegen dem Uhrzeigersinn denken, sondern so wie oben beschrieben.

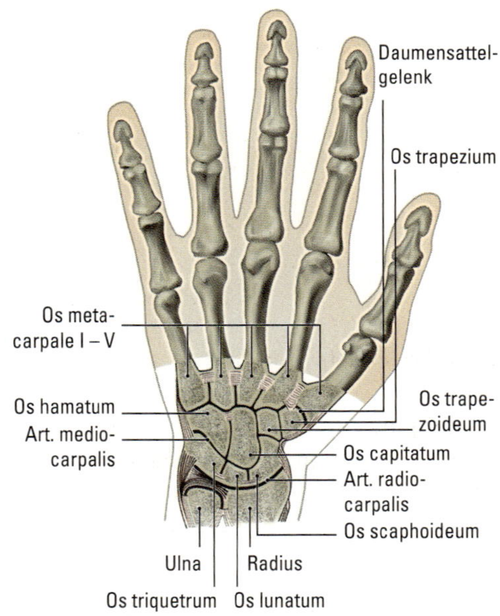

Abb. 12: Handgelenke (s. IMPP-Bild 5, S. 82)

medi-learn.de/6-ana5-12

Articulatio carpometacarpalis I (Daumensattelgelenk)

Das Daumensattelgelenk ist die Verbindung zwischen Os trapezium und dem ersten Mittelhandknochen; die Gelenkflächen sind wie Sattel geformt. Es hat zwei Freiheitsgrade und daher vier Bewegungsmöglichkeiten: Flexion,

Extension, Adduktion und Abduktion. Zusätzlich gibt es noch als Besonderheiten die beiden Kombinationsbewegungen Opposition und Reposition:

- Bei der Opposition wird der Daumen zum kleinen Finger hingeführt; das ist eine Kombination aus Adduktion und Flexion.
- Bei der Reposition wird der Daumen zurückgeführt; das ist folglich eine Kombination aus Abduktion und Extension.

Übrigens ...
Du solltest niemals den Kardinalfehler machen und das Daumensattelgelenk mit dem Daumengrundgelenk verwechseln, das „den Anfang" des Daumens bildet (s. Abb. 13, S. 16).

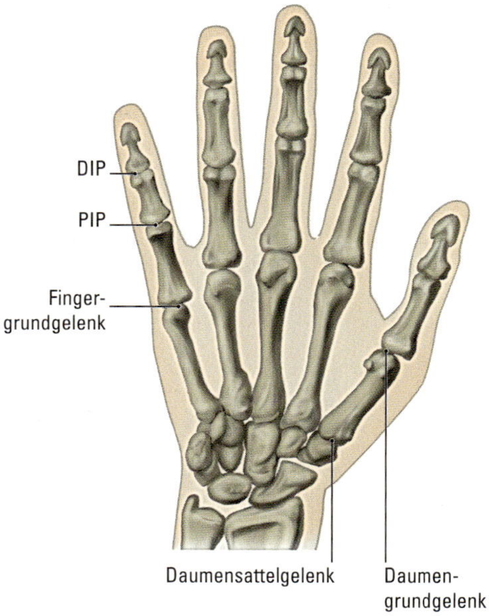

Abb. 13: Fingergelenke *medi-learn.de/6-ana5-13*

Articulationes carpometacarpales II–V

Das sind die Verbindungen der distalen Handwurzelknochen mit den Mittelhandknochen. Im Gegensatz zum Daumensattelgelenk handelt es sich dabei um Kugelgelenke mit eingeschränkter Funktion, die so gut wie nie gefragt werden.

Articulationes metacarpophalangeales (Fingergrundgelenke)

Das sind die Verbindungen der Mittelhandknochen mit den Fingern („der Anfang" der Finger). Das **Daumengrundgelenk** (nicht mit dem Daumensattelgelenk verwechseln!) ist ein Scharniergelenk (Flexion und Extension), die übrigen vier sind durch Kollateralbänder funktionell eingeschränkte Kugelgelenke. Diese Kollateralbänder sind bei Flexion der Grundgelenke angespannt.

Interphalangealgelenke

Das sind die Gelenke zwischen den einzelnen Fingerknochen. Im Daumen haben wir (wie du unschwer an dir selbst erkennen kannst) nur eines, an den übrigen Fingern gibt´s zwei davon. Alle sind Scharniergelenke, können also nur Flexion und Extension durchführen.

Merke!

„PIP" steht hier für proximales Interphalangealgelenk und das zwischen dem ersten und zweiten Fingerknochen liegende **„DIP"** für distales Interphalangealgelenk.

2.2 Muskeln

Für eine effiziente Vorbereitung auf das Physikum ist es nicht sinnvoll, alle Muskeln der oberen Extremität mit Ursprung, Ansatz, Innervation und Funktion perfekt zu können. Man sollte sich vielmehr die Wichtigen herauspicken und verstehen. Dies ist bei der hier vorgestellten Auswahl berücksichtigt.
Und noch eine Erleichterung: Besonders am Arm bietet es sich an, die Muskeln in Muskelgruppen zusammenzupacken, die alle innerhalb einer Loge liegen und daher in der Regel

auch von ein und demselben Gefäß wie auch Nerven versorgt werden.
Kleiner Tipp: Besorg dir ein Gummiband und ein Skelett, halte das Gummiband so, wie ein Muskel verläuft und stell dir dann vor, was passieren würde, wenn sich das Band zusammenzieht. Auf diese Weise lernst du die Muskeln recht einfach und bekommst eine Vorstellung der Bewegung im dreidimensionalen Raum.

2.2.1 Schultermuskulatur

Die Schultermuskulatur unterteilt sich in diejenige vom Rumpf zum Schultergürtel, die vom Rumpf zum Humerus und vom Schultergürtel zum Humerus.

Übrigens ...
Der M. trapezius ist eigentlich ein Kopfmuskel, der irgendwann „ausgewandert" ist, seine Innervation vom XI. Hirnnerven (N. accessorius) jedoch mitgenommen hat.

Muskel	Ursprung	Ansatz	Innervation	Funktion
M. serratus anterior	1.–9. Rippe	Margo medialis scapulae, Verlauf zwischen Rippen und Scapula	N. thoracicus longus	– dreht Scapula nach lateral und ermöglicht dadurch Elevation – fixiert Scapula am Rumpf; Ausfall führt zu **Scapula alata** (s. IMPP-Bild 3, S. 81)
M. trapezius	– Hinterhaupt – Dornfortsätze HWS und BWS	in drei Anteilen: – lat. Clavicula – Acromion – Spina scapulae	N. accessorius	Pars descendens: – zieht Scapula nach kranial-medial und ermöglicht so die Elevation Pars transversa: – zieht Scapula nach medial Pars ascendens: – zieht Scapula nach kaudal-medial

Tab. 10: Überblick Verbindungen vom Rumpf zum Schultergürtel

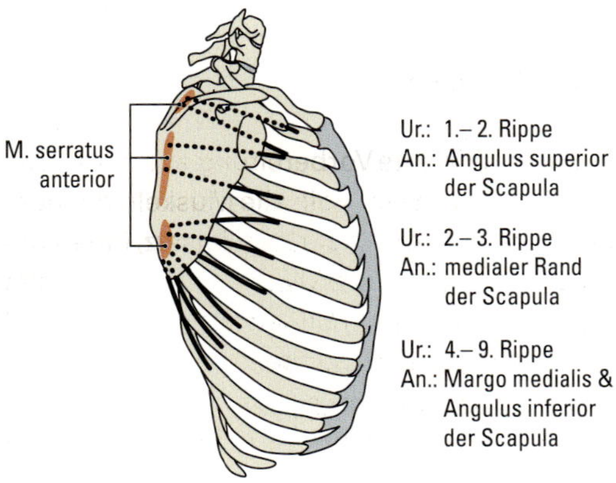

Abb. 14: M. serratus anterior *medi-learn.de/6-ana5-14*

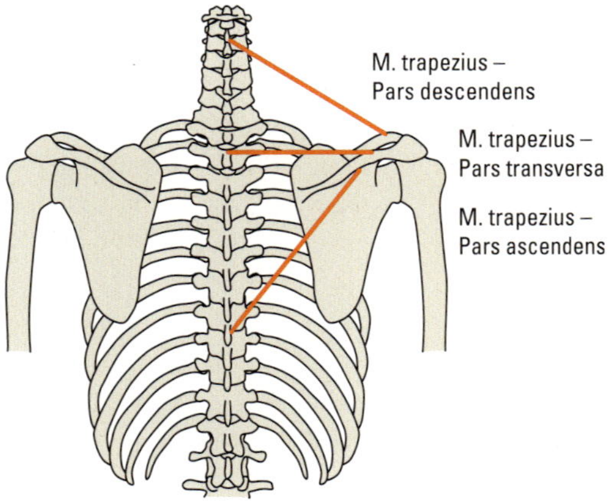

Abb. 15: M. trapezius *medi-learn.de/6-ana5-15*

Muskel	Ursprung	Ansatz	Innervation	Funktion
M. pectoralis major	– Rippenknorpel – Clavicula – Sternum – Rektusscheide (Lamina anterior)	Crista tuberculi majoris humeri	N. pectoralis med. und lat.	– Adduktion – Innenrotation – Anteversion bei abduziertem Arm – Inspiration bei aufgestützten Armen (Kutschersitz)
M. pectoralis minor	2.–5. Rippe	Proc. coracoideus (also NICHT am Oberarm)	N. pectoralis med. und lat.	– zieht Scapula nach vorne unten
M. latissimus dorsi	– Dornfortsätze untere BWS (7.–12. BWK) – Crista iliaca – Fascia thoracolumbalis – unterer Scapulawinkel	Crista tuberculi minoris humeri (zieht durch die Achsel)	N. thoracodorsalis	– Adduktion – Innenrotation – Retroversion („Hinternabputzer"- oder „Fracktaschenmuskel")

Tab. 11: Überblick Verbindungen vom Rumpf zum Humerus

Merke!

Der M. latissimus dorsi hat – wie auch der ihn innervierende Nervus thoracodorsalis – die Vokabel „dorsal" im Namen!

Der M. deltoideus kann je nach Stellung des Arms und gerade innerviertem Anteil alle Funktionen im Schultergelenk ausüben; so macht er über 60° die Abduktion, darunter die Adduktion; der ventrale Teil sorgt für Anteversion und Innenrotation, der dorsale für Retroversion und Außenrotation.

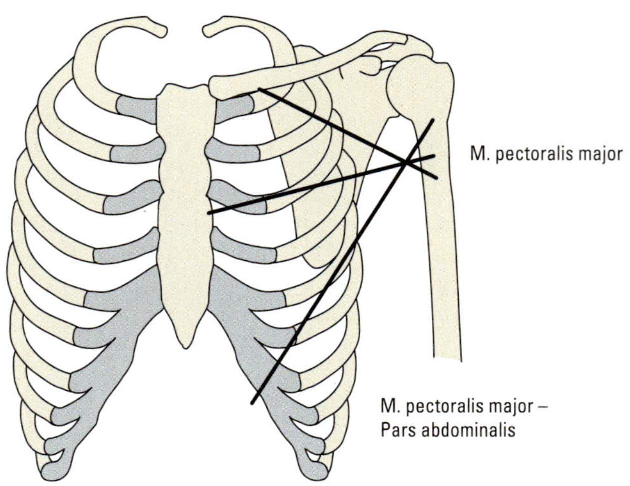

Abb. 16: M. pectoralis major

medi-learn.de/6-ana5-16

Muskel	Ursprung	Ansatz	Innervation	Funktion
M. infraspinatus	Fossa infraspinata der Scapula	Tuberculum majus humeri	N. suprascapularis	– Abduktion – Außenrotation (stärkster Außenrotator M. infraspinatus) – Kapselspanner
M. supraspinatus	Fossa supraspinata der Scapula			
M. teres major	Margo lat. an der Scapula UNTEN	Tuberculum minus humeri (zieht durch die Achsel)	– N. thoracodorsalis und/oder – N. subscapularis	– Adduktion – Innenrotation
M. teres minor	Margo lat. an der Scapula OBEN	Tuberculum majus humeri (zieht hinten außen am Arm herum)	N. axillaris	– Adduktion – Außenrotation
M. subscapularis	Ventrale Fläche der Scapula	Tuberculum minus humeri (zieht durch die Achsel)	N. subscapularis	– Adduktion – Innenrotation (stärkster Innenrotator)
M. deltoideus	in drei Anteilen: – Clavicula – Acromion – Spina scapulae	Tuberositas deltoidea humeri	N. axillaris	tolle Sache: der kann theoretisch alle Funktionen an der Schulter

Tab. 12: Überblick Verbindungen vom Schultergürtel zum Oberarm (s. IMPP-Bild 4, S. 82)

Wichtig: Beim „Impingement-Syndrom" wird bei der Abduktion ab 90° der M. supraspinatus zwischen Acromion und Tuberculum majus eingeklemmt.

Merke!

Der Begriff **Rotatorenmanschette** stammt aus der Orthopädie. Darunter versteht man vier Muskeln, die die Gelenkkapsel trichterförmig verstärken:

- M. supraspinatus
- M. infraspinatus
- M. teres minor
- M. subscapularis.

Übrigens ...

Die Zusammensetzung der Rotatorenmanschette ist sicherlich die am häufigsten gestellte Frage im schriftlichen Examen. Egal in welcher Form die Frage auftritt, es geht immer darum,

welcher der beiden Teres-Muskeln dazu gehört: Es ist der M. teres MINOR.

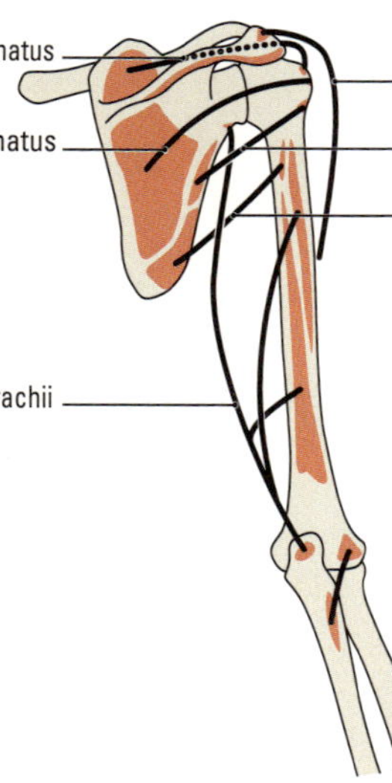

Abb. 17: Verbindungen vom Schultergürtel zum Oberarm und Rotatorenmanschette

medi-learn.de/6-ana5-17

2.2.2 Oberarmmuskulatur

Es gibt zwei Muskellogen am Oberarm: Ventrale Flexoren und dorsale Extensoren. Aber Vorsicht: Ein Muskel gehört zu den Flexoren, weil er in der entsprechenden Loge liegt. Er muss dafür nicht unbedingt eine Flexion im Ellenbogen machen.

	Muskel	Ursprung	Ansatz	Innervation	Funktion
Flexoren-Loge	M. coracobrachialis	Processus coracoideus	ventraler Humerus	N. musculocutaneus	– Adduktion – Innenrotation
	M. brachialis	ventraler Humerus	ventrale Ulna		– stärkster Flexor des Ellenbogengelenks (liegt unterhalb des M. biceps brachii)
	M. biceps brachii	Caput longum: – Tuberculum supraglenoidale scapulae Caput breve: – Processus coracoideus	Tuberositas radii		im Ellenbogen: – stärkster Supinator bei gebeugtem Arm – Flexion in der Schulter: – Caput breve: Adduktion – Caput longum: Abduktion
Extensoren-Loge	M. triceps brachii	Caput longum: – Tuberculum infraglenoidale scapulae Caput mediale: – medialer Humerus Caput laterale: – lateraler Humerus	Olecranon	N. radialis	im Ellenbogen: – Extension im Schultergelenk: – Adduktion – Retroversion – Innenrotation

Tab. 13: Überblick über die Flexoren- und Extensoren-Loge des Oberarms

2.2.3 Unterarmmuskulatur

Wie der Oberarm, so hat auch der Unterarm zwei Muskellogen: ventrale Flexoren und dorsale Extensoren. Die Unterarmmuskeln sind kompliziert und schwer zu lernen, aber mit den hier aufgeführten Tipps kannst du dir die Sache sehr erleichtern:
Wenn ein Muskel z. B. Flexor carpi heißt, beugt er die Hand, heißt er Flexor digitorum, läuft er über das Handgelenk und beugt neben den Fingern auch das Handgelenk.

Flexoren	Ursprung: am Epicondylus medialis humeri und/oder am ventralen Unterarm
Extensoren	Ursprung: am Epicondylus lateralis humeri und/oder am dorsalen Unterarm
Innervation	Flexoren: N. medianus Extensoren: N. radialis
Funktion	durch den Namen charakterisiert

Tab. 14: Übersicht Unterarmmuskeln

Weil das so gar zu einfach wäre, hier die typischen (gern gefragten) Ausnahmen:

M. flexor carpi ulnaris	liegt in der Flexorenloge: obwohl ein Flexor, wird er durch den N. ulnaris innerviert
M. flexor digitorum profundus	liegt in der Flexorenloge: Doppelinnervation: radialer Anteil durch N. medianus, ulnarer Anteil durch N. ulnaris
M. brachioradialis	liegt in der Extensorenloge: Innervation durch N. radialis; Ursprung: Crista supracondylaris lateralis humeri, Ansatz: Processus styloideus radii; seine Funktion ist aber die Flexion im Ellenbogen; daneben sowohl Supi – als auch Pronation (je nach Stellung)
M. pronator teres	liegt in der Flexorenloge: Innervation durch N. medianus; Ursprung: Epicondylus med. humeri und ventrale Ulna, Ansatz: lateraler und dorsaler Radius; Funktion: Pronation, Flexion im Ellenbogen
M. supinator	liegt in der Extensorenloge: Innervation durch N. radialis; Ursprung: Epicondylus lateralis humeri, Ansatz: Vorder- und Seitenfläche Radius; Funktion: Supination

Tab. 15: Besonderheiten Unterarmmuskulatur

Noch ein wichtiger Punkt ist der Verlauf der Sehnen der beiden Fingerbeuger M. flexor digitorum profundus und M. flexor digitorum superficialis.
Der oberflächliche Fingerbeuger setzt an den Mittelphalangen der Finger an, der tiefe an den Endphalangen. Damit die Beugung funktioniert, spalten sich die Sehnen des oberflächlichen auf und die Sehnen des tiefen Fingerbeugers laufen durch sie hindurch zu den Endgliedern. Somit beugt der M. flexor digitorum profundus in allen Fingergelenken, also auch in den distalen Interphalangealgelenken.

2.2.4 Handmuskulatur

Es gibt einige Handmuskeln, von denen besonders die Innervation gerne gefragt wird (s. Tab. 16, S. 21).
Zum M. adductor pollicis solltest du dir außerdem den Ursprung und Ansatz merken:
- Ursprung seines Caput transversum ist das Os metacarpale III,
- Ursprung seines Caput obliquum das Os metacarpale II, Os capitatum.
- Ansatz ist die Grundphalanx des Daumens.

Muskel	Innervation	Funktion
Daumenballenmuskeln (thenare Gruppe)		
M. abductor pollicis brevis	N. medianus	Abduktion
M. opponens pollicis	N. medianus	Opposition
M. adductor pollicis	N. ulnaris	– Adduktion – Opposition
Hohlhandmuskeln		
Mm. lumbricales I + II	N. medianus N. ulnaris	
Mm. lumbricales III + IV		– Flexion im Grundgelenk – Extension in DIP und PIP
Mm. interossei palmares	N. ulnaris	
Mm. interossei dorsales		
Kleinfingerballenmuskeln		
M. abductor digiti minimi	N. ulnaris	– Abduktion – Flexion – Opposition
M. flexor digiti minimi brevis		
M. oppneus digiti minimi		

Tab. 16: Handmuskeln

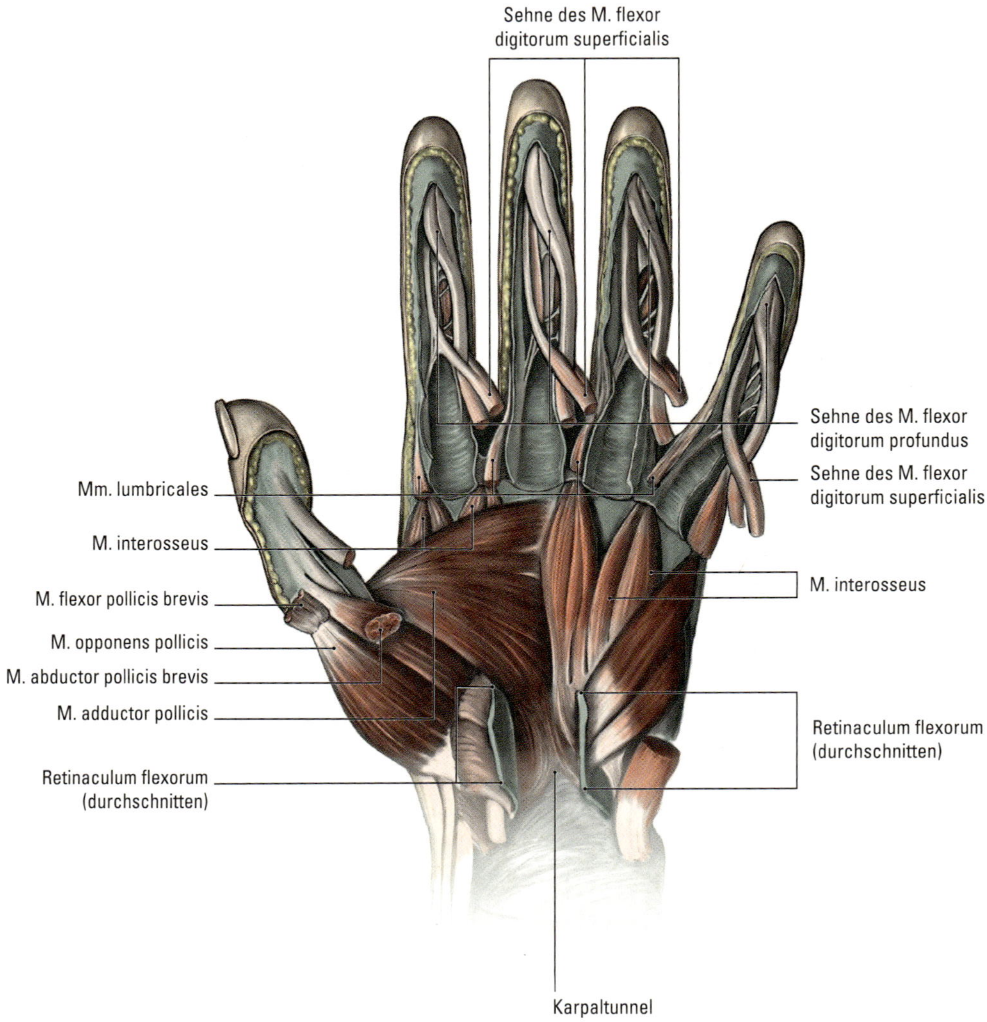

Abb. 18: Handgelenk palmar *medi-learn.de/6-ana5-18*

2.3 Leitungsbahnen obere Extremität

Die Leitungsbahnen – also Nerven und Gefäße – der oberen Extremität sind in ihrem Verlauf und ihrem Ursprung recht kompliziert. Allerdings kannst du dir durch einfache Tricks und das „Herauspicken" der wichtigen Strukturen das Lernen sehr vereinfachen. Aber sieh selbst ...

2.3.1 Arterien und Venen

Diese Abbildungen zeigen die wichtigsten Armarterien:

Arteria subclavia

- Aus der A. subclavia wird die A. brachialis.
- Die A. subclavia verläuft durch die **Scalenuslücke** (hinter dem M. scalenus anterior).

Arteria brachialis

Die A. brachialis versorgt die Flexoren des Oberarms. Aus ihr kommen die

- A. collateralis ulnaris superior et inferior, die in das Rete articulare cubiti münden und weiter in die A. ulnaris fließen;
- **A. profunda brachii,**
  - die in der **Extensorenloge** verläuft und die dortigen Muskeln versorgt.
  - die als A. collateralis radialis über die A. recurrens radialis in die A. radialis mündet.

Die A. brachialis teilt sich in die
- A. radialis, die an der Hand den Arcus palmaris profundus bildet. Der wiederum liegt unter den langen Flexorsehnen auf den Ossa metacarpalia und speist den Daumen.
- A. ulnaris, die den Arcus palmaris superficialis bildet. Der liegt zwischen der Palmaraponeurose und den langen Flexorsehnen.

Die Venen heißen und verlaufen wie die Arterien, allerdings sind sie meist paarig angelegt. Eine Ausnahme ist die **V. subclavia**. Sie läuft **vor** dem **M. scalenus ant**. und damit nicht durch die Scalenuslücke (s. Abb. 21, S. 24), während die A. subclavia durch die Scalenuslücke zieht.

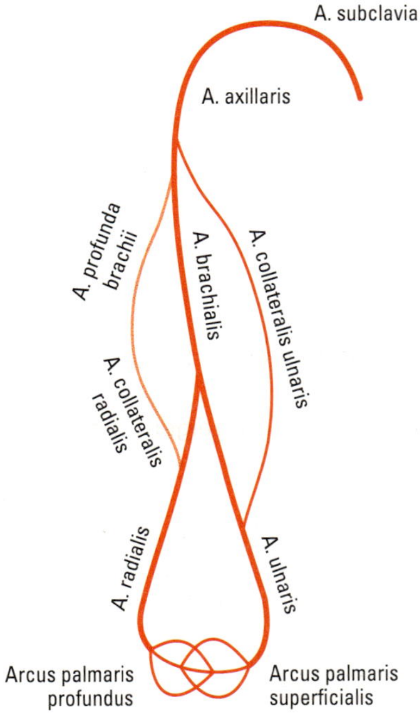

Abb. 19: Armarterien schematisch

medi-learn.de/6-ana5-19

Zu den oberflächlichen (epifaszialen) Venen solltest du dir merken, dass es davon zwei am Arm gibt:
- Die längere V. cephalica, die in die V. axillaris mündet und radial verläuft, und
- die kürzere V. basilica, die in die V. brachialis mündet und ulnarseitig entlang zieht.

Im klinischen Alltag werden an den oberen Extremitäten folgende Pulse getastet:
- A. axillaris (sehr gut)
- A. brachialis (gut)
- A. radialis (sehr gut)
- A. ulnaris (schwer).

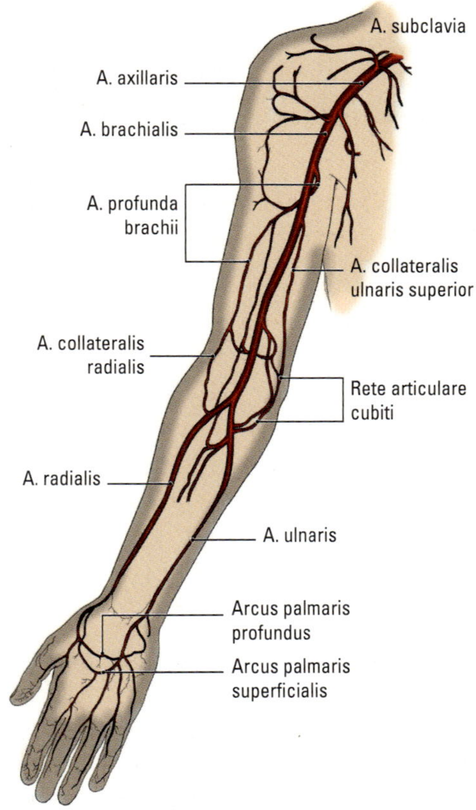

Abb. 20: Armarterien

medi-learn.de/6-ana5-20

2.3.2 Nerven

Die Nerven der oberen Extremität entstammen alle dem Plexus brachialis, der wiederum aus den ventralen Ästen der Spinalnerven C5 bis Th1 gebildet wird (s. Abb. 21, S. 24). Er hat

einen komplizierten Aufbau, der in verschiedenen Lehrbüchern zudem unterschiedlich beschrieben wird. Dennoch solltest du die wichtigsten vier Nerven aus dem Plexus brachialis von ihrem Ursprung bis zu den Erfolgsorganen auswendig kennen. Diese vier sind:
- N. radialis,
- N. ulnaris,
- N. medianus,
- N. musculocutaneus.

Alle anderen wurden im schriftlichen Physikum noch nie und an den meisten Unis im Mündlichen nur äußerst selten gefragt.

Plexus brachialis

Der Plexus brachialis entsteht aus den ventralen Ästen der Spinalnerven **C5 bis Th1**. Diese bilden drei Trunci:
- Truncus superior,
- Truncus medius,
- Truncus inferior.

Diese Trunci bilden drei Fasciculi:

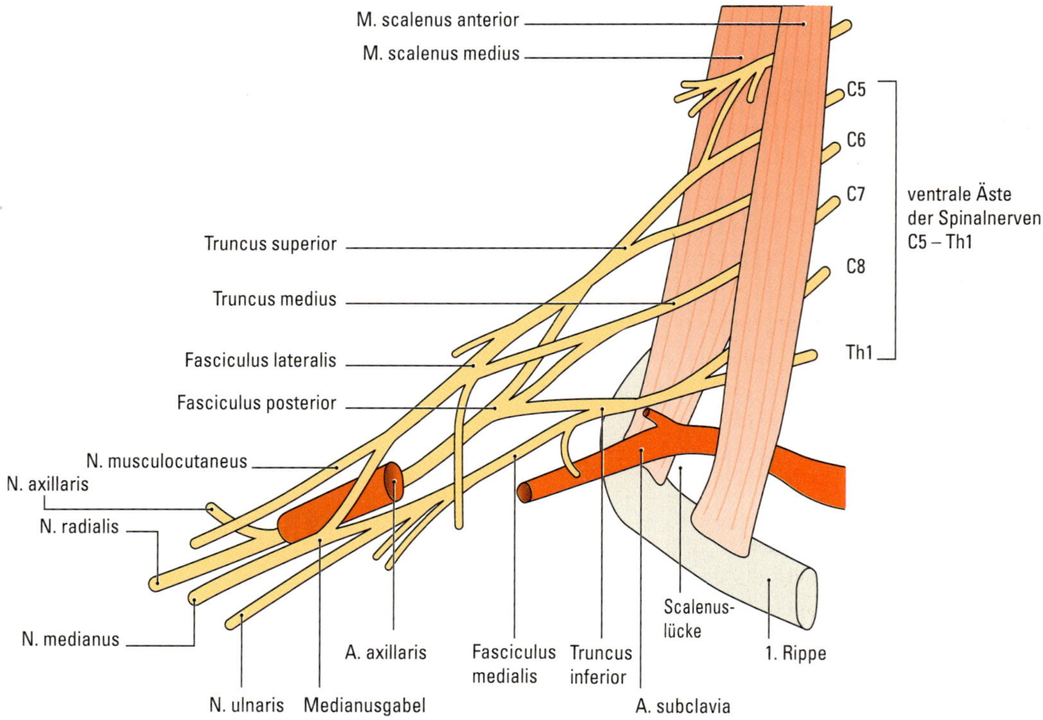

Abb. 21: Plexus brachialis 1 *medi-learn.de/6-ana5-21*

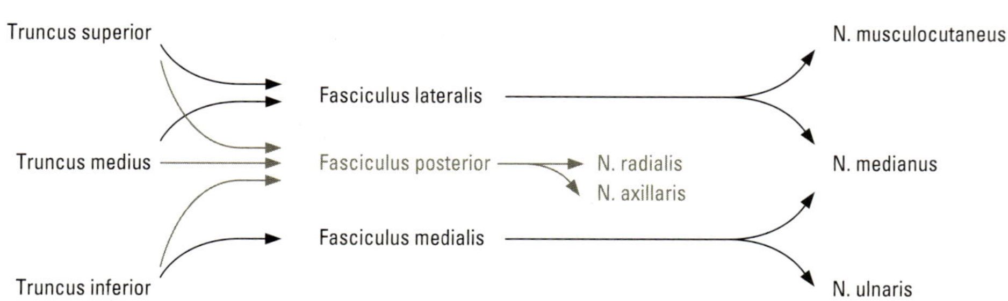

Abb. 22: Plexus brachialis 2 *medi-learn.de/6-ana5-22*

- Fasciculus lateralis,
- Fasciculus medialis,
- Fasciculus posterior.

Und diese schließlich bilden die Nerven, die den Arm versorgen. Die Abb. 21, S. 24 und Abb. 22, S. 24 stellen vereinfacht dar, wer hier was bildet.

Zur Topografie der Nerven:

- Der N. medianus verläuft zusammen mit der A. brachialis im Oberarm.
- Der N. ulnaris verläuft zusammen mit der A. ulnaris im Unterarm.
- Der N. radialis verläuft zusammen mit der A. profunda brachii dorsal am Humerus.

Zu den motorischen Ausfällen:

- N. medianus: **Schwurhand** beim Versuch, die Faust zu schließen.
- N. ulnaris: **Krallenhand** beim Versuch, die Faust zu schließen.
- N. radialis: **Fallhand** beim Versuch einer Dorsal-Extension.

Da die motorischen Handfunktionen auch von den Unterarmmuskeln gewährleitstet werden kommen diese Ausfälle bei Schädigungen proxmial des Unterarms vor.

Merke!

Der Merkspruch dazu lautet:
Ich **schwöre** beim heiligen **Medianus**, dass ich mir die **Ulna kralle**, wenn ich vom **Rad falle**.

Sensible Innervation der Hand

Das untere Bild (s. Abb. 23, S. 25) erklärt sich von selbst. Wichtig ist, dass der N. medianus die ersten dreieinhalb Finger von palmar und die Endglieder der gleichen Finger auch von dorsal sensibel innerviert.

2.4 Topografie der oberen Extremität

Im schriftlichen Examen werden immer wieder dieselben Fragen über die Topografie der oberen Extremität gestellt. Daher ist es ausreichend, sich diese speziellen Punkte anzuschauen. Meistens werden die Durchtritte gefragt, daneben kommen auch Bildfragen, besonders zum Canalis carpi. Da prüfungsrelevant, solltest du dir folgende markante Nervenverläufe einprägen:

N. medianus:

- Am Oberarm verläuft er zusammen mit der A. brachialis im Sulcus bicipitalis medialis, auf der Beugeseite des Ellenbogens liegt er direkt unter der Aponeurosis musculi bicipitis brachii, dann zieht er am Unterarm zwischen den Köpfen des M. pronator teres nach distal und schließlich zwischen dem M. flexor digitorum superficialis und dem M. flexor digitorum profundus unter dem Retinaculum flexorum durch den Karpaltunnel. Dort liegt er oberflächlich zwischen den Sehnen des M. palmaris longus und M. flexor carpi radialis.

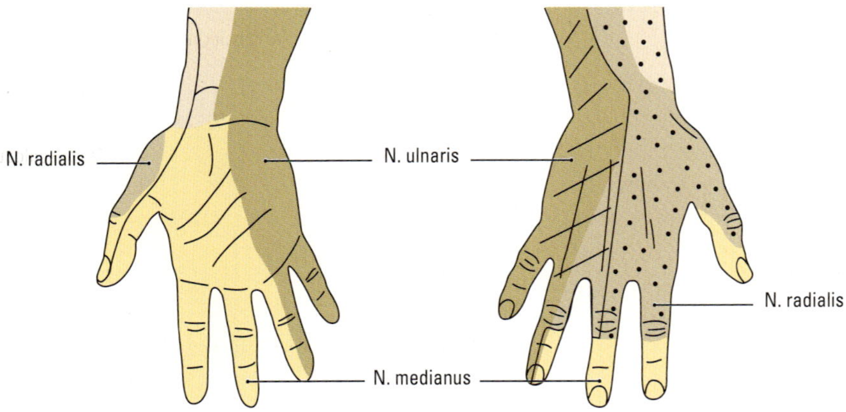

Abb. 23: Sensible Innervation der Hand

medi-learn.de/6-ana5-23

2

N. ulnaris:

- Er zieht medial am Oberarm hinab, um sich im Sulcus nervi ulnaris dorsalseitig (ugs. = Musikantenknochen) um das Ellenbogengelenk zu legen. Dann zieht er weiter auf die Vorderseite des Unterarms zwischen den Köpfen des M. flexor carpi ulnaris hindurch und zusammmen mit der A. ulnaris nach distal, wo er durch die Guyon-Loge palmar in die Hand übertritt. In der Guyon- Loge kann es zur Kompression des N. ulnaris und damit zur Schwächung des M. adductor pollicis kommen. Achtung: Bitte die Guyon-Loge NICHT mit derTabatière (s. 2.4.3, S. 28) verwechseln.

N. radialis:

- In der Achselhöhle verläuft er mit der A. axillaris, dann am dorsalen Oberarm (wo er bei Oberarmbrüchen gefährdet ist) mit der A. profunda brachii nach distal. Am Ellenbogen zieht er auf die Beugerseite (nach ventral) und zwischen dem M. brachioradialis und dem M. brachialis hindurch.

N. axillaris:

- Er zieht durch die laterale Achsellücke und unter dem M. deltoideus entlang um das Collum chirurgicum humeri auf die dorsale Oberarmseite. Bei einer Schulterluxation läuft er daher Gefahr, geschädigt zu werden, was zu einem Ausfall des M. deltoideus führen kann.

Scalenuslücke

Der M. scalenus anterior und der M. scalenus medius bilden die Scalenuslücke, durch die der Plexus brachialis und die A. subclavia ziehen (s. Abb. 21, S. 24). Achtung: Die V. subclavia zieht NICHT durch die Scalenuslücke, sondern vor dem M. scalenus anterior entlang.

2.4.1 Achsellücken

Es gibt zwei Achsellücken, die laterale und die mediale:

Laterale Achsellücke	Begrenzungen	Durchtritt
viereckig	lateral: – Humerus medial: – lange Trizepssehne kranial: – M. teres minor kaudal: – M. teres major	– N. axillaris – A. und V. circumflexa humeri posterior
Mediale Achsellücke	**Begrenzungen**	**Durchtritt**
dreieckig	kaudal: – M. teres major kranial: – M. teres minor lateral: – lange Trizepssehne	A. circumflexa scapulae

Tab. 17: Achsellücken

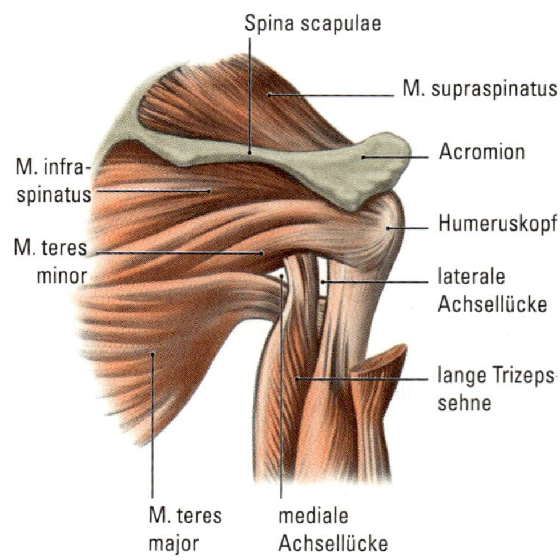

Abb. 24: Achsellücken *medi-learn.de/6-ana5-24*

2.4.2 Canalis carpi (Karpaltunnel)

Der Karpaltunnel wird aufgrund des **Karpaltunnelsyndroms** sehr oft gefragt. Beim Karpaltunnelsyndrom wird der **N. medianus** im Karpaltunnel eingeengt. Dadurch kann er seine distal des Karpaltunnels liegenden sensiblen und motorischen Funktionen einbüßen. Die Klinik besteht dann aus nächtlichen Schmerzen oder **Parästhesien** (Missempfindungen) der Beugeseiten der ersten drei Finger und **Paresen** der vom N. medianus innervierten Muskulatur der Hand (M. abductor pollicis brevis und M. opponens pollicis), wodurch es zu einer **Daumenballenatrophie** kommt.

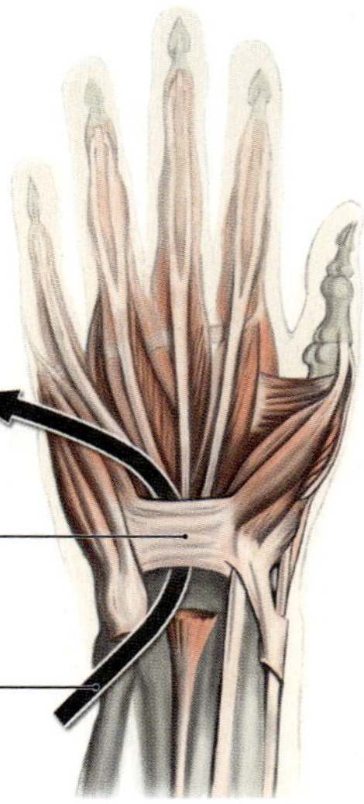

Abb. 25: Karpaltunnel 1 *medi-learn.de/6-ana5-25*

Begrenzung	Durchtritt
Handwurzelknochen, Retinaculum flexorum	Sehnen der langen Fingerbeuger, N. medianus

Tab. 18: Karpaltunnel

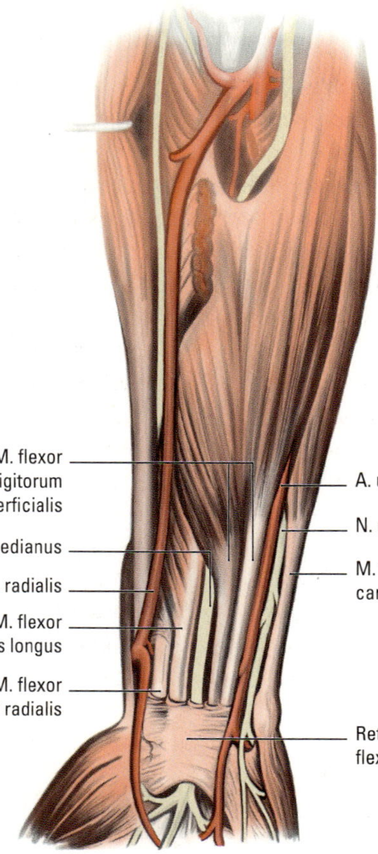

Abb. 26: Karpaltunnel 2

medi-learn.de/6-ana5-26

2.4.3 Tabatière (Fovea radialis)

Die Tabatière wird
- handrückenwärts von der Sehne des M. extensor pollicis longus,
- palmar von den Sehnen des M. extensor pollicis brevis und M. abductor pollicis longus begrenzt (s. Abb. 27).

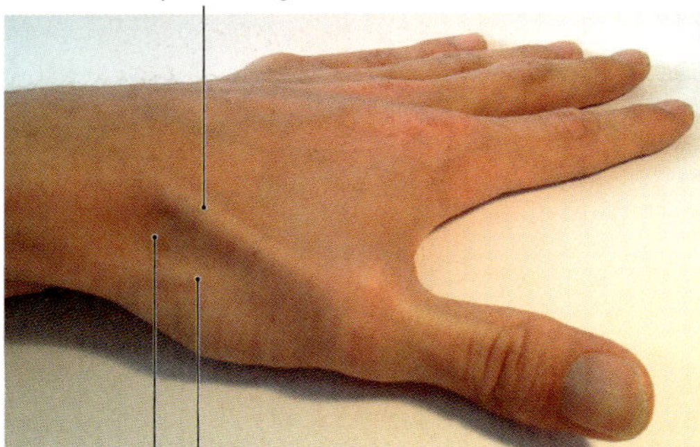

Abb. 27: Tabatière *medi-learn.de/6-ana5-27*

2.4.4 Leitmuskeln

Verläuft ein Nerv durch einen Muskel hindurch, so wird dieser Muskel als Leitmuskel bezeichnet. Bisher gab es noch kein einziges Physikum, in dem dieses Wissen nicht geprüft wurde. Daher Gehirnspeicher weit geöffnet und los geht`s:

Leitmuskel	Nerv, der den Muskel durchbohrt
M. coracobrachialis	N. musculocutaneus
M. pronator teres	N. medianus
M. supinator	N. radialis
M. flexor carpi ulnaris	N. ulnaris

Tab. 19: Leitmuskeln

2.4.5 Sehnenscheiden in der Hand

Dieses Thema ist unbeliebt und kompliziert, da es sechs dorsal-karpale, drei palmar-karpale und fünf palmar-digitale Sehnenscheiden gibt. Prüfungsrelevant ist folgende Information: Über den Karpaltunnel kommunizieren die Sehnenscheiden des 5. und 1. Fingers auf der Beugeseite. Dadurch kann eine Entzündung einer dieser beiden Sehnenscheiden auf die andere übergreifen, wodurch eine **V-Phlegmone** entsteht.

DAS BRINGT PUNKTE

Gerade das **Schulter- und das Ellenbogengelenk** werden im schriftlichen Physikum gerne gefragt. Machst du dir klar, dass beide in je vier Gelenke eingeteilt werden können, die zusammen funktionelle Einheiten bilden, wird das Lernen sehr viel einfacher.

Schultergelenk:

- Drei echte Gelenke (Art. sternoclaviculare, acromioclaviculare und Art. humeri) und die thorakoscapulare Gleitschicht bilden eine funktionelle Einheit;
- Elevation (Abd > 90°) durch Gleitschicht möglich.

Typische Besonderheiten der Articulatio humeri:

- Verlauf der langen Bizepssehne (intraartikulär durch die Schultergelenkkapsel),
- Recessus axillaris.

Namen der Bewegungen unterscheiden sich etwas vom Standard:

- Ante- und Retroversion entsprechen Flexion und Extension.

Ellenbogengelenk:

- Vier Gelenke bilden eine funktionelle Einheit:
  - Art. humeroradialis, Art. humeroulnaris, Art. radioulnaris proximalis und Art. radioulnaris distalis.
- Drei davon in gemeinsamer Kapsel:
  - Art. humeroradialis, Art. humeroulnaris, Art. radioulnaris proximalis.
- Jedem Gelenk kann eine spezielle Funktion zugeordnet werden:
  - Art. humeroradialis = keine eigtl. Funktion
  - Art. humeroulnaris = Flexion/ Extension
  - Art. radioulnaris proximalis und distalis zusammen = Pronation/Supination.
- Ligamentum anulare mit seinem Verlauf (s. Tab. 8, S. 14):
  - Ursprung an ventraler Ulna, umgibt Radius, Ansatz an dorsaler Ulna.
- Ligamentum collaterale radiale mit Ansatz am Ligamentum anulare.

Handgelenke:

- Proximales Handgelenk ist ein Eigelenk mit zwei Freiheitsgraden.
- Bei Bewegungen immer die Richtung mitsagen (in mündlichen Prüfungen, um Verwechslungen zu vermeiden).
- Proximales Handgelenk wird aus Radius und Handwurzelknochen sowie einem Discus articularis gebildet, **die Ulna hat NICHTS mit dem proximalen Handgelenk zu tun.**
- Der Discus articularis bildet einen Teil der Gelenkpfanne.

Fingergelenke:

- Daumensattelgelenk mit seinen Funktionen und seiner Lage (s. Abb. 12, S. 15):
  - Funktionen: Flexion/Extension sowie Adduktion/Abduktion.
  - Das Daumensattelgelenk darf NICHT mit dem Daumengrundgelenk verwechselt werden, welches den Anfang des Daumens, also die Verbindung zur Hand bildet.

Achtung: Opposition und Reposition sind Kombinationsbewegungen.

- Lage der Fingergrundgelenke, besonders des Daumens.
- DIP und PIP: Diese Abkürzungen haben zwischenzeitlich Einzug in die schriftliche Prüfung genommen:
  - PIP = proximales Interphalangealgelenk,
  - DIP = distales Interphalangealgelenk.

Sehr häufig gestellte Fragen über die Muskeln der oberen Extremität beziehen sich auf den **Schultergürtel**. Den M. serratus anterior solltest du ebenso wie den M. trapezius

DAS BRINGT PUNKTE

recht genau kennen. Beide können durch das Herausdrehen der Scapula die Elevation ermöglichen, der M. trapezius – als ausgewanderter Kopfmuskel – wird vom Nervus accessorius, dem elften Hirnnerven, innerviert.

- Elevation ermöglicht durch Herausdrehen der Scapula durch M. serratus anterior und M. trapezius.

Der **M. pectoralis major** wird als bedeutendster Atemhilfsmuskel ebenfalls gerne gefragt. Im so genannten „Kutschersitz" stützt sich der Mensch mit den Armen ab, die dadurch nicht mehr zu bewegen sind, sodass der M. pectoralis major seine gesamte Kraft für die Inspiration verwenden kann.

- M. pectoralis major ist der stärkste inspiratorische Atemhilfsmuskel.

Vom **M. latissimus dorsi** wird im Schriftlichen gerne die Innervation gefragt. Merkst du dir aber, dass sowohl der Muskel als auch seine Innervation (N. thoracodorsalis) den Begriff „dorsal" im Namen tragen, sollte jegliche Gefahr gebannt sein.

- M. latissimus dorsi innerviert durch N. thoracodorsalis.

Die **Rotatorenmanschette** wird fast in jedem Physikum gefragt. Daher zählen ihre Muskeln zu den wichtigsten Themen überhaupt.
Rotatorenmanschette =

- M. teres minor
- M. supraspinatus
- M. infraspinatus
- M. subscapularis.

Der M. teres major ist dagegen KEIN Bestandteil der Rotatorenmanschette.

Als berühmtesten Muskel solltest du den **M. biceps brachii** genau kennen. Wichtig ist, dass er seine meiste Kraft zur Supination aufbringt, er ist sogar der stärkste Supinator des Körpers überhaupt. Nur einen kleinen Teil seiner Kraft nutzt er für die Flexion. Eine häufige Bildfrage betrifft den Verlauf seiner langen Sehne durch das Schultergelenk. Im Gegensatz dazu kann der M. brachialis nur beugen, da er nicht am beweglichen Radius, sondern an der unbeweglichen Ulna ansetzt.

- M. biceps brachii:
  - stärkster Supinator bei gebeugtem Arm,
  - lange Sehne läuft durch das Schultergelenk,
  - Ansatz am Radius.
- M. brachialis:
  - stärkster Beuger im Ellenbogen,
  - Ansatz an der Ulna.

Bei den **Handmuskeln** wird regelmäßig nach der Innervation des M. abductor pollicis und des M. opponens pollicis gefragt (N. medianus). Im Gegensatz dazu wird der M. adductor pollicis vom N. ulnaris versorgt. Bildfragen gibt es zu den Handmuskeln kaum.

Die **Arterien des Arms** sind ein oft gefragtes Gebiet. Gerne wird die Frage nach der A. profunda brachii gestellt, die dorsal am Humerus verläuft. Auch die beiden Arcus palmares gehören zu den typischen Fragen im schriftlichen Physikum.

- A. profunda brachii läuft dorsal am Humerus.
- Arcus palmaris superficialis aus A. ulnaris.
- Arcus palmaris profundus aus A. radialis.

Die wichtigste und am häufigsten gestellte Frage bezieht sich auf den **Verlauf der V. subclavia**, die nicht wie ihre Begleitarterie zwischen dem M. scalenus anterior und medius hindurchzieht (Scalenuslücke), sondern vor dem M. scalenus anterior vorbeizieht.

- A. subclavia durch die Scalenuslücke.
- V. subclavia vor dem M. scalenus anterior.

Darüber hinaus ist der **Plexus brachialis** eines der Standardthemen. Sein Verlauf durch

DAS BRINGT PUNKTE

die Scalenuslücke und die Bildung des N. medianus, ulnaris, radialis und musculocutaneus wurden bislang in jedem Physikum gefragt.

- Siehe Abb. 21, S. 24 und Abb. 22, S. 24.

Im Rahmen eines Geburtstraumas kann es zu Verletzungen des Plexus brachialis kommen. Man unterscheidet eine obere (Erb-) von einer unteren (Klumpke-)Plexusläsion. Die obere Plexuslähmung betrifft die Segmente C5 und C6. Hierbei kommt es zur Parese (Lähmung) der Schultergürtel-, Oberarm- und Unterarmmuskeln, was die Hebung der Schulter sowie die Beugung des Ellenbogens unmöglich macht. Bei der unteren Plexusläsion sind die kleinen Handmuskeln und Fingerbeuger betroffen, wodurch sich z. B. die Faust nicht mehr schließen lässt.

Auch die **Topografie der oberen Extremität** gehört zu den typischen Themen des schriftlichen Physikums. Besonders gerne wird nach dem **Karpaltunnel** gefragt, weswegen du dir Abb. 25, S. 27 und Abb. 26, S. 27 sehr genau anschauen solltest. Die am häufigsten gestellte Bildfrage bezieht sich nämlich auf diese Region.
Erkennen und benennen solltest du zudem die einzelnen Sehnen und Nerven der oberen Extremität:

- N. medianus durchläuft den Karpaltunnel.
- Die wichtigen Strukturen von radial nach ulnar sind am Querschnitt durch den Handwurzelbereich:
  - Arteria radialis

  - M. flexor carpi radialis
  - M. flexor pollicis longus
  - N. medianus
  - M. flexor digitorum superficialis und profundus (da gemeinsame Sehnenscheide)

  (durch Karpaltunnel)

  - A. ulnaris
  - N. ulnaris

  (oberhalb des Retinaculum flexorum, in Guyon-Loge)

Darüber hinaus solltest du fürs Schriftliche die **Leitmuskeln** beherrschen, denn es gab bisher noch kein Physikum, in dem nicht mindestens eine Frage zu diesem Thema gestellt wurde (s. Tab. 19, S. 28).

FÜRS MÜNDLICHE

Die im schriftlichen Physikum typischen Fragen zu den Gelenken der oberen Extremitäten tauchen häufig in der mündlichen Prüfung wieder auf und sollten daher sitzen. Besonders beliebt sind Fragen nach der langen Bizepssehne und ihrem Verlauf sowie nach den vier Gelenken des Ellenbogens und dem Ligamentum anulare. Typisch ist auch die Aufforderung, die Lage des Daumensattelgelenks zu zeigen und es vom Daumengrundgelenk zu differenzieren.

1. **Bitte nennen Sie die Besonderheiten der Schulter.**
2. **Erläutern Sie bitte, welche Gelenke den Ellenbogen bilden.**
3. **Erklären Sie bitte, wer das proximale Handgelenk bildet.**
4. **Bitte erläutern Sie, wer das Daumensattelgelenk bildet und welche Bewegungen hier möglich sind.**
5. **Nennen Sie bitte die Funktionen des M. pectoralis major.**
6. **Nennen Sie die Funktion der Rotatorenmanschette.**
7. **Erklären Sie bitte, wo der Ursprung des langen und kurzen Bizepskopfes liegt.**
8. **Bitte erklären Sie, wie der M. flexor digitorum profundus innerviert wird und was seine Besonderheiten sind.**
9. **Bitte erläutern Sie, wen der N. medianus an der Hand innerviert.**
10. **Nennen Sie die Funktion der Mm. lumbricales.**
11. **Bitte erklären Sie, wer die Oberarmextensoren versorgt.**
12. **Erläutern Sie bitte den Verlauf der V. subclavia.**
13. **Bitte erläutern Sie, welcher Fasciculus den N. radialis bildet.**
14. **Bitte erklären Sie, woraus der Plexus brachialis entsteht.**
15. **Bitte erklären Sie, durch welche Achsellücke der N. axillaris tritt. Welche Strukturen laufen noch hindurch?**
16. **Nennen Sie bitte die Struktur, die den N. medianus typischerweise einengen und damit stören kann.**
17. **Nennen Sie bitte den Muskel, welcher an der Bildung beider Achsellücken beteiligt ist.**
18. **Nennen Sie bitte den Leitmuskel des N. radialis und erklären Sie, was einen Leitmuskel ausmacht.**

---

1. Bitte nennen Sie die Besonderheiten der Schulter.

- Drei Gelenke und thorakoscapulare Gleitschicht,
- lange Bizepssehne läuft durchs Gelenk,
- Recessus axillaris.

2. Erläutern Sie bitte, welche Gelenke den Ellenbogen bilden.

- Art. humeroulnaris (Scharnier)
- Art. humeroradialis (eingeschränktes Kugelgelenk)
- Art. radioulnaris proximalis und distalis (Drehgelenk)

FÜRS MÜNDLICHE

3. Erklären Sie bitte, wer das proximale Handgelenk bildet.
Proximale Handwurzelknochen, Radius und Discus articularis.

4. Bitte erläutern Sie, wer das Daumensattelgelenk bildet und welche Bewegungen hier möglich sind.
Os trapezium und Os metacarpale I. Neben Flexion und Extension auch Abduktion und Adduktion sowie die Kombinationsbewegungen Opposition und Reposition.

Auch in der mündlichen Prüfung stehen Schulter und Oberarmmuskeln weit oben in der Beliebtheitsskala. Der Unterarm wird seltener gefragt, meist reicht dafür das Basiswissen (s. Tab. 14, S. 20) aus. Extrem selten sind Fragen zu den Handmuskeln. Sie werden oftmals nur gestellt, um die Sicherheit des Prüflings zu erforschen. Allerdings kannst du mit solchem Wissen Punkte sammeln. Wenn du auf diesem Gebiet also wirklich sicher bist (wichtig, sonst geht der Schuss nach hinten los), solltest du bei diesem komplizierten Thema zeigen, was du kannst.

5. Nennen Sie bitte die Funktionen des M. pectoralis major.
Anteversion, Innenrotation, Adduktion, stärkster Inspirator. Atemhilfsmuskel im Kutschersitz.

6. Nennen Sie die Funktion der Rotatorenmanschette.
Sicherung des Humerus im Schultergelenk.

7. Erklären Sie bitte, wo der Ursprung des langen und kurzen Bizepskopfes liegt.
Langer Kopf: Tuberculum supraglenoidale, kurzer Kopf: Processus coracoideus.

8. Bitte erklären Sie, wie der M. flexor digitorum profundus innerviert wird und was seine Besonderheiten sind.
Doppelinnervation durch N. medianus und N. ulnaris. Läuft durch eine Spaltung der Sehnen des oberflächlichen Fingerbeugers hindurch zu den Endphalangen.

9. Bitte erläutern Sie, wen der N. medianus an der Hand innerviert.
M. abductor pollicis brevis,
M. opponens pollicis.

10. Nennen Sie die Funktion der Mm. lumbricales.
Flexion in Grundgelenken, Extension in DIP und PIP.

Analog zum Schriftlichen werden sowohl Gefäße als auch Nerven oft gefragt. Du solltest dir als Orientierungspunkt die Medianusgabel nehmen und von dort aus die Nerven aufsuchen. Die Armgefäße sind nicht schwer zu finden und zu benennen. Auch im Mündlichen ist ein Hinweis auf den Verlauf der V. subclavia vor dem M. scalenus anterior immer angebracht.

11. Bitte erklären Sie, wer die Oberarmextensoren versorgt.
A. profunda brachii.

12. Erläutern Sie bitte den Verlauf der V. subclavia.
Vor dem M. scalenus anterior.

13. Bitte erläutern Sie, welcher Fasciculus den N. radialis bildet.
Fasciculus posterior.

14. Bitte erklären Sie, woraus der Plexus brachialis entsteht.
Ventrale Äste der Spinalnerven C5 bis Th1.

FÜRS MÜNDLICHE

Falls du die Chance hast, in der mündlichen Prüfung topografisches Wissen zu den Achsellücken anzubringen, kannst du damit sicherlich glänzen. Auch in der Mündlichen wird der Karpaltunnel gerne gefragt und zählt zu den Themen, die du sicher beherrschen solltest; ein Hinweis auf das Karpaltunnelsyndrom macht sich in jeder Prüfung gut!

15. Bitte erklären Sie, durch welche Achsellücke der N. axillaris tritt. Welche Strukturen laufen noch hindurch?
Durch die laterale Achsellücke, zusammen mit A. und V. circumflexa humeri posterior.

16. Nennen Sie bitte die Struktur, die den N. medianus typischerweise einengen und damit stören kann.
Der Canalis carpi. Er bildet sich aus dem Retinaculum flexorum und den Handwurzelknochen; Krankheitsbild: Karpaltunnelsyndrom.

17. Nennen Sie bitte den Muskel, welcher an der Bildung beider Achsellücken beteiligt ist.
Der lange Kopf des M. trizeps brachii.

18. Nennen Sie bitte den Leitmuskel des N. radialis und erklären Sie, was einen Leitmuskel ausmacht.
Der M. supinator. Leitmuskeln sind solche, durch die ein Nerv hindurchläuft.

Mehr Cartoons unter www.medi-learn.de/cartoons

Pause

So, jetzt nutze deine obere Extremität, öffne das Fenster und lass ordentlich Luft rein. Zeit zum Verschnaufen: lange Pause!

3 Untere Extremität

Fragen in den letzten 10 Examen: 52

Verallgemeinert kannst du davon ausgehen, dass bei der unteren Extremität im Physikum eher die Topografie als die Muskulatur geprüft wird. Dennoch gibt es auch hier Muskeln, die du beherrschen solltest. Die großen Gelenke wie Hüft-, Knie- und Sprunggelenk werden sowohl im Schriftlichen als auch im Mündlichen häufig gefragt.

3.1 Gelenke und Bänder

Das Wissen über die Bänder des Beckens ist die Grundvoraussetzung für ein Verständnis der Topografie. Nur wenn du den Verlauf der Bänder verinnerlicht hast, kannst du die einzelnen topografischen Strukturen verstehen und damit Punkte im Schriftlichen und Mündlichen sammeln.

3.1.1 Becken

Das Becken besteht aus zwei **Ossa coxae (Hüftbeinen)**, die jeweils aus drei Knochen gebildet werden: Os ilium, Os pubis und Os ischium. Die beiden Ossa coxae sind ventral durch die **Symphyse** und dorsal durch die **sakroiliakalen Gelenke** mit dem Os sacrum verbunden. Durch diese Verbindungen der Ossa coxae entsteht der **Beckenring**. Mit anderen Worten: Der Beckenring wird aus zwei Ossa (Os coxae und Os sacrum) gebildet. Er dient damit zum einen der Verbindung des Rumpfes mit den Beinen, zum anderen trägt er die Baucheingeweide. Die sakroiliakalen Gelenke sind echte Gelenke (Amphiarthrosen), die bei jedem Schritt kleine Ausgleichsbewegungen vornehmen. Weitere wichtige Bänder des Beckens sind:

- das **Lig. sacrospinale**,
- das **Lig. sacrotuberale**,
- das **Lig. inguinale**.

Diese drei werden im Abschnitt Topografie genauer vorgestellt (s. 3.4, S. 52). Zwischen dem Os pubis und dem Os ischium bildet sich das knöcherne **Foramen obturatum**, das beim lebenden Menschen durch die **Membrana obturatoria** bedeckt ist. Ein kleines Loch in dieser Membran wird Canalis obturatorius genannt. Dieser Kanal gehört zu den Lieblingsthemen im Physikum (s. 3.4, S. 52).
Achtung: Verwechsle niemals den Canalis obturatorius mit dem Canalis pudendalis (auch „Alkock'scher Kanal"). Die beiden liegen zwar dicht nebeneinander, haben aber nichts miteinander zu schaffen.

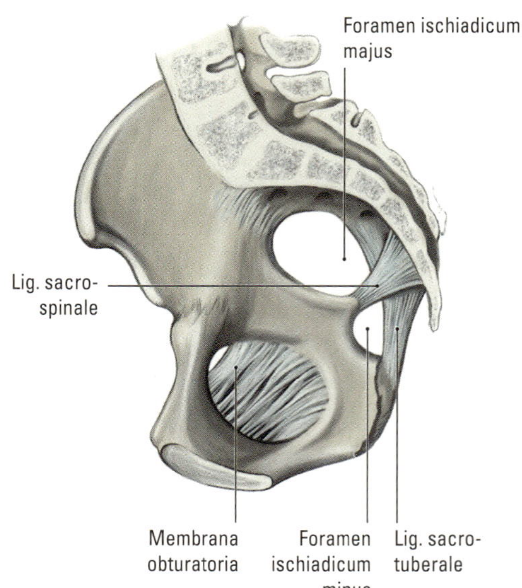

Abb. 28: Os coxae *medi-learn.de/6-ana5-28*

Symphysis pubica	– kein echtes Gelenk – Discus interpubicus – Lig. pubicum sup. (oben) – Lig. arcuatum pubis (unten)
Art. sacroiliaca	– **Amphiarthrose** (echtes Gelenk, aber sehr starr) – Ligg. sacroiliaca ant. – Ligg. sacroiliaca post. – Ligg. sacroiliaca interossea

Tab. 20: Überblick über die Knochenverbindungen des Beckens

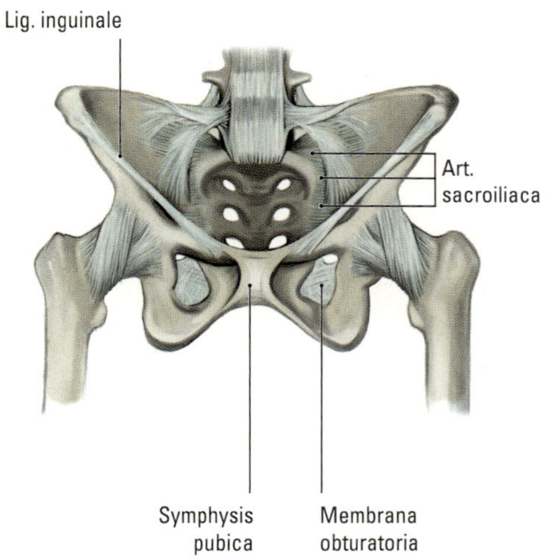

Abb. 29: Becken *medi-learn.de/6-ana5-29*

Lig. sacrospinale	– vom Os sacrum zur Spina ischiadica – begrenzt das Foramen ischiadicum majus nach unten und das Foramen ischiadicum minus nach oben
Lig. sacrotuberale	– vom Os sacrum zum Tuber ischiadicum – begrenzt das Foramen ischiadicum minus nach unten
Membrana obturatoria	– bedeckt das knöcherne Foramen obturatum – bildet den Canalis obturatorius

Tab. 21: Absolut Wissenswertes zum Becken

Diameter

Die Beckendiameter sind gerade in der Gynäkologie von Bedeutung, da sie den Geburtskanal definieren. Die Conjugata vera (obstetricia) definiert die kürzeste Strecke zwischen Promontorium und Symphyse. Sie kann durch die Conjugata diagonalis (vom Promontorium zum Unterrand der Symphyse, ca. 1,5 cm länger als die Conjugata vera) abgeschätzt werden.

Übrigens ...
Ohne Instrumente (nur mit palpierenden Fingern) kann nur die Conjugata diagonalis bestimmt werden.

Conjugata vera = Conjugata obstetricia	– vom Promontorium zur Innenseite der Symphyse – 11 cm
Diameter transversa	– quer im Becken verlaufend – 13,5 cm

Tab. 22: Beckendiameter

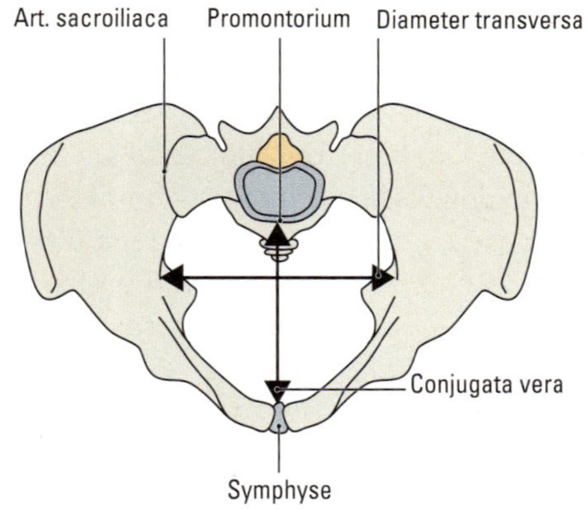

Abb. 30: Beckendiameter
medi-learn-de/anatomie5-30

3.1.2 Hüftgelenk (Art. coxae)

Das Hüftgelenk wird auch als Nussgelenk bezeichnet, da die Pfanne größer ist als der Kopf. Der Kopf wird vom Femur gebildet. Die Pfanne heißt **Acetabulum** und besteht aus den drei Knochen eines Os coxae, die dieY-Fuge bilden.

Die Y-Fuge liegt also im Acetabulum. Außerdem liegt im Acetabulum die **Facies lunata**. Das ist der eigentliche Ort, an dem Hüftknochen und Femur artikulieren. Daher ist auch nur sie und nicht das ganze Acetabulum mit Knorpel überzogen. Außen am Acetabulumrand entlang verläuft das **Labrum acetabulare**, ein kräftiger Faserknorpelzug, der die Pfanne vergrößert und damit das Kugelgelenk zum Nussgelenk macht.

Das Hüftgelenk ist **bandgesichert**. Innerhalb seiner **drei Freiheitsgrade** (alle sechs Bewegungen: Innenrotation/Außenrotation, Extension/Flexion, Abduktion/Adduktion) ist es daher relativ schlecht beweglich (verglichen z. B. mit der Schulter), dafür aber auch sehr sicher. Eine Luxation im Hüftgelenk (ohne vorbestehende knöcherne Deformität oder schweren Unfall) tritt aus diesem Grund sehr selten auf. Alle drei extrakapsulären Bänder münden mit ihren Faserzügen in die **Zona orbicularis**. Das ist eine ringförmig um den Schenkelhals des Femurs verlaufende, die Kapsel verstärkende Bandstruktur.

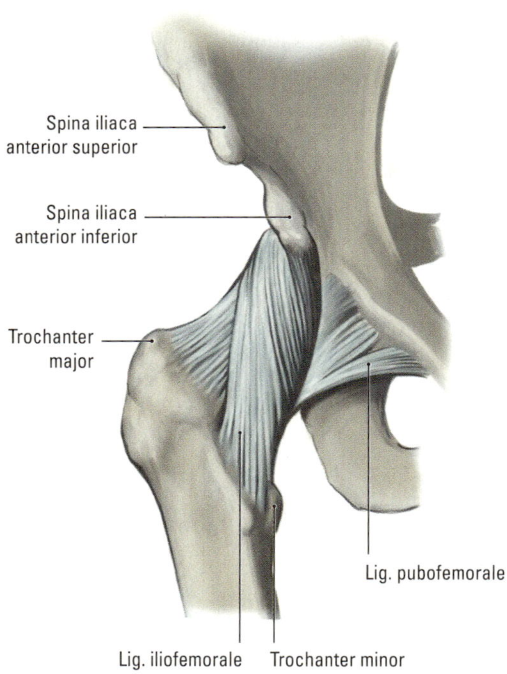

Abb. 31: Bänder des Hüftgelenks

medi-learn.de/6-ana5-31

Lig. capitis femoris	– liegt intrakapsulär – keine Haltefunktion fürs Hüftgelenk – ist die obliterierte A. femoris capitis
Lig. iliofemorale	– von der Spina iliaca ant. inf. des Os ilium zur Linea intertrochanterica und zur Zona orbicularis – stärkstes Band im menschlichen Körper (ermöglicht das amuskuläre Stehen) – limitiert die Extension
Lig. ischiofemorale	– vom Os ischium zur Fossa trochanterica und zur Zona orbicularis – limitiert Innenrotation und Extension
Lig. pubofemorale	– vom Os pubis zur Linea intertrochanterica und zur Zona orbicularis – limitiert Außenrotation und Abduktion

Tab. 23: Bänder des Hüftgelenks

3.1.3 Kniegelenk (Art. genus)

Das Kniegelenk ist das größte Gelenk im menschlichen Körper und das Lieblingsgelenk der Physikumsfragen. Es ist ein **Drehscharniergelenk**; kann also neben der Extension/Flexion auch rotieren. Damit hat das Kniegelenk zwei Freiheitsgrade.

Merke!

Die Rotation ist nur in Beugestellung möglich, weil dann die Bänder entspannt sind.

Drei Knochen bilden das Knie:
- **Femurkondylen** (Kopf),
- **Tibiaplateau** (Pfanne),
- **Patella**.

Die Fibula hat NICHTS mit dem Kniegelenk zu tun!
Da Kopf und Pfanne des Kniegelenks nicht aufeinander passen (inkongruent sind), gibt es die **Menisken**, deren Funktion im **Inkongruenzausgleich** besteht, d. h. sie sorgen für die richtige Passform der beiden Knochen. Die Patella artikuliert über ihre Hinterfläche mit dem Femur (sie berührt NIEMALS die Tibia!). Die Patellasehne entspringt an der Patellaspitze (die liegt kaudal, zeigt also nach unten) und setzt an der Tibia an. Sie vergrößern damit den Kraftarm (s. Gelenkphysik Abb. 4, S. 4).
Viele Bänder sichern das Knie. Man kann sie in **intrakapsuläre** und **extrakapsuläre Bänder** untergliedern. Neben der in Beugestellung möglichen aktiven Innen- und Außenrotation, gibt es die **passive Schlussrotation**: Wenn du das Knie streckst, kannst du sehen, dass bei den letzten Graden der Extension der Unterschenkel in eine leichte Außenrotation gedreht wird. Das ist keine Muskelleistung, sondern liegt daran, dass das **vordere Kreuzband** als erstes aller Bänder **bei der Extension gespannt** wird und den Unterschenkel in Außenrotation dreht. Das **vordere Kreuzband** ist mit dem **medialen Meniskus** und dem **medialen Kollateralband verwachsen**.

Merke!

Weil bei einem Unfall häufig alle drei miteinander verbundenen Komponenten (vorderes Kreuzband, medialer Meniskus, mediales Kollateralband) gleichzeitig zerstört werden, spricht man auch von der „unhappy triad".

Das hintere Kreuzband ist frei und daher sehr viel beweglicher als das vordere. Das ist auch der Grund dafür, dass es sich bei Belastungen besser mitbewegen kann und daher nicht so schnell zerreißt – außer, es war schon vorgeschädigt.

Das gesamte Knie ist ein beliebtes Prüfungsthema in Wort und Bild. Ganz besonders häufig wird nach dem Verlauf der Bänder gefragt.

Merke!

Da gerade die Kreuzbänder oft gefragt werden, hier eine kleine Denkhilfe: Legst du den Mittelfinger über den Zeigefinger einer Hand und hältst dann diese Hand vor das gleichseitige Knie, so hast du in etwa den Verlauf der Kreuzbänder dargestellt. Alternativ kannst du dir ein Skelett nehmen und die Kreuzbänder mit Klebestreifen einkleben.

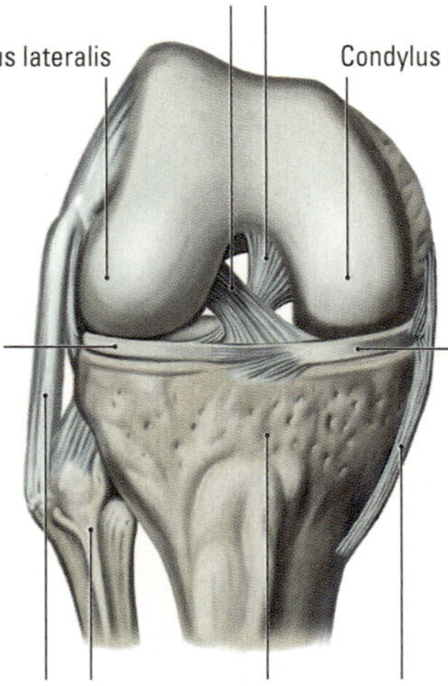

Abb. 32: Knie *medi-learn.de/6-ana5-32*

Ein Wort zur klinischen Untersuchung: Bei einer Ruptur des vorderen Kreuzbandes kann der Unterschenkel im gebeugten Knie ventral herausgezogenen werden (vordere Schublade).
Bei einer Ruptur des hinteren Kreuzbandes kann der Unterschenkel nach dorsal geschoben werden (hintere Schublade).
Sind die Seitenbänder gerissen, kann der Unterschenkel bei gestrecktem Kniegelenk nach medial (bei Außenbandriss) oder lateral (bei Innenbandriss) geklappt werden.

Anteile des Kniegelenks

Meniscus med.	– C-Form – über Gelenkkapsel mit medialem Kollateralband und vorderem Kreuzband verwachsen („unhappy triad") – dient dem Inkongruenzausgleich von Femur und Tibia
Meniscus lat.	– 4/5-Form (Halbmondform) – ist beweglicher, da nicht mit dem Seitenband verwachsen – dient ebenfalls dem Inkongruenzausgleich

Tab. 24: Menisken des Kniegelenks

Intraartikuläre Bänder

Lig. cruciatum ant.	– von medialer Fläche des äußeren Femurkondylus zur Eminentia intercondylare tibiae ant. – „verläuft wie die vordere Hosentasche" – wird als erstes aller Bänder bei der Extension gespannt und bedingt so die „passive Schlussrotation" bei Extension – ist mit medialem Meniskus und medialem Kollateralband verwachsen („unhappy triad")
Lig. cruciatum post.	– vom medialen Femurkondylus zur Eminentia intercondylare tibiae post.
Lig. transversum genus	– verbindet beide Menisken ventral miteinander

Tab. 25: Intraartikuläre Bänder des Kniegelenks

Extraartikuläre Bänder

Die extraartikulären Bänder sichern das Knie gegen unphysiologische Bewegungen. Als Scharniergelenk hat das Knie ein **mediales („tibiales") und ein laterales („fibulares") Kollateralband**, die die Abduktion und Adduktion verhindern. Eine übermäßige Extension verhindern zwei dorsal („popliteal") gelegene Bänder: das **Lig. popliteum arcuatum** und das **Lig. popliteum obliquum.** Ventral liegt das **Lig. patellae**, welches von der Patellaspitze zur Tuberositas tibiae verläuft und die Kraft des M. quadrizeps auf den Unterschenkel überträgt. Medial und lateral neben der Patella liegen noch zusätzlich zwei kleine Bänder: das Retinaculum genu laterale und mediale.

Verbindung Tibia zu Fibula

Im Gegensatz zur oberen Extremität können sich im Unterschenkel die beiden Knochen nicht gegeneinander bewegen. Proximal artikuliert das Fibulaköpfchen mit der Tibia in einer Amphiarthrose und die Schäfte beider Knochen werden durch eine Membrana inter-

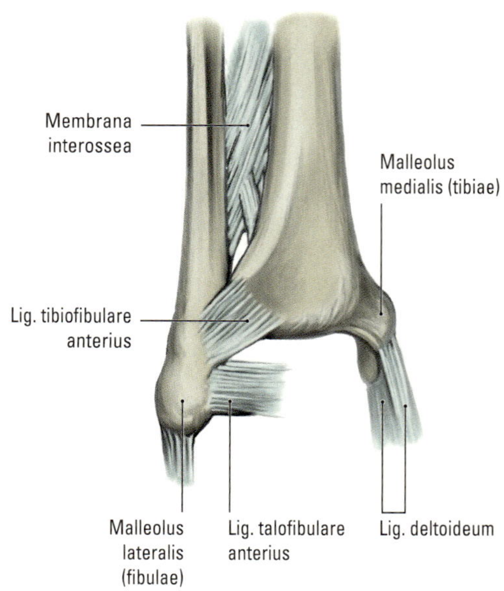

Abb. 33: Malleolengabel *medi-learn.de/6-ana5-33*

ossea zusammengehalten. Die distale Verbindung beider Knochen ist eine Syndesmose. Für die Prüfung wichtig ist dagegen die Bildung der **Malleolengabel** durch Tibia und Fibula, die wiederum der proximale Anteil des **oberen Sprunggelenks** ist.

3.1.4 Sprunggelenke

Es gibt ein **oberes Sprunggelenk** (OSG) und ein **unteres Sprunggelenk** (USG). Das USG wird in eine vordere und eine hintere Kammer unterteilt, die funktionell immer zusammenarbeiten. Das OSG ist für die **Dorsalextension und die Plantarflexion** zuständig, das USG für die **Supination und Pronation**. Bei der Supination wird der Fußinnenrand nach oben gezogen, die Pronation ist die Gegenbewegung.
Diese Gelenke werden zwar von einer verwirrenden Vielzahl von Bändern gesichert, um die Fragen des schriftlichen Physikums zu diesem häufig geprüften Thema lösen zu können, muss man jedoch nur diese fünf kennen:

Merke!

Die fünf wichtigen Bänder der Sprunggelenke sind:

- Lig. tibiofibulare ant. (OSG) und Lig. tibiofibulare post. (OSG) – lateral
  - diese beiden Bänder werden klinisch auch Syndesmose genannt
- Lig. deltoideum (OSG)
  - liegt medial und sichert das OSG gegen ungewollte Pronation
- Lig. calcaneofibulare (OSG) – lateral
- Lig. calcaneonaviculare plantare (USG) = Pfannenband

Oberes Sprunggelenk

Das obere Sprunggelenk (OSG) wird von der **Malleolengabel** und dem **Talus** (Trochlea tali) gebildet. Es dient der Dorsalextension (Fußspitze zur Nase hochziehen) und der Plantarflexion (Fußspitze zum Boden). Die Malleolengabel wird durch das **Lig. tibiofibulare ant.** und **tibiofibulare post.** (klinisch auch **Syndesmose**) gesichert. Medial spannt sich am OSG das **Lig. deltoideum** aus, das seinerseits aus vier einzelnen Bändern zusammengesetzt ist. Es verhindert eine Pronation im OSG.
Lateral am OSG liegen das **Lig. talofibulare ant.** und **talofibulare post.** sowie das **Lig. calcaneofibulare.**
Die Trochlea tali ist ventral breiter als dorsal. Bei Dorsalextension kommt der ventrale Anteil zwischen der Malleolengabel zu liegen und verklemmt sich, daher ist die **Dorsalextension** auch die **stabile Stellung des OSG**. Bei Plantarflexion liegt der schmale hintere Teil der Trochlea tali zwischen der Malleolengabel, wodurch die **Plantarflexion instabil** ist und leicht Verletzungen auftreten können.

Übrigens ...
Eine der häufigsten Verletzungen überhaupt ist der Bänderriss im OSG. In 99,9 % der Fälle hat der Patient dann ein **Supinationstrauma**. Dabei werden die medialen Bänder gestaucht (das Lig. deltoideum), was sie aber nicht sonderlich interessiert. Viel wichtiger ist, dass die lateralen Bänder überdehnt werden und dann reißen. Eigentlich handelt es bei dieser Verletzung um eine Supination, die im OSG abläuft, und das kann das OSG eben nicht.

Unteres Sprunggelenk

Das untere Sprunggelenk (USG) besteht aus zwei Kammern: der vorderen und der hinteren Kammer. Diese arbeiten immer zusammen. Die **Art. subtalaris** (hintere Kammer) und die **Art. talocalcaneonavicularis** (vordere Kammer) werden durch das **Lig. calcaneonaviculare plantare** (Pfannenband) verbunden. Dieses Band bildet eine Gelenkpfanne.
Im USG können **Supination** und **Pronation** durchgeführt werden.

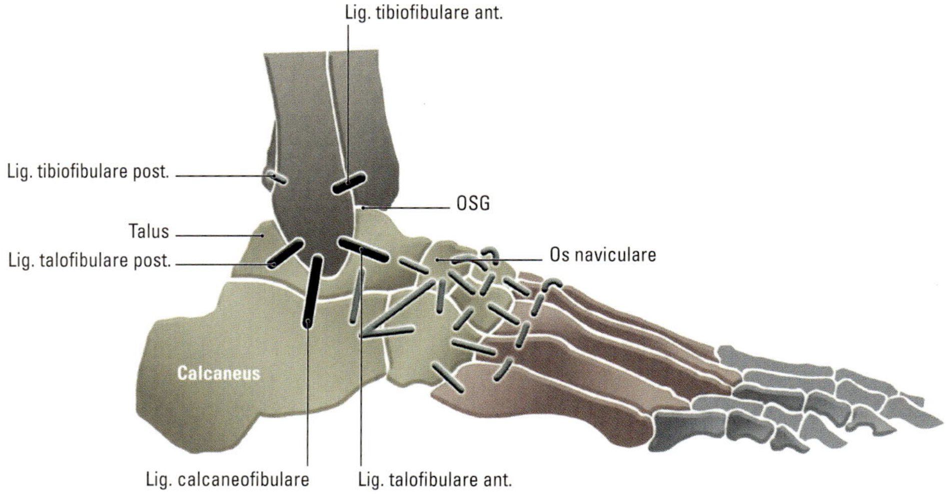

Abb. 34: Oberes Sprunggelenk (OSG) medi-learn.de/6-ana5-34

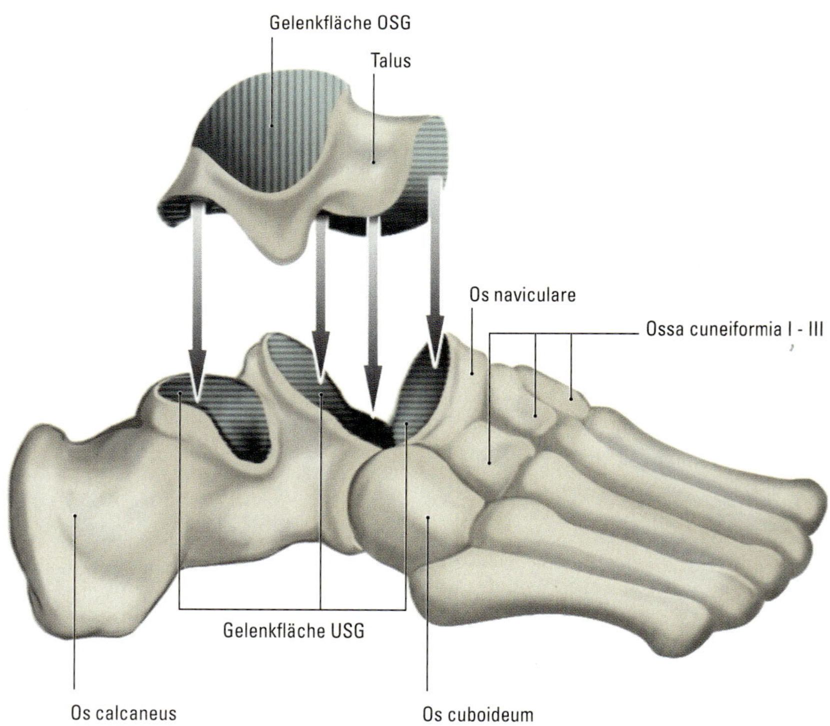

Abb. 35: Unteres Sprunggelenk (USG) medi-learn.de/6-ana5-35

Oberes Sprunggelenk (Art. talocruralis)	– Malleolengabel und Trochlea tali – Dorsalextension (stabil) und Plantarflexion (instabil) – mediale Bänder: Lig. deltoideum (aus vier einzelnen Bändern) – laterale Bänder (reißen bei Supinationstrauma): Lig. talofibulare ant. Lig. talofibulare post. Lig. calcaneofibulare
Unteres Sprunggelenk (Art. talocalcaneonavicularis + Art. subtalaris)	– zwei Kammern: hintere Kammer (Art. subtalaris) und vordere Kammer (Art. talocalcaneonavicularis) – Supination und Pronation – Lig. calcaneonaviculare plantare (Pfannenband)

Tab. 26: Sprunggelenke

3.1.5 Fußgewölbe

Die Knochen des Fußes werden durch Bänder und Sehnen so gehalten, dass sie ein Längs- und ein Quergewölbe bilden. Diese dienen als Federmechanismus beim Gehen und Springen. Den Scheitelpunkt des Quergewölbe bildet als „Schlußstein" der zweite Strahl mit os cuneiforme mediale und MFK II.

Merke!

Das Längsgewölbe wird mehr durch Bänder aufrechterhalten (Lig. plantare longum), das Quergewölbe mehr durch Sehnen (der Mm. peronei).

Manchmal wird in mündlichen Prüfungen nach dem Steigbügel gefragt. Damit sind die Sehnen des M. tibialis anterior (medial) und des M. peronaeus longus (lateral) gemeint. In diesen Sehnen ist der Fuß wie in einem Steigbügel aufgehängt.

Übrigens ...

Tipp aus der Unfallchirurgie: Die Linie zwischen Fußwurzel- und Mittelfußknochen wird „Lisfranc-Gelenklinie" genannt; die zwischen dem Rückfuß (also Talus und Calcaneus) und den davor gelegenen Fußwurzelknochen (also Os naviculare und Os cuboideum) „Chopart-Gelenklinie". Luxationen in einer dieser beiden Linien sind zwar selten, aber meistens schwerwiegend.

3.1.6 Biomechanik des Fußes

Beim Gehen wird im Abrollvorgand zunächst die Ferse aufgesetzt, dabei wird das untere Sprunggelenk in Valgusposition gesetzt, hierdurch wird die Chopart-Gelenkreihe entkoppelt und das Längsgewölbe somit flexibel. Dadurch kann das Körpergewicht federnd abgefangen werden. Beim Abstoßen der Zehen vom Boden dreht das untere Sprunggelenk durch die Beugemuskulatur des Fußes in Varusposition, die Chopart-Gelenkreihe ist fest und damit kann das Körpergewicht kräftig vom Boden abgestoßen werden.

3.2 Muskeln

Auch die Muskulatur der unteren Extremität ist in ihrer Vielfalt leicht verwirrend. Zum Glück hat das schriftliche Physikum seine „Lieblingsmuskeln", und wenn du die kennst, kannst du die Fragen auch beantworten. Daher werden wir hier ausschließlich diese Muskeln vorstellen mit dem Ziel: maximale Punkte bei mäßigem Aufwand.

3

3.2.1 Hüftmuskulatur

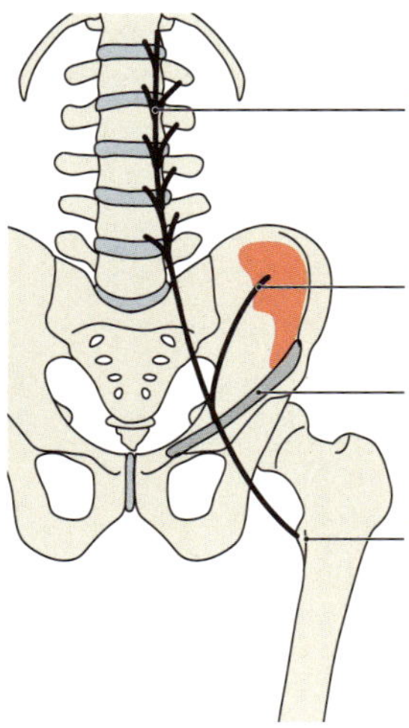

Abb. 36: M. iliopsoas *medi-learn.de/6-ana5-36*

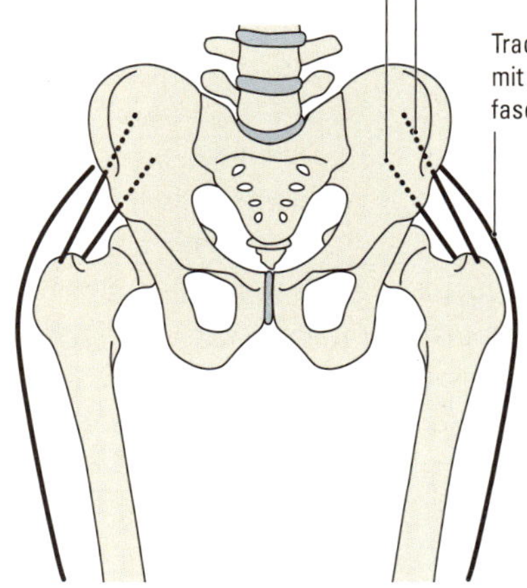

Abb. 37: M. glutaeus medius *medi-learn.de/6-ana5-37*

Muskel	Ursprung	Ansatz	Innervation	Funktion
M. iliopsoas – M. iliacus – Mm. psoas major und minor	M. iliacus: – Innenseite Darmbeinschaufel (Fossa iliaca) M. psoas: – Innenseite BWK12 – LWK4	Gemeinsam: – Trochanter minor – durchläuft Lacuna musculorum	Plexus lumbalis – N. femoralis	Hüfte: – Flexion (**stärkster Hüftbeuger**) – Außenrotation – Adduktion Besonderheit: zwischen beiden Muskelbäuchen läuft der N. femoralis
M. glutaeus maximus	– dorsales Os sacrum – Ala ossis ilii	– Tuberositas gluteae femoralis – Tractus iliotibialis	N. gluteus inf.	Hüfte: – Extension (**stärkster Hüftstrecker**) – Außenrotation – Adduktion und Abduktion je nach Stellung
M. glutaeus medius	Außenseite Darmbeinschaufel	Trochanter major femoris	N. gluteus sup.	Hüfte: – Abduktion (bei Ausfall **Trendelenburg-Zeichen**) – Innenrotation und Außenrotation
M. tensor fasciae latae	Spina iliaca anterior superior	strahlt in den Tractus iliotibialis ein	N. gluteus sup.	spannt Fascia lata, Flexion und Innenrotation Hüftgelenk

Tabelle 27: Hüftmuskulatur

Trendelenburg-Zeichen

Während des Gehens befindet sich immer ein Bein in der **Standbeinphase**, das andere schwingt als **Spielbein** durch. Das Körpergewicht würde das Becken auf der Seite des Spielbeins nach unten drücken. Damit das nicht passiert, muss auf der Standbeinseite der M. glutaeus medius kontrahieren. Er hält also das Becken während der Standbeinphase in der horizontalen Ebene. Wenn der Glutaeus medius ausgefallen ist (z. B. durch **Schädigung des N. gluteus superior** nach fehlerhafter intramuskulärer Injektion), **neigt sich das Becken zur Spielbeinseite hinunter**, während man auf der Standbeinseite einen Beckenhochstand hat. Dieses Phänomen heißt Trendelenburg-Zeichen.

Übrigens ...
Bei der Inspektion eines Patienten mit Trendelenburg-Zeichen fällt der **Watschelgang** auf, außerdem ist auf der geschädigten Seite (Beckenhochstand) die horizontale Glutealfalte vertieft, die Rima ani („Pofalte") zeigt **kranial zur gesunden Seite, kaudal zur betroffenen.**

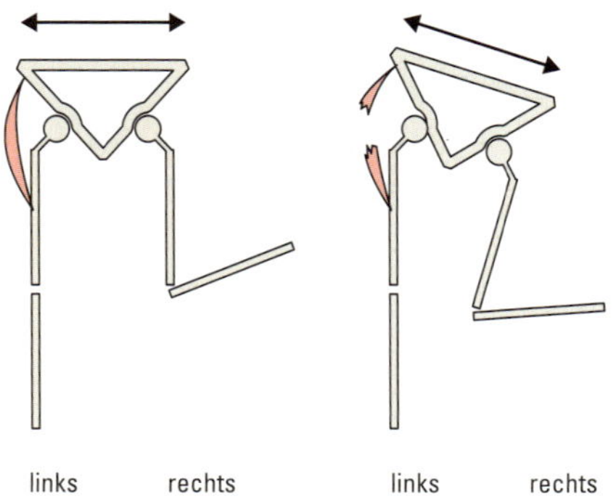

Abb. 38: Trendelenburg-Zeichen

medi-learn.de/6-ana5-38

Muskel	Ursprung	Ansatz	Innervation	Funktion
M. piriformis	ventrales Os sacrum	Trochanter major femoris	direkte Äste aus Plexus sacralis	– Abduktion u. Außenrotation; – unterteilt das Foramen ischiadicum majus in ein Foramen suprapiriforme und ein Foramen infrapiriforme
M. glutaeus minimus	Facies glutea ossis ilii	mediale Fläche des Trochanter major femoris	N. gluteus superior	– Immer Abduktion, aber je nach Anteil: Flexion + Innenrotation oder Extension + Außenrotation
M. obturatorius ext.	Außenseite der Membrana obturatoria	Fossa trochanterica femoris	N. obturatorius	– Adduktion – Flexion – Außenrotation
M. obturatorius int.	Innenfläche der Membran obturatoria	Fossa trochanterica femoris	direkte Äste aus dem Plexus sacralis	– Adduktion – Außenrotation – Extension
Mm. gemelli	Spina ischiadica und Tuber ischiadicum	zusammen mit M. obturatorius int. in der Fossa trochanterica	direkte Äste aus dem Plexus sacrialis	
M. quadratus femoris	lateraler Rand des Tuber ischiadicum	Crista intertrochanterica femoris	direkte Äste aus dem Plexus sacrialis	
M. piriformis	Facies pelvica des Os sacrum	Spitze des Trochanter major femoris	direkte Äste aus dem Plexus sacrialis	

Tab. 28: Tiefe Hüftmuskulatur

Tiefe äußere Hüftmuskeln

Diese Muskeln werden so gut wie nie im Schriftlichen gefragt. Als einzigen Vertreter dieser Gruppe solltest du den **M. piriformis** kennen, der auch bei der Topografie eine Rolle spielt (s. Abb. 43, S. 53).

3.2.2 Oberschenkelmuskulatur

Der Oberschenkel wird durch die drei Septa intermuscularia in drei Muskellogen unterteilt. Die Muskeln in einer Loge werden alle durch denselben Nerven innerviert und von denselben Gefäßen versorgt.

Ventrale Extensorenloge:
- Innervation durch N. femoralis
- Gefäße A. et V. femoralis

Mediale Adduktorenloge:
- Innervation durch N. obturatorius
- Gefäße A. et V. obturatoria

Dorsale Flexorenloge:
- Innervation pars tibialis N. ischiadicus
- Gefäße: A. et Vv. perforantes aus A. und V. profunda femoris

Die beiden in Tab. 29, S. 46 genannten Muskeln werden gerne gefragt. Beide solltest du dir auch im Atlas ansehen und dir ihren Verlauf, ihre Innervation und die Funktion sehr genau einprägen. Der M. sartorius liegt zwar in der Extensorenloge, macht aber eine Flexion im Knie.

Von den Adduktoren wird fast ausschließlich der M. gracilis gefragt.
Warum er den Namen „Jungfrauenhüter" trägt? Nun, das erklärt sich über seine Funktion ...

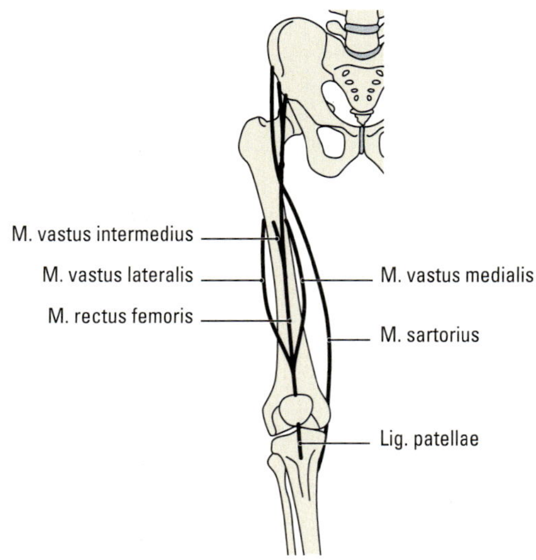

Abb. 39: Extensoren Oberschenkel

medi-learn.de/6-ana5-39

Muskel	Ursprung	Ansatz	Innervation	Funktion
M. sartorius = „Schneidermuskel"	Spina iliaca ant. sup.	Pes anserinus	N. femoralis	**Schneidersitz**: Hüfte: – Flexion – Abduktion – Außenrotation Knie: – Flexion – Innenrotation
M. quadrizeps femoris: – M. rectus femoris – M. vastus lat. – M. vastus med. – M. vastus intermed.	 Spina iliaca ant. inf. lateraler Femur medialer Femur ventraler Femur	über Patella an Tuberositas tibiae	N. femoralis	Hüfte: – Flexion (durch M. rectus femoris) Knie: – Extension

Tab. 29: Überblick über die Extensoren-Loge

Muskel	Ursprung	Ansatz	Innervation	Funktion
M. pectineus	Os pubis	dorsaler Femur Linea pectinea femoris	Doppelinnervation: N. obturatorius und N. femoralis	– Adduktion – Außenrotation
M. adductor longus			N. obturatorius	
M. gracilis = „Jungfrauenhüter“	Ramus inf. ossis pubis	Pes anserinus	N. obturatorius	Hüfte: – Adduktion und Flexion Knie: – Flexion – Innenrotation
M. adductor brevis	Os pubis	medialer Femur	N. obturatorius	Hüfte: – Adduktion – Innenrotation und Außenrotation je nach Stellung
M. adductor magnus	Os pubis	medialer Femur	Doppelinnervation: N. obturatorius und N. tibialis	

Tab. 30: Überblick über die Adduktoren-Loge

Muskel	Ursprung	Ansatz	Innervation	Funktion
M. biceps femoris	Caput longum: Tuber ischiadicum Caput breve: Linea aspera femoris	Caput fibulae	Caput longum: N. tibialis Caput breve: N. fibularis com.	Hüfte: – Extension Knie: – Außenrotation – Flexion
M. semimembranosus	Tuber ischiadicum	med. Tibia unter Pes anserinus	Pars tibialis: N. ischiadicus	Hüfte: – Extension Knie: – Innenrotation (bei gebeugtem Knie) – Flexion
M. semitendinosus	Tuber ischiadicum	Pes anserinus		

Tab. 31: Überblick über die Flexoren-Loge

Die Flexoren des Oberschenkels werden sehr oft gefragt. Ganz besonders ist der M. biceps femoris beliebt. Von ihm solltest du dir auf alle Fälle merken, dass der **kurze Kopf** vom **N. fibularis communis** und der **lange Kopf** vom **N. tibialis** innerviert wird, also beide Köpfe unterschiedliche Innervationen haben. Außerdem ist der **M. biceps femoris** der **einzige Außenrotator im Kniegelenk**, eine Tatsache, die bislang in jedem Physikum gefragt wurde!
Auch immer geprüft wurde das **Pes anserinus**. Es dient als gemeinsame Ansatzsehne von drei Muskeln, die alle medial an der Tibia ansetzen:

- **M. sartorius**
- **M. gracilis**
- **M. semitendinosus.**

Der M. semimembranosus hat eine eigene Ansatzsehne, die manchmal auch als Pes anserinus profundus bezeichnet wird.
Im Anhang findest du zum Thema Oberschenkelmuskulatur die IMPP-Bilder 7 und 8 (IMPP-Bild 7, S. 84 und IMPP-Bild 8, S. 85).

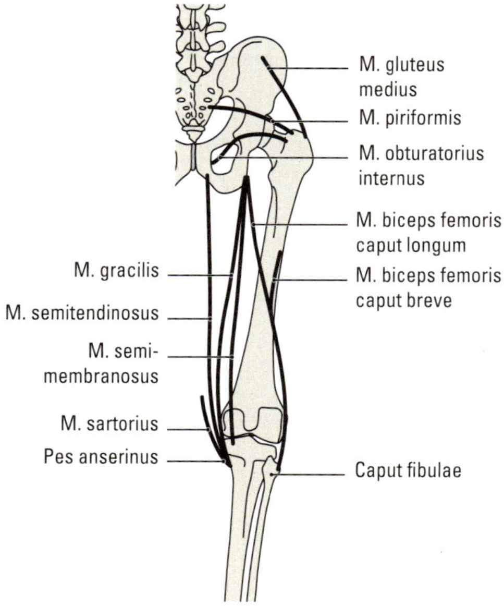

Abb. 40: Flexoren Oberschenkel

medi-learn.de/6-ana5-40

3.2.3 Unterschenkelmuskulatur

Auch der Unterschenkel wird durch Septa intermuscularia in drei Logen unterteilt. Genau genommen sind es sogar fünf Logen, denn die Extensorenloge und die Flexorenloge werden noch weiter in eine oberflächliche und eine tiefe Loge unterteilt. Für die Innervation und Gefäßversorgung reicht aber die Kenntnis der **drei Logen** aus.

Ventrale Extensoren:
- Innervation durch **N. fibularis profundus**
- Gefäße: **A. et V. tibialis anterior**

Dorsale Flexoren:
- Innervation durch **N. tibialis**
- Gefäße: **A. et V. tibialis posterior**

Laterale Peronaeen:
- Innervation durch **N. fibularis superficialis**
- Gefäße: **A. et V. peronaea** (fibularis)

Die Begriffe N. fibularis und N. peronaeus werden synonym verwendet.
Der M. gastrocnemius (zweiköpfig) wird gemeinsam mit dem M. soleus (einköpfig) als **M. triceps surae** zusammengefasst. Sie bilden den Hauptanteil der Achillessehne, in die auch noch der M. plantaris einstrahlt.

Der M. plantaris hat eine lange dünne Sehne, die medial am Unterschenkel hinabläuft und gerade in Bildfragen leicht mit einem Nerven oder Gefäß verwechselt werden kann.

Merke!

Die Peronaeusmuskeln fangen mit einem „P" an und haben am Fuß auch die Funktionen, die mit einem „P" beginnen: Plantarflexion und Pronation.

Muskel	Ursprung	Ansatz	Innervation	Funktion
M. tibialis anterior (s. IMPP-Bild 9, S. 86 und IMPP-Bild 10, S. 87)	ventrale Tibia	Os metatarsale I		– Dorsalextension – Supination
M. extensor hallucis longus (s. IMPP-Bild 10, S. 87)	Membrana interossea	Endphalanx der Großzehe	N. fibularis profundus	– Dorsalextension – Supination, sehr gering – Extension Zehe I
M. extensor digitorum longus (s. IMPP-Bild 10, S. 87)	ventrale Fibula	Endphalangen der Zehen II–V (Dorsalaponeurosen II.–V. Zehen)		– Dorsalextension – Extension der Zehen II–V

Tab. 32: Überblick über die Extensoren-Loge

Muskel	Ursprung	Ansatz	Innervation	Funktion
M. gastrocnemius	– mit zwei Köpfen vom Condylus med. und lat. des Femur – liegt oberflächlich			Knie: – Flexion Sprunggelenk: – Plantarflexion – Supination
M. soleus	– dorsale Tibia und dorsale Fibula – liegt tief	über Achillessehne am Tuber calcanei	N. tibialis	– Plantarflexion – Supination
M. plantaris	Condylus lat. des Femur			– Plantarflexion – Supination

Tab. 33: Überblick über die Flexoren-Loge (M. gastrocnemius und M. soleus bilden den M. triceps surae)

Muskel	Ursprung	Ansatz	Innervation	Funktion
M. peronaeus longus	Fibula	plantar am Os metatarsale I	N. fibularis superf.	– Plantarflexion – Pronation
M. peronaeus brevis	Fibula	plantar am Os metatarsale V		– Plantarflexion – Pronation

Tab. 34: Peronaeus-Loge

3.3 Leitungsbahnen

Wie immer sind es die Leitungsbahnen, die dem Prüfling die größten Sorgen bereiten und die gemeinerweise sowohl im schriftlichen als auch im mündlichen Physikum grundsätzlich geprüft werden. Der besondere Schwerpunkt liegt dabei auf den Nerven, deren Namen sich mit Hilfe der Merksprüche (s. Tab. 35, S. 51) gut lernen lassen, aber recht kompliziert wirken und damit gerne als Falle gestellt werden. Die typischen Prüfungslieblinge sind hier zusammengefasst.

3.3.1 Arterien

Auf der Schemazeichnung ist der Verlauf der wichtigsten Arterien der unteren Extremität zu sehen. Du solltest dir die Zahl 3 merken, da es im Ober- wie auch im Unterschenkel drei Logen gibt, zu deren Versorgung drei Gefäße vorhanden sind.

Oberschenkel
- Extensoren: A. femoralis
- Flexoren: Aa. perforantes
- Adduktoren: A. obturatoria

Unterschenkel
- Extensoren: A. tibialis anterior
- Flexoren: A. tibialis posterior
- Peronaeus: A. fibularis (peronaea)

Die Adduktoren des Oberschenkels werden durch die A. obturatoria versorgt, die aus der A. iliaca interna stammt (verläuft durch den Canalis obturatorius), alle anderen Gefäße stammen aus der A. iliaca externa.
Die Flexoren des Oberschenkels werden durch die Aa. perforantes versorgt, die aus der A. profunda femoris und damit aus der A. femoralis stammen.

A. iliaca externa
- **A. femoralis**
  - **A. profunda femoris**
  - **Aa. perforantes**

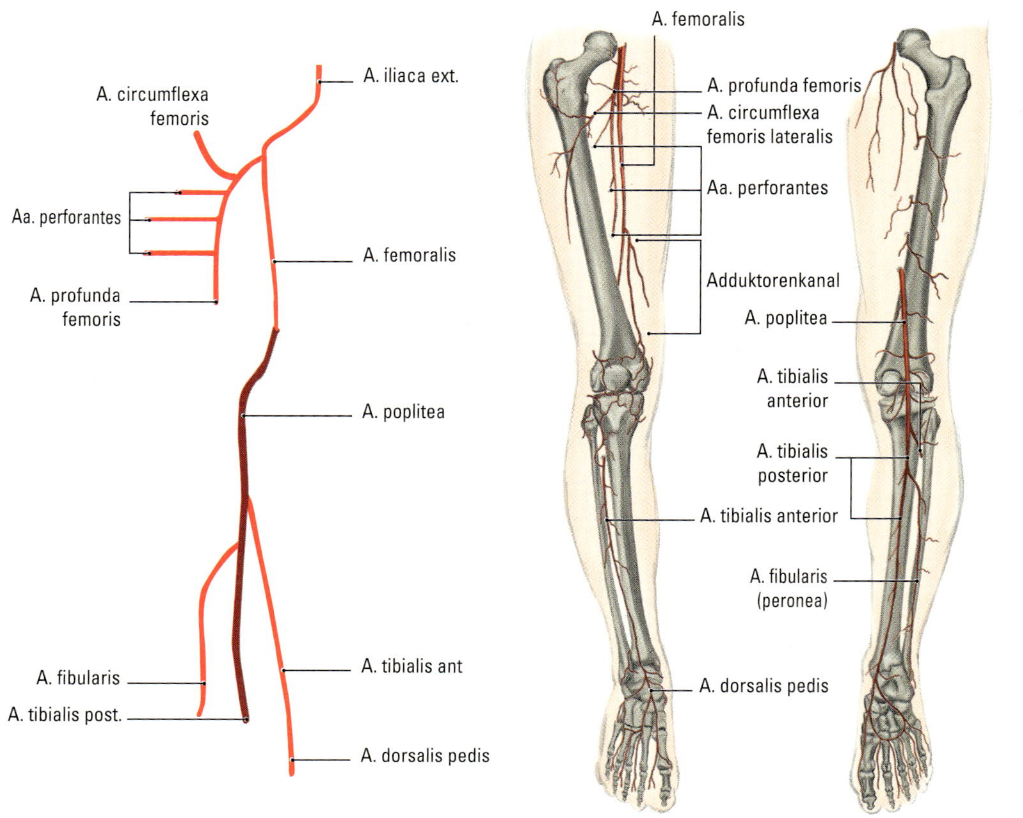

Abb. 41: Arterien der unteren Extremität

medi-learn.de/6-ana5-41

- Die A. femoralis verläuft durch den Adduktorenkanal und heißt ab der Kniekehle A.poplitea.
- Der Femurkopf wird aus der A. circumflexa femoris arteriell mit Blut versorgt.

A. poplitea

- **A. tibialis posterior**
  - **A. fibularis (peronaea)**
- **A. tibialis anterior**
  - **A. dorsalis pedis**

Im klinischen Alltag werden an den unteren Extremitäten folgende Punkte getastet:

- A. femoralis (sehr gut)
- A. poplitea (sehr gut)
- A. dorsalis pedis (gut)
- A. tibialis posterior.

3.3.2 Venen

Die Venen heißen und verlaufen wie die Arterien, liegen allerdings paarig vor. Prüfungsrelevant sind die hier vorgestellten oberflächlichen Venen:

- Die **V. saphena magna** liegt medial und zieht epifaszial das ganze Bein hoch, um im **Hiatus saphenus in die V. femoralis** zu münden.
- Die **V. saphena parva** liegt **lateral** und **mündet in der Kniekehle in die V. poplitea**.

Oberflächliche (epifasziale) und tiefe Venen haben ein Klappensystem, das das Versacken des Blutes nach distal verhindert. Über Venae perforantes fließt das Blut aus den oberflächlichen Venen in die tiefen. Werden die Klappen der epifaszialen Venen insuffizient, kommt es zur Umkehrung des Blutflusses im Beinvenensystem und zur Entstehung von Krampfadern, auch Varikosis genannt. Krampfadern sind daher Aussackungen der epifaszialen Venen.

3.3.3 Nerven

Die Nerven, die die untere Extremität versorgen, stammen alle aus dem **Plexus lumbosacralis.** Da diese Nerven sehr oft gefragt werden, ist es ratsam, sich mit Hilfe der Merksprüche den Ursprung der Nerven aus den jeweiligen Plexusanteilen einzuprägen.

Der Plexus lumbosacralis entsteht aus den vorderen Ästen der Spinalnerven Th12 bis S4:
- **Plexus lumbalis aus Th12 bis L4,**
- **Plexus sacralis aus L4 bis S4.**

Plexus lumbalis	
In	N. **i**liohypogastricus
Indien	N. **i**lioinguinalis
gibts	N. **g**enitofemoralis
kein	N. **c**utaneus femoris lateralis
frisches	N. **f**emoralis
Obst	N. **o**bturatorius

Plexus sacralis	
Gut	N. **g**luteus sup.
gehts	N. **g**luteus inf.
kaum	N. **c**utaneus femoris post.
mit **Ischias**	N. **ischia**dicus
im **P**aradies	N. **p**udendus

Tab. 35: Plexus lumbosacralis

N. iliohypogastricus
- verläuft auf dem M. quadratus lumborum durch den M. psoas major,
- zwischen M. transversus abdominis und M. obliquus internus abdominis.

N. ilioinguinalis
- verläuft parallel zum N. iliohypogastricus, aber weiter kaudal,
- zwischen M. transversus abdominis und M. obliquus internus abdominis.

N. genitofemoralis
- verläuft durch den M. psoas major,
- spaltet sich in zwei Äste:
  - **Ramus genitalis**, der im Leistenkanal verläuft und motorisch den M. cremaster versorgt.
  - **Ramus femoralis**, der durch die Lacuna vasorum verläuft und die Innenseite des Oberschenkels im oberen Bereich sensibel versorgt.

Übrigens ...
Bitte niemals den R. femoralis des N. genitofemoralis mit dem N. femoralis verwechseln. Das passiert sehr leicht und wird im Schriftlichen auch provoziert!

N. cutaneus femoris lateralis
- Verläuft durch die Lacuna musculorum und versorgt die laterale Seite des Oberschenkels sensibel.

N. femoralis
- Liegt **zwischen den Bäuchen des M. iliopsoas** und verläuft damit durch die **Lacuna musculorum**.
- Kurz **unter dem Leistenband** fasert er in seine Endäste auf, von denen der **sensible N. saphenus** mit **A. und V. femoralis durch den Adduktorenkanal** zieht.

N. obturatorius
- Zieht **durch den Canalis obturatorius** zum **medialen Oberschenkel** und versorgt die **Adduktorenmuskulatur** und die **Haut der medialen Oberschenkelseite unten sensibel.**

N. gluteus superior
- Versorgt den M. glutaeus medius und minimus.

N. gluteus inferior
- Versorgt den M. glutaeus maximus.

N. cutaneus femoris posterior
- Versorgt die Haut des dorsalen Oberschenkels sensibel.

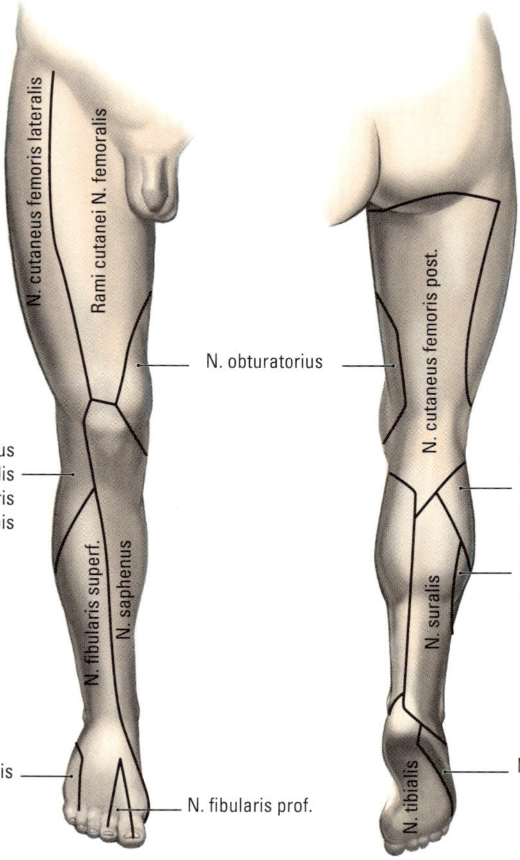

Abb. 42: Sensible Innervation der unteren Extremität *medi-learn.de/6-ana5-42*

N. ischiadicus
- Verläuft durch das **Foramen infrapiriforme** (Anteil des Foramen ischiadicum majus).
- Teilt sich in seine beiden Äste:
  - **N. tibialis**, der die **Flexoren des Ober- und Unterschenkels** versorgt. Der sensible Endast des **N. tibialis** ist der **N. suralis**, der am Außenknöchel mit der **V. saphena parva** zur Fußaußenkante verläuft.
  - **N. fibularis**, der sich weiter teilt in:
    - **N. fibularis superficialis** zur Versorgung der **M. peronei** und
    - **N. fibularis profundus** zur Versorgung der **Extensoren des Unterschenkels**.

N. pudendus
- Verlässt das Becken durch das Foramen infrapiriforme, wickelt sich um die Spina ischiadica und zieht durch das Foramen ischiadicum minus wieder ins Becken zurück.
- Verläuft in der Fossa ischiorectalis, genauer an deren Seitenwand im Canalis pudendalis (Alcock-Kanal).

3.4 Topografie der unteren Extremität

Die Topografie der unteren Extremität wurde bislang in jedem Physikum geprüft. Die einzelnen Durchtrittsstellen für Nerven und Gefäße solltest du dir daher sehr genau ansehen und auch die Strukturen einander zuordnen können.

3.4.1 Regio glutealis

Durch das Ligamentum sacrospinale und das Ligamentum sacrotuberale (s. Abb. 43, S. 53) werden das Foramen ischiadicum minus und das Foramen ischiadicum majus gebildet. Durch das Foramen ischiadicum majus läuft der M. piriformis und unterteilt es in das Foramen suprapiriforme und das Foramen infrapiriforme.

Merke!

Das Lernen fällt leichter, wenn du dir merkst, dass durch das Foramen suprapiriforme alles läuft, was „glutea superior" heißt. Durch das Foramen ischiadicum minus laufen der M. obturatorius internus sowie A., V. und N. pudendus. Alle anderen Strukturen, die auf der dorsalen Seite liegen, müssen folglich durch das Foramen infrapiriforme laufen ... und sie tun es auch.

Foramen suprapiriforme	– A. und V. glutea superior – N. gluteus superior
Foramen infrapiriforme	– N. ischiadicus – A. und V. glutea inferior – N. gluteus inferior – N. cutaneus femoris post. – N. pudendus – A. und V. pudenda interna (ziehen aus dem Becken heraus)
Foramen ischiadicum minus	– M. obturatorius internus – N. pudendus – A. und V. pudenda interna (ziehen in das Becken hinein)

Tab. 36: Regio glutealis

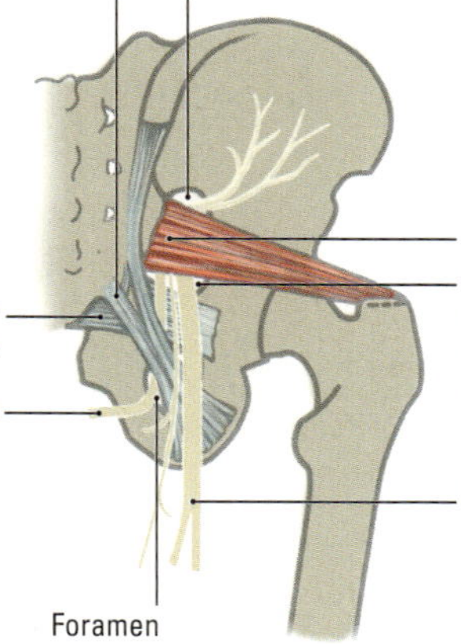

Abb. 43: Regio glutealis *medi-learn.de/6-ana5-43*

3.4.2 Canalis obturatorius

Der Canalis obturatorius ist ein Loch in der Membrana obturatoria, welche das knöcherne Foramen obturatum bedeckt (s. Abb. 44, S. 54).

Canalis obturatorius	– A. und V. obturatoria – N. obturatorius

Tab. 37: Canalis obturatorius

Übrigens ...
Der Canalis obturatorius steht in keinem Zusammenhang mit dem Canalis pudendalis (s. Abb. 55, S. 69), obwohl sie dicht beieinander liegen. Viele Fragen im schriftlichen Physikum zielen auf diese leicht zu verwechselnde Tatsache ab. Also nicht verwirren lassen!

3.4.3 Regio subinguinalis

Auch auf der ventralen Seite gibt es Strukturen, die an das Bein gelangen müssen. Dafür sorgen die **Lacuna musculorum** und die **Lacu-**

na vasorum. Diese liegen unter dem **Ligamentum inguinale (Leistenband)**. Der Arcus iliopectineus (auch ein Band) trennt den Raum zwischen Leistenband und Beckenknochen in die beiden Lacunen. Lateral liegt die Lacuna musculorum, medial die Lacuna vasorum. Übrigens tritt die Schenkelhernie durch die Lacuna vasorum. Auch diese Themen werden oft gefragt und sollten daher sitzen.

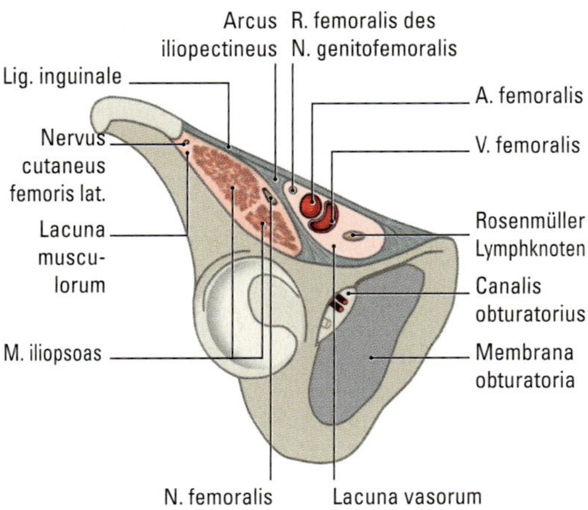

Abb. 44: Regio subinguinalis *medi-learn.de/6-ana5-44*

Lacuna musculorum	– M. iliopsoas – N. femoralis – N. cutaneus femoris lateralis
Lacuna vasorum	– A. femoralis (lateral) – V. femoralis (medial) – R. femoralis des Nervus genitofemoralis – Rosenmüller-Lymphknoten

Tab. 38: Regio subinguinalis

Merke!

iVAN führt dich von medial nach lateral durch die Lacuna vasorum:
innen **V**ene – mittig **A**rterie – außen **N**erv!

3.4.4 Canalis adductorius

Der Adduktorenkanal wird aus dem **M. vastus medialis**, dem **M. adductor magnus** und **M. adductor longus** sowie der **Membrana vastoadductoria** gebildet. Er dient als Übertritt von der Extensorenloge in die Kniekehle.

Merke!

A. und V. femoralis ziehen durch den Canalis adductorius, NICHT jedoch der N. femoralis, sondern nur dessen sensibler Endast, der N. saphenus (beliebte Fangfrage im schriftlichen Examen).

Canalis adductorius	– N. saphenus – A. femoralis – V. femoralis

Tab. 39: Canalis adductorius

3.4.5 Fossa poplitea

Die Kniekehle (Fossa poplitea) ist rautenförmig. Oben wird sie lateral vom M. biceps femoris und medial vom M. semimembranosus zusammen mit dem M. semitendinosus begrenzt. Kaudal bilden die Köpfe des M. gastrocnemius die Begrenzung der Raute. In ihr liegen oberflächlich die Äste des N. ischiadicus (N. fibularis und N. tibialis), etwas tiefer die V. poplitea und ganz tief die A. poplitea.

3.4.6 Zusätzliches zur Topografie

Folgende Vokabeln aus der Klinik werden auch in den Physikumsfragen gebraucht.

Fußdeformitäten:

- Pes equinuus = Spitzfuß
  Bei Lähmung des N. fibularis profundus, da dann keine Dorsalextension mehr möglich ist und der Fuß in Plantarflexion steht.
- Pes calcaneus = Hackenfuß
  Bei Lähmung des N. tibialis; hier ist keine

Plantarflexion mehr möglich und der Fuß steht in Dorsalextension.
- Pes varus = Klumpfuß
  Angeborene Fehlstellung mit Kombination aus Spitzfußstellung, Supination des Rückfußes, Supination und Adduktion des Vorfußes sowie Hohlfußstellung.

Traglinie:
Die Traglinie des Körpergewichts sollte optimalerweise durch den Femurkopf, die Mitte des Tibiaplateaus und die Mitte des oberen Sprunggelenkes verlaufen.
- Genu varum = „O-Beine" (an sich „O-Knie"): Hier läuft die Traglinie medial am Knie vorbei.
- Genu valgum = „X-Beine" (an sich „X-Knie"): Hier läuft die Traglinie lateral am Knie vorbei.

DAS BRINGT PUNKTE

Die **Bänder im Becken** werden oft gefragt. Sie sind sehr verwirrend und können leicht verwechselt werden. Also Vorsicht, gerade bei Bildfragen!

- Lig. sacrotuberale und Lig. sacrospinale:
  - Diese beiden bilden das Foramen ischiadicum majus und minus,
  - Ursprung und Ansatz ergeben sich aus den Namen.
- Membrana obturatoria:
  - Sie bedeckt das knöcherne Foramen obturatum zwischen Os pubis und Os ischiadicum.
  - Ein Loch in der Membrana obturatoria heißt Canalis obturatorius (s. 3.1.1, S. 36).

Eine typische Falle gibt es bei der Frage nach dem Canalis obturatorius und dem Canalis pudendalis, denn diese beiden liegen dicht beieinander, haben aber nichts gemeinsam (s. Topografie Abb. 44, S. 54).

Auch **Hüft- und Kniegelenk** sind in jedem Physikum zu finden. Besonders die Bänder beider Gelenke sind ein beliebtes Thema für Bildfragen, wobei die Kreuzbänder in der Beliebtheitsskala ganz oben stehen. Daneben kommt auch die unhappy triad manchmal dran.

- unhappy triad: vorderes Kreuzband, Innenmeniskus, mediales Kollateralband.
- Vorderes Kreuzband verläuft wie Hosentasche.
- Vorderes Kreuzband hemmt Innenrotation.
- Vorderes Kreuzband ist für passive Schlussrotation verantwortlich.

Die schriftlichen Fragen zum oberen und unteren **Sprunggelenk** sind recht einfach, wenn du dir klar machst, dass

- im OSG nur Dorsalextension und Plantarflexion,
- im USG nur Pronation und Supination durchgeführt werden können;
- beim typischen Umknicken die lateralen Bänder des OSG reißen, die medialen jedoch nicht zerstört werden.

Die **Hüftmuskulatur** – gerade der M. iliopsoas und der M. glutaeus medius – ist Thema der schriftlichen Wort- und Bildfragen. Ein Ausfall des M. glutaeus medius führt zum Trendelenburg-Zeichen mit Beckenhochstand auf der betroffenen Seite.

- Der M. glutaeus medius wird vom N. gluteus superior innerviert und ist als Abduktor in der Standbeinphase für die Stabilisierung der Beckenebene verantwortlich.
- Bei Ausfall des M. glutaeus medius kommt es zum Trendelenburg-Zeichen.
- Der M. iliopsoas ist der stärkste Beuger der Hüfte.
- Der N. femoralis verläuft zwischen den beiden Köpfen des M. iliopsoas (s. Abb. 44, S. 54).
- Der M. piriformis unterteilt das Foramen ischiadicum majus in ein Foramen supra- und infrapiriforme (s. Abb. 43, S. 53).

Auch das **Pes anserinus** wird oft gefragt. Wissen solltest du, dass es aus dem M. gracilis, dem M. semitendinosus und dem M. sartorius gebildet wird. Der M. semimembranosus gehört dagegen NICHT dazu.

- Das Pes anserinus an der medialen Tibia ist der gemeinsame Ansatzort für den M. sartorius, M. gracilis und M. semitendinosus.
- Der M. biceps femoris ist der einzige Außenrotator am Kniegelenk, außerdem werden seine beiden Köpfe unterschiedlich innerviert: Caput longum durch den N. tibialis, Caput breve durch den N. fibularis communis.

DAS BRINGT PUNKTE

Am Unterschenkel sind die **Mm. peronei** die Lieblingskandidaten. Ihre Funktion beginnt, wie sie selbst, mit dem Buchstaben „P“: Plantarflexion und Pronation.

Der **Verlauf der A. femoralis** durch den Adduktorenkanal und die aus ihr entstehenden Äste werden gerne gefragt. Auch die Zuordnung der Arterien zu den Muskellogen gehört zum notwendigen Wissen fürs Schriftliche.
Achtung: Die Adduktoren werden über die A. obturatoria mit Blut versorgt, die ihrerseits aus der A. iliaca interna stammt.

- A. femoralis versorgt die Extensoren und über die A. profunda femoris die Flexoren am Oberschenkel;
- V. saphena magna liegt medial epifaszial am Bein und mündet am Venenstern in die V. femoralis.
- V. saphena parva liegt lateral epifaszial am Unterschenkel und mündet in die V. poplitea.

In jedem Physikum waren bisher die **Nerven des Plexus lumbosacralis** Thema. Dabei wurde immer die Zuordnung eines Nerven zu einem der beiden Plexus gefragt. Besondere Vorsicht ist bei den kleinen Nerven geboten: Beispielsweise ist der N. cutaneus femoris lateralis – obwohl kaum zu sehen – ein eigenständiger Nerv aus dem Plexus lumbalis und nicht etwa irgendein Endast eines größeren Nerven.

- N. femoralis liegt zwischen den Bäuchen des M. iliopsoas und spaltet sich rasch – nachdem er unterm Leistenband hindurchgelaufen ist – in seine Endäste auf; der wichtigste davon ist der rein sensible N. saphenus, der durch den Adduktorenkanal verläuft.
- N. ischiadicus ist der dickste Nerv im Körper und teilt sich nach seinem Durchtritt durch das Foramen infrapiriforme in den N. tibialis und den N. fibularis.
- N. obturatorius verläuft durch den Canalis obturatorius zu den Adduktoren.
- N. gluteus superior versorgt u. a. den M. glutaeus medius, bei dessen Ausfall das Trendelenburg-Zeichen auftritt.
- Der N. suralis eignet sich zur Nerven-Probeexzision, da er leicht aufzufinden (epifascial hinter dem Außenknöchel) und der Funktionsverlust vergleichsweise gering ist. Dieses diagnostische Mittel kommt bei Nervenerkrankungen zum Einsatz.

Es gab noch nie ein Physikum ohne die **Topografie der unteren Extremität**. Also solltest du dir dieses Thema sehr genau ansehen. Neue Lieblingsthemen im Physikum sind das **Chiasma crurale** und das **Chiasma plantare**:

- Chiasma crurale: Am Innenknöchel überkreuzt die Sehne des M. flexor digitorum longus die Sehne des M. tibialis posterior.
- Chiasma plantare: In der Fußsohle überkreuzt die Sehne des M. flexor digitorum longus die Sehne des M. flexor hallucis longus.

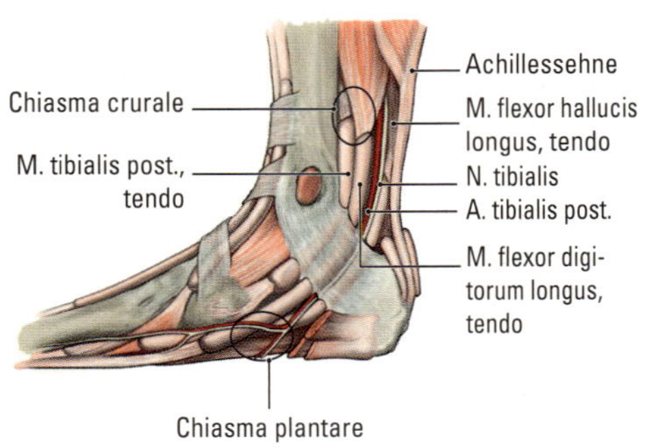

Abb. 45: Innenknöchel *medi-learn.de/6-ana5-45*

DAS BRINGT PUNKTE

Die verschiedenen Durchtrittsstellen in der **Regio glutealis** werden immer wieder sowohl in Bild- als auch Wortfragen geprüft. Ganz genauso verhält es sich mit der **Regio inguinalis**, wobei hier das besondere Interesse auf der Tatsache liegt, dass die A. femoralis lateral der V. femoralis verläuft. Ebenso wird oft nach dem N. femoralis gefragt, der zwischen den Muskelköpfen des M. iliopsoas verläuft.
Um mit der Regio glutealis zu punkten, solltest du dir Tab. 36, S. 53 einprägen. Zur Regio subinguinalis empfiehlt es sich, die Inhalte von Tab. 38, S. 54 parat zu haben.

Vorsicht ist bei Fragen nach dem Canalis obturatorius und dem Canalis pudendalis geboten, da beide dicht beieinander liegen aber nichts gemeinsam haben!
Und noch eine Bemerkung zum Canalis adductorius: Zwar laufen Arteria und Vena femoralis hindurch, nicht aber der N. femoralis, sondern nur sein sensibler Endast, der N. saphenus.

FÜRS MÜNDLICHE

Die untere Extremität hast du nun fleißig bearbeitet und dir alles gut eingeprägt. Nun wird es Zeit, dein Wissen auf die Probe zu stellen. Dazu hier die gesammelten Fragen aus unserer Prüfungsprotokoll-Datenbank.

1. **Bitte erläutern Sie, welche Funktion die Kreuzbänder haben.**
2. **Erklären Sie bitte die Funktion der Patella.**
3. **Wie teilen Sie die Sprunggelenke ein?**
4. **Erklären Sie bitte, was bei der typischen Verletzung im Sprunggelenk passiert.**
5. **Bitte erläutern Sie, welche Bänder das Hüftgelenk sichern.**
6. **Bitte nennen Sie die Funktion des M. biceps femoris.**
7. **Bitte erläutern Sie, wie die Adduktoren des Oberschenkels innerviert werden.**
8. **Bitte nennen Sie die Muskeln, welche die Achillessehne bilden.**
9. **Sagen Sie, welcher Kopf des M. quadriceps femoris ist zweigelenkig?**
10. **Nennen Sie bitte die Muskeln, welche einen „Steigbügel“ um das Sprunggelenk bilden.**
11. **Wissen Sie, welche Funktion nach Ausfall des Nervus tibialis am Unterschenkel eingeschränkt ist?**
12. **Bitte erklären Sie, wie die Oberschenkelinnenseite sensibel innerviert wird.**
13. **Bitte nennen Sie den sensiblen Endast des N. femoralis. Wo läuft er hindurch?**
14. **Erklären Sie bitte, wo die A. femoralis unter dem Leistenband durchzieht.**
15. **Wissen Sie, wie der dickste Nerv des Körpers heißt?**

FÜRS MÜNDLICHE

16. Erläutern Sie, wie die Adduktoren und die Flexoren des Oberschenkels mit Blut versorgt werden.

17. Bitte nennen Sie den Nerv, der motorisch für die Flexoren im Ober- und Unterschenkel verantwortlich ist.

18. Bitte erläutern Sie, welcher Muskel sowohl vom N. tibialis als auch vom N. fibularis versorgt wird.

19. Bitte erläutern Sie, wo hindurch der N. ischiadicus verläuft.

20. Erklären Sie bitte die Beziehung des N. femoralis zur Muskulatur.

21. Erläutern Sie bitte, welcher weitere Nerv neben dem N. femoralis durch die Lacuna musculorum läuft.

22. Bitte erklären Sie, wodurch die Lacuna musculorum und die Lacuna vasorum voneinander getrennt sind.

23. Erklären Sie, welches Gefäß in der Lacuna vasorum medial liegt.

24. Nennen Sie bitte die Strukturen, die den Adduktorenkanal bilden.

25. Erläutern Sie bitte, welcher Nervenausfall Ursache des Trendelenburg-Zeichens ist und durch welches Foramen dieser Nerv läuft.

Das Knie ist das größte Gelenk im Körper und hat sehr viele Bänder, die häufig Thema mündlicher Prüfungen sind. Dass es sich um ein Drehscharniergelenk handelt, gehört ebenso zum Standardwissen wie die Funktion und der Verlauf der Kreuzbänder. Übrigens: Der einzige Außenrotator im Kniegelenk ist der M. biceps femoris (s. Tab. 32, S. 48).
Auch die Sprunggelenke sind beliebte Themen. Du musst zwar nur selten die einzelnen Bänder zeigen, dennoch solltest du gerade die des OSG schon einmal gesehen haben und sie finden können.

1. Bitte erläutern Sie, welche Funktion die Kreuzbänder haben.
Sie stabilisieren das Knie in der Horizontalebene. Vorderes Kreuzband ist vor allen anderen bei der Extension straff und sorgt für die passive Schlussrotation.

2. Erklären Sie bitte die Funktion der Patella.
Sie dient als Hypomochlion, also als Umlenkrolle, um den Kraftarm auf den Unterschenkel zu vergrößern.

3. Wie teilen Sie die Sprunggelenke ein?
OSG zwischen Malleolengabel und Talus für Dorsalextension und Plantarflexion.
USG zwischen Talus, Calcaneus und Naviculare für Pronation und Supination.

4. Erklären Sie bitte, was bei der typischen Verletzung im Sprunggelenk passiert.
Supinationstrauma mit Riss der lateralen Bänder des OSG.

5. Bitte erläutern Sie, welche Bänder das Hüftgelenk sichern.
Ligg. ilio-, pubo- und ischiofemorale.

Neben den fürs Schriftliche genannten Themen gibt es eine speziell im Mündlichen gern gestellte Falle: Die Sehne vom M. plantaris ist lang und dünn, sie läuft medial am Unterschenkel zur Achillessehne hinab und wird leicht mit einem Nerven oder einem Gefäß verwechselt. Die solltest du dir vor der Prüfung einmal angesehen haben und auch im Präparat wiedererkennen können.

FÜRS MÜNDLICHE

6. Bitte nennen Sie die Funktion des M. biceps femoris.
Hüfte: Extension
Knie: Flexion und Außenrotation

7. Bitte erläutern Sie, wie die Adduktoren des Oberschenkels innerviert werden.
Über den Nervus obturatorius.

8. Bitte nennen Sie die Muskeln, welche die Achillessehne bilden.
M. gastrocnemius, M. plantaris, M. soleus.

9. Sagen Sie, welcher Kopf des M. quadriceps femoris ist zweigelenkig?
M. rectus femoris.

10. Nennen Sie bitte die Muskeln, welche einen „Steigbügel" um das Sprunggelenk bilden.
M. tibialis anterior und die Mm. peronei.

11. Wissen Sie, welche Funktion nach Ausfall des Nervus tibialis am Unterschenkel eingeschränkt ist?
Plantarflexion, da die Wadenmuskulatur ausfällt.

Auch in der mündlichen Prüfung sind die A. obturatoria und ihr Ursprung immer wieder Thema. Die beliebtesten Nerven im Mündlichen sind der N. femoralis und der N. ischiadicus. Gerade der Ischiadicus kann aufgrund seiner Größe sehr leicht detektiert werden und eignet sich außerdem gut dazu, seine Endäste abzufragen. Besondere Vorsicht gilt beim N. genitofemoralis, da sein Oberschenkelast – der Ramus femoralis – gerne mit dem Nervus femoralis verwechselt wird.

12. Bitte erklären Sie, wie die Oberschenkelinnenseite sensibel innerviert wird.
Oberer Anteil: Ramus femoralis des N. genitofemoralis. Unterer Anteil: N. obturatorius.

13. Bitte nennen Sie den sensiblen Endast des N. femoralis. Wo läuft er hindurch?
N. saphenus, durch den Adduktorenkanal.

14. Erklären Sie bitte, wo die A. femoralis unter dem Leistenband durchzieht.
Durch die Lacuna vasorum.

15. Wissen Sie, wie der dickste Nerv des Körpers heißt?
N. ischiadicus; er ist aber nicht der längste, da er sich rasch in seine Hauptäste – N. tibialis und N. fibularis – teilt.

16. Erläutern Sie, wie die Adduktoren und die Flexoren des Oberschenkels mit Blut versorgt werden.
A. obturatoria für die Adduktoren. Rami perforantes der A. profunda femoris für die Flexoren.

17. Bitte nennen Sie den Nerv, der motorisch für die Flexoren im Ober- und Unterschenkel verantwortlich ist.
N. tibialis.

18. Bitte erläutern Sie, welcher Muskel sowohl vom N. tibialis als auch vom N. fibularis versorgt wird.
M. biceps femoris.

Die Topografie ist im Beckenbereich anspruchsvoll. Deshalb solltest du dir vor der Prüfung die Regio glutealis und subinguinalis noch einmal genau anschauen. Wer hier sicher eine Struktur auffinden und benennen kann, hinterlässt immer einen guten Eindruck. Auch im Mündlichen gilt: Canalis obturatorius und Canalis pudendalis sind zwei verschiedene Angelegenheiten. Ein kurzer Hinweis auf die lokale Nähe, aber ansonsten getrennten Eigenschaften zeigt dem Prüfer, dass der Prüfling über diese Spitzfindigkeit nachgedacht hat und hinterlässt sicherlich einen guten Eindruck.

FÜRS MÜNDLICHE

19. Bitte erläutern Sie, wo hindurch der N. ischiadicus verläuft.
Foramen infrapiriforme, danach rasche Aufteilung in seine Hauptäste N. tibialis und N. fibularis.

20. Erklären Sie bitte die Beziehung des N. femoralis zur Muskulatur.
Er liegt zwischen den Bäuchen des M. iliopsoas und durchtritt mit ihm die Lacuna musculorum, dann rasche Aufteilung in seine Endäste. Nur der sensible N. saphenus gelangt mit durch den Canalis adductorius.

21. Erläutern Sie bitte, welcher weitere Nerv neben dem N. femoralis durch die Lacuna musculorum läuft.
N. cutaneus femoris lateralis.

22. Bitte erklären Sie, wodurch die Lacuna musculorum und die Lacuna vasorum voneinander getrennt sind.
Arcus iliopectineus.

23. Erklären Sie, welches Gefäß in der Lacuna vasorum medial liegt.
V. femoralis (A. femoralis liegt lateral).

24. Nennen Sie bitte die Strukturen, die den Adduktorenkanal bilden.
- M. vastus medialis
- Mm. adductores
- Membrana vastoadductoria.

25. Erläutern Sie bitte, welcher Nervenausfall Ursache des Trendelenburg-Zeichens ist und durch welches Foramen dieser Nerv läuft.
N. gluteus superior, durch das Foramen suprapiriforme.

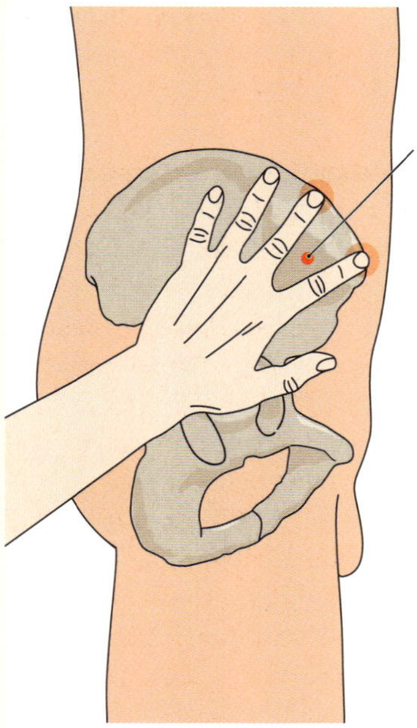

Abb. 46: Intragluteale Injektion

medi-learn.de/6-ana5-46

Pause

Du hast jetzt auch Nervennahrung verdient:
Hole dir was Leckeres und mache eine Pause.

4 Leibeswand

Fragen in den letzten 10 Examen: 17

Die Leibeswand wird häufig etwas stiefkindlich behandelt. Aber Vorsicht: Auch dieses Thema ist prüfungsrelevant. In den letzten Jahren wurden immer häufiger Fragen zur Wirbelsäule und ihren Bändern, zur Bauchmuskulatur und den Gefäßen gestellt. Dieses Thema umfasst weit mehr als nur Zwerchfell und Leistenbrüche.

4

4.1 Wirbelsäule (Columna vertebralis)

Die Wirbelsäule bildet mit ihrer **doppelten S-Form** das Stützgerüst unseres Körpers. Die Halswirbelsäule stellt eine nach vorne zeigende Lordose, die Brustwirbelsäule eine entgegengerichtete Kyphose und die Lendenwirbelsäule wieder eine Lordose dar. Kreuz- und Steißwirbel bilden eine Kyphose. Diese charakteristische Form hat die Wirbelsäule nicht von Geburt an. Sie entwickelt sich, während wir den aufrechten Gang lernen. Die S-Form entsteht nicht durch die Knochen, sondern durch die **Disci intervertebrales**.

Insgesamt bilden 33 Knochen die Wirbelsäule:
- **sieben Halswirbel** (HWK),
- **zwölf Brustwirbel** (BWK) mit Gelenken zu den Rippen,
- **fünf Lendenwirbel** (LWK),
- fünf Kreuzwirbel,
- vier Steißbeinwirbel.

Die Kreuz- und Steißbeinwirbel sind zusammengewachsen. Da die Lendenwirbel am meisten Gewicht tragen müssen, sind sie größer und massiver als die Halswirbel.

Bis auf HWK 1 und HWK 2 haben alle Wirbel eine ähnliche Form, nämlich einen massiven Wirbelkörper (Corpus vertebrae), an dessen dorsaler Kante der Wirbelbogen (Arcus vertebrae) abgeht. Der Bereich des Wirbelbogens, der mit dem Wirbelkörper verwachsen ist, heißt **Pediculus**. Am Wirbelbogen wiederum sitzen die beiden **Processus transversus** (Querfortsätze) und ein **Processus spinosus** (Dornfortsatz). Das dadurch entstehende Loch heißt **Foramen vertebrale**; in ihm ist das Rückenmark eingebettet.

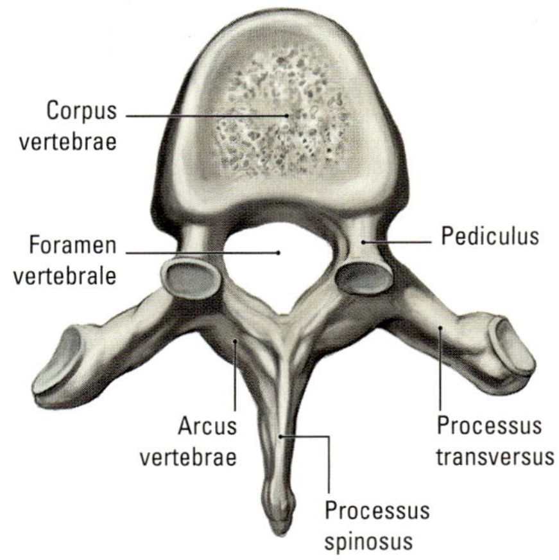

Abb. 47: Wirbel *medi-learn.de/6-ana5-47*

Im Bereich der Wirbelbögen sind die einzelnen Wirbel mit echten Gelenken untereinander verbunden (**Articulationes intervertebrales** oder auch „Zygapophysialgelenke"). Die Stellung dieser Gelenke variiert; im Halsbereich stehen sie eher frontal, im Lendenbereich eher sagittal. Dadurch ist die Wirbelsäule in den verschiedenen Bereichen unterschiedlich beweglich.

Zwischen zwei Wirbelbögen entsteht auf jeder Seite je ein **Foramen intervertebrale**, durch das die Spinalnerven austreten.

Zwischen den einzelnen Wirbelkörpern liegen die **Disci intervertebrales** (Zwischenwirbelscheiben). Sie bestehen aus dem **Anulus fibrosus** (einem Ring aus Faserknorpel) und in der Mitte aus einem geleeartigen Nucleus pulposus. Der Faserknorpel ist fest mit den Wirbelkörpern verwachsen. Da der **Nucleus pulposus** jedoch nicht fest mit dem Faserknorpelring verbunden ist, kann er bei dessen Beschädigung herausrutschen.

Übrigens ...
Dieses Herausrutschen wird im Volksmund Bandscheibenvorfall genannt, obwohl dabei nicht die ganze Bandscheibe, sondern nur der Nukleus vorfällt.

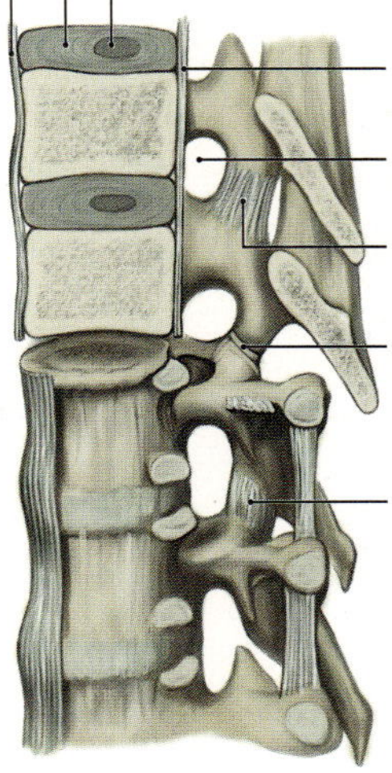

Abb. 48: Bänder Wirbelsäule

medi-learn.de/6-ana5-48

4.1.1 Halswirbel

Gerade die Halswirbel haben einige besondere Charakteristika:

- C1 heißt Atlas, da er wie der griechische Gott Atlas, der das Himmelsgewölbe trägt, unseren Kopf hält. Er besteht aus einem Knochenring, hat also keinen richtigen Wirbelkörper, sondern nur einen vorderen und hinteren Bogen (Arcus anterior und Arcus posterior). C1 ist im **Atlantooccipital-Gelenk** mit dem Kopf verbunden, in dem Flexion und Extension durchgeführt werden können (Ja-Bewegung).
- C2 heißt **Axis**, da sein Körper einen nach kranial zeigenden **Dens axis** (Zahn) aufweist, der im **Atlantoaxial-Gelenk** mit C1 verbunden ist. Das ist ein Drehgelenk, in dem rotiert werden kann (Nein-Bewegung).
- Das Atlantoaxial-Gelenk wird durch zwei Bänder gesichert: Das **Lig. transversum atlantis** und die **Fasciculi longitudinales**. Zusammen bilden diese Bänder das **Lig. cruciforme**. Sie schützen das Gelenk vor Extrembewegungen und sichern die Medulla oblongata bei einer Densfraktur.
- Die ersten sechs Halswirbel haben **Foramina transversales** (Löcher) in ihren Processus transversales, durch die die A. vertebralis zum Gehirn zieht.
- Die Processus spinosi sind an ihrem Ende gespalten.
- Da der Processus spinosus von C7 besonders groß ist, wird dieser Wirbelkörper Vertebra prominens genannt.
- An den Körpern der Halswirbel ragen an den lateralen Seiten **Unci corpores** (Knochenlamellen) nach kranial auf.

4.1.2 Brustwirbel

Die Brustwirbel sind über Gelenke mit den Rippen verbunden und bilden so zwölf Rippenpaare. Die ersten sieben Rippen sind „echte" Rippen, da sie über einzelne Knorpelspangen mit dem Sternum verwachsen sind. Die achte bis zehnte Rippe sind über eine gemeinsame Knorpelspange am Sternum befestigt, die elfte und zwölfte enden frei in der dorsolateralen Bauchwand.

4.1.3 Lendenwirbel

Da die Lendenwirbel das meiste Gewicht tragen müssen, sind sie besonders groß. Ihre seitlichen Fortsätze sind Rippenrudimente, die daher Processus costales heißen. Die eigentlichen Querfortsätze (Proc. transversi) sind nur noch kleine Processus accessorii.

4.1.4 Bänder der Wirbelsäule

Von den unzähligen Bändern der Wirbelsäule solltest du drei genauer kennen.

- Das **Lig. longitudinale anterius** liegt ventral den Wirbelkörpern an und ist fest mit ihnen verwachsen.
- Auf der Rückseite der Wirbelkörper – innerhalb des Rückenmarkkanals – liegt das **Lig. longitudinale posterius**, das nicht mit den Wirbelkörpern, sondern mit den Disci intervertebrales verwachsen ist.
- Ebenfalls auf der Innenseite des Rückenmarkkanals liegen über den Kapseln der Zygapophysialgelenke die **Ligamenta flava**. Diese beinhalten elastische Fasern (die gelb sind, daher „flavus" für gelb).

Übrigens ...
Alle Ligg. flava zusammen kannst du dir wie ein Gummiband vorstellen, das sich dehnt, wenn wir uns nach vorne beugen. Beim Aufrichten ziehen sich diese Bänder wieder zusammen und nehmen so den Muskeln viel Arbeit ab.

4.2 Rumpfmuskulatur

Die Verspannung der Bauchmuskeln, das Diaphragma und die weiteren Atemmuskeln solltest du sowohl in der schriftlichen als auch mündlichen Prüfung beherrschen. Die autochthone Rückenmuskulatur dient hauptsächlich als Thema für Einleitungsfragen im Mündlichen.

4.2.1 Autochthone Rückenmuskeln

Die autochthone Rückenmuskulatur ist ein sehr unbeliebtes Thema. Trotzdem solltest du einige Informationen – gerade auch für die mündliche Prüfung – parat haben. Das Wort autochthon bedeutet, dass die Muskeln dort, wo sie liegen, entstanden sind. Man spricht daher auch von genuiner oder primärer Muskulatur. Die **autochthonen Rückenmuskeln** werden von den **Rami dorsales** der Spinalnerven innerviert (s. Abb. 56, S. 71). Ihre Funktion besteht darin, den Körper in der **aufrechten Position** zu halten. Zum Aufrichten werden zusätzlich die Ligg. flava benötigt.
Man kann die autochthone Rückenmuskulatur in einen **medialen** und einen **lateralen Trakt** einteilen und jeden davon wiederum in drei Systeme. Diese bisher genannten Fakten solltest du kennen. Darüber hinaus gibt es eine Unzahl von Muskeln, die den einzelnen Systemen zugeordnet werden, aber bislang nicht im Schriftlichen gefragt wurden.

Medialer Trakt
Transversospinales System
Interspinales System
Spinales System
Lateraler Trakt
Intertransversales System
Spinotransversales System
Sakrospinales System

Tab. 40: Überblick über die autochthone Rückenmuskulatur

4.2.2 Brustmuskulatur

Der Großteil der Brustmuskulatur wurde beim Thema obere Extremität (s. Tab. 10, S. 17 und Tab. 11, S. 18) besprochen. Hier folgen nun diejenigen, deren Hauptfunktion die Atmung ist.

Name	Funktion	Innervation
Mm. intercostales externi	Inspiration	Interkostalnerven
Mm. intercostales interni	Exspiration	
Mm. intercostales intimi	Exspiration	

Tab. 41: Brustmuskulatur

Die Mm. intercostales intimi sind Abspaltungen der Mm. intercostales interni und dienen ebenfalls der Exspiration.

4.2.3 Diaphragma

Das **Diaphragma** (Zwerchfell) ist der **Hauptatemmuskel**. Er dient der **Inspiration**. Der Begriff Diaphragma bedeutet, dass dieser Muskel flächig aufgespannt ist. Er trennt Brust- und Bauchhöhle. In seinem Zentrum liegt eine Sehnenplatte, das **Centrum tendineum**, von dem aus die Muskelfasern radiär (wie die Speichen eines Rades) zur Bauchwand ausstrahlen.

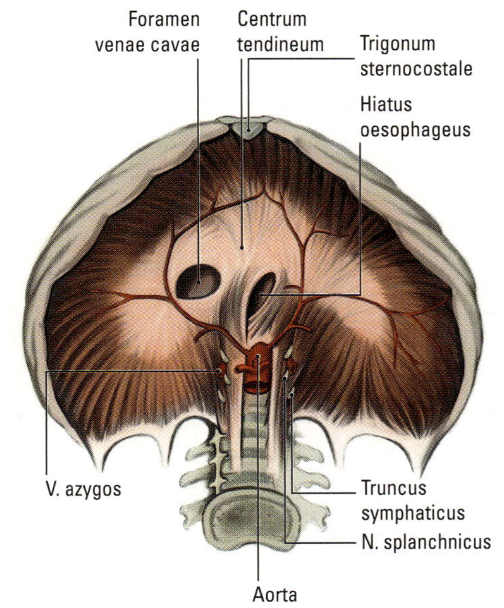

Abb. 49: Diaphragma *medi-learn.de/6-ana5-49*

Im Ruhezustand bildet das Diaphragma eine Kuppel. Wird es aktiviert, ziehen die Muskelfasern die Kuppel nach unten und sie flacht ab. Dadurch wird das intrathorakale Volumen größer und wir atmen ein. Die Innervation erfolgt über den **N. phrenicus**, der aus den ventralen Ästen der Spinalnerven C3 bis C5 gebildet wird.

Merke!

C3, 4, 5 keep the diaphragma alive.

Alle Organe, die von der Brust- in die Bauchhöhle oder umgekehrt wollen, müssen durch das Zwerchfell. Daher hat es an unterschiedlichen Stellen folgende Durchtritte:

Durchtrittsstelle	Organ
Hiatus aorticus	– Aorta – Ductus thoracicus
Hiatus oesophageus	– Ösophagus – Truncus vagalis ant. und post. – R. phrenicoabdominalis des linken N. phrenicus
Foramen venae cavae	– V. cava inferior – R. phrenicoabdominalis des rechten N. phrenicus
Medialer Lumbalspalt	– N. splanchnicus maj. – N. splanchnicus minor – V. azygos (rechts) – V. hemiazygos (links)
Lateraler Lumbalspalt	– Truncus sympathicus
Trigonum sternocostale (Larrey-Spalte)	– A. und V. epigastrica superior

Tab. 42: Durchtritte Diaphragma

Muskel	Ursprung	Ansatz	Innervation	Funktion
M. rectus abdominis	5.–7. Rippenknorpel Proc. xiphoideus	– Symphysis pubica	Spinalnerven: Th5–Th12	– Rumpfbeugung – Exspiration – Bauchpresse
M. obliquus ext. abdominis	Außenfläche 5.–12. Rippe	– vorderes Blatt der Rektusscheide – Linea alba	Spinalnerven: Th5–Th12	– Flexion – Rotation zur kontralateralen Seite
M. obliquus int. abdominis	Crista iliaca Fascia thoracolumbalis	– 9.–12. Rippe – Linea alba	Spinalnerven: Th10–Th12	– Flexion – Rotation zur gleichen Seite – bildet den M. cremaster (Hodenheber)
M. transversus abdominis	Innenfläche der sechs kaudalen Rippen	– hinteres Blatt der Rektusscheide	Spinalnerven: Th12–L1	– Bauchpresse

Tab. 43: Überblick über die Bauchmuskulatur

4.2.4 Bauchmuskulatur

Die Bauchmuskeln „verspannen" den Bauch in drei Richtungen: von oben nach unten, schräg und zu den Seiten. Die schräge Verspannung wird aus dem **M. obliquus internus** und dem **M. obliquus externus** der kontralateralen Seite gebildet. Der **M. rectus abdominis** (Waschbrett/Six-Pack am Bauch) verspannt von oben nach unten. Er hat eine **Rektusscheide** auf seiner ventralen Seite, die auf der Rückseite nur die obere Hälfte des Muskels bedeckt und sich von da wieder nach oben um den **M. transversus abdominis** schlägt. Dieser Rand heißt **Linea arcuata** und wird beim Thema Leistenbrüche (s. Abb. 54, S. 68) interessant. Der M. transversus abdominis übernimmt die transversale Verspannung.

Die Funktionen und der Verlauf der schrägen Bauchmuskeln lassen sich an einem Beispiel leichter verstehen:

Der rechte M. obliquus ext. abdominis verläuft wie die rechte vordere Hosentasche. Seine Funktion ist es, die rechte Schulter zum linken Fuß zu ziehen.

Genau den gleichen Verlauf und die gleiche Funktion hat der gegenüberliegende (also linke) M. obliquus int. abdominis. Übrigens bildet der M. obliquus int. abdominis mit Muskelfasern, die in den Leistenkanal ziehen, den M. cremaster, also den Hodenheber.

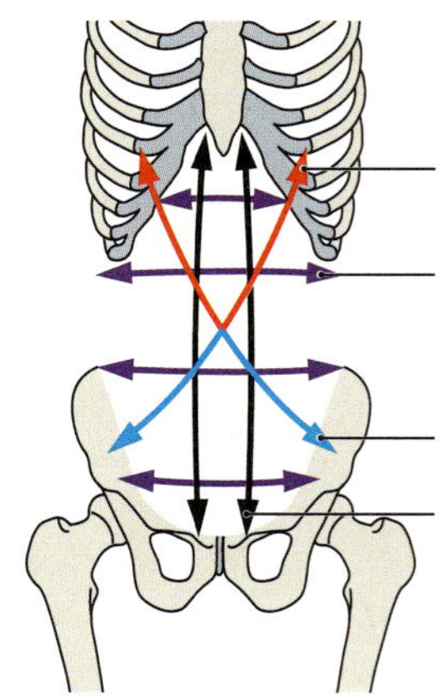

Abb. 50: Bauchmuskeln *medi-learn.de/6-ana5-50*

4.3 Gefäße der Leibeswand

Hier gibt es zwar nur wenige Gefäße, die dafür aber umso wichtiger sind.

Aus der Aorta kommen die

– **A. subclavia** und aus der wiederum die
  - **A. thoracica int. (A. mammaria).** Dieses Gefäß läuft auf der Innenseite des Thorax beiderseits des Sternums herunter, tritt

durch das **Trigonum sternocostale** und heißt dann **A. epigastrica superior**. Unterhalb des Nabels heißt sie **A. epigastrica inferior** (sie bildet die **Plica umbilicalis lat.**) und mündet in die **A. iliaca externa**. Das ist eine große Anastomose, da über diesen Weg Blut in die Beine gelangen kann, ohne die Aorta zu benutzen.

- **A. intercostalis suprema**. Aus ihr stammen die ersten beiden Interkostalarterien, die als Anastomose in der A. thoracica int. enden.

– **Aa. intercostales**. Die Interkostalarterien verlaufen am Rippenunterrand und münden **als Anastomosen in die A. thoracica interna**.

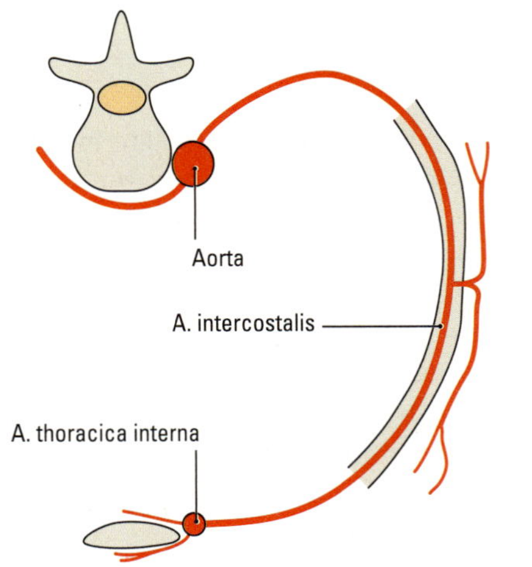

Abb. 51: A. intercostalis *medi-learn.de/6-ana5-51*

Die Venenverläufe gleichen denen der Arterien, bis auf eine wichtige Ausnahme:

– das **Azygos-System:**
Die Interkostalvenen münden linksseitig in die links der Wirbelsäule gelegene **V. hemiazygos**, die Interkostalvenen der rechten Seite münden in die rechts der Wirbelsäule gelegenen **V. azygos**.

Die **V. hemiazygos mündet in die V. azygos**, die dann **in die V. cava superior** fließt.

4.4 Topografie der Bauchwand

Die Topografie der Bauchwand hat große Relevanz für die Klinik (Leistenbrüche) und daher auch für das schriftliche Examen. Bis jetzt gab es noch kein Physikum ohne Fragen zum Canalis inguinalis/zu den Leistenbrüchen. Also Augen auf, Aufmerksamkeit geschärft und ran an den Speck ...

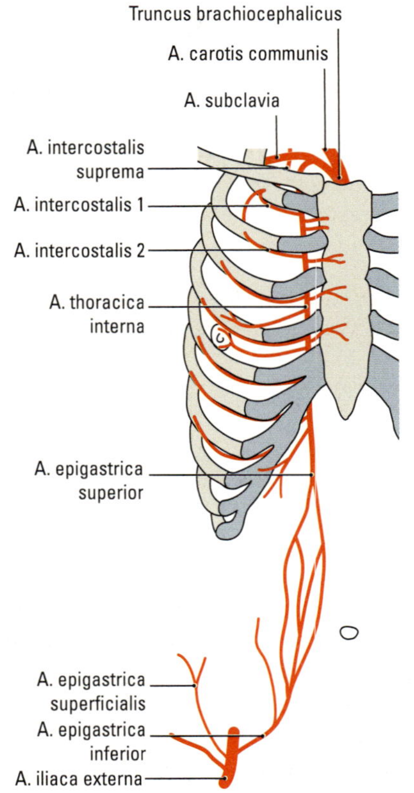

Abb. 52: Gefäße Leibeswand *medi-learn.de/6-ana5-52*

4.4.1 Canalis inguinalis

Der **Canalis inguinalis** (Leistenkanal) hat sowohl einen **Anulus inguinalis profundus** (eine innere Öffnung), der sich lateral der **Plica umbilicalis lateralis** befindet, als auch einen **Anulus inguinalis superficialis** (eine äußere Öffnung, s. IMPP-Bild 1, S. 80).

Er ist beim Mann die Verbindung von der Bauchhöhle zum Hoden, in der der **Funiculus spermaticus** (Samenstrang) verläuft. Bei der Frau verbindet er die Bauchhöhle mit den großen Schamlip-

pen und enthält das **Ligamentum teres uteri**. Seine Begrenzungen sind nach ventral der M. obliquus externus, nach kranial der M. obliquus internus und der M. transversus abdominis, nach dorsal die Fascia transversalis und das Peritoneum und nach kaudal das Lig. inguinale (Leistenband).
Der Funiculus spermaticus enthält den Ductus deferens, den M. cremaster, die A. testicularis, den venösen Plexus pampiniformis, der sich zur V. testicularis vereint, den R. genitalis des N. genitofemoralis und den N. ilioinguinalis.

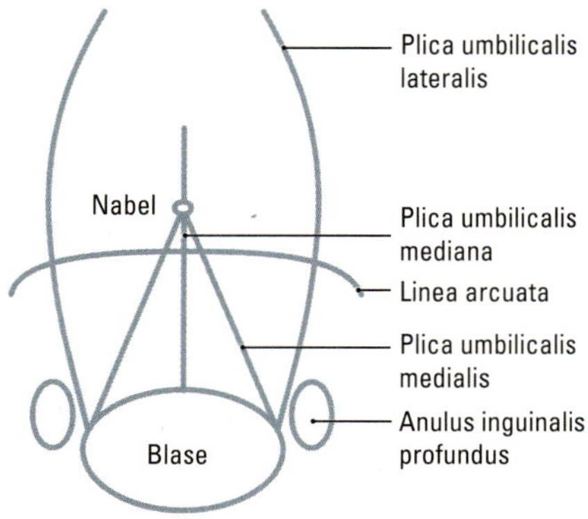

Abb. 53: Plicae umbilicales

medi-learn.de/6-ana5-53

4.4.2 Leistenbrüche (Leistenhernien)

Leistenbrüche sind Aussackungen des Peritoneums entweder durch den Leistenkanal (indirekter Bruch) oder durch den M. transversus abdominis (direkter Bruch).
Bevor wir die Leistenbrüche genauer anschauen, noch einige Begriffe zur Anatomie:
Plicae umbilicales sind Falten, die sich auf der Innenseite der Bauchwand durch verschiedene Strukturen bilden. Insgesamt gibt es fünf dieser Falten:

- Eine **Plica umbilicalis mediana** = ehemals der **Urachus/Allantois** (die embryologische Verbindung von der Kloake durch den Nabel zum Dottersack),
- **zwei Plicae umbilicales mediales = ehemalige Nabelarterien,**
- **zwei Plicae umbilicales laterales = A. epigastrica inferior**

Die **Linea arcuata** wird vom hinteren Blatt der Rektusscheide gebildet, die auf der Rückseite des M. rectus abdominis nur die halbe Strecke herunterläuft und sich dann nach oben um den M. transversus abdominis schlägt. Dadurch ist die Bauchwand unterhalb der Linea arcuata relativ dünn (sie besteht ja nur aus

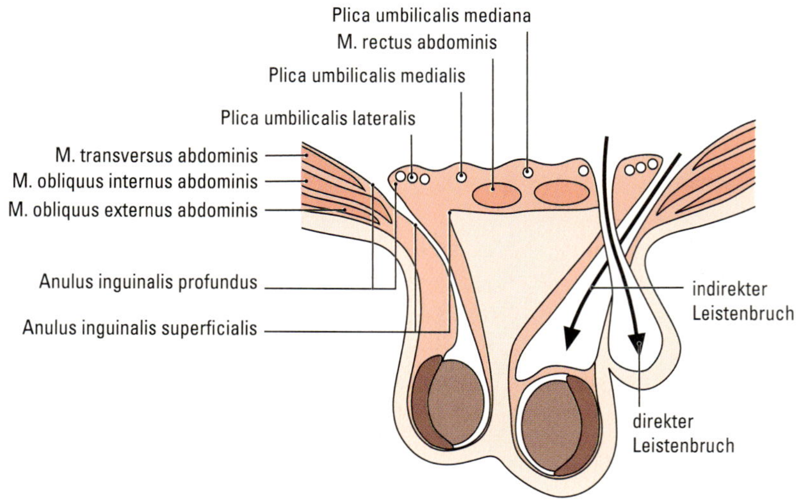

Abb. 54: Leistenbrüche

medi-learn.de/6-ana5-54

dem M. rectus abdominis und seiner vorderen Rektusscheide), darüber relativ fest (M. rectus abdominis und M. transversus abdominis sowie drei Blätter der Rektusscheide). Ein Bruch wird den Weg des geringsten Widerstandes nehmen und daher unterhalb der Linea arcuata die Bauchwand durchbrechen. So, und jetzt endlich zu den schon so oft angekündigten Leistenbrüchen:

Drückt sich das Peritoneum durch den Leistenkanal, spricht man von einem indirekten Leistenbruch oder angeborenen Leistenbruch. Da er als Eingang den Anulus inguinalis profundus benutzt, der sich ja lateral der Plica umbilicalis lateralis befindet, sagt man häufig auch lateraler Leistenbruch. Der direkte Leistenbruch drückt sich medial der Plica umbilicalis lateralis durch die Bauchwand und wird auch erworbener Leistenbruch genannt.

Merke!

- **Dr. med.** (**d**irekt **med**ial)
- **Al**a (**a**ngeboren **l**ateral)

Übrigens ...
Die typische Differentialdiagnose zum Leistenbruch ist die – fast nur bei Frauen vorkommende – **Femoralishernie**. Hier stülpt sich der Bruchsack durch den medialen Anteil der Lacuna vasorum, die normalerweise durch das Septum femorale verschlossen ist.

4.5 Beckenboden

Der Beckenboden besteht aus zwei Diaphragmen (flächige Muskeln) und einem Muskel. Diese drei Strukturen bilden zusammen die **Fossa ischioanalis** (einen Hohlraum). Jede der Strukturen hat Faszien, sodass es eigentlich die Faszien sind, die die Fossa ischioanalis begrenzen.

- Das **Diaphragma pelvis** wird vom M. levator ani gebildet. Du kannst es dir wie eine Schale vorstellen, in der die Beckeneingeweide liegen. In ihrem tiefsten Punkt hat diese Schale Durchtrittsstellen für den Anus und die Vagina. Eine obere und eine untere Faszie bedecken das Diaphragma pelvis (Fascia diaphragmatis pelvis sup. und inf.). Die inferiore Faszie begrenzt dabei die **Fossa ischioanalis** nach oben.

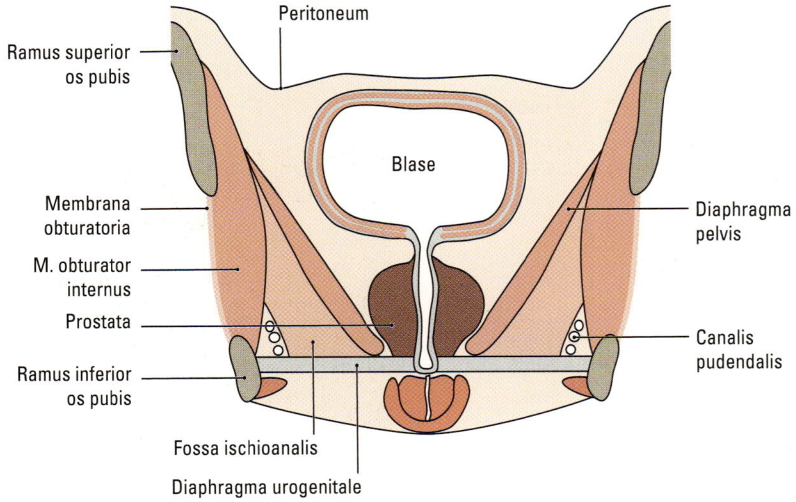

Abb. 55: Beckenboden (von vorne)

medi-learn.de/6-ana5-55

Zum Diaphragma pelvis zählen der
- M. levator ani mit seinem M. puborectalis genannten Anteil,
- M. coccygeus.

- Das **Diaphragma urogenitale** spannt sich horizontal zwischen den beiden Rami inferiores der beiden Ossa pubis aus. Es hat eine dreieckige Form (die Spitze zeigt zur Symphyse) und ebenfalls eine superiore und eine inferiore Faszie. Die superiore Faszie begrenzt die Fossa ischioanalis nach unten. Das Diaphragma urogenitale dient den Urogenitalorganen als Anheftungsstelle.
  Zum Diaphragma urogenitale zählen der
  - M. transversus perinei profundus,
  - M. transversus perinei superficialis,
  - M. sphincter urethrae.

Und jetzt noch ein ganz besonderes Schmankerl: Die Fascia obturatoria (bitte niemals mit der Membrana obturatoria verwechseln!) hat eine Doppelung innerhalb der Fossa ischioanalis. Diese **Doppelung heißt Alkock-Kanal** oder auch **Canalis pudendalis**, in ihr verlaufen der N. pudendus und die A. und V. pudenda interna.

Das Centrum tendineum perinei liegt am Damm und wird aus folgenden Muskeln aufgebaut:
- M. levator ani,
- M. transversus perinei profundus,
- M. transversus perinei superficialis,
- M. bulbospongiosus,
- M. sphincter ani externus.

4.5.1 Verlauf des N. pudendus

Der N. pudendus versorgt sensibel die Haut am Damm und die Genitalorgane. Extrem wichtig für die Physikumsprüfung ist sein Verlauf. Er verlässt das kleine Becken durch das Foramen infrapiriforme (unterer Anteil des Foramen ischiadicum majus), knickt dann nach kaudal um das Lig. sacrospinale herum ab und geht wieder ins kleine Becken hinein durch das Foramen ischiadicum minus. Innerhalb des Alkock-Kanals (der Fasziendopplung des M. obturatorius int. innerhalb der Fossa ischioanalis) verläuft er dann nach ventral zu den Genitalorganen.

5 Spinalnerv

Fragen in den letzten 10 Examen: 1

Obwohl das Thema Spinalnerv nicht direkt etwas mit dem Bewegungsapparat zu tun hat, werden wir hier die wichtigsten Punkte darstellen. Die Innervation der Muskulatur geschieht über ventrale und dorsale Äste von Spinalnerven, außerdem ist die topografische Beziehung zur Wirbelsäule sehr interessant. Mit anderen Worten: Dieses Thema rundet das Wissen über den Bewegungsapparat ab und verschafft dir nebenbei auch noch wichtige Punkte in der Prüfung.
Diese Schemazeichnung zeigt vereinfacht einen Rückenmarksquerschnitt mit den in diesem Kapitel behandelten Strukturen und Gebieten.

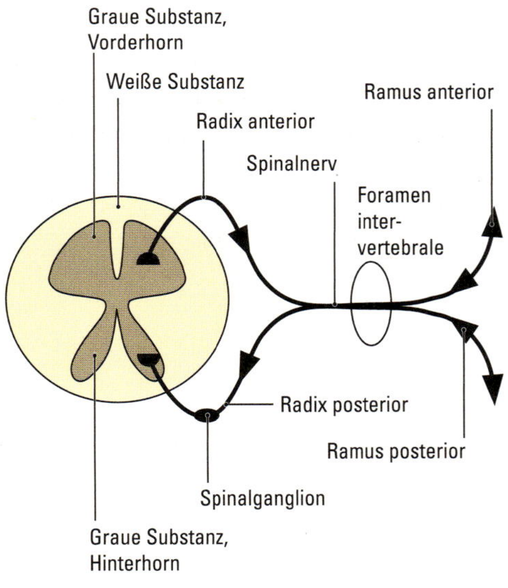

Abb. 56: Spinalnerv *medi-learn.de/6-ana5-56*

Im Zentrum des Rückenmarks (RM) liegt die graue Substanz. Grau nennt man sie deshalb, weil sie aus Nervenzellkörpern (Perikarien) besteht und diese unter dem Mikroskop grau aussehen. Die graue Substanz ist von der weißen Substanz umgeben, die aus Zellfortsätzen (Nervenfasern) besteht. Deren Myelinscheiden färben sie weiß. Ventral aus dem Rückenmark entspringt die **Radix anterior (vordere Wurzel)**, die **ausschließlich efferente Informationen** leitet. Efferent bedeutet, dass die Aktionspotentiale vom ZNS weg transportiert werden. Hinten ins Rückenmark hinein läuft die **Radix posterior (hintere Wurzel)**. Sie ist **rein afferent**, bringt also Aktionspotentiale zum ZNS hin. Innerhalb der Radix posterior liegt das **Spinalganglion** (hier bitte Vorsicht: Das Spinalganglion liegt NICHT innerhalb des Spinalnerven!). Spinalganglien sind die Nervenzellkörper der afferenten Nerven.
Durch das Spinalganglion laufen die Informationen nur durch, da im Spinalganglion ausschließlich pseudounipolare Nervenzellen liegen. Daher findet innerhalb eines Spinalganglions auch NIEMALS eine Umschaltung auf ein anderes Neuron statt.
Die beiden Radices (Wurzeln) vereinen sich zum Spinalnerv, der damit also sowohl efferente wie auch afferente Informationen leitet. Daher ist er ein gemischter Nerv. Der Spinalnerv verlässt die Wirbelsäule durch ein Foramen intervertebrale und bildet damit die Grenze zwischen zentralem und peripherem Nervensystem. Kurz nach seinem Durchtritt teilt er sich in zwei Äste auf:

- **Ramus anterior,**
- **Ramus posterior.**

Ramus anterior und Ramus posterior sind ebenfalls gemischte Nerven.
Der Ramus anterior eines Spinalnerven vereinigt sich mit anderen Rami anteriores, die dann die peripheren Nerven bilden (z. B. N. radialis, N. femoralis, N. iliohypogastricus usw.).
Der Ramus posterior biegt direkt nach dorsal ab und versorgt die autochthone Rückenmuskulatur sowie die Haut über den autochthonen Rückenmuskeln.
Vorsicht: Bitte nicht die Begriffe Ramus und Radix verwechseln!

5.1 Kerngebiete

Die einzelnen Spinalnerven entspringen Kerngebieten. Das sind die Orte, an denen die Perikarien (Zellkörper) der Nervenfasern sitzen, die in den Spinalnerven verlaufen. Bei ganzen Nerven (z. B. N. radialis) erstreckt sich solch ein Kerngebiet leicht mal über mehrere Segmente. Die Frage ist nun, wo solch ein gemischter Nerv seinen Ursprung haben kann?
Nehmen wir als Beispiel den N. radialis. Er entsteht aus den Segmenten C5 bis Th1. Dabei entspringen seine efferenten Anteile aus dem Vorderhorn des Rückenmarks und gelangen durch die Radix anterior und die Rami ventrales der entsprechenden Spinalnerven zu ihm. Die Perikarien seiner afferenten Anteile liegen nicht im Hinterhorn des Rückenmarks, sondern in den Spinalganglien der entsprechenden Radices posteriores. Diese laufen zum Hinterhorn hinein ins Rückenmark und werden dort umgeschaltet (um dann weiter zentralwärts zu ziehen, z. B. zum Gehirn). Somit sind schon zwei Kerngebiete eines peripheren Nervs gefunden:
- Vorderhorn des Rückenmarks,
- Spinalganglien der entsprechenden Radices posteriores.

Darüber hinaus transportiert ein peripherer Nerv noch Fasern des autonomen Nervensystems (**Sympathikus/Parasympathikus**). Die Neurone des Sympathikus haben ihre **Kerngebiete in den Seitenhörnern des thorakalen und lumbalen Rückenmarks**. Da es sich um Efferenzen handelt, verlassen sie das Rückenmark in der Radix anterior und gelangen so zum Spinalnerven. Diesen verlassen sie durch den **Ramus communicans albus** und gelangen dadurch zum sympathischen Grenzstrang. Hier liegen ebenfalls Kerne des sympathischen Systems, und es kann – muss aber nicht – auf andere Neurone umgeschaltet werden. Durch den **Ramus communicans griseus** gelangen nun sympathische Neurone wieder in den Spinalnerven, um dann mit den peripheren Nerven zu ihren jeweiligen Erfolgsorganen zu ziehen. Damit haben wir ein drittes Kerngebiet eines peripheren Nerven gefunden:

- Seitenhörner des thorakalen und lumbalen Rückenmarks oder
- sympathischer Grenzstrang.

Sympathische Nervenfasern benutzen in der Peripherie also andere Nerven, um zu ihren Erfolgsorganen zu gelangen.
Im Kopf ist das anders, denn da lagern sich die sympathischen Nerven den Arterien an, um ihr Ziel zu erreichen.

DAS BRINGT PUNKTE

Die **Wirbelsäule** ist und bleibt ein Lieblingsthema in der schriftlichen Prüfung. Gerade Bildfragen sind in den letzten Jahren häufig gestellt worden. Folgende Strukturen solltest du daher erkennen können:

- Pediculus
- Zygapophysialgelenke
- Ligamentum flavum
- Anulus fibrosus (ist mit den Knochen fest verwachsen)
- Nucleus pulposus (ist nicht mit dem Anulus fibrosus verwachsen).

Zum Glück werden die autochthonen Rückenmuskeln so gut wie nie gefragt. Dafür war bislang das **Diaphragma** mit seinen Durchtrittsstellen in jedem Physikum zu finden. Wertvolle Punkte im Schriftlichen kannst du daher mit dem Wissen aus Tab. 44, S. 73 ergattern.

Durchtrittsstelle	Organ
Hiatus aorticus	– Aorta – Ductus thoracicus
Hiatus oesophageus	– Ösophagus – Truncus vagalis ant. und post. – R. phrenicoabdominalis des linken N. phrenicus
Foramen venae cavae	– V. cava inferior – R. phrenicoabdominalis des rechten N. phrenicus
Medialer Lumbalspalt	– N. splanchnicus maj. – V. azygos (rechts) – V. hemiazygos (links)
Lateraler Lumbalspalt	– Truncus sympathicus – N. splanchnicus minor
Trigonum sternocostale (Larrey-Spalte)	– A. und V. epigastrica superior

Tab. 44: Durchtritte Diaphragma

Die **Bauchmuskulatur** erscheint anfangs schwierig. Hast du dir aber einmal vergegenwärtigt, dass der äußere schräge Muskel der einen und der innere schräge der anderen Seite den gleichen Verlauf haben, wird die Sache sehr viel einfacher.
Die **Linea arcuata** als Umschlagfalte des hinteren Blattes der Rektusscheide um den M. transversus abdominis herum ist eine typische Frage in der schriftlichen Prüfung. Dieses Wissen solltest du auch für die Leistenhernien parat haben (s. Abb. 54, S. 68).

- Linea arcuata ist die Umschlagfalte des hinteren Blattes der Rektusscheide um den M. transversus abdominis; Leistenhernien treten unterhalb dieser Linie auf.

Bei den Gefäßen der Leibeswand tauchen der **Verlauf der A. subclavia** durch die Scalenuslücke (im Gegensatz zur V. subclavia) und der **Verlauf der A. thoracica interna** regelmäßig im schriftlichen Physikum auf. Außerdem lohnt es sich zu wissen, dass die Fortführung der A. thoracica interna die A. epigastrica ist und die A. epigastrica die Plica umbilicalis lateralis bildet, die wiederum die Leistenbrüche in laterale und mediale Brüche unterteilt.

- A. subclavia läuft durch die Scalenuslücke, V. subclavia vor dem M. scalenus anterior.
- A. epigastrica bildet die Plica umbilicalis lateralis.
- Interkostalarterien bilden mit der A. thoracica interna Anastomosen.

Inhalt, Verlauf und Bildung des Leistenkanals gehörten schon immer zu den Standardfragen des schriftlichen Physikums. Unbedingt wissen solltest du daher, dass

- die Plica umbilicalis lateralis (gebildet durch die epigastrischen Gefäße) defi-

DAS BRINGT PUNKTE

niert, ob ein Leistenbruch lateral oder medial verläuft,
- der laterale Leistenbruch durch den Anulus inguinalis profundus läuft und häufig auch angeborener Leistenbruch genannt wird (obwohl diese Bezeichnung irreführend ist, da es sehr viele Erwachsene gibt, die einen lateralen Leistenbruch erleiden).

Ebenfalls oft gefragt wird der **Beckenboden**. Daher solltest du Vokabeln wie Diaphragma pelvis und urogenitale oder auch Fossa ischioanalis kennen.
Schließlich wird auch häufig der N. pudendus in seinem Verlauf gefragt. Achtung: Immer wieder wird versucht, dass der Prüfling den Nervus pudendus mit dem Nervus obturatorius verwechselt. Beide liegen zwar streckenweise dicht beieinander, haben aber ansonsten völlig unterschiedliche Verläufe und Funktionen.

Zum Thema **Spinalnerv** solltest du unbedingt wissen, dass
- die graue Substanz grau ist, weil sie die Perikarien enthält und
- die weiße Substanz weiß ist, weil die Myelinscheiden der Nervenfasern weiß sind,
- die graue Substanz Kerngebiete bildet:
  - im Vorderhorn befinden sich die Perikarien der Efferenzen,
  - im Hinterhorn die Perikarien der zweiten afferenten Neurone,
  - im Seitenhorn die Perikarien des autonomen Nervensystems und
  - im Spinalganglion die Perikarien der ersten afferenten Neurone.
- im Spinalganglion die Perikarien pseudounipolarer Neurone liegen; hier wird NIEMALS umgeschaltet.

Daneben ist immer Vorsicht geboten, wenn es um die Begriffe **Radix und Ramus** geht:
- Die Radix anterior enthält ausschließlich Efferenzen,
- die Radix posterior ausschließlich Afferenzen; hier liegt auch das Spinalganglion.
- Der Ramus anterior und posterior enthält gemischte Nerven, zeigt also eine afferente und efferente Aktionspotentialweiterleitung.
- Der Spinalnerv ist ebenso gemischt, d. h. afferent und efferent.

FÜRS MÜNDLICHE

Gleich hast du es geschafft! Teste nun noch dein neues Wissen und lehne Dich danach erstmal entspannt zurück. Hier kommen die wichtigsten Fragen der letzten Examina:

1. Erläutern Sie bitte, welche Bänder der Wirbelsäule bei der Aufrichtung aus gebeugter Rumpfhaltung helfen.

2. Erklären Sie bitte, wie ein „Bandscheibenvorfall" entsteht.

3. Bitte erklären Sie, wo hindurch die Spinalnerven aus dem Rückenmarkkanal herausgelangen.

4. Erläutern Sie bitte die Besonderheiten der Halswirbelkörper.

FÜRS MÜNDLICHE

5. Bitte erklären Sie, wodurch die Beweglichkeit der Wirbelsäule bedingt wird.

6. Erläutern Sie bitte, wodurch die doppelte S-Form der Wirbelsäule entsteht.

7. Sagen Sie, durch wie viele Muskelschichten tritt ein direkter Leistenbruch?

8. Bitte erläutern Sie, welche Funktion der M. obliquus externus abdominis rechts hat.

9. Erklären Sie bitte, wie das Diaphragma innerviert wird.

10. Zählen Sie bitte auf, was gemeinsam mit der Aorta durch den Hiatus aorticus läuft.

11. Bitte sagen Sie, was durch das Centrum tendineum läuft (und warum).

12. Bitte erläutern Sie, worauf ein linksseitiger Zwerchfellhochstand hindeutet.

13. Bitte zeigen Sie, wo die A. thoracica durch das Zwerchfell tritt.

14. Bitte zeigen Sie, wo eine Pleurapunktion angesetzt werden müsste.

15. Erklären Sie bitte, woher die ersten beiden Interkostalarterien stammen.

16. Bitte erklären Sie, wie die Plica umbilicalis lateralis gebildet wird.

17. Erläutern Sie bitte die Bedeutung der A. epigastrica bei den Leistenbrüchen.

18. Erklären Sie bitte, woher die A. epigastrica stammt und wohin sie verläuft.

19. Bitte erklären Sie, wo die V. azygos und wo die V. hemiazygos münden.

20. Bitte erklären Sie, wie der N. pudendus verläuft.

21. Wissen Sie, wer die Fossa ischioanalis bildet?

22. Bitte erläutern Sie, was der Canalis pudendalis (Alkock-Kanal) ist.

23. Nennen Sie bitte den Unterschied zwischen afferenter und efferenter Informationsweiterleitung. Geben Sie bitte jeweils Beispiele.

24. Bitte erklären Sie, was ein Spinalganglion ist.

25. Erklären Sie bitte, welche Neurone im Hinterhorn der grauen Substanz des Rückenmarks liegen.

26. Radix und Ramus eines Spinalnerven, bitte nennen Sie den Unterschied.

27. Erläutern Sie, wie die Fasern des Sympathikus in den Kopf gelangen.

Die Bänder der Wirbelsäule sowie die Besonderheiten der Halswirbel und Bandscheiben sind das A und O. Wer glänzen will, kann für die Zwischenwirbelgelenke anstelle von „Articulationes intervertebrales" „Zygapophysialgelenke" sagen und ihre Stellung im Raum als Ursache für die unterschiedliche Beweglichkeit der Wirbelsäulenabschnitte hervorheben.

1. Erläutern Sie bitte, welche Bänder der Wirbelsäule bei der Aufrichtung aus gebeugter Rumpfhaltung helfen.
Ligg. flava.

FÜRS MÜNDLICHE

2. Erklären Sie bitte, wie ein „Bandscheibenvorfall" entsteht.
Die Bandscheibe fällt nicht komplett vor, sondern der Nucleus pulposus rutscht aus dem Anulus fibrosus heraus und drückt dann auf die Spinalnerven.

3. Bitte erklären Sie, wo hindurch die Spinalnerven aus dem Rückenmarkkanal herausgelangen.
Durch die Foramina intervertebralia.

4. Erläutern Sie bitte die Besonderheiten der Halswirbelkörper.

- Uncus corporis
- Foramina transversalia C1 bis C6 für den Durchtritt der A. vertebralis
- Gespaltene Dornfortsätze
- Atlas hat keinen Corpus
- Axis hat einen Dens

5. Bitte erklären Sie, wodurch die Beweglichkeit der Wirbelsäule bedingt wird.
Durch die Zygapophysialgelenke/deren Stellung im Raum.

6. Erläutern Sie bitte, wodurch die doppelte S-Form der Wirbelsäule entsteht.
Anpassung an die Belastung beim aufrechten Gang.

Das Zwerchfell mit seinen Durchtrittsstellen ist ein beliebtes Thema in mündlichen Prüfungen, ebenso wie die Bauchmuskulatur. Der genaue Verlauf der Rektusscheide wie auch die schräge Bauchmuskulatur in ihren Schichten wird oft gefragt. Meist dienen diese Fragen als Eingang zu dem leidigen Thema Leistenbrüche. Nimm dir am besten vor der Prüfung ein Gummiband zur Hand und stell den Verlauf der einzelnen Muskeln nach. So lässt sich ihre Funktion besser verstehen.

7. Sagen Sie, durch wie viele Muskelschichten tritt ein direkter Leistenbruch?
Durch keine: Ein direkter Leistenbruch tritt durch das Hesselbach-Dreieck, eine muskelfreie Stelle der Bauchwand.

8. Bitte erläutern Sie, welche Funktion der M. obliquus externus abdominis rechts hat.
Er zieht die rechte Schulter in Richtung des linken Fußes.

9. Erklären Sie bitte, wie das Diaphragma innerviert wird.
Vordere Äste der Spinalnerven C3 bis C5 bilden den N. phrenicus.

10. Zählen Sie bitte auf, was gemeinsam mit der Aorta durch den Hiatus aorticus läuft.
Ductus thoracicus.

11. Bitte sagen Sie, was durch das Centrum tendineum läuft (und warum).
Die V. cava inferior; sie würde, falls sie durch die Muskelfasern hindurchtreten müsste, bei jeder Einatmung komprimiert werden.

12. Bitte erläutern Sie, worauf ein linksseitiger Zwerchfellhochstand hindeutet.
Auf einen Ausfall des linken N. phrenicus.

13. Bitte zeigen Sie, wo die A. thoracica durch das Zwerchfell tritt.
Trigonum sternocostale, auch Larrey-Spalte genannt.

Auch hier sind besonders die A. thoracica interna und ihr weiterer Verlauf als A. epigastrica superior und inferior (Plica umbilicalis lateralis) wichtig. Darüber hinaus wird gerne gefragt, wo im Verhältnis zu den Rippen die A. intercostalis verläuft: nämlich immer unter den Rippen. Das wird bei der Pleurapunktion relevant, denn mit diesem Wissen kann man am Oberrand einer Rippe die Nadel einführen, ohne ein Gefäß zu verletzen.

FÜRS MÜNDLICHE

14. Bitte zeigen Sie, wo eine Pleurapunktion angesetzt werden müsste.
Am kranialen Rippenrand, um Gefäßverletzungen vorzubeugen.

15. Erklären Sie bitte, woher die ersten beiden Interkostalarterien stammen.
Aus der A. subclavia über die A. intercostalis suprema, alle anderen stammen aus der Aorta.

16. Bitte erklären Sie, wie die Plica umbilicalis lateralis gebildet wird.
Aus der A. epigastrica.

17. Erläutern Sie bitte die Bedeutung der A. epigastrica bei den Leistenbrüchen.
Durch sie wird unterschieden, ob es sich um mediale oder laterale Leistenbrüche handelt.

18. Erklären Sie bitte, woher die A. epigastrica stammt und wohin sie verläuft.
Sie ist die Fortführung der A. thoracica interna und bildet mit der A. iliaca externa eine Anastomose.

19. Bitte erklären Sie, wo die V. azygos und wo die V. hemiazygos münden.
Die V. hemiazygos mündet in die V. azygos und die dann in die V. cava superior.

Auch in der mündlichen Prüfung sind Leistenbrüche eines der besonders beliebten Themen. Wer hier die Plicae umbilicales samt ihrer embryologischen Herkunft sicher benennen kann, hat schon viele Pluspunkte gesammelt. Auch eine kurze Erklärung, was die Linea arcuata ist und wie sie entsteht (nämlich aus dem Umschlagen des hinteren Blattes der Rektusscheide um den Unterrand des M. transversus abdominis), lässt das Prüferherz höher schlagen.

- Direkter Leistenbruch = medial der Plica umbilicalis lateralis, immer erworben
- Indirekter Leistenbruch = lateral der Plica umbilicalis lateralis, tritt durch den Leistenkanal
- Plica umbilicalis mediana = ehemaliger Urachus
- Plica umbilicalis medialis = ehemalige Nabelarterien
- Plica umbilicalis lateralis = A. und V. epigastrica

Für diejenigen, die in der Mündlichen wirklich glänzen wollen: Bei der Operation von Leistenhernien besteht die Gefahr, epigastrische Gefäße zu verletzen. Verfügen diese zudem noch über eine Corona mortis (eine Anastomose zur A. obturatoria), kann es ziemlich blutig und damit gefährlich werden. Wer im Mündlichen außerdem den Beckenboden mit beiden Diaphragmen, der Fossa ischioanalis und den Verlauf des N. pudendus aufzählen kann, ist ganz gewiss kein Kandidat fürs Durchfallen mehr.

20. Bitte erklären Sie, wie der N. pudendus verläuft.
Verlauf N. pudendus: heraus aus dem kleinen Becken durch das Foramen infrapiriforme, dann um das Lig. sacrospinale herum und durch das Foramen ischiadicum minus wieder in das kleine Becken hinein, dann im Canalis pudendalis (Doppelung der Faszie des M. obturatorius internus) innerhalb der Fossa ischioanalis nach ventral zu den Genitalorganen.

21. Wissen Sie, wer die Fossa ischioanalis bildet?
Fossa ischioanalis wird von den Faszien folgender Muskeln gebildet:

- M. obturatorius internus,
- Diaphragma pelvis,
- Diaphragma urogenitale.

22. Bitte erläutern Sie, was der Canalis pudendalis (Alkock-Kanal) ist.
Canalis pudendalis = Doppelung der Faszie des M. obturatorius internus innerhalb der Fossa ischioanalis.

Auch im Mündlichen wird gerne nach den Kerngebieten der einzelnen Spinalnerven gefragt. Daher sollten Begriffe wie afferent und efferent auf jeden Fall sitzen. Daneben machen sich auch immer einige Beispiele gut, die du einfließen lässt. Also nicht unbedingt warten bis du danach gefragt wirst, sondern raus mit dem Wissen ...

23. Nennen Sie bitte den Unterschied zwischen afferenter und efferenter Informationsweiterleitung. Geben Sie bitte jeweils Beispiele.
Afferent bedeutet aus der Peripherie zum ZNS hin. Beispiel: sensible Informationen (Schmerz, Temperatur, Lagesinn etc.).
Efferent bedeutet vom ZNS in Richtung Peripherie. Beispiel: α-Motoneurone, Efferenzen des autonomen Nervensystems.

24. Bitte erklären Sie, was ein Spinalganglion ist.
Der Ort, wo die Perikarien afferenter Neurone eines Spinalnerven liegen. Es handelt sich um pseudounipolare Nervenzellkörper. Im Spinalganglion wird NICHT umgeschaltet.

25. Erklären Sie bitte, welche Neurone im Hinterhorn der grauen Substanz des Rückenmarks liegen.
Die Perikarien der zweiten afferenten Neurone. Von hier aus werden die Informationen nach Umschaltung auf das zweite afferente Neuron zum ZNS weitergeleitet.

26. Radix und Ramus eines Spinalnerven, bitte nennen Sie den Unterschied.
Radices sind die Wurzeln, die den Spinalnerven bilden. Die vordere Wurzel enthält ausschließlich efferente Fasern, die hintere Wurzel ausschließlich afferente Fasern.
Ramus anterior und posterior sind die beiden Hauptäste eines Spinalnerven, beide sind gemischt, enthalten also sowohl afferente als auch efferente Fasern.

27. Erläutern Sie, wie die Fasern des Sympathikus in den Kopf gelangen.
Im Gegensatz zu Rumpf und Extremitäten gelangen sympathische Fasern nicht über Nerven in den Kopf, sondern ziehen mit den Gefäßen dorthin.

Mehr Cartoons unter www.medi-learn.de/cartoons

Pause

Geschafft! Hier ein kleiner Cartoon als Belohnung.

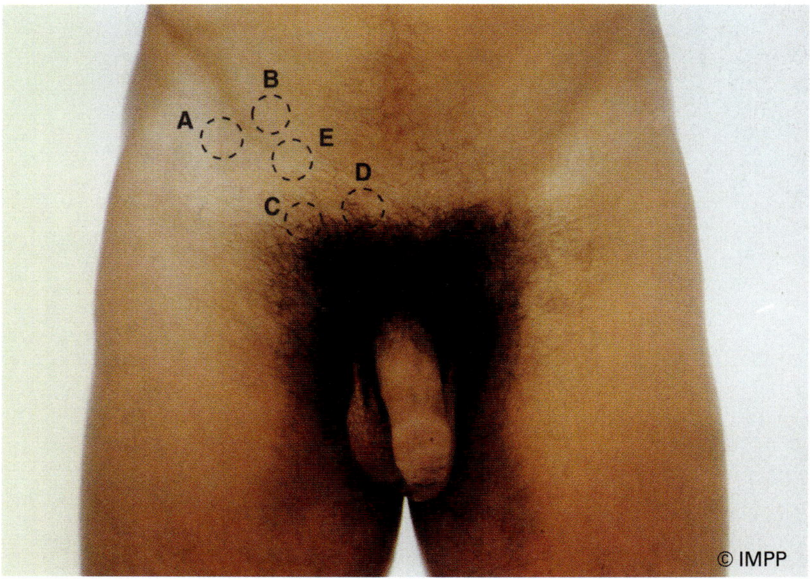

IMPP-Bild 1: Canalis inguinalis

medi-learn.de/6-ana5-impp1

Gefragt wurde nach der Hautstelle, unter der sich der Anulus inguinalis superficialis befindet. Dies ist der Bereich D.

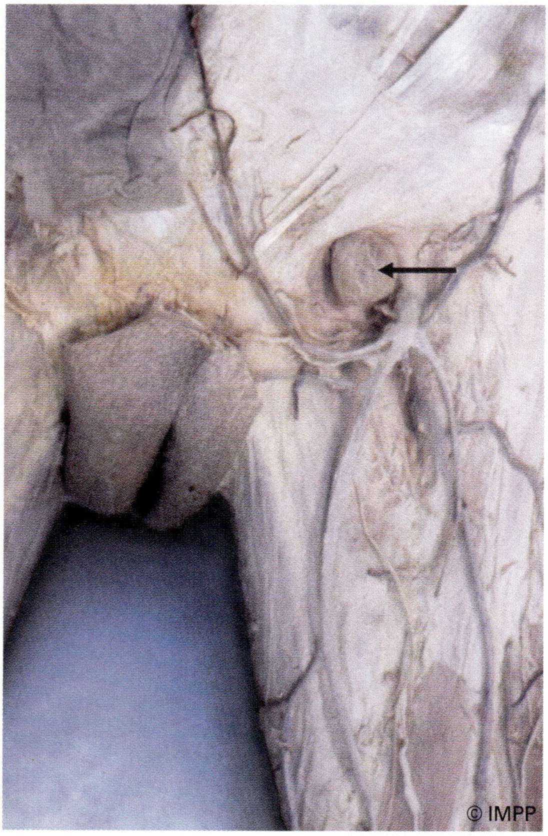

IMPP-Bild 2: Femoralishernie

medi-learn.de/6-ana5-impp2

Hierbei handelt es sich um eine Hernia femoralis. Gut zu erkennen ist der Bruchsack (Pfeil) neben der V. femoralis. Damit ist klar, dass die Bruchpforte die Lacuna vasorum und die gefragte Hernie eine Femoralishernie ist. Gefestigt wird diese Diagnose durch die Tatsache, dass es sich hier um eine Frau handelt (s. 4.4.2, S. 68).

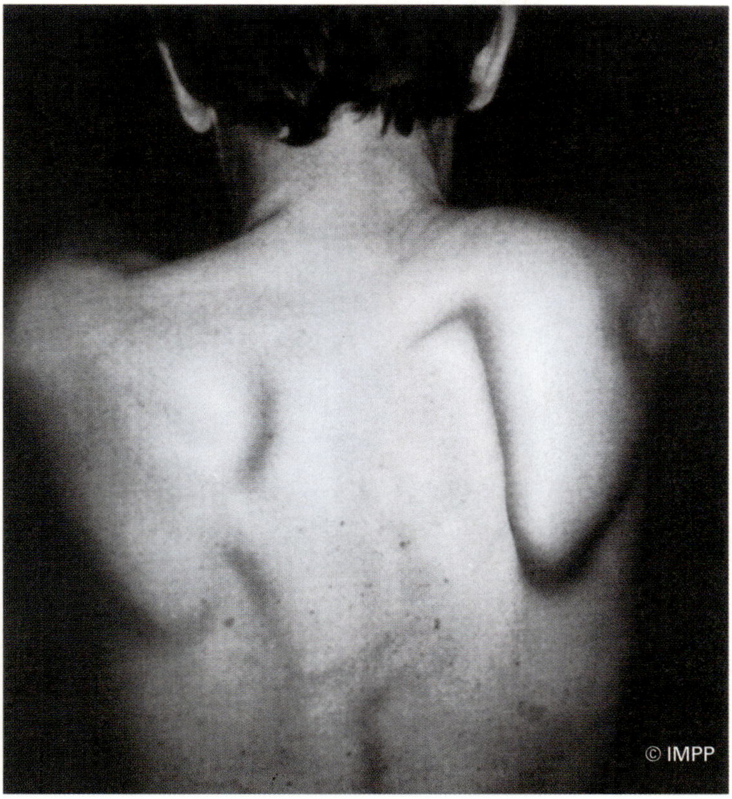

IMPP-Bild 3: Scapula alata
medi-learn.de/6-ana5-impp3

Typisches Bild einer Scapula alata bei Schädigung des N. thoracicus longus: Dadurch fällt die Innervation des M. serratus ant. aus, der die Scapula am Rumpf fixiert. Gut zu sehen ist der vergrößerte Abstand zwischen Margo medialis und Wirbelsäule auf der pathologisch betroffenen Seite.

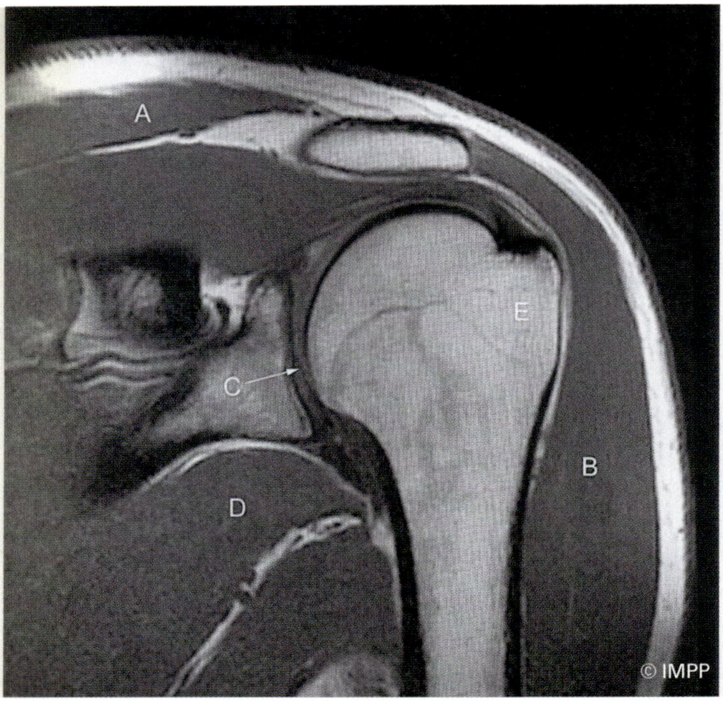

A: M. trapezius
B: M. deltoideus
C: Cavitas glenoidalis
D: M. subscapularis
E: Tuberculum majus

IMPP-Bild 4: MRT der linken Schulter

medi-learn.de/6-ana5-impp4

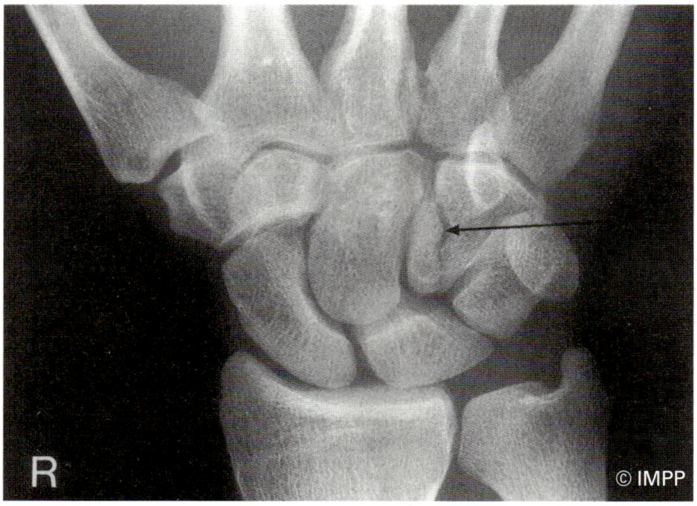

Hierbei handelt es sich um eine frische Fraktur des Os hamatum, genauer an dessen Basis. Der Hamulus ossis hamati ist erhalten.

IMPP-Bild 5: Frakturspalt im Os hamatum

medi-learn.de/6-ana5-impp5

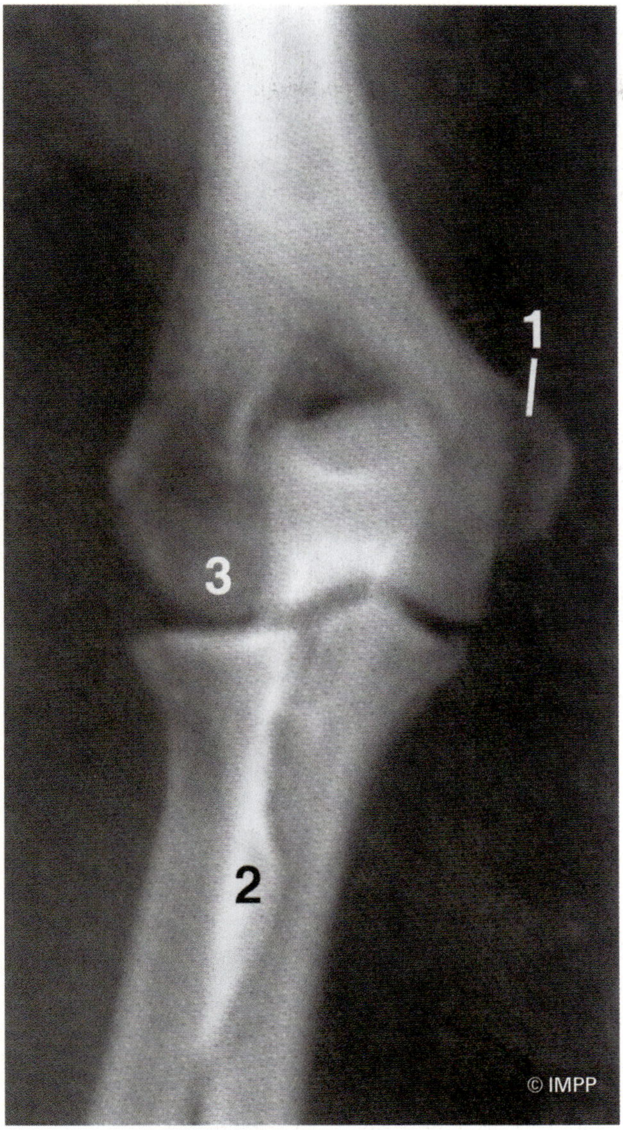

1: Epicondylus humeri medialis
2: Tuberositas radii
3: Capitulum humeri

IMPP-Bild 6: Ellenbogengelenk

medi-learn.de/6-ana5-impp6

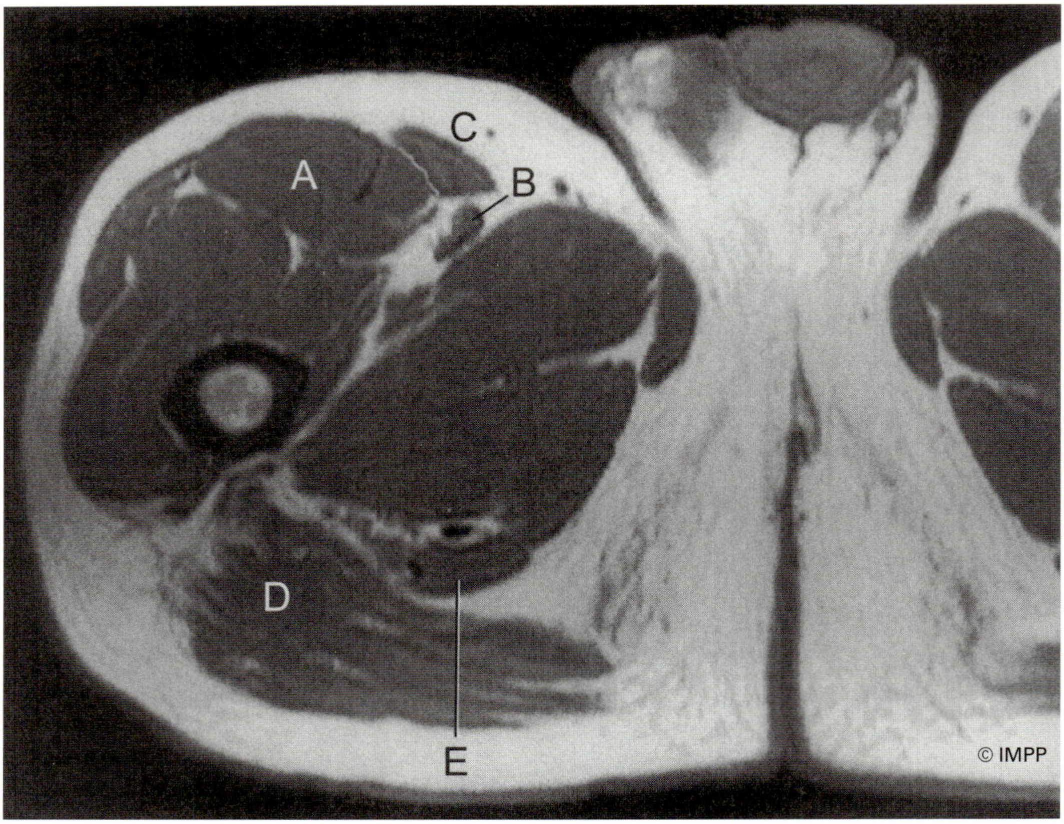

IMPP-Bild 7: CT-Querschnitt durch den rechten Oberschenkel
medi-learn.de/6-ana5-impp7

Blickrichtung (wie immer beim CT) von kaudal nach kranial, daher ist medial rechts und lateral links.

A: Rectus femoris des M. quadrizeps
B: A. et V. femoralis
C: M. sartorius
D: Fasern des M. glutaeus maximus
E: ischiokrurale Muskulatur

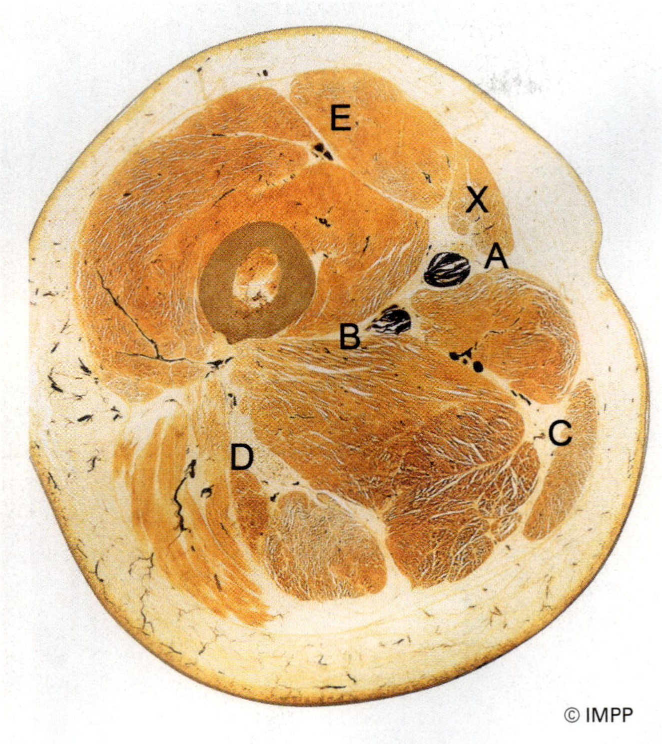

Blick von kaudal nach kranial. Gefragt wurde nach folgenden Strukturen:

A: A. femoralis
B: V. femoralis
C: Bindegewebe
D: N. ischiadicus
E: M. vastus medialis
X: Der mit X markierte Muskel (M. sartorius) beugt im Hüftgelenk. Der Gefäßnervenstrang, der unter dem M. sartorius liegt, verläuft weiter proximal im Trigonum femorale.

IMPP-Bild 8: Querschnitt durch ein Präparat des rechten Oberschenkels
medi-learn.de/6-ana5-impp8

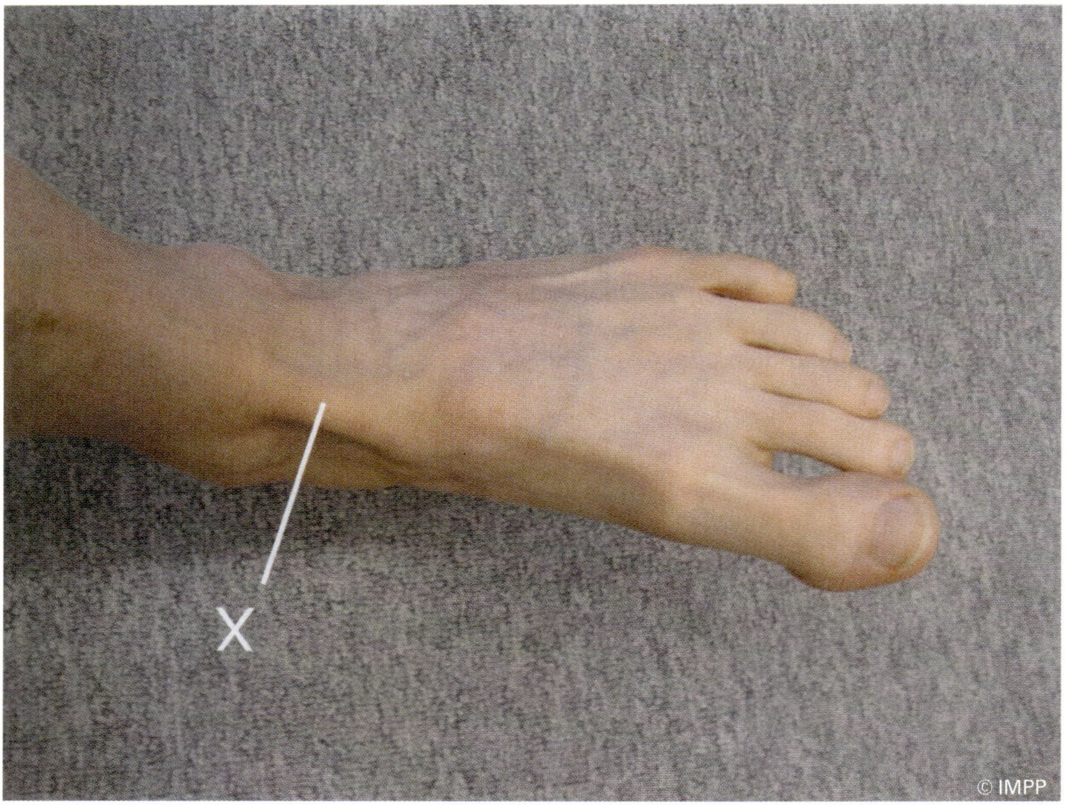

X markiert die Sehne des M. tibialis anterior. Lateral davon liegt die Sehne des M. extensor hallucis longus – bitte nicht verwechseln! Die Sehne des M. tibialis anterior zieht medial nach kaudal (hier sehr gut zu erkennen), während die Sehne des M. extensor hallucis longus am Fußrücken zur Großzehe zieht.

IMPP-Bild 9: Sehne des M. tibialis anterior

medi-learn.de/6-ana5-impp9

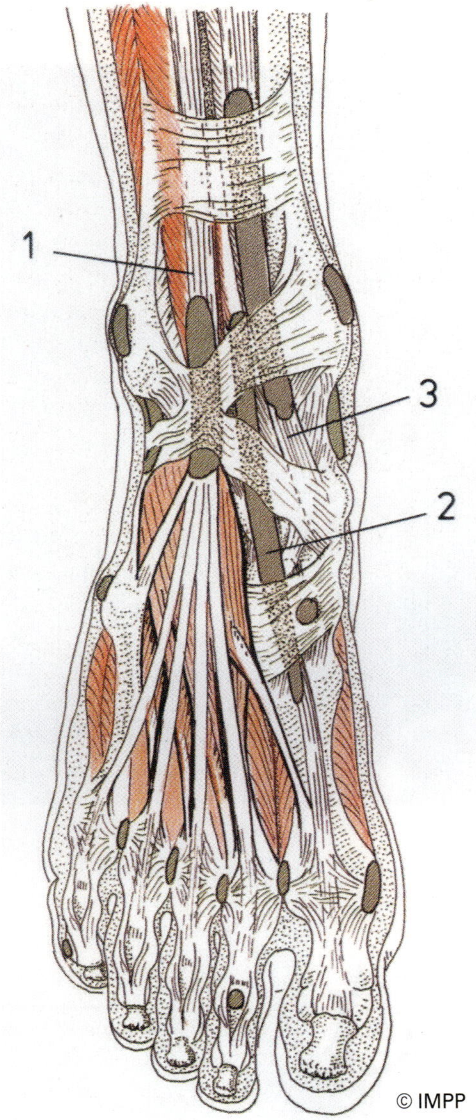

1: Sehne des M. extensor digitorum longus
2: Sehne des M. extensor hallucis longus
3: Sehne des M. tibialis anterior

IMPP-Bild 10: Extensoren des Unterschenkels

medi-learn.de/6-ana5-impp10

Index

Feedback

Deine Meinung ist gefragt!

Es ist erstaunlich, was das menschliche Gehirn an Informationen erfassen kann. Slbest wnen kilene Fleher in eenim Txet entlheatn snid, so knnsat du die eigneltchie lofnrmotian deoncnh vershteen – so wie in dsieem Text heir.

Wir heabn die Srkitpe mecrfhah sehr sogrtfältg güpreft, aber vilcheliet hat auch uesnr Girehn – so wie deenis grdaee – unbeswust Fheler übresehne. Um in der Zuuknft noch bsseer zu wrdeen, bttein wir dich dhear um deine Mtiilhfe.

Sag uns, was dir aufgefallen ist, ob wir Stolpersteine übersehen haben oder ggf. Formulierungen verbessern sollten. Darüber hinaus freuen wir uns natürlich auch über positive Rückmeldungen aus der Leserschaft.

Deine Mithilfe ist für uns sehr wertvoll und wir möchten dein Engagement belohnen: Unter allen Rückmeldungen verlosen wir einmal im Semester Fachbücher im Wert von 250 Euro. Die Gewinner werden auf der Webseite von MEDI-LEARN unter www.medi-learn.de bekannt gegeben.

Schick deine Rückmeldung einfach per E-Mail an support@medi-learn.de oder trag sie im Internet in ein spezielles Formular für Rückmeldungen ein, das du unter der folgenden Adresse findest:

www.medi-learn.de/rueckmeldungen

Dr. Kristin Szalay

Anatomie Band 4

MEDI-LEARN Skriptenreihe

6., komplett überarbeitete Auflage

MEDI-LEARN Verlag GbR

Autorin: Dr. Kristin Szalay
Fachlicher Beirat: PD Dr. Rainer Viktor Haberberger

Teil 4 des Anatomiepaketes, nur im Paket erhältlich
ISBN-13: 978-3-95658-000-0

Herausgeber:
MEDI-LEARN Verlag GbR
Dorfstraße 57, 24107 Ottendorf
Tel. 0431 78025-0, Fax 0431 78025-262
E-Mail redaktion@medi-learn.de
www.medi-learn.de

Verlagsredaktion:
Dr. Marlies Weier, Dipl.-Oek./Medizin (FH) Désirée Weber, Denise Drdacky, Jens Plasger, Sabine Behnsch, Philipp Dahm, Christine Marx, Florian Pyschny, Christian Weier

Layout und Satz:
Fritz Ramcke, Kristina Junghans,
Christian Gottschalk

Grafiken:
Dr. Günter Körtner, Irina Kart, Alexander Dospil,
Christine Marx

Illustration:
Daniel Lüdeling

Druck:
A.C. Ehlers Medienproduktion GmbH

6. Auflage 2014

Wichtiger Hinweis für alle Leser
Die Medizin ist als Naturwissenschaft ständigen Veränderungen und Neuerungen unterworfen. Sowohl die Forschung als auch klinische Erfahrungen führen dazu, dass der Wissensstand ständig erweitert wird. Dies gilt insbesondere für medikamentöse Therapie und andere Behandlungen. Alle Dosierungen oder Applikationen in diesem Buch unterliegen diesen Veränderungen.
Obwohl das MEDI-LEARN Team größte Sorgfalt in Bezug auf die Angabe von Dosierungen oder Applikationen hat walten lassen, kann es hierfür keine Gewähr übernehmen. Jeder Leser ist angehalten, durch genaue Lektüre der Beipackzettel oder Rücksprache mit einem Spezialisten zu überprüfen, ob die Dosierung oder die Applikationsdauer oder -menge zutrifft. Jede Dosierung oder Applikation erfolgt auf eigene Gefahr des Benutzers. Sollten Fehler auffallen, bitten wir dringend darum, uns darüber in Kenntnis zu setzen.

Inhalt

1 Entwicklung und Wachstum

Fragen in den letzten 10 Examen: 5

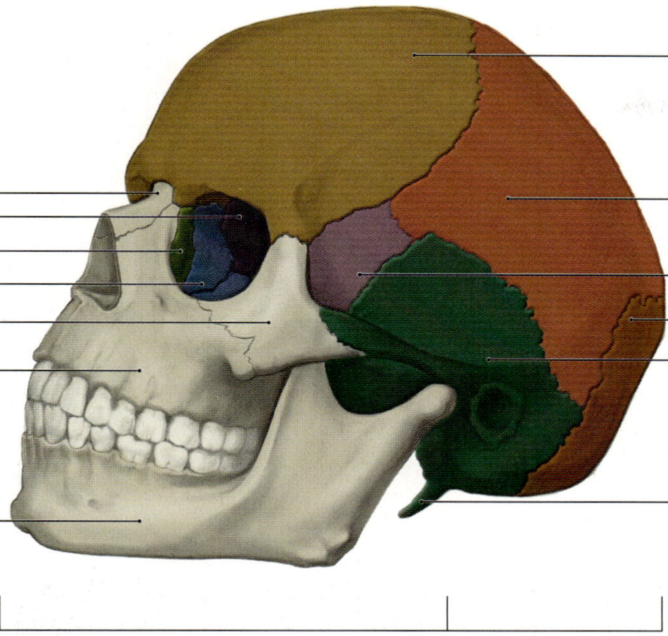

Abb. 1: Schädel (Cranium) von lateral *medi-learn.de/6-ana4-1*

In diesem Kapitel stellen wir dir zunächst den Aufbau des Kraniums vor, um die wichtigsten, gerne gefragten Strukturen kennen zu lernen bzw. in Erinnerung zu rufen.

1.1 Knochen des Schädels

Betrachtet man den Schädel von lateral, so können die Knochen zwei Anteilen des Schädels zugeordnet werden: dem Viscero- (Gesichts-) und dem Neuro- (Hirn-) kranium. Das Viscerokranium bildet die knöcherne Grundlage des Gesichts; hier liegen auch die Eingänge zu den Verdauungs- und Luftwegen.
Die knöchernen Anteile des Viscerokraniums sind das Os ethmoidale, Os lacrimale, Os nasale, die Maxilla, das Os zygomaticum, die Mandibula und der Processus styloideus des Os temporale. Das Neurokranium umgibt das Gehirn und umfasst als knöcherne Grundlage das Os frontale, sphenoidale, temporale (mit pneumatisierten mit Schleimhaut ausgekleideten Räumen), parietale und occipitale. Bitte beachte unbedingt, dass nur der Processus styloideus des Os temporale zum Viscerokranium gezählt wird. Das restliche Os temporale gehört zum Neurokranium. Die Cellulae mastoideae (als Anteil des Os temporale) haben topografische Beziehung zum Sinus sigmoideus. Die knöcherne Grundlage der Orbita sind das Os zygomaticum, die Maxilla, das Os ethmoidale, das Os palatinum, das Os sphenoidale, das Os lacrimale und das Os frontale.

1.1.1 Suturen und Fontanellen

Kinder haben zusätzlich zu den knöchernen auch bindegewebige Strukturen am Schädel, die z. B. der Anpassung des kindlichen Schädels an den Geburtskanal dienen. Zudem kann eine Vorwölbung der Fontanellen z. B. auf einen Makro- oder Hydrocephalus hindeuten. Suturen sind beim Kind noch reines kollagenes Bindegewebe. Man unterscheidet:

- die Sutura frontalis,
- die Sutura coronalis,
- die Sutura sagittalis und
- die Sutura lambdoidea

Im Laufe der Entwicklung bilden sie sich zu Syndesmosen aus.

Merke!

Bei Suturen treffen zwei Schädelknochen aufeinander. Das **S** hat **zwei** Biegungen → hier treffen **zwei** Knochen aufeinander.

Neben den Suturen finden sich noch vier Fontanellen (Fonticuli). Zwei davon befinden sich lateral am Schädel:

- die Fontanella mastoidea und
- die Fontanella sphenoidalis,

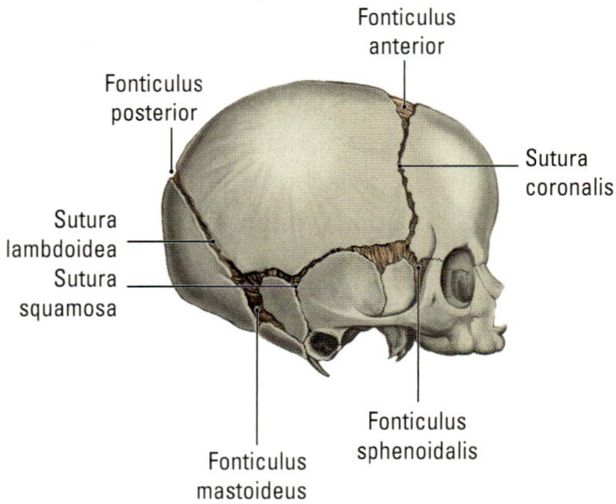

Abb. 2: Schädel des Neugeborenen, Ansicht von lateral

medi-learn.de/6-ana4-2

die anderen beiden imponieren vor allem bei Aufsicht auf den Schädel:

- der Fonticulus anterior und
- der Fonticulus posterior.

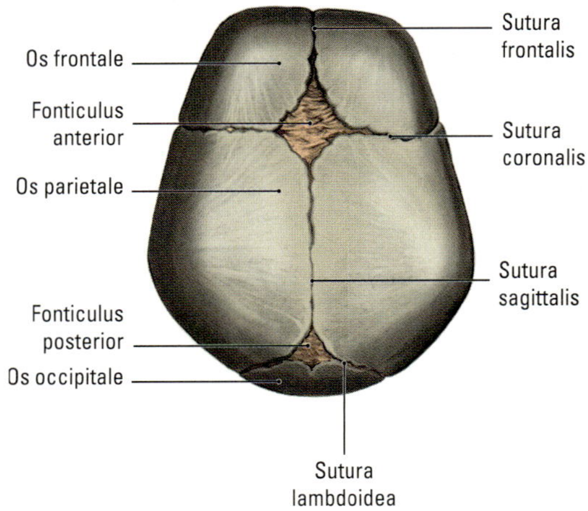

Abb. 3: Schädel des Neugeborenen, Ansicht von oben

medi-learn.de/6-ana4-3

An den Fontanellen treffen mindestens drei Knochen aufeinander. Insbesondere der Fonticulus anterior und der Fonticulus posterior sind in der Geburtshilfe bedeutsam und werden gerne verglichen:

- Die vordere Fontanelle (Fonticulus anterior) ist viereckig, größer als die hintere und verknöchert erst nach ca. 36 Monaten (**3.** Lebens**jahr**).
- Die Hinterhauptsfontanelle (Fonticulus posterior) hat eine dreieckige Kontur, ist kleiner als die vordere Fontanelle und verschließt sich bereits im **3.** Lebens**monat**. Sie dient als Ausgangspunkt für die Palpation der Sagittal- und Lambdanaht.

Beim Schädel des Neugeborenen ist bei Schädellage unter der Geburt die Richtung der Sagittalnaht (Sutura sagittalis) an der Lage der großen und kleinen Fontanelle bestimmbar und damit die Lage des kindlichen Kopfes im mütterlichen Becken. Diese Sagittalnaht (zwischen den beiden Ossa parietalia gelegen) verschließt sich erst mit dem 30. Lebensjahr.

Das Os frontale hat zunächst ebenfalls eine Sagittalnaht (Sutura frontalis). Von deren Nahträndern aus erfolgt das appositionelle Wachstum der Knochen des Schädeldaches.

2 Kranium

Fragen in den letzten 10 Examen: 6

Der Aufbau der Schädelbasis inkl. der Durchtrittstellen für zahlreiche Arterien, Venen und Nerven war bislang sowohl im Mündlichen als auch im Schriftlichen – vor allem in den letzten Examina – ein **sehr beliebtes Thema**. Um also im Physikum gut punkten zu können, solltest du unbedingt versuchen, dir anhand einiger Merkhilfen die wichtigsten Strukturen der Schädelbasis einzuprägen. Auch wenn du dich um das Erlernen der Durchtrittstellen gerne drücken würdest ...

2.1 Aufbau der Schädelbasis

Zum Aufbau der Schädelbasis wurden in den letzten Examina zwar keine Fragen gestellt, jedoch ist es als Grundwissen und für eine strukturierte Antwort im Mündlichen wertvoll. An der Schädelbasis unterscheidet man drei Schädelgruben, die annähernd treppenstufenartig angeordnet sind (s. Abb. 4 a, S. 4):

- die Fossa cranii anterior,
- die Fossa cranii media und
- die Fossa cranii posterior.

An der knöchernen Grundlage der Schädelbasis finden sich etliche Durchtrittstellen für Nerven und Gefäße.

2.2 Schädelbasis mit Durchtrittstellen

In der vorderen Schädelgrube (s. Abb. 4 a, S. 4) findet sich nur **eine** wesentliche Durchtrittstelle an der Schädelbasis, die **Lamina cribrosa** des Os ethmoidale. Hierüber ist die Fossa cranii anterior mit der Nasenhöhle verbunden. Wenn du dir merkst, dass hier die Verbindung zur Nase besteht, kannst du beim Prüfer Eindruck schinden, indem du mit einer durchtretenden Struktur beginnst, die nicht sehr viele Studenten gelernt haben. Sie ist aber durch die Tatsache, dass wir hier die Verbindung zur Nase haben, sehr einfach zu merken. Hierdurch zieht nämlich die A. nasalis anterior. Da die Lamina cribrosa ein Teil des Os ethmoidale ist, leuchtet sicherlich ein, dass sie als Durchtrittstelle für A./V./N. ethmoidalis anterior und posterior in den jeweiligen Foramina ethmoidale anterius und posterius dient. Zu guter Letzt findet man hier auch den ersten Hirnnerven in Form der Filae olfactoriae (s. 5.1, S. 37).

In der **mittleren Schädelgrube** findet man die meisten Durchtrittstellen an der Basis cranii. (Tipp: guter Einleitungssatz!) Zunächst imponiert hier der **Canalis opticus** als Kanal für den Nervus opticus und die A. ophthalmica. Er stellt eine Verbindung der mittleren Schädelgrube zur Orbita dar. Der Canalis opticus liegt in der Ala minor des Os sphenoidale. Lateral hiervon liegt die Fissura **o**rbitalis **supe**rior, durch die neben der V. ophthalmica superior die Hirnnerven **drei, vier, der erste Ast des fünften** und der **sechste** Hirnnerv ziehen. Kurzer Merkspruch hierfür: Oh Super: 3,4,5^1,6 (N. occulomotorius, N. trochlearis, N. ophtalmicus, V1 des N. trigeminus und N. abducens)! Die Fissura orbitalis superior stellt ebenfalls eine Verbindung zwischen mittlerer Schädelgrube und Orbita dar. Weitere Durchtrittstellen im Bereich der mittleren Schädelgrube sind das **Foramen rotundum** für den N. maxillaris (V2 = „roter Max") und das **Foramen ovale** für den N. mandibularis (V3 = „ovale Mandel"). Die letzten beiden wichtigen Strukturen, die man bei Aufsicht auf die mittlere Schädelgrube erkennt, sind das **Foramen spinosum** für die A. meningea media (häufig gefragt!) und das **Foramen lacerum** (für den N. petrosus major/profundus).

Auf Abb. 4 a, S. 4 nicht zu sehen, jedoch eine Verbindung zwischen Fossa pterygopalatina/infratemporalis und der Orbita ist die **Fissura orbitalis inferior**, durch die die V. ophthalmica

inferior, die A. und V. infraorbitalis, der N. infraorbitalis, der N. zygomaticus und die Rami orbitales ziehen. Zudem existiert die Fissura sphenopetrosa für den N. petrosus minor.

Die A. ophthalmica gibt für die Versorgung der Choroidea des Bulbus oculi die Aa. ciliares posteriores breves ab.

Die **hintere Schädelgrube** besitzt **vier** wichtige Durchtrittstellen an der Schädelbasis: Zunächst fällt bei der Aufsicht das große **Foramen magnum** (s. IMPP-Bild 1, S. 65) auf, durch das neben der Medulla oblongata die A. vertebralis, die A. spinalis, N. cervicalis 1 und die Radix spinalis nervi accessorii hindurchziehen. Lateral des Foramen magnum befindet sich das **Foramen jugulare** für die Hirnnerven IX, X und XI (N. glossopharyngeus, N. vagus und N. accessorius) sowie die V. jugularis interna, während im **Canalis hypoglossi** (hypoglossalis) der gleichnamige Nerv hindurchtritt (dieser liegt am

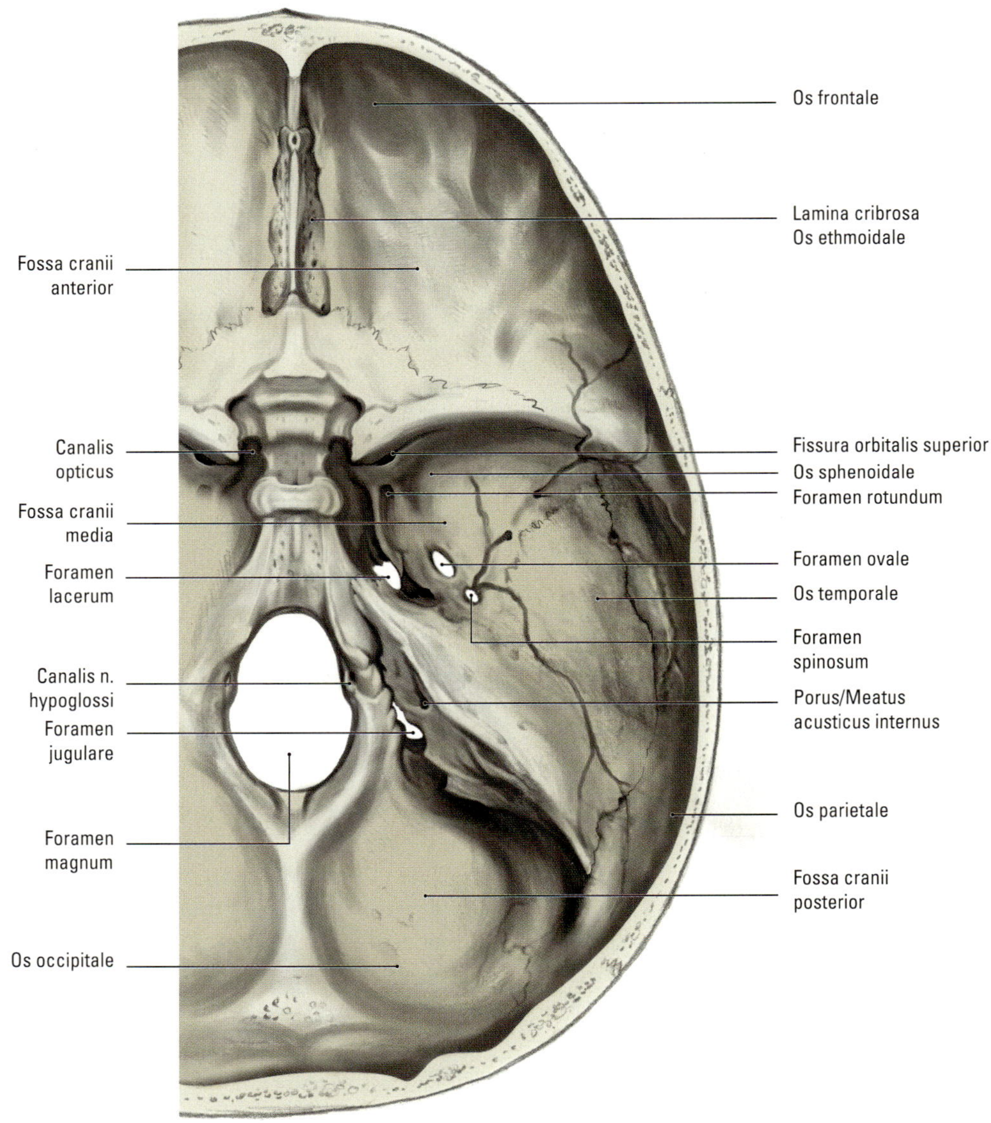

Abb. 4 a: Basis cranii, Ansicht von kranial

medi-learn.de/6-ana4-4a

weitesten medial in der hinteren Schädelgrube). Zuletzt sei noch der **Porus/Meatus acusticus internus** als Durchtrittstelle für den siebten und achten Hirnnerven (N. facialis und N. vestibulocochlearis) sowie für die A. und V. labyrinthi genannt.

Merke!

Hier ein paar Merkhilfen für die Durchtrittstellen der mittleren Schädelgrube:

- **O**h **super: 3, 4, 5**[1] und **6** (Durch die Fissura **o**rbitalis **super**ior ziehen der **3., 4., 1. Ast des 5.** und **der 6.** Hirnnerv.)
- **rot**er **Max** (N. **max**illaris durch Foramen **ro****t**undum)
- **ovale Mandel** (N. **mand**ibularis durch Foramen **ovale**)
- Meine **Meningen spin**nen (A. **meninge**a media durch Foramen **spin**osum) (häufig gefragt)
- **Petr**us kam im **Laken** (N. **petr**osus major durch Foramen **lacer**um)

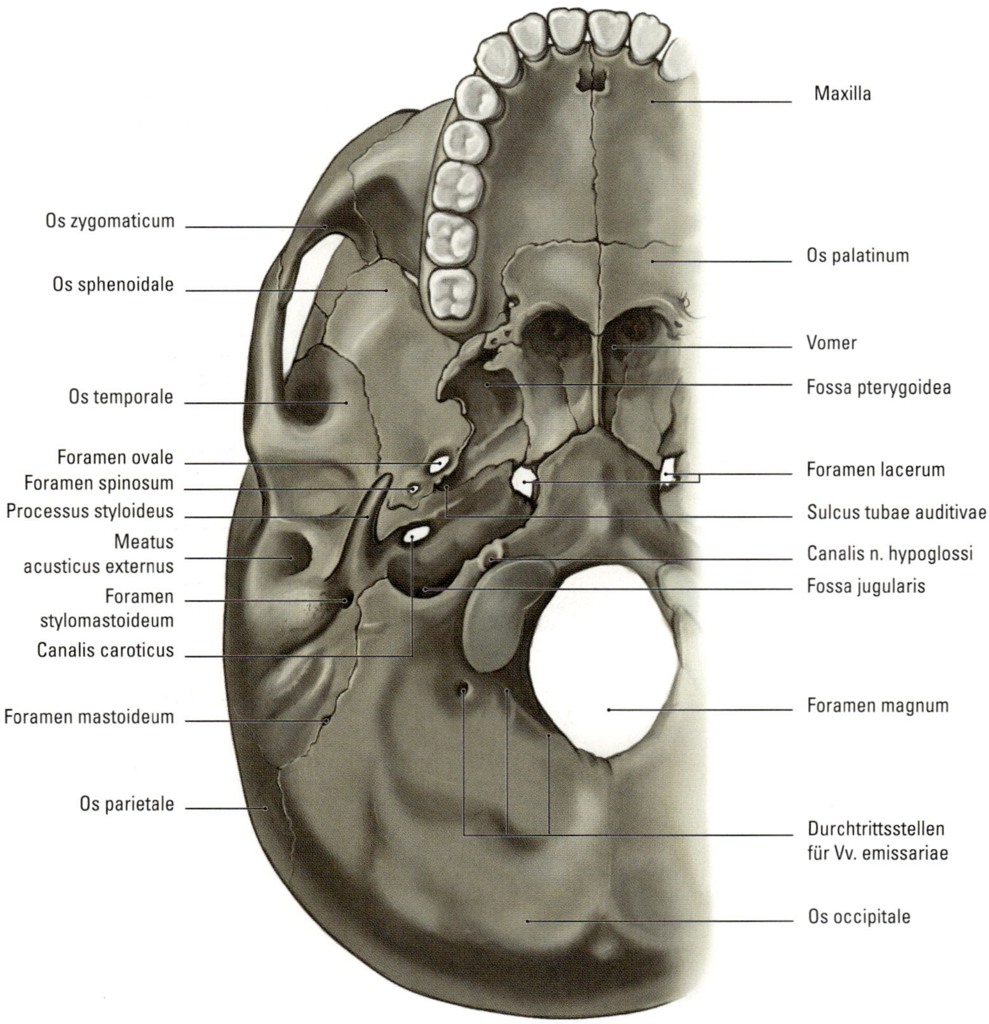

Abb. 4 b: Basis cranii, Ansicht von kaudal

medi-learn.de/6-ana4-4b

	Durchtrittstelle:	hindurchziehende Strukturen:
Vordere Schädelgrube = Fossa cranii anterior	Lamina cribrosa des Os ethmoidale → Verbindung zur Nasenhöhle	Filae olfactoriae (N. olfactorius, I) A. nasalis anterior A./V./N. ethmoidales ant.
Mittlere Schädelgrube = Fossa cranii media	Canalis opticus	N. opticus (II) A. ophthalmica
	Fissura orbitalis superior	N. oculomotorius (III) N. trochlearis (IV) N. ophthalmicus (V1) N. abducens (VI) V. ophthalmica sup.
	Foramen lacerum	N. petrosus major/profundus
	Foramen rotundum	N. maxillaris (V2)
	Foramen ovale	N. mandibularis (V3) A. meningea accessoria
	Foramen spinosum	R. meningeus n. mandibularis (V3) A./V. meningea media
	Fissura sphenopetrosa	N. petrosus minor
	Canalis pterygoideus	N. petrosus major/profundus
	Canalis caroticus	A. carotis interna
Hintere Schädelgrube = Fossa cranii posterior	Foramen jugulare	V. jugularis interna N. glossopharyngeus (IX) N. vagus (X) N. accessorius (XI)
	Porus acusticus internus	Nervus facialis (VII) N. vestibulocochlearis (VIII) A./V. labyrinthi
	Canalis hypoglossi	N. hypoglossus (XII)
	Foramen magnum	Medulla oblongata A. vertebralis A. spinalis N. cervicalis 1 Radix spinalis des N. accessorius (XI)

Tab. 1: Zusammenfassung der Durchtrittstellen

DAS BRINGT PUNKTE

Aus dem Kapitel **„Entwicklung und Wachstum“** sind Fragen zu den Begriffen **Suturen** und **Fontanellen** schon in manch einem Physikum gefragt worden. Du solltest dir daher unbedingt merken, dass

- Suturen die Stellen am Schädel sind, an denen zwei Knochen aufeinander treffen,
- Fontanellen die Stellen am Schädel sind, an denen mindestens drei Knochen aufeinandertreffen. Hier werden der Fonticulus anterior und posterior gerne vergleichend abgefragt.

Aus dem Kapitel **„Schädelbasis mit Durchtrittsstellen“** sind Fragen in beinahe jedem der letzten Physikums-Prüfungen gestellt worden. Du solltest dir daher unbedingt merken, dass

- die Schädelbasis drei Schädelgruben besitzt, nämlich die Fossa cranii anterior, media und posterior
- welche Durchtrittstellen in welcher Schädelgrube liegen (s. Abb. 4 a, S. 4 und Abb. 4 b, S. 5) und
- was hindurchtritt (s. Tab. 1, S. 6).

Besonders wichtige und häufig gefragte Durchtrittstellen sind: Canalis opticus, Fissura orbitalis superior, Foramen lacerum, Foramen rotundum, Foramen ovale, Foramen spinosum und Porus/Meatus acusticus internus.

FÜRS MÜNDLICHE

Zu dem Thema „Entwicklung und Wachstum“ des Schädels sowie Schädelbasis und Durchtrittsstellen wurden in der Vergangenheit folgende Fragen gestellt:

1. **Welche Schädelknochen kennen Sie?**
2. **Was sind Suturen und was Fontanellen?**
3. **Wann verknöchern die Fontanellen?**
4. **Was wissen Sie zur Schädelbasis?**
5. **Welche Durchtrittstellen kennen Sie?**

---

1. Welche Schädelknochen kennen Sie?
Einteilung in Neuro- und Viscerokranium, einzelne Knochen benennen und zeigen können (s. 1.1, S. 1).

2. Was sind Suturen und was Fontanellen?
Bei Suturen und Fontanellen handelt es sich um bindegewebige Strukturen, die u. a. der Anpassung an den Geburtskanal dienen; anhand der Suturen kann man die Lage des kindlichen Kopfes im mütterlichen Becken sowie einen Hydro-/Makrocephalus erkennen. Man unterscheidet vier Suturen und vier Fontanellen (s. 1.1.1, S. 1).

3. Wann verknöchern die Fontanellen?
Fontanellen sind die Stellen am Schädel, an denen mindestens drei Knochen aufeinander treffen. Man unterscheidet neben den etwas unwichtigeren Fonticulus mastoideus und sphenoidalis die wichtigeren Fonticulus anterior und posterior. Sie verknöchern zu unterschiedlichen Zeitpunkten. Die hintere, dreieckige, kleinere Fontanelle verknöchert in aller Regel schon im 3. Monat post partum, während die vordere, größere, viereckige Fontanelle als letzte Fontanelle nach ca. 36 Monaten (3. Lebensjahr) verknöchert.

4. Was wissen Sie zur Schädelbasis?
Wichtig ist eine strukturierte Antwort, solange einen der Prüfer reden lässt. Daher immer einleitende Sätze überlegen! Also z. B.: Der Schädel setzt sich aus Kalotte und Basis cranii zusammen; man unterteilt an der Schädelbasis drei Schädelgruben: die Fossa cranii anterior, media und posterior, die treppenstufenartig nach hinten abfallend angeordnet sind. In den einzelnen Schädelgruben befinden sich Durchtrittstellen für viele wichtige Nerven, Arterien und Venen (s. Tab. 1, S. 6).

5. Welche Durchtrittstellen kennen Sie?
Wichtig bei der Beantwortung dieser Frage ist, dass du systematisch entweder vorne oder hinten anfängst, statt strukturlos auf Löcher zu zeigen, die dir gerade einfallen – also bitte unbedingt vorher üben!

Pause

Und? Fertig erzählt?
Dann darfst du dir jetzt eine Pause gönnen.

3 Kopf- und Halsmuskeln, Faszien

Fragen in den letzten 10 Examen: 16

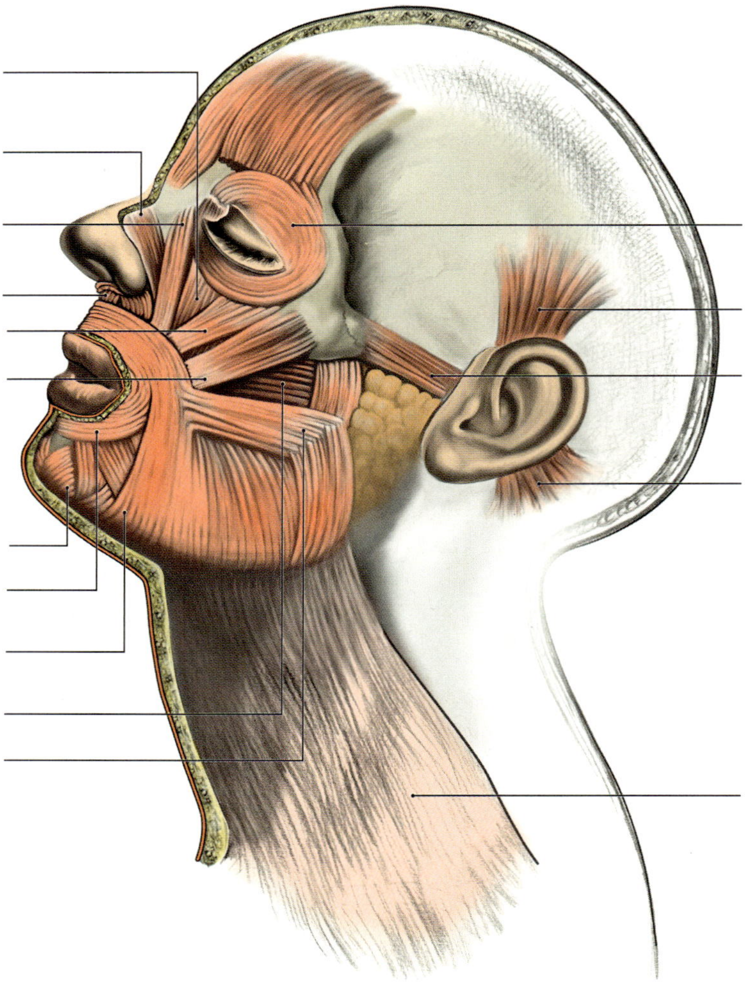

Abb. 5: Wichtige mimische Muskeln

medi-learn.de/6-ana4-5

Auch wenn sich das Thema der Muskeln von Kopf und Hals wie ein Fass ohne Boden anhört, ist es gar nicht so schlimm, wie du vielleicht denken magst. Denn fasst man sämtliche Muskeln in einzelne Gruppen zusammen, lassen sie sich einfacher behalten und die Innervation wird übersichtlich.

3.1 Mimische Muskeln

Auch wenn die mimischen Muskeln im schriftlichen seltener gefragt werden, sollte man einige benennen und deren Innervation kennen können! Also kurz: Zu den mimischen Muskeln (s. Abb. 5, S. 10) zählt man u. a.:

- M. buccinator,
- M. orbicularis oculi (Lidspaltenmuskel),
- M. auricularis sup./ant./post.(Ohrmuschelmuskeln),
- M. nasalis,
- M. orbicularis oris

Alle diese Muskeln werden **ohne Ausnahme** vom **Nervus facialis** innerviert (Nucleus nervi facialis). In früheren Examina wurde u. a. nach der Unfähigkeit des Lidschlusses mit ständig geöffnetem Auge und damit einer Schädigung der Cornea durch Austrocknung bei Schädigung des M. orbicularis oculi gefragt.
Merken musst du dir auch, dass der **M. buccinator** trotz seiner Lage in der tiefen Wangengegend ein **mimischer Muskel ist** und daher (wie alle mimischen Muskeln) vom **N. facialis** innerviert wird.

3.2 Kaumuskeln

Man unterscheidet vier verschiedene Kaumuskeln, die **alle vom N. trigeminus** (Ast = Nervus mandibularis, V3) innerviert werden (s. Abb. 6, S. 11):

- M. temporalis,
- M. masseter,
- M. pterygoideus medialis und
- M. pterygoideus lateralis.

Oberflächlich findet man den M. temporalis und den M. masseter. Der M. temporalis liegt in der gleichnamigen Grube (Fossa temporalis) und setzt sowohl an der Spitze des Processus coronoideus mandibulae als auch an dessen medialer Fläche an. Der M. masseter zieht hingegen vom Arcus zygomaticus zur Tuberositas masseterica an der Außenseite der Mandibula. Auf der Innenseite der Mandibula setzt der M. pterygoideus medialis an, der gemeinsam mit dem M. pterygoideus lateralis tiefer als die erstgenannten Kaumuskeln in der Fossa infratemporalis liegt. Hier bestehen nahe topografische Beziehungen zum Nervus lingualis. Der M. pterygoideus lateralis hat zwei Anteile: seine Pars superior hat ihren Ursprung an der Lamina lateralis des Ala major des Os sphenoidale, während die Pars inferior an der lateralen Fläche der Lamina lateralis des Proc. pterygoideus entspringt.

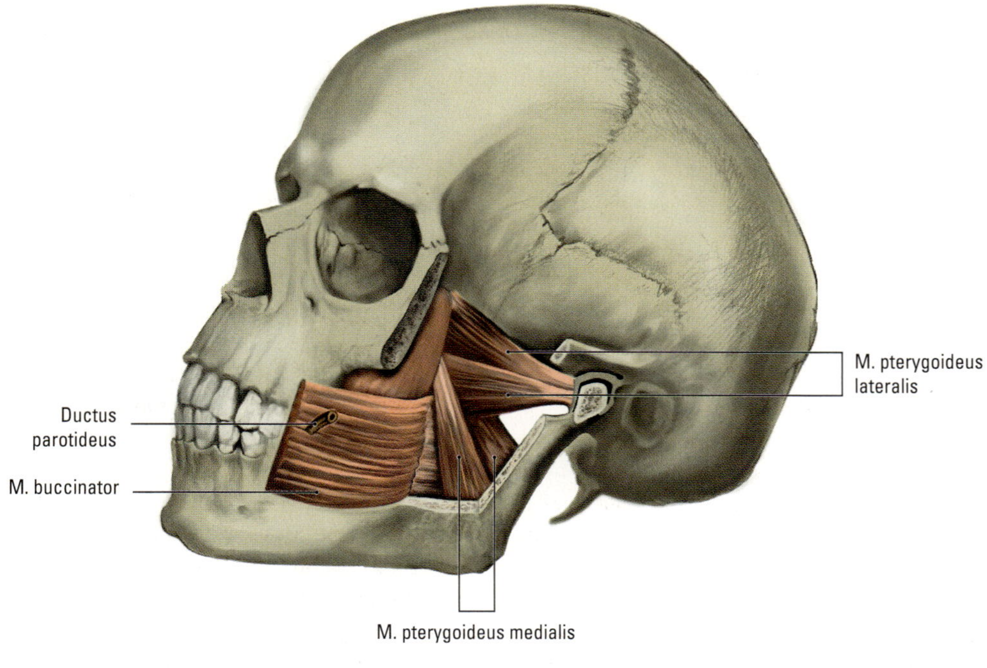

Abb. 6: Kaumuskeln

medi-learn.de/6-ana4-6

Der Muskel setzt am Discus atricularis und am Processus condylaris der Mandibula an.

Übrigens ...
- Funktionell ist der M. temporalis der einzige Kaumuskel, der den Unterkiefer nach hinten bewegen kann (Retrusion).
- Der M. pterygoideus lateralis ist unter den Kaumuskeln der einzige Öffner im Kiefergelenk; alle anderen (Mm. masseter, temporalis und pterygoideus medialis) sind Schließer.
- Die Protrusion wird vor allem durch die Mm. pterygoidei laterales hervorgerufen.
- Der Discus articularis des Kiefergelenks (Articulatio temporomandibularis) besteht aus Faserknorpel.

3.3 Zungen- und Zungenbeinmuskeln

Im Schriftlichen wird hier gerne die Innervation der einzelnen Muskeln erfragt. Im Mündlichen kann hier so mancher Prüfer Lücken entdecken; also unbedingt angucken! Bei der **Zungenmuskulatur** unterscheidet man die Zungenbinnen- von der Zungenaußenmuskulatur. Die **Binnenmuskulatur** bewirkt eine große Flexibilität der Zunge (Sprechen, Kauen etc.), wobei die Muskeln in allen drei Raumebenen verlaufen.
Die **Außenmuskulatur** (s. Abb. 7, S. 12) setzt sich zusammen aus:
- M. palatoglossus,
- M. genioglossus,
- M. hyoglossus und
- M. styloglossus.

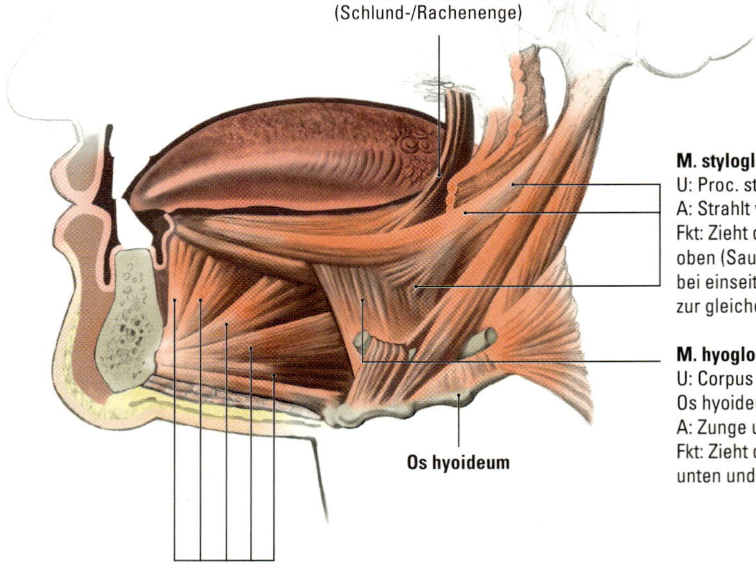

Abb. 7: Zungenaußenmuskulatur

medi-learn.de/6-ana4-7

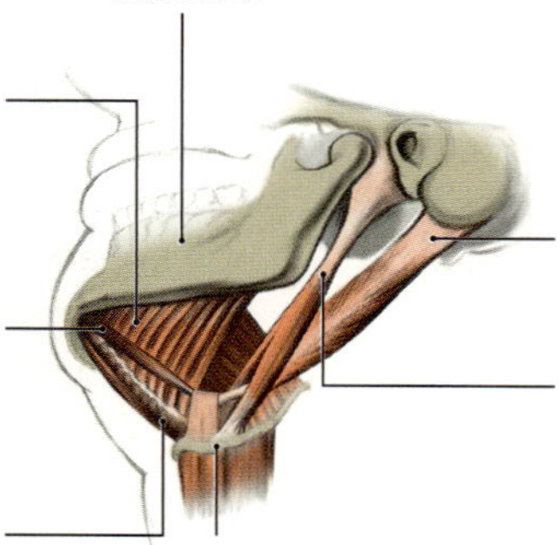

Abb. 8: Suprahyale Muskulatur *medi-learn.de/6-ana4-8*

Der M. palatoglossus wird vom N. glossopharyngens innerviert (IX), **alle** anderen vom N hypoglossus (XII).

Die **Zungenbeinmuskeln** werden unterschiedlich innerviert. Hier unterscheidet man zwei Muskelgruppen: die **suprahyalen** Muskeln, die von der Mandibula zum Os hyoideum (Zungenbein) ziehen und die **infrahyalen** Muskeln.

Die suprahyale Muskulatur (s. Abb. 8, S. 13) umfasst folgende Muskeln:
- M. geniohyoideus,
- M. stylohyoideus,
- M. digastricus und
- M. mylohyoideus.

Die **infrahyale Muskulatur** (s. Abb. 9, S. 13) wird von der Ansa cervicalis profunda innerviert. Sie umfasst die Muskeln, die das Sternum nach kranial ziehen und damit als Atemhilfsmuskeln fungieren:
- M. omohyoideus,
- M. sternohyoideus,
- M. thyrohyoideus und
- M. sternothyroideus.

Zudem dienen diese Muskeln indirekt der Flexion in den Kopf- und Halsgelenken sowie als Hilfsmuskeln beim Schlucken.

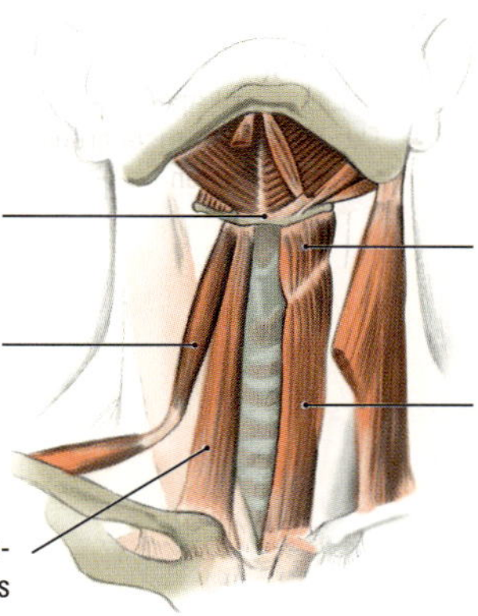

Abb. 9: Infrahyale Muskeln *medi-learn.de/6-ana4-9*

3.4 Mm. scaleni

Es gibt drei Mm. scaleni:
- den M. scalenus anterior,
- den M. scalenus medius und
- den M. scalenus posterior.

Sie alle haben ihren Ursprung an den Processus transversi der Halswirbel und setzen an der ersten und zweiten Rippe an.

Hierbei hat der M. scalenus anterior im unteren Halsbereich eine nahe topografische Beziehung zur Arteria und Vena subclavia, dem N. phrenicus und dem Plexus brachialis. Vor dem M. scalenus anterior verläuft lediglich die V. subclavia. Die A. subclavia und der Plexus brachialis ziehen durch die Lücke zwischen dem M. scalenus anterior und medius hindurch. Diese kann durch eine Halsrippe eingeengt werden.

Merke!

Die **V**ena subclavia verläuft **v**or dem M. scalenus anterior.

Die Mm. scaleni werden (auch im Mündlichen) oft gefragt und sind aktuelles Thema des Gegenstandskatalogs. Leider gibt es bezüglich der Skalenuslücken keine einheitliche Nomenklatur. Für die schriftliche Prüfung solltest du im Hinterkopf behalten, dass man die Skalenuslücken in eine vordere und hintere Skalenuslücke unterteilen kann. Die **„vordere"** Skalenuslücke liegt – auch wenn sie keine echte Lücke ist – **vor** dem M. scalenus anterior; durch sie zieht **NUR** die V. subclavia. Die hintere und echte Skalenuslücke befindet sich zwischen dem M. scalenus anterior und medius; durch sie ziehen die A. subclavia und der Plexus brachialis.

3.5 Halsfaszie

Die Halsfaszie wird Fascia cervicalis genannt und teilt sich in drei Blätter auf (s. Abb. 10, S. 14):
- Lamina superficialis,
- Lamina praetrachealis und
- Lamina praevertebralis.

3.5.1 Lamina superficialis fasciae cervicalis

Die Lamina superficialis ist die oberflächliche Halsfaszie, die die gesamte Halsmuskulatur inklusive der Glandula submandibularis umhüllt und dorsal in die Fascia nuchae übergeht.

3.5.2 Lamina praetrachealis fasciae cervicalis

Die Lamina praetrachealis liegt vor der Trachea. Sie umhüllt Knochen (Os hyoideum, Manubrium sterni, Clavicula), Halseingewei-

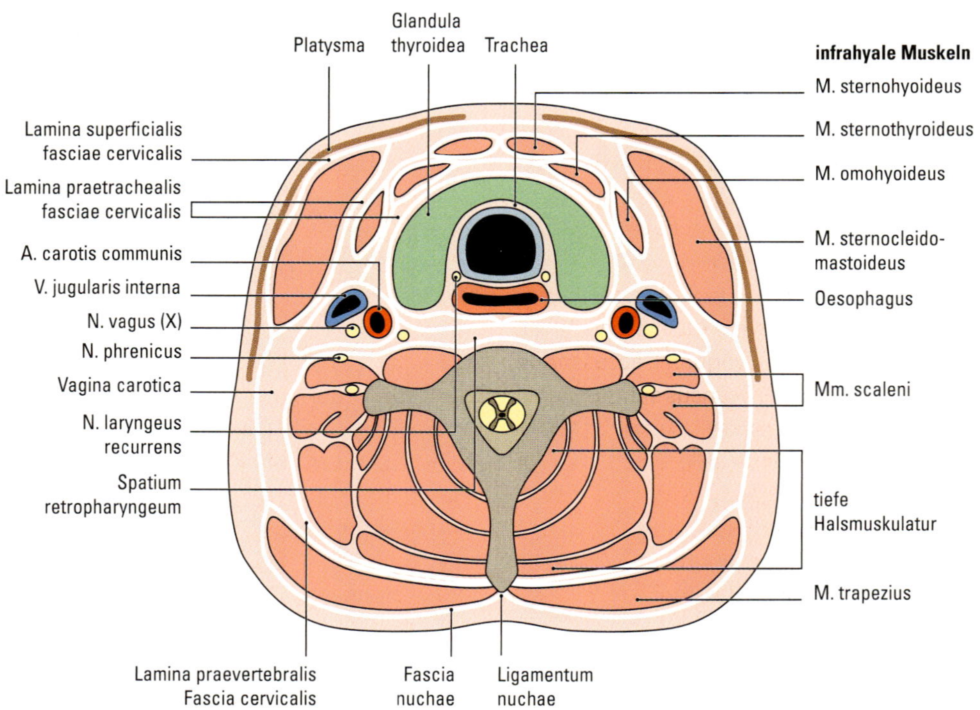

Abb. 10: Halsfaszie und ihre drei Blätter im Horizontalschnitt medi-learn.de/6-ana4-10

de (Trachea, Ösophagus, Glandula thyroidea und parathyroidea), infrahyale Muskeln (M. omohyoideus, M. thyrohyoideus, M. sternohyoideus, M. sternothyroideus), den Pharynx und den Larynx.
Da dieses Blatt der Halsfaszie mit der Vagina carotica verwachsen ist und diese auch den infrahyalen Muskel M. omohyoideus umgibt, kommt es bei Kontraktion des M. omohyoideus zum Zug auf die Vagina carotica und damit zum Offenhalten der Vena jugularis.

3.5.3 Lamina praevertebralis fasciae cervicalis

Die Lamina praevertebralis liegt hinter den Halseingeweiden und umgibt (häufig gefragt!) neben den Halsmuskeln (M. longus colli, Mm. scaleni, M. longus capitis) auch Nerven (Truncus sympathicus mit den drei Halsganglien, Plexus brachialis, N. phrenicus) und Gefäße (A. subclavia).

3.6 Spatium para- bzw. lateropharyngeum

Das Spatium retropharyngeum ist ein Bindegewebsraum, der sich von der Schädelbasis bis ins Mediastinum erstreckt und sich dorsal an den Pharynx anschließt. Das Spatium para- bzw. lateropharyngeum (s. Abb. 11, S. 15) ist ein Raum, der lateral des Pharynx und beiderseits (lateral und ventral) des Spatium retropharyngeum liegt. Es enthält die Hirnnerven IX–XII (N. glossopharyngeus, N. vagus, N. accessorius und N. hypoglossus), den Truncus sympathicus, die A. carotis interna und die V. jugularis interna (Vagina carotica = Gefäßnervenscheide des Halses). Weitere Strukturen dieses Spatiums sind der kaudale Teil der Parotis, der N. lingualis, N. auriculotemporalis, N. alveolaris inferior, die Chorda tympani und das Ganglion oticum.

Hier solltest du versuchen, dir besonders die Strukturen einzuprägen, mit denen man viele Punkte machen kann (die hier erstgenannten). Da der Rest zudem schwierig vorstellbar und daher auch schlecht zu behalten ist, kannst du den dafür benötigten Platz im Hirn besser für andere Dinge verwenden.

Merke!

Carolin **tr**inkt mit **sympathi**schen **Ju**ngen von **9–12**, für folgende Strukturen des Spatium para-/lateropharyngeum:
- A. **caro**tis interna
- **Tr**uncus **sympathi**cus
- V. **ju**gularis interna
- Hirnnerven **IX–XII**

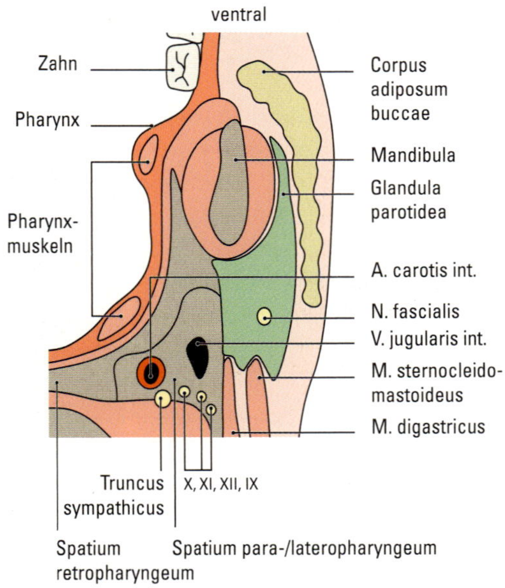

Abb. 11: Spatium para-/lateropharyngeum, Blick von kranial

medi-learn.de/6-ana4-11

DAS BRINGT PUNKTE

Fragen im Physikum aus dem Kapitel **Kopf- und Halsmuskeln** betreffen die Innervation der mimischen Muskeln, der Kaumuskeln und die Skalenuslücken. Du solltest dir daher unbedingt merken, dass

- alle mimischen Muskeln durch den N. facialis innerviert werden.
- alle Kaumuskeln durch den N. mandibularis, einem Ast des N. trigeminus innerviert werden.
- durch die (hintere) Skalenuslücke zwischen dem M. scalenus anterior und medius die A. subclavia und der Plexus brachialis ziehen.

FÜRS MÜNDLICHE

Im mündlichen Examen gab es zu Kopf- und Halsmuskeln folgende Fragen:

1. **Welche mimischen Muskeln kennen Sie und wie werden sie innerviert?**
2. **Was sind die Kaumuskeln?**
3. **Benennen Sie die Zungen- und Zungenbeinmuskeln mit ihrer Innervation.**
4. **Was umfasst die Halsfaszie?**

1. Welche mimischen Muskeln kennen Sie und wie werden sie innerviert?
Beispiele sind der M. orbicularis oculi und der M. buccinator; Innervation = N. facialis.

2. Was sind die Kaumuskeln?
Es gibt vier verschiedene: den M. temporalis, M. masseter, M. pterygoideus medialis und lateralis; Innervation: N. trigeminus mit seinem dritten Ast, dem N. mandibularis.

3. Benennen Sie die Zungen- und Zungenbeinmuskeln mit ihrer Innervation.
Die Zungenmuskeln werden in zwei Gruppen eingeteilt: die Außen- und die Binnenmuskulatur (s. Abb. 7, S. 12 und Abb. 8, S. 13). Sie sorgen für eine hohe Flexibilität der Zunge. Die Zungenbeinmuskulatur setzt sich aus der Gruppe der supra- und infrahyalen Muskeln zusammen. Die suprahyale Muskulatur besteht aus mehreren Muskeln mit verschiedener Innervation, z. B. dem M. geniohyoideus, der das Os hyoideum nach ventral zieht und von den Rami anteriores der Nervi cervicales I und II innerviert wird. Außerdem besitzt die suprahyale Muskulatur als Kieferöffner den M. mylohyoideus und den M. digastricus anterior, die vom N. mylohyoideus innerviert werden und letztlich den M. stylohyoideus und den M. digastricus posterior, die vom N. facialis innerviert werden und beim Schluckakt mithelfen.
Die Gruppe der infrahyalen Muskeln umfasst vor allem den M. omohyoideus, den M. sternothyroideus und den M. sternohyoideus, die alle von der Ansa cervicalis profunda innerviert werden.

4. Was umfasst die Halsfaszie?
Die Halsfaszie ist an der Mandibula und dem Sternum aufgehängt und unterteilt sich in drei Blätter:

- die Lamina superficialis fasciae cervicalis,
- die Lamina praetrachealis und
- die Lamina praevertebralis (Details s. 3.5, S. 14).

Dies solltest du dir unbedingt mal selber laut erzählen, da man oft das Gefühl hat, es verstanden zu haben, aber gerade dieses Thema oftmals schwer in die richtigen Worte gefasst werden kann.

Mehr Cartoons unter www.medi-learn.de/cartoons

Pause

Kleine Pause!
Anatomie ganz praktisch veranlagt ...

4 Kopf- und Halseingeweide

Fragen in den letzten 10 Examen: 37

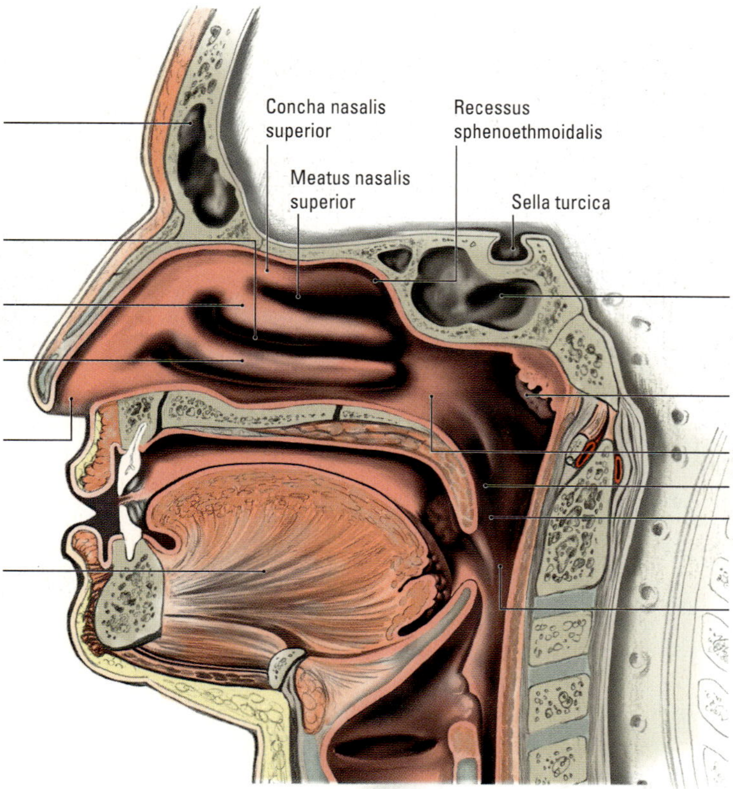

Abb. 12: Cavitas nasi, laterale Wand

medi-learn.de/6-ana4-12

Das Kapitel der Kopf- und Halseingeweide umfasst ein weites Spektrum, das aber glücklicherweise nicht in allen Details geprüft wird. Einzelne Themen wie die Mündungen der Nasennebenhöhlen in die Nasenhöhle, der Larynx oder die Speicheldrüsen mit ihrer parasympathischen Innervation fehlen aber in fast keinem Physikum und lassen sich anschaulich erklären und merken. Also alles halb so schlimm.

4.1 Nase

Die Nasenhöhle (Cavitas nasi) wird durch das Septum nasi in zwei annähernd gleich große Höhlen unterteilt.

Den Bereich bis zum Limen nasi nennt man Vestibulum (Vorhof) nasi, den restlichen Bereich Cavum nasi (s. Abb. 14, S. 21).

Das **Septum** nasi besteht aus einer Pars ossea (Teil des Os ethmoidale und des **Vomer**) und einer Pars intercartilaginea (hyaliner Knorpel). Die Verbindung zur Außenwelt stellen die Aperturae piriformis (Nasenlöcher) und die zum Nasenrachenraum die Choanen her.

Die knöcherne Struktur der **lateralen** Nasenwand setzt sich zusammen aus:

- Os frontale,
- Os nasale,
- Os ethmoidale (mit Concha nasalis superior und media),
- Os lacrimale,

- Concha nasalis inferior,
- Maxilla und
- Os palatinum.

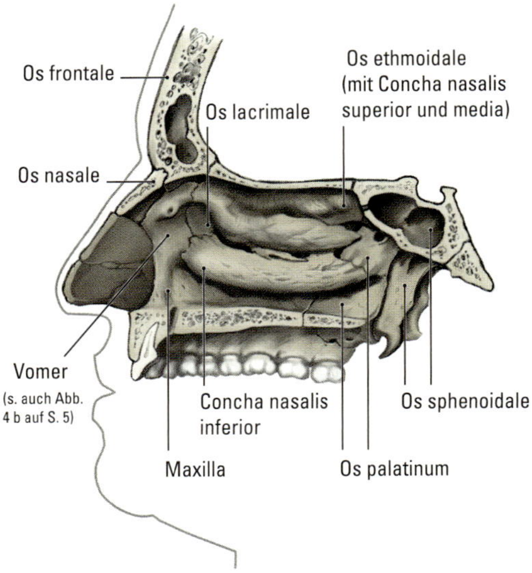

Abb. 13: Knochen der lateralen Nasenwand

medi-learn.de/6-ana4-13

Bei den Conchae nasales (Nasenmuscheln) handelt es sich um drei dünne Knochenplatten, die in die Nasenhöhle hineinragen und mit Schleimhautepithel überzogen sind. Hier liegen die Öffnungen zu den Nasennebenhöhlen und die Mündung des Tränennasengangs. Während die Concha nasalis superior und media zum Os ethmoidale gezählt werden, handelt es sich bei der Concha nasalis inferior um einen eigenständigen Knochen.

Die drei Nasengänge, die zu den Nasennebenhöhlen führen (Meatus nasi superior, medius und inferior) liegen unterhalb des bogenartigen Randes der drei Conchae nasales (s. Abb. 12, S. 19).

- Der Meatus nasi superior liegt unterhalb der Concha nasalis superior. Hier münden die Cellulae ethmoidales posteriores (hintere Siebbeinzellen).
- Der Meatus nasi medius ist klinisch besonders wichtig. Er liegt unterhalb der mittleren Nasenmuschel, wo sich auch der Hiatus semilunaris befindet, und dient als Mündungsstelle für die Cellulae ethmoidales anteriores, den Sinus frontalis und den Sinus maxillaris.
- In den Meatus nasi inferior mündet der Tränennasengang (Ductus nasolacrimalis). Der Ductus nasolacrimalis geht aus dem Saccus lacrimalis hervor, hat topografische Beziehungen zur Maxilla, mündet in den Meatus nasi inferior und besitzt an seiner Mündung eine klappenartige Schleimhautfalte.
- Zum Zeitpunkt der Geburt kann der Ductus nasolacrimalis gegen das Nasenlumen verschlossen sein.
- Eine Sonderstellung nimmt der Ausführungsgang des Sinus sphenoidalis ein (s. Abb. 12, S. 19): Er mündet oberhalb des Hinterrandes des Meatus nasi superior in seinen eigenen Recessus, den Recessus sphenoethmoidalis. Hier befindet sich auch die Verbindung zur Fossa sphenopalatina (über das Foramen sphenopalatinum).

Merke!

Wichtig ist, welche Struktur in welchen Nasengang mündet:
- Meatus nasi superior: Cellulae ethmoidales posteriores
- Meatus nasi medius: der gesamte Rest
- Meatus nasi inferior: Ductus nasolacrimalis

Wichtige Ausnahme: der Sinus sphenoidalis mit seinem eigenen Recessus.

4.1.1 Innervation und Blutversorgung der Nase

Innervation und Blutversorgung der Nase sind schon öfters im Mündlichen gefragt worden, sodass man eine grobe Vorstellung haben sollte. Die Innervation der Nase umfasst drei Qualitäten:

1. **Sensibel** wird die Nase im ventralen Bereich von Ästen des **N. ophthalmicus** (z. B. durch den N. ethmoidalis anterior) und im dorsalen Bereich von Ästen des **N. maxillaris** versorgt.

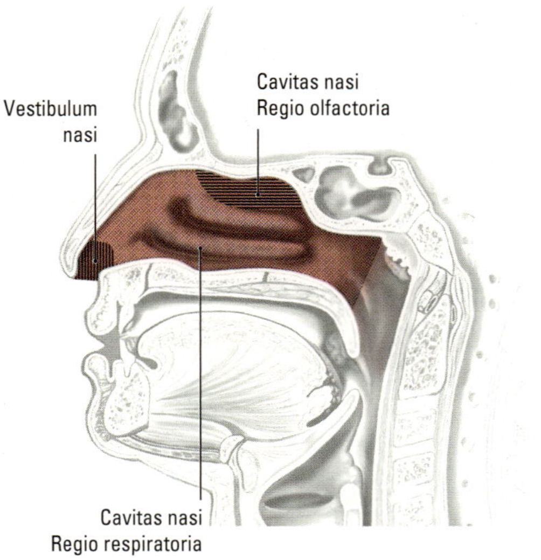

Abb. 14: Bereiche der Nase *medi-learn.de/6-ana4-14*

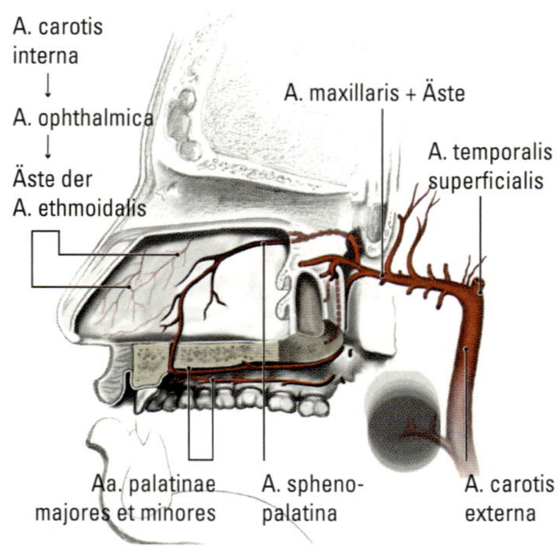

Abb. 15: Blutversorgung Nase

medi-learn.de/6-ana4-15

2. Die **sekretorische** Innervation der Glandulae nasales erfolgt über den **N. petrosus major** (fördert die Sekretion) aus dem parasympathischen Ganglion pterygopalatinum und dem sympathischen **N. petrosus profundus** (hemmt die Sekretion).
3. **Sensorisch** versorgen die **Nn. olfactorii** (I) die Regio olfactoria.

Die **Blutversorgung** der Nase rührt aus zwei unterschiedlichen Quellen. Vor allem der ventrale und obere Bereich der Nase wird aus Ästen der A. carotis interna gespeist, während der Rest aus der A. carotis externa (vor allem über die A. sphenopalatina, s. Abb. 15, S. 21) versorgt wird.

Übrigens ...

Wird Riechschleimhaut verletzt (z. B. bei Operationen), ist sie nicht für immer beeinträchtigt, da sich laufend neue Sinneszellen differenzieren. Diese Zellen sind Abkömmlinge von rundlichen Basalzellen des olfaktorischen Epithels.

4.2 Nasennebenhöhlen

Die Nasennebenhöhlen (NNH) werden auch Sinus paranasales genannt und sind luftgefüllte Räume, die an die Nasenhöhle angrenzen (s. Abb. 11, S. 15 und Abb. 13, S. 20). Die NNH entwickeln sich erst etwa ab dem 3. Lebensjahr, und die Pneumatisation dauert bis ins Erwachsenenalter an (bis ca. zum 20. Lebensjahr). Man unterscheidet vier Nasennebenhöhlen:

- den Sinus maxillaris (Kieferhöhle),
- den Sinus frontalis (Stirnbeinhöhle),
- den Sinus sphenoidalis (Keilbeinhöhle) und
- die Cellulae ethmoidales/Labyrinthus ethmoidalis (Siebbeinzellen).

Alle NNH stehen in topografischer Beziehung zur Orbita. Alle – außer dem Sinus maxillaris – haben zudem eine topografische Beziehung zur Schädelhöhle und den Meningen.

Die Funktion der NNH besteht in einer Vergrößerung der Nasenhöhle, einer verbesserten Anwärmung der Atemluft, der Vergrößerung des Resonanzraums (Stimme) und einer Gewichtsersparnis.

Im Einzelnen lassen sich zu den NNH folgende prüfungsrelevante Punkte zusammenfassen:

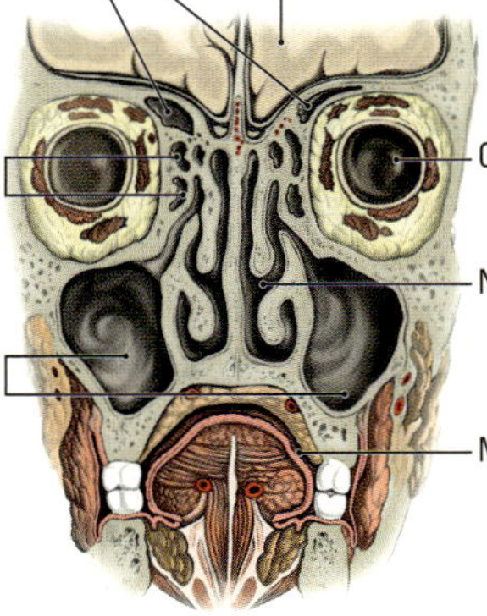

Abb. 16: Nasennebenhöhlen (Frontalschnitt)

medi-learn.de/6-ana4-16

- Der **Sinus maxillaris (Kieferhöhle)** ist paarig angelegt und grenzt an den Canalis infraorbitalis. Es handelt sich um die größte NNH, die sich fast in der ganzen Maxilla ausbreitet. Direkt unterhalb liegen die Oberkieferzähne; der Sinus maxillaris grenzt hier an die Wurzel des 1. Molaren. Bei einer Eiteransammlung (Abszess) kann es zu einem Durchbruch in die Kieferhöhle kommen. Der Ausführungsgang mündet in das trichterförmige Infundibulum ethmoidale, das am Hiatus maxillaris in den Meatus nasi medius führt.
- Der **Sinus frontalis (Stirnbeinhöhle)** wird durch ein Septum interfrontale in zwei paarig angelegte Sinus frontales getrennt. Sie sind in Form und Größe variabel und münden über Aperturae sinus frontales in den Hiatus semilunaris und den Meatus nasi medius.
- Auch der **Sinus sphenoidalis (Keilbeinhöhle)** ist paarig angelegt und meist durch ein Septum unvollständig getrennt. Sein Ausführungsgang mündet in den Recessus sphenoethmoidalis (mit topografischer Beziehung zum Sinus cavernosus).
- Die **Cellulae ethmoidales/Labyrinthus ethmoidalis (Siebbeinzellen)** sind acht bis zehn erbsengroße, pneumatisierte Knochenkapseln im Os ethmoidale, die man zusammen Sinus ethmoidalis nennt. Sie haben u. a. topografische Beziehungen zur Stirnbeinhöhle, der vorderen Schädelgrube, zur Orbita und zur Keilbeinhöhle.

Man unterteilt sie weiter in zwei Gruppen mit unterschiedlichen Mündungsstellen in die Nasenhöhlen:

- **Cellulae ethmoidales anteriores (vordere Siebbeinzellen)**, münden in den Meatus nasi medius.
- **Cellulae ethmoidales posteriores (hintere Siebbeinzellen)**, münden in den Meatus nasi superior.

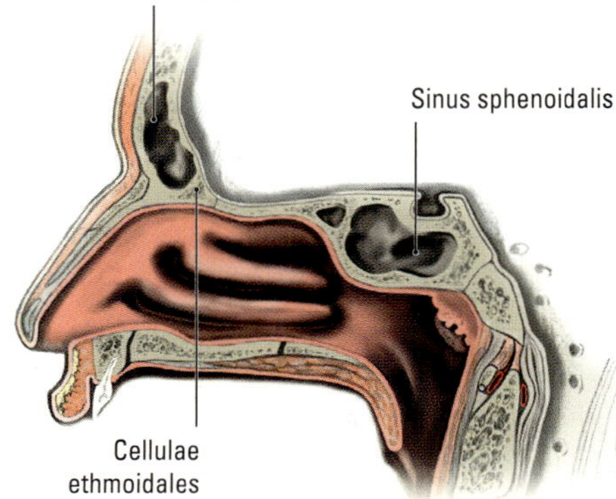

Abb. 17: Nasennebenhöhlen (Sagittalschnitt)

medi-learn.de/6-ana4-17

4.3 Zähne

Die Zähne entstehen aus Ektoderm und Mesenchym (Odontoblasten). Die Bildung der Hartsubstanz beginnt bereits vor der Geburt, während die Odontoblasten Dentin auch noch beim Erwachsenen bilden.

Die Zahnentwicklung erstreckt sich insgesamt über die Zeitspanne von der 6. Entwicklungswoche bis zum 16. Lebensjahr, wobei der erste Zahn des Milchgebisses (Dentes deciduales) meist der erste (untere mediale) Schneidezahn oder der erste Molar mit ca. 6–12 Monaten ist, während der erste Zahn des bleibenden Gebisses (Dentes permanentes) – der erste Molar (zweiwurzelig) – im Alter von ca. 6 Jahren auftritt.

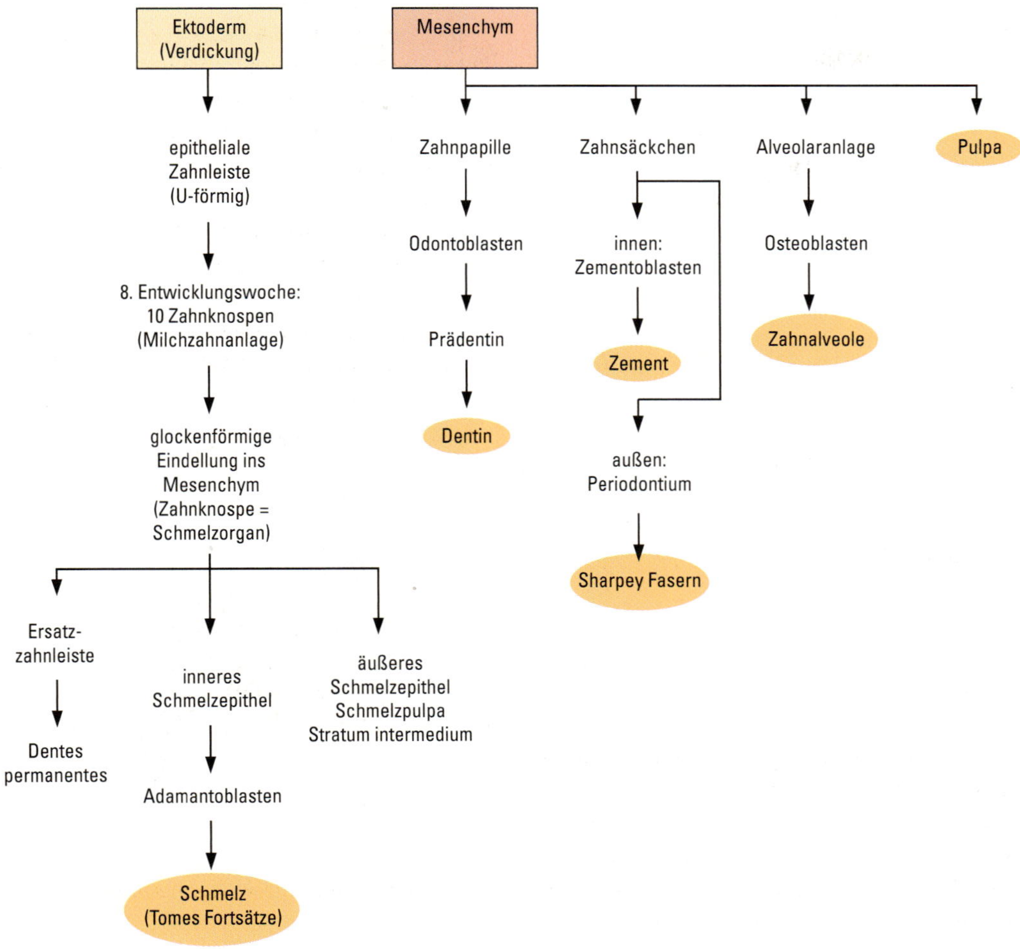

Abb. 18: Zahnentwicklung *medi-learn.de/6-ana4-18*

4

Merke!

- Erster Zahn des Milchgebisses ist meist der erste (untere mediale) Schneidezahn oder der erste Molar (6.–12. Monat).
- Der zweite Milchmolar tritt von den Oberkieferzähnen des Milchgebisses am häufigsten als letzter durch.
- Erster Zahn des bleibenden Gebisses ist der erste Molar (zweiwurzelig).

Der Halteapparat eines Zahnes setzt sich zusammen aus dem Periodontium (Wurzelhaut), der Substantia ossea (Zement), dem angrenzenden Alveolarknochen und der Gingiva (Zahnfleisch).

4.4 Zungenpapillen

Mündlich und in früheren Examina wurden auch schriftlich gerne die Zungenpapillen mitsamt ihren Qualitäten abgefragt:
Der Sulcus terminalis liegt an der Grenze zwischen Zungenwurzel (Radix linguae) und Corpus linguae (s. Abb. 20, S. 25). Die Zungenpapillen sind vor dem Sulcus terminalis auf den vorderen 2/3 der Zunge ausgebildet. Sie liegen in der Schleimhaut des Zungenrückens und dienen der Tast- und Geschmacksempfin-

dung. Insgesamt werden vier Arten von Papillen unterschieden:

- Entlang des Sulcus terminalis sind die sieben bis zwölf **Papillae vallatae** angeordnet. Sie besitzen einen ringförmigen Graben und enthalten Geschmacksknospen mit Von-Ebner-Spüldrüsen. Die Geschmacksknospen der Papillae vallatae werden überwiegend vom N. glossopharyngeus (IX) innerviert.
- Die **Papillae foliatae** liegen seitlich hinten und imponieren als Schleimhautfalten. Auch sie enthalten Von-Ebner-Spüldrüsen und vereinzelte Geschmacksdrüsen.
- Die **Papillae fungiformes** erkennt man bereits mit bloßem Auge als kleine rote Punkte an der Zungenspitze und den Zungenrändern. Sie enthalten wenige Geschmacksknospen und Thermorezeptoren.
- Die **Papillae filiformes** liegen vorwiegend auf dem Zungenrücken. Sie sind verhornt und dienen als Mechanorezeptoren. Geschmacksknospen findet man hier NICHT.

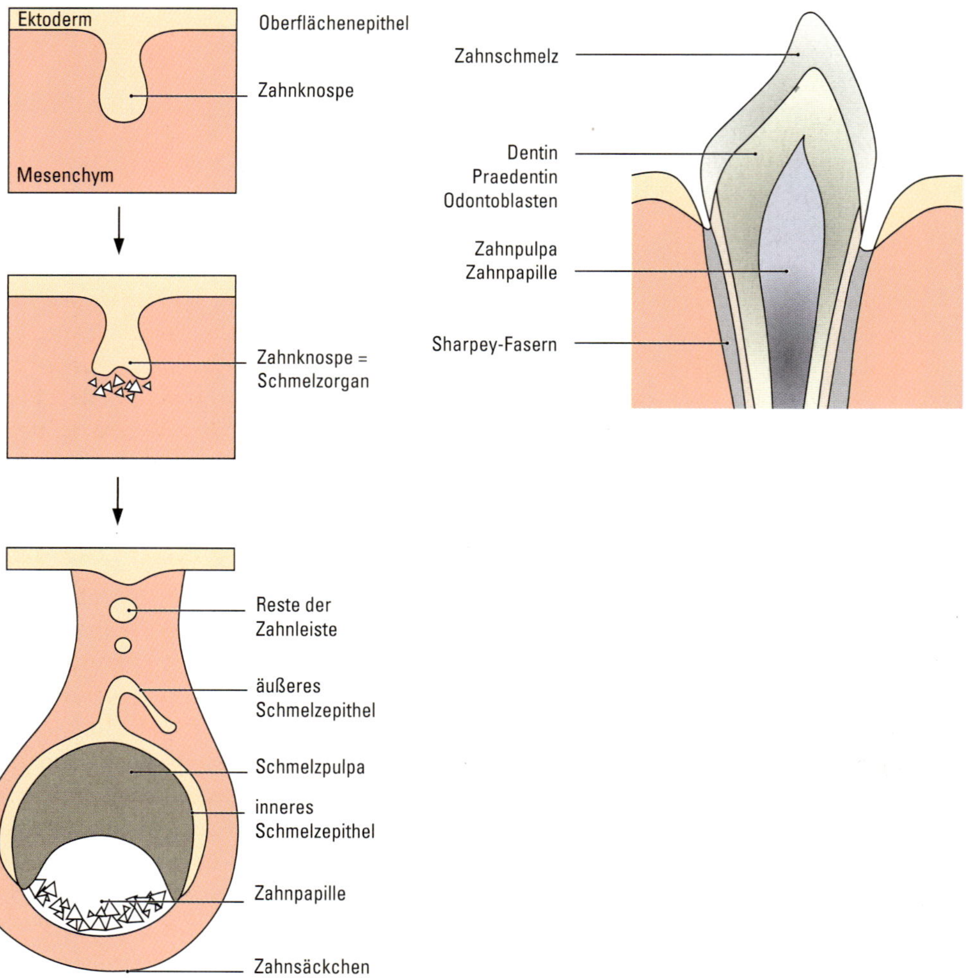

Abb. 19: Zahnaufbau

medi-learn.de/6-ana4-19

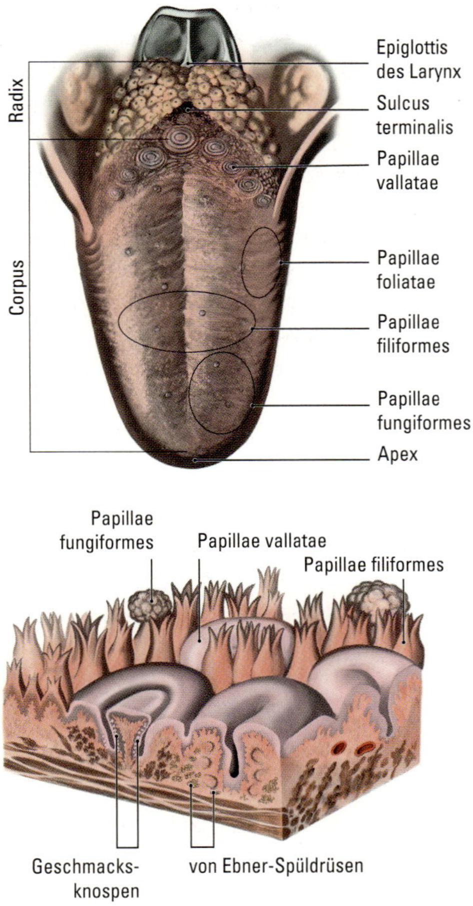

Abb. 20: Zungenpapillen *medi-learn.de/6-ana4-20*

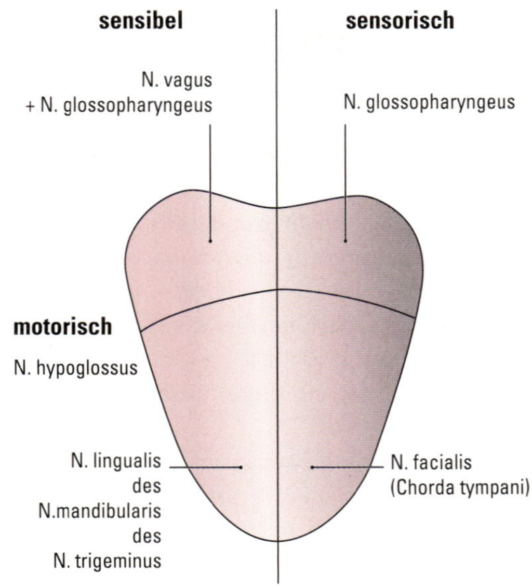

Abb. 21: Zungeninnervation *medi-learn.de/6-ana4-21*

4.4.1 Innervation der Zunge

Wenn im Mündlichen Zungenpapillen gefragt werden, kommt oft auch noch eine Frage zur Innervation. Daher kurz: An der Zunge kann man bezüglich der Innervation drei Qualitäten unterscheiden:
- die motorische,
- die sensible und
- die sensorische.

1. Die **motorische** Innervation der Zungenbinnenmuskulatur (s. 3.3, S. 12) sowie eines Teils der infrahyalen und Unterzungenmuskulatur erfolgt durch den **N. hypoglossus** (XII).
2. Die **sensorische** Innervation erfolgt für die vorderen zwei Drittel der Zunge (u. a. der Geschmacksknospen des Zungenrückens) durch den **N. intermediofacialis** über die Chorda tympani. Das hintere Drittel der Zunge wird durch den **N. glossopharyngeus** versorgt. Der Terminationskern für die Rezeptorenfelder „Geschmacksrezeptoren im vorderen und hinteren Teil der Zunge" ist der Nucleus solitarius. In den Geschmacksknospen der Zunge liegen Nervenendigungen der speziell viszeroafferenten Fasern der pseudounipolaren Nervenzellen des Ganglion geniculi.
3. Die **sensible** Innervation der Zunge erfolgt auf den vorderen zwei Drittel durch den N. lingualis (ein Ast des N. mandibularis des **N. trigeminus**), während das hintere Drittel durch den **N. glossopharyngeus** innerviert wird.

Übrigens ...
- Bei einem Ausfall des Nervus hypoglossus einer Seite weicht die Zun-

ge beim Herausstrecken zur kranken Seite ab (s. Punkt 1).
- Eine Geschmacksstörung der vorderen zwei Drittel einer Zungenhälfte ist am ehesten auf eine Schädigung des N. intermediofacialis zurückzuführen (s. Punkt 2).
- An der Tonsilla lingualis (liegt am Zungengrund) geht die sensible und sensorische Innervation in das Versorgungsgebiet des N. vagus über.

4.5 Speichel- und Tränendrüsen

Die Speicheldrüsen produzieren 1 bis 1,5 Liter Speichel pro Tag. Dieser Speichel ist reich an Schleim, Amylase, Abwehrzellen, Lysozym und Antikörpern. Er dient der Anfeuchtung der Mundhöhle und des Inhalts, der Einleitung der Verdauung, hat eine bakterizide und exkretorische Funktion (z. B. Sekretion von Jod und Kalium) und vermittelt die Resorption von Natrium. Ein Teil der Speicheldrüsen mündet in die Cavitas oris propria (Cavum oris proprium); so z. B. die Glandula lingualis anterior, die Glandulae palatinae, die Glandula submandibularis und die Glandula sublingualis. Die Glandula lingualis anterior und die Glandulae palatinae sind in diesem Zusammenhang eher unwichtig und wurden bislang im schriftlichen Examen nicht gefragt. Man kann sie daher außer Acht lassen, sollte aber im Hinterkopf behalten, dass sie wie **alle Drüsen** im Kopf- und Halsbereich vom **N. facialis** innerviert werden. Alle, mit einer

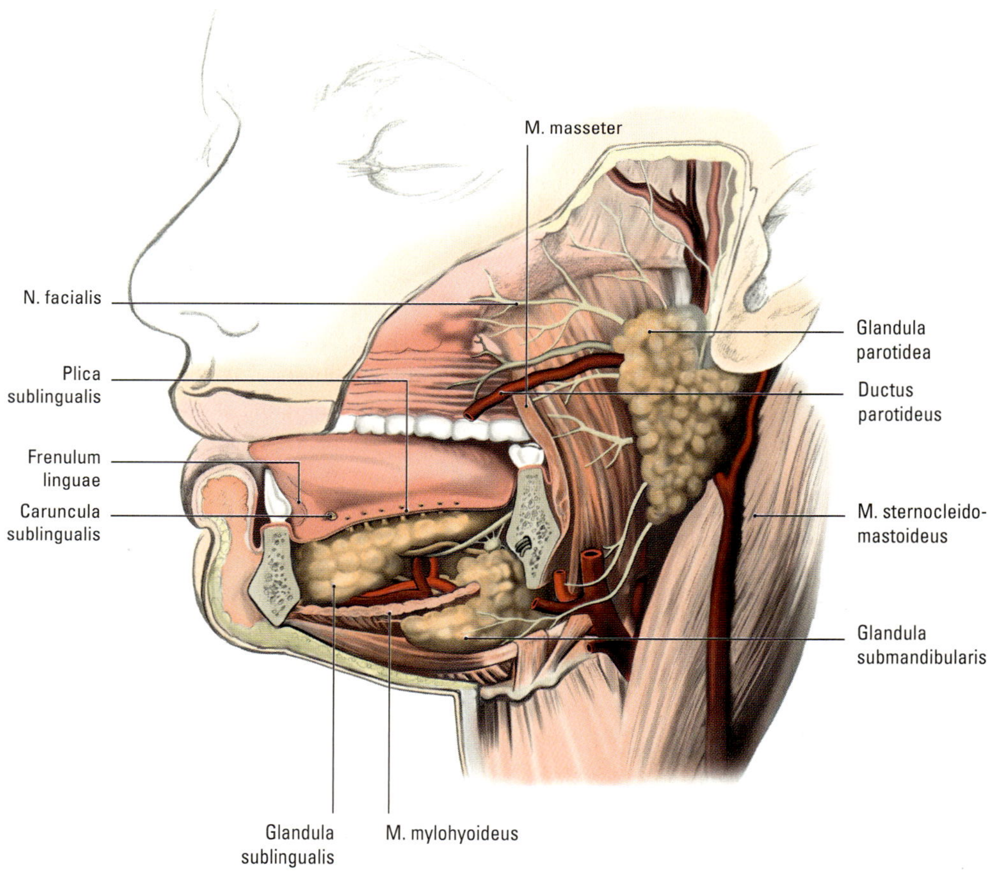

Abb. 22: Speicheldrüsen

medi-learn.de/6-ana4-22

Ausnahme: Die Glandula **parotidea** wird vom **N. glossopharyngeus** innerviert.

Man unterscheidet vier äußerst prüfungsrelevante Drüsen im Kopf-Halsbereich (s. Abb. 22, S. 26):

- Die **Glandula parotidea (Parotis)** liegt präaurikulär und reicht bis in die Fossa retromandibularis. Sie ist eine rein seröse Drüse, die aus Myoepithelzellen besteht, und wird von zwei Faszienblättern umhüllt (Parotisloge). Der **Ductus parotideus** entwickelt sich vom Mundhöhlenepithel aus und verlässt die Drüse am Vorderrand. Anschließend zieht er lateral des Kaumuskels M. masseter in der Regio buccalis mundwärts, durchbohrt dabei den mimischen Muskel M. buccinator und mündet im Vestibulum oris gegenüber dem zweiten oberen Molaren. Klinisch kann es zur Parotitis (Mumps) mit der Gefahr des Übergriffs auf andere drüsige Organe kommen. In der Parotis verlaufen u. a. der N. glossopharyngeus und der N. intermediofacialis sowie die A. carotis externa; letztere teilt sich hier in die A. maxillaris und A. temporalis superficialis auf. Die Parotis grenzt zudem nach hinten an den M. sternocleidomastoideus. Ihre **parasympathische Innervation erfolgt durch den N. glossopharyngeus (Kern = Nucleus salivatorius inferior)**. Da alle anderen Drüsen im Kopf-Halsbereich vom Nervus (intermedio) facialis innerviert werden, stellt die Innervation der Parotis eine gern gefragte Ausnahme dar!

- Die **Glandula submandibularis** ist eine seromuköse Drüse, die im Trigonum submandibulare liegt. Die Drüse zieht c-förmig um den Hinterrand des Mundbodenmuskels M. mylohyoideus herum, sodass sich Anteile der Drüse sowohl unterhalb als auch oberhalb des M. mylohyoideus befinden (s. Abb. 22, S. 26). Auf dem Diaphragma oris zieht der **Ductus** submandibularis dann nach ventral und mündet neben dem Frenulum linguae auf der Caruncula sublingualis. Die parasympathische Innervation erfolgt durch den N. (intermedio)facialis (zum Teil über die Chorda tympani). Die Glandula submandibularis wird von der A. facialis erreicht, die durch sie hindurchzieht und grenzt medial an den Venter anterior des M. digastricus. Sensibel versorgt sie der Nervus lingualis.
- Die **Glandula sublingualis** ist in der Regio sublingualis lokalisiert und wölbt sich als Plica sublingualis in die Mundhöhle vor. Es handelt sich hierbei um eine muko-seröse Drüse, die auf dem M. mylohyoideus liegt (s. Abb. 22, S. 26) und in einen vorderen und einen hinteren Teil eingeteilt wird: Der vordere Teil führt über den Ductus sublingualis major zur Caruncula sublingualis, während der hintere Teil über zahlreiche Ductuli sublinguales minores neben der Zunge auf der Plica sublingualis mündet. Auch diese Drüse wird durch den N. (intermedio) facialis innerviert.
- Die **Glandula lacrimalis** ist die Tränendrüse. Sie liegt am Os frontale und ist eine rein seröse Drüse, die ebenfalls durch den N. (intermedio)facialis innerviert wird. Wird der Ramus communicans zwischen dem N. zygomaticus und N. lacrimalis zerstört, vermindert sich die autonome Versorgung der Tränendrüse.

Übrigens ...
Eine Sondierung des Ductus submandibularis erfolgt am besten am medialen Ende der Plica sublingualis an der Caruncula sublingualis.

Merke!

- **Alle** bedeutenden Drüsen im Kopf- und Halsbereich innerviert der **N. intermediofacialis** (u. a. Tränendrüsen, Gaumendrüsen, Glandula sublingualis, Glandula submandibularis). Seine parasympathischen Fasern haben ihren Ursprung im Nucleus salivatorius superior.
- Die **Parotis** hingegen wird parasympathisch vom **N. glossopharyngeus** innerviert. Sein parasympathischer Hirnnervenkern ist der Nucleus salivatorius inferior.

4.6 Pharynx

Der Pharynx ist ein 12 bis 14 cm langer fibromuskulärer Schlauch, der mit Schleimhaut ausgekleidet ist und ein gemeinsames Stück des Speise- und Luftwegs darstellt. Begrenzt wird der Pharynx durch die Schädelbasis (über die Fascia pharyngobasilaris befestigt), die HWS, die Choanen, den Isthmus faucium, den Ösophagus und den Larynx.

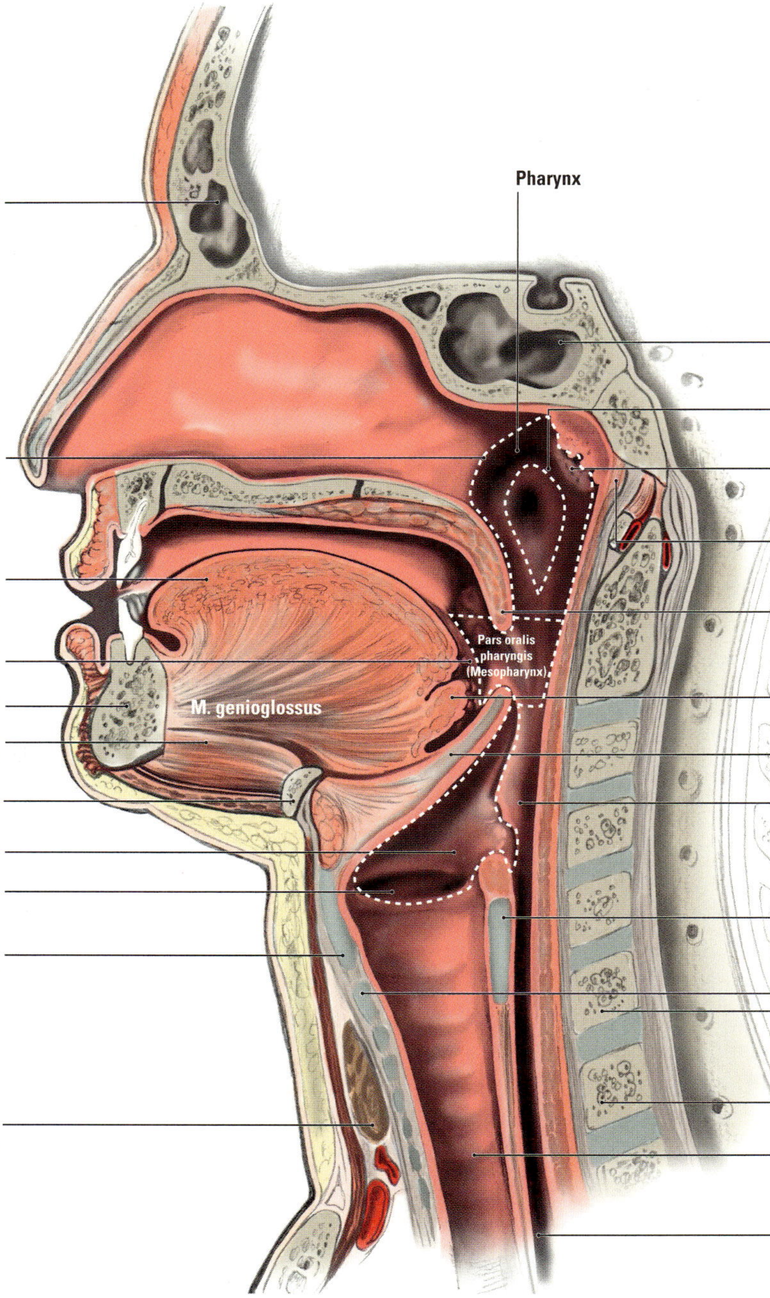

Abb. 23: Pharynx, Sagittalschnitt

medi-learn.de/6-ana4-23

Man unterscheidet folgende Etagen:
- Epipharynx = Pars nasalis pharyngis, mit
  - der Tonsilla pharyngea (im Dach/in der Hinterwand),
  - dem Ostium pharyngeum tubae auditivae,
  - dem Torus tubarius.
- Mesopharynx = Pars oralis pharyngis, mit
  - Tonsilla palatina und
  - Isthmus faucium.
- Hypopharynx = Pars laryngea pharyngis, von der Epiglottis bis zum Ösophagus.

Die Tuba auditiva besitzt Flimmerepithel mit Becherzellen, mündet in die Pars nasalis des Rachens und kann durch Kontraktion des M. tensor veli palatini geöffnet werden; sie hat in ihrem Verlauf enge topografische Beziehungen zum M. tensor tympani und zur A. carotis interna. Vor und unter dem Torus tubarius liegt der Torus levatorius. Das ist zwar eigentlich eher sehr

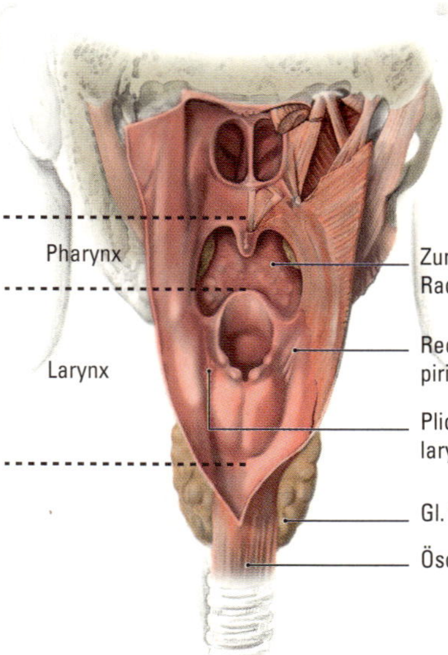

Abb. 25: Recessus piriformis *medi-learn.de/6-ana4-25*

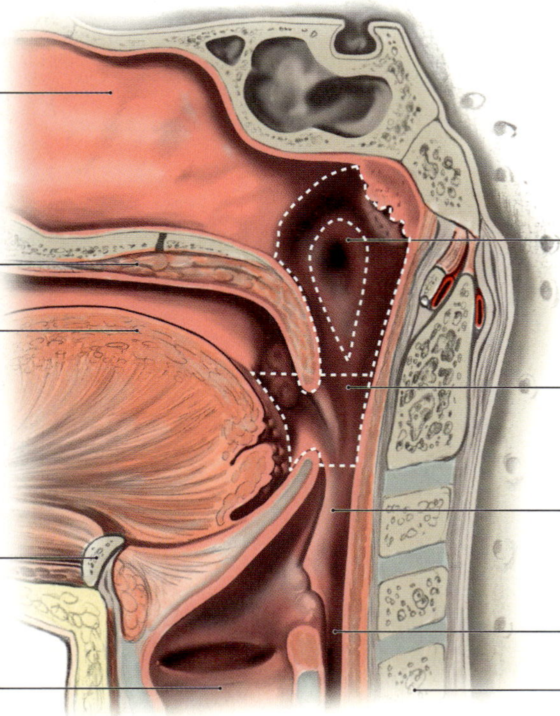

Abb. 24: Sensible Innervation des Pharynx *medi-learn.de/6-ana4-24*

4

unwichtig, wurde aber im Schriftlichen schon einmal als Richtigantwort abgefragt (s. Abb. 23, S. 28 und Abb. 24, S. 29). Der Recessus pharyngeus befindet sich unter der Fornix pharyngis. Der N. nasopalatinus versorgt sensibel die palatinale Gingiva im Bereich der oberen Incisivi.
Der Pharynx wird motorisch durch ein Nervengeflecht innerviert, das sich aus Fasern des N. glossopharyngeus und des N. vagus zusammensetzt. Hierdurch werden sowohl die drei Konstriktoren als auch die Levatoren des Pharynx versorgt. Die sensible Innervation erfolgt über den N. maxillaris, N. glossopharyngeus und N. vagus (s. Abb. 24, S. 29).
Eine weitere wichtige Struktur des Pharynx ist der **Recessus piriformis** (s. Abb. 25, S. 29). Hierbei handelt es sich um eine Schleimhauttasche rechts und links der Epiglottis des Larynx (Hypopharynx, in der Pars laryngea des Pharynx), in der sich die Plica laryngea mit dem N. laryngeus superior (R. internus) und der A. laryngea superior befinden.

Schluckakt

Der Schluckakt gliedert sich in drei Phasen: die orale Vorbereitung, der pharyngeale Transport und die ösophageale Passage.
Nach Zerkleinerung und Durchmischung des Nahrungsbreis mit Speichel in der **oralen Phase**, wird die Zunge gegen das Palatum durum gedrückt und der Bolus mit einer nach dorsal gerichteten wellenförmigen Bewegung (unterstützt von M. styloglossus und M. hyoglossus) über das Isthmus faucium in den Pharynx geschoben.
Während der **pharyngealen Phase** werden obere und untere Atemwege abgedichtet, um eine Aspiration zu vermeiden. Die obere Abdichtung erfolgt durch die Muskeln des Gaumensegels (Musculus tensor veli palatini und Musculus levator veli palatini). Der obere Schlundschnürer (Musculus constrictor pharyngis superior, genauer dessen Pars pterygopharyngea) kontrahiert und bildet den sog. Passavant-Ringwulst, an den sich das Gaumensegel anlegt, sodass der Verschluss der oberen Luftwege nun komplett ist und keine

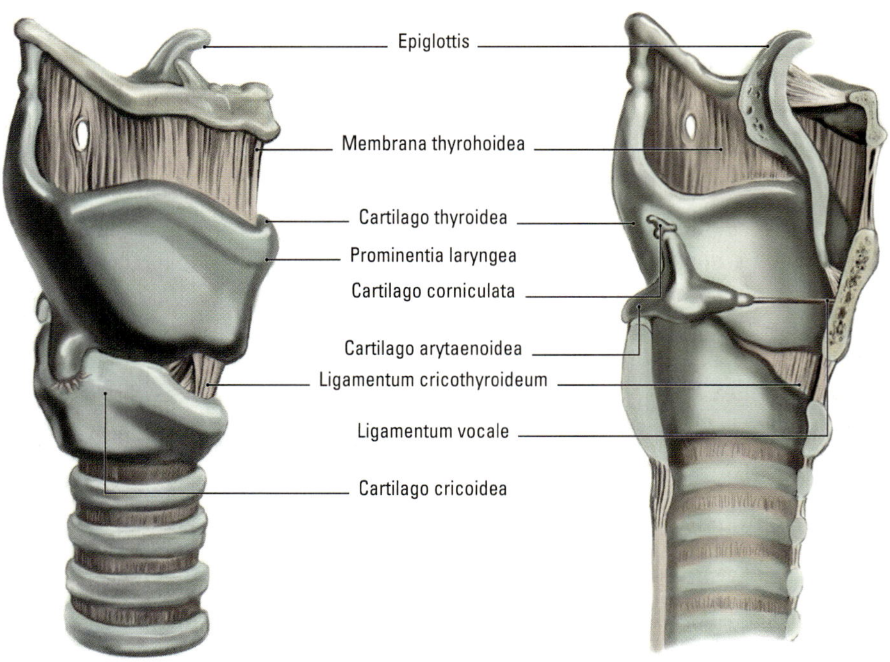

Abb. 26: Larynx

medi-learn.de/6-ana4-26

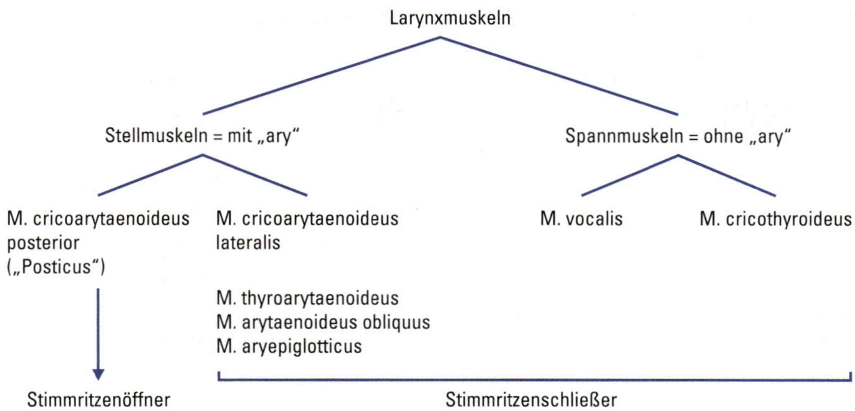

Abb. 27: Übersicht Larynxmuskeln

medi-learn.de/6-ana4-27

Nahrung mehr in die Nase gelangen kann. Nach Verschluss der Rima glottis senkt sich die Epiglottis, die Muskulatur des Mundbodens kontrahiert, Larynx und Os hyoideum heben sich und verschließen die unteren Atemwege. Durch Öffnung des oberen Ösophagussphinkters (Ösophagusmund) beginnt der Transport im Ösophagus, u.a. durch Kontraktion der Musculi constrictores pharyngis medius et inferior. Bei aufrechter Haltung rutscht der Bolus durch Speiseröhre zum Magen. Die Cardia des Magens öffnet sich, der Bolus gelangt in den Magen und der Schluckakt ist beendet.

4.7 Larynx

Der Larynx (Kehlkopf) stellt die Verbindung zwischen Pharynx (Rachen) und Trachea (Luftröhre) dar. Er dient der Stimmbildung und dem Verschluss der Luftwege während des Schluckakts. Gekennzeichnet ist er durch ein knorpeliges Skelett, in dem man folgende Knorpel (Cartilago) unterscheidet:
- Epiglottis (mit Vallecula epiglottica),
- Cartilago thyroidea,
- Cartilago corniculata,
- Cartilago arytaenoidea und
- Cartilago cricoidea.

Der Aditus laryngis wird durch die Epiglottis vom Zungengrund getrennt. Der Ventriculus laryngis ist eine seitliche Ausbuchtung der Cavitas laryngis zwischen Plica vestibularis und Plica vocalis. Die Cavitas infraglottica wird vom Conus elasticus begrenzt.

4.7.1 Larynxmuskeln

Die Larynxmuskeln lassen sich in zwei Gruppen einteilen:
- Die erste Gruppe umfasst alle Muskeln, in denen kein „ary" vorkommt, also den M. vocalis und den M. cricothyroideus. Diese Muskeln werden auch **Spannmuskeln** genannt.

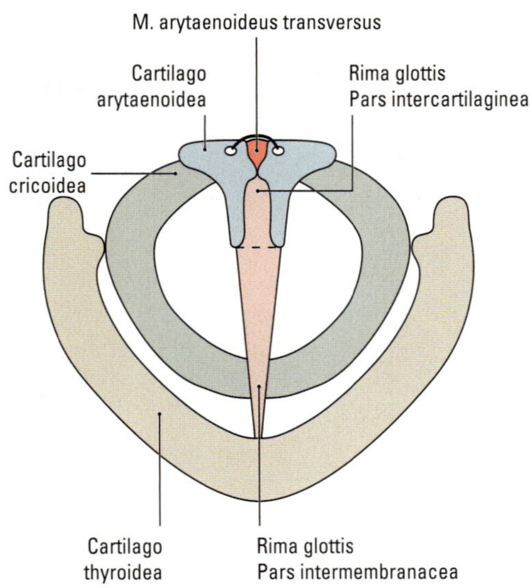

Abb. 28: Anteile der Rima glottis

medi-learn.de/6-ana4-28

- Die zweite Gruppe der Larynxmuskeln sind jene, in denen ein „ary" vorkommt, z. B. der M. cricoarytaenoideus posterior/lateralis, der M. thyroarytaenoideus, der M. arytaenoideus transversus/obliquus und der M. aryepiglotticus. Diese Muskeln werden auch **Stellmuskeln** genannt.

Innerhalb der zweiten Gruppe gibt es nur einen Muskel, der die Stimmritze (Rima glottis) öffnet; dies ist der als Posticus bezeichnete M. cricoarytaenoideus posterior, dessen zuständiger Hirnnervenkern für die motorische Versorgung der Nucleus ambiguus ist.

Die übrigen Larynxmuskeln verschließen die Rima glottis. Beim Totalverschluss der Stimmritze müssen unter anderem folgende Muskeln kontrahiert sein: Mm. arytaenoidei transversi et obliqui und Mm. cricoarytaenoidei laterales. Betrachtet man einen Horizontalschnitt des Larynx und der Rima glottis, so lassen sich zwei Anteile der Stimmritze unterscheiden (s. Abb. 28, S. 31):

- die Pars intercartilaginea und
- die Pars intermembranacea.

Der vordere Teil der Rima glottis (Pars intermembranacea) wird beiderseits von den Plicae vocales begrenzt und durch die bereits erwähnten Muskeln verschlossen. Ein Verschluss der Pars intercartilaginea der Stimmritze erfolgt durch Kontraktion des M. arytaenoideus trans-

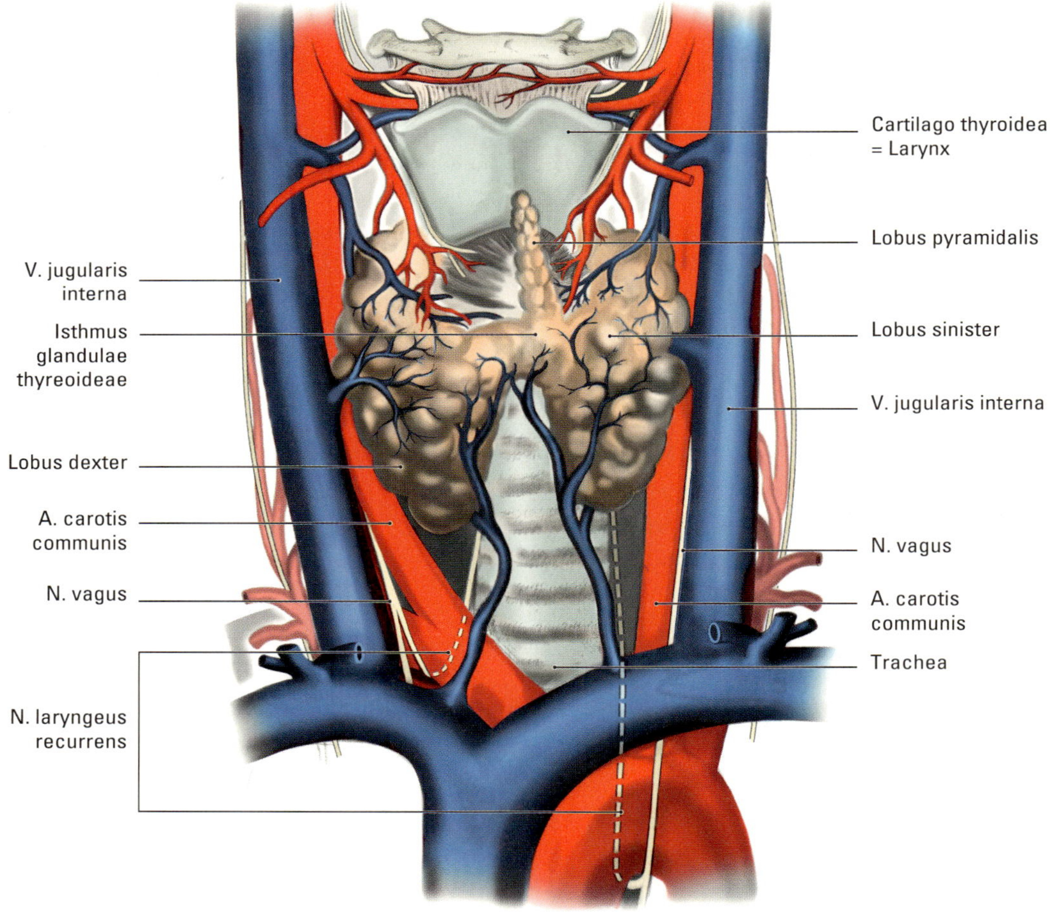

Abb. 29: Glandula thyroidea (Topografie)

medi-learn.de/6-ana4-29

versus. Bei Flüstersprache bleibt die Pars intercartilaginea jedoch geöffnet.

4.7.2 Innervation und Blutversorgung des Larynx

Der Larynx wird aus Ästen des zehnten Hirnnerven – dem **N. vagus** (N. laryngeus superior und inferior) – sensibel und motorisch innerviert. Hierbei übernimmt der **N. laryngeus superior** die sensible Innervation des supraglottischen Bereichs (Bereich oberhalb der Stimmritze) über einen Ramus internus und innerviert den **M. cricothyroideus** motorisch über den Ramus externus. Der **N. laryngeus inferior** (Recurrens) verläuft zunächst mit den restlichen Anteilen des N. vagus in den Thorax. Hier macht er links einen Bogen um die Aorta, rechts um die A. subclavia, bevor er zurück zum Larynx zieht und dort sensibel den infraglottischen Bereich und alle **restlichen inneren Kehlkopfmuskeln** (den M. cricoarytaenoideus lateralis, den M. cricoarytaenoideus posterior, den M. thyroarytaenoideus, den M. vocalis und den M. arytaenoideus transversus) motorisch innerviert.

Merke!

Bei einer Schädigung des Nervus laryngeus inferior (Nervus laryngeus recurrens) klagt der Patient über Heiserkeit.

Arteriell versorgen zwei Gefäße den Larynx mit Blut: Die **A. laryngea superior** stammt aus der A. thyroidea superior, einem direkten Abgang der A. carotis externa, und übernimmt die Versorgung der kranialen Abschnitte des Larynx. Die arterielle Versorgung des kaudalen Abschnitts stellt die **A. laryngea inferior** sicher, die ihr Blut aus der A. thyroidea inferior, einem Ast des Truncus thyreocervicalis aus der A. subclavia, bezieht. Beide laryngealen Gefäße anastomosieren untereinander.

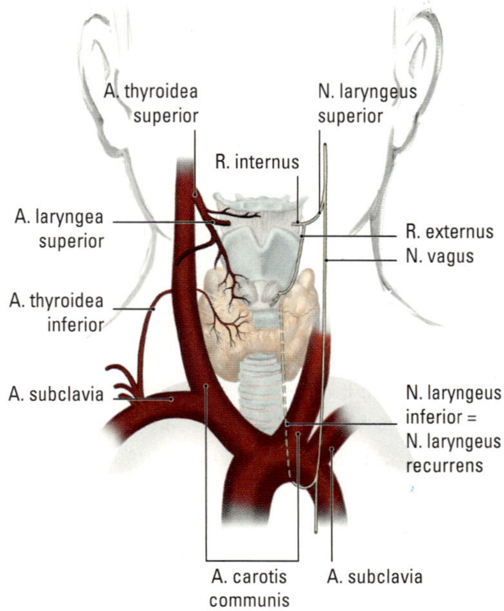

Abb. 30: Arterien und Nerven der Glandula thyroidea

medi-learn.de/6-ana4-30

DAS BRINGT PUNKTE

Aus diesem Kapitel sind Fragen zu den Begriffen **Innervation** und **Gefäßversorgung der Nase**, **Zungenpapillen** mitsamt Lage und Innervation, Mündungen der NNH in die Nasengänge, **Speicheldrüsen** und Innervation, **Pharynxinnervation und Einteilung, Larynx- und Muskelinnervation** häufig im Physikum anzutreffen. Du solltest dir daher unbedingt merken, dass

- die Nase im vorderen Bereich aus Ästen der A. carotis interna über die A. ophthalmica und ihre Äste versorgt wird, während der hintere Anteil sein Blut aus der A. maxillaris, einem Endast der A. carotis externa bezieht. Beide Blutströme anastomosieren in der Nasenhöhle.
- es auf der Zunge vier wichtige Papillenarten gibt, die vor allem der Geschmacks-, Mechano- und Thermorezeption dienen. Während die vorderen zwei Drittel der Zunge sensorisch durch den N. facialis versorgt werden, übernimmt der N. glossopharyngeus die Versorgung des hinteren Drittels.
- der Sinus frontalis, maxillaris und die Cellulae ethmoidales anteriores in den Meatus nasi medius münden, während die Cellulae ethmoidales posteriores in den oberen Nasengang führen. Der Sinus sphenoidalis besitzt als Besonderheit seinen eigenen Recessus (Recessus sphenoethmoidalis), in den er mündet.
- die Glandula submandibularis und sublingualis – wie alle Drüsen im Kopf- und Halsbereich – vom N. facialis versorgt werden, während die Parotis die einzige Drüse ist, die der N. glossopharyngeus innerviert.
- der Pharynx in drei Etagen eingeteilt wird; hierbei ist insbesondere der Epipharynx zu beachten, mit seiner Öffnung zur Ohrtrompete. Im Pharynx wirft die knorpelige Grundstruktur den Torus tubarius auf. Motorisch wird der Pharynx durch den N. IX und X versorgt, sensibel durch den N. V, IX und X.
- man beim Larynx Spann- von Stellmuskeln unterscheidet.
- der M. vocalis und M. cricothyroideus die einzigen Spannmuskeln sind und alle anderen (alle, in denen ein „ary" vorkommt) Stellmuskeln sind.

FÜRS MÜNDLICHE

In der Mündlichen werden gerne folgende Fragen zum Kapitel „Kopf und Halseingeweide!" gestellt:

1. **Wie ist die Nase aufgebaut?**
2. **Was wissen Sie zu den NNH?**
3. **Was können Sie zum Aufbau der Zunge, ihren Papillen und ihrer Innervation sagen?**
4. **Was können Sie über Speicheldrüsen, ihre Funktion, Lage, Ausführungsgänge und Mündungen in die Mundhöhle sowie über ihre Innervation sagen?**
5. **Was ist der Pharynx und wie ist er aufgebaut? Kann man Etagen unterscheiden? Wie wird er innerviert?**
6. **Was ist der Larynx? Was wissen Sie über das knorpelige Grundgerüst, die Rima glottis, Muskeln und die Innervation?**

FÜRS MÜNDLICHE

1. Wie ist die Nase aufgebaut?
Anteile, Conchae, Meatus, Mündungen der NNH, Innervation, Gefäße.

2. Was wissen Sie zu den NNH?
Es sind vier verschiedene luftgefüllte Räume um die Nasenhöhle liegend, Ausführungsgänge: Meatus nasalis superior für die Cellulae ethmoidales posteriores, der Meatus nasalis medius für die meisten NNH wie die Sinus frontalis/maxillaris/Cellulae ethmoidales anteriores, der Meatus nasalis inferior für den Ductus nasolacrimalis und der Recessus sphenoethmoidalis für den Sinus sphenoidalis.

3. Was können Sie zum Aufbau der Zunge, ihren Papillen und ihrer Innervation sagen?
Die Zunge ist ein muskuläres Organ, dessen Muskeln durch den N. hypoglossus innerviert werden. Sie besitzt Fasern in allen Ebenen des Raumes!
Man braucht die Zunge z. B. zum Reden, Kauen, Sprechen und Schmecken.
Für das Geschmacksorgan besitzt die Zunge Papillen, wo sich die Geschmacksrezeptoren befinden. Diese Papillen findet man vorwiegend auf den vorderen Anteilen der Zunge und es werden vier Arten unterschieden:
- die Papillae vallatae,
- die Papillae foliatae,
- die Papillae fungiformes und
- die Papillae filiformes.

Während die vorderen zwei Drittel vorwiegend sensorisch durch die Chorda tympani – einem Ast des N. facialis – innerviert sind, wird das hintere Drittel durch den N. glossopharyngeus versorgt.

4. Was können Sie über Speicheldrüsen, ihre Funktion, Lage, Ausführungsgänge und Mündungen in die Mundhöhle sowie über ihre Innervation sagen?
Drei besonders wichtige Speicheldrüsen im Kopf- und Halsbereich sind:
- Glandula parotis,
- Glandula submandibularis und
- Glandula sublingualis.

Die Parotis liegt präaurikulär und retromandibulär. Sie besitzt neben einer derben Faszie einen Ausführungsgang, den Ductus parotideus. Dieser verlässt die Drüse am Vorderrand und zieht mundwärts. Auf seinem Weg passiert der Ductus den Kaumuskel M. masseter lateral und durchbohrt den mimischen Muskel M. buccinator, bevor er im Vestibulum oris dem zweiten oberen Molaren gegenüber in die Mundhöhle mündet!
Innerviert wird die Parotis – als Ausnahme unter den Drüsen im Kopf- und Halsbereich – vom N. glossopharyngeus, während alle übrigen vom N. facialis versorgt werden.
Die Glandula submandibularis liegt c-förmig um den Hinterrand des Mundbodenmuskels M. mylohyoideus herum, während die Glandula sublingualis auf dem Muskel liegt. Beide werden durch den N. facialis innerviert.

5. Was ist der Pharynx und wie ist er aufgebaut? Kann man Etagen unterscheiden? Wie wird er innerviert?
Der Pharynx ist ein fibromuskulärer Schlauch als Verbindung von oberen und unteren Luft- und Verdauungswegen. Man unterscheidet drei Etagen:
- Epipharynx,
- Mesopharynx und
- Hypopharynx.

Die Muskeln werden in Schlundschnürer (M. constrictor pharyngis superior, medius und inferior) und Schlundheber (restliche Muskeln, in denen ein „pharyngeus" vorkommt) unterteilt. Sie werden aus Ästen des N. vagus und glossopharyngeus innerviert. Sensibel gibt es ebenfalls eine dreigeteilte Innervation durch den N. maxillaris, vagus und glossopharyngeus.

FÜRS MÜNDLICHE

6. Was ist der Larynx? Was wissen Sie über das knorpelige Grundgerüst, die Rima glottis, Muskeln und die Innervation?

Der Larynx ist der Kehlkopf; er besitzt verschiedene Knorpel als Grundgerüst:

- die Epiglottis als Kehldeckel,
- den Cartilago thyroidea,
- den Cartilago cricoidea,
- den Cartilago arytaenoidea und
- den Cartilago corniculata.

Die Rima glottis ist die Stimmritze, die in die Pars intercartilaginea und Pars intermembranacea unterteilt wird.

Die Muskeln des Larynx werden in Spann- und Stellmuskeln eingeteilt und sind alle – außer dem M. cricothyroideus (N. laryngeus superior) – durch den N. laryngeus inferior (Recurrens) innerviert.

Der Larynx wird sehr gerne im Mündlichen gefragt. Am besten übst du die ihn betreffenden Fakten daher mehrmals und laut.

(s. 4.7, S. 31).

Mehr Cartoons unter www.medi-learn.de/cartoons

Pause

Und wenn du damit fertig bist,
hast du dir schon wieder eine kleine Pause verdient.

5 Hirn- und Halsnerven

Fragen in den letzten 10 Examen: 47

5.1 Hirnnerven

Die Hirnnerven sind ein Lieblingsthema der Prüfer in der Anatomie. Du solltest sie daher fürs Schriftliche gut lernen und vor allem vor dem Mündlichen nicht wieder vergessen.
Im schriftlichen Teil des Physikums tauchen einige Hirnnerven ganz besonders häufig auf, von denen auch immer wieder die gleichen Punkte gefragt werden (s. 5.1.3, S. 39). Kennst du diese Fakten, so kannst du dir wertvolle Punkte mit wenig Aufwand sichern. Daher hier also ganz besonders aufgepasst.

5.1.1 Nervus olfactorius (I. Hirnnerv)

Der Nervus olfactorius ist der erste Hirnnerv. Seine primären Sinneszellen befinden sich in Form bipolarer Ganglienzellen in der Regio olfactoria auf der Concha nasalis superior (obere Nasenmuschel). Diese senden ihre Axone als Filae olfactoriae durch die **Lamina cribrosa des Os ethmoidale** hindurch (zusammen mit der A. nasalis anterior und A./V./N. ethmoidalis anterior) in die vordere Schädelgrube, wo sie die Dura mater durchbrechen. Nach Umschaltung der Fasern im Bulbus olfactorius – einem Teil des Telencephalons – ziehen sie zum eigentlichen Riechzentrum im Gehirn. Beim vollständigen Ausfall des ersten Hirnnerven kommt es zur Anosmie; ein unvollständiger Ausfall führt zur Hyposmie.

5.1.2 Nervus opticus (II. Hirnnerv)

Der Nervus opticus ist ein Teil des Zwischenhirns (Diencephalon). Seine primären Sinneszellen liegen in der Retina im Stratum neuroepitheliale retinae als Stäbchen und Zapfen. Diese Sinneszellen ragen in eine Schicht aus Pigmentepithelzellen hinein (s. Abb. 33, S. 39).
Durch Phagozytose der Endabschnitte der Außenglieder der Stäbchen- und Zapfenzellen führen diese Epithelzellen zur Regeneration des Retinals.
Die von den Stäbchen und Zapfen wahrgenommenen Informationen werden über bipolare

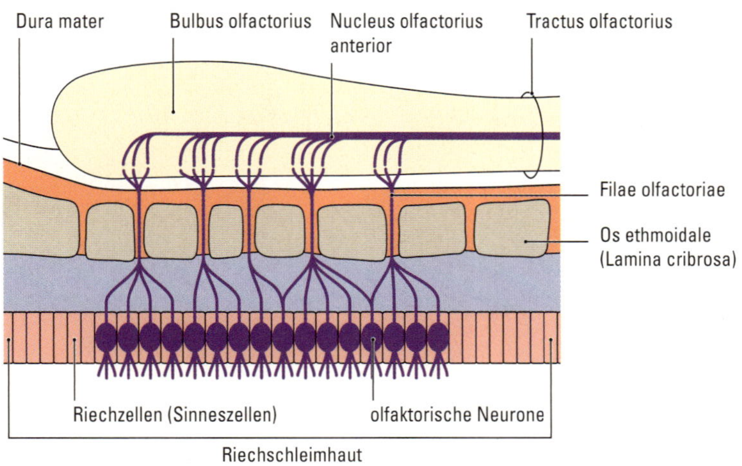

Abb. 31: Nervus olfactorius

medi-learn.de/6-ana4-31

Ganglienzellen im Stratum ganglionare retinae auf multipolare Ganglienzellen im Stratum ganglionare nervi optici umgeschaltet und über den Nervus opticus weitergeleitet. Der verläuft innerhalb des Anulus tendineus communis der Augenmuskeln und ist von Dura mater umgeben. Der N. opticus enthält markhaltige Nervenfasern und Oligodendrozyten. In ihm verlaufen die Axone der Ganglienzellen der Retina. Hier befinden sich auch die ersten Myelinscheiden der Sehbahn. Die Orbita verlässt der zweite Hirnnerv durch den **Canalis opticus**, durch den **auch die A. ophthalmica** hindurchzieht.
Der Canalis opticus liegt in der Ala minor des Os sphenoidale (mittlere Schädelgrube).
Im Bereich der Sella turcica treffen die Nervi optici beider Seiten aufeinander und bilden das Chiasma opticum. Es liegt über dem Corpus ossis sphenoidalis, grenzt an den Hypophysenstiel und wird über die A. carotis interna versorgt. Das Chiasma opticum enthält u. a. die sich kreuzenden Fasern aus den nasalen Retinahälften, während die temporalen weiterhin ipsilateral fortlaufen. Über den Tractus opticus erreichen die Informationen dann das Corpus geniculatum laterale des Thalamus (hier liegen vorwiegend die Ursprungsperikarya der Radiatio optica), bevor sie über die Radiatia optica (Sehstrahlung) das Occipitalhirn erreichen.
Ein Ausfall der rechten Hälfte/eine Einschränkung des rechten Gesichtsfeldes tritt auf bei einer vollständigen Schädigung/Unterbrechung des linken Tractus opticus.

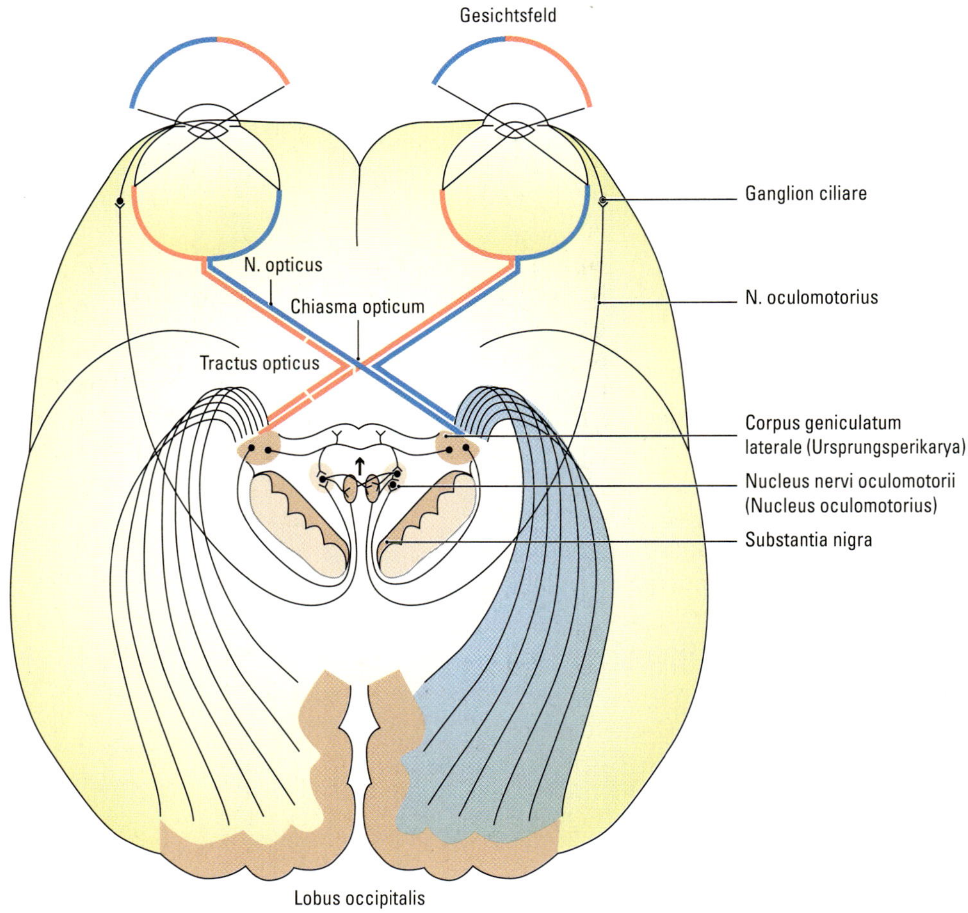

Abb. 32: Sehbahn *medi-learn.de/6-ana4-32*

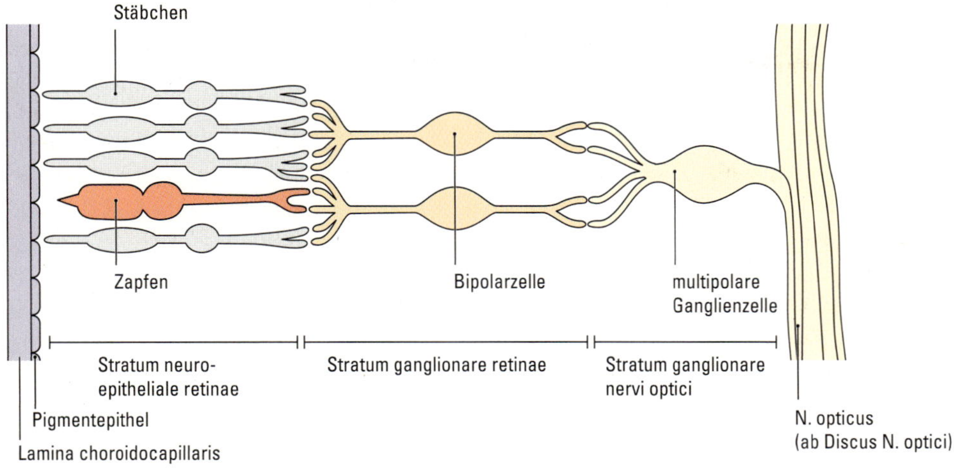

Abb. 33: Nervus opticus, Beginn in der Retina medi-learn.de/6-ana4-33

Im visuellen System ist eine retinotope Gliederung nachweisbar im Nervus opticus, Tractus opticus, dem Corpus geniculatum laterale und der primären Sehrinde.

Achtung: Leider gibt es bei der Einordnung der Sinneszellen der Retina kontroverse Meinungen in der Fachliteratur.

Das IMPP hat vor Jahren die richtige Antwort „primäre" Sinneszellen gesucht. Das kann man begründen, wenn man den kleinen Fortsatz der Stäbchen und Zapfen als Axon bezeichnet und hinnimmt, dass diese kein Aktionspotenzial generieren, also keine „echten Nervenzellen" sind. Primäre Sinneszellen sind dadurch definiert, dass sie in der Lage sind ein Rezeptorpotenzial in ein Aktionspotenzial umzuwandeln. Andere Quellen bezeichnen Photorezeptoren in der Retina (Stäbchen und Zapfen) aber auch als sekundäre Sinneszellen. Diese sind spezialisierte Sinneszellen, die nur Signaltransduktion betreiben.

5.1.3 Nervus oculomotorius (III. Hirnnerv)

Die zwei Hirnnervenkerne des Nervus oculomotorius liegen im Mesencephalon. Neben dem rein somatomotorischen Nucleus nervi oculomotorii (Augenbewegung), gibt es noch den parasympathischen Nucleus oculomotorius accessorius (Edinger Westphal). Die Nuclei oculomotorii accessorii beider Seiten stehen mit den Nuclei praetectales (Area praetectalis) in Verbindung. Der Hirnnerv verlässt mitsamt seinen somatomotorischen und parasympathischen Fasern den Hirnstamm im Bereich der **Fossa interpeduncularis mesencephali**. Unmittelbar nach seinem Austritt aus dem Gehirn verläuft er in der Cisterna interpeduncularis durch den Sinus cavernosus und tritt durch die Fissura **o**rbitalis **sup**erior (Merkhilfe: „**Oh sup**er: **3,4,5¹,6** = gemeinsam mit dem N. trochlearis, dem N. ophthalmicus, dem N. abducens) in die Orbita ein. Bei seinem Durchtritt verläuft der N. oculomotorius in der mittleren Etage der Orbita. In der Orbita teilt er sich in zwei Rami (Äste) auf:

- den Ramus superior und
- den Ramus inferior.

Hierbei befindet er sich innerhalb des Anulus tendineus communis der Augenmuskeln. Über den Ramus superior und inferior innerviert er **motorisch fast alle Augenmuskeln** (M. rectus superior/inferior/medialis, M. obliquus inferior, M. levator palpebrae), **außer** dem M. rectus lateralis und dem M. obliquus superior.

Nach Durchtrennung des dritten Hirnnervens findet man u. a. Paresen des M. rectus medialis, des M. levator palpebrae superioris, des M. rectus superior, des M. rectus inferior und des M. obliquus inferior.

Übrigens ...

- Ein herabhängendes Oberlid (Ptosis) kann durch eine Schädigung des Halssympathikus (Horner-Syndrom) oder des Nervus oculomotorius verursacht sein.
- Beim Horner-Syndrom entsteht die Ptosis am ehesten durch Lähmung des M. tarsalis superior.
- Beim Sinus-Cavernosus-Syndrom handelt es sich um eine Hirnnervenkompression mit neurologischen Ausfällen von Anteilen der Hirnnerven 3,4,5[1] und 6. Hierbei können u.a. eine Ptosis, Cephalgien, Mydriasis u. ä. auftreten.

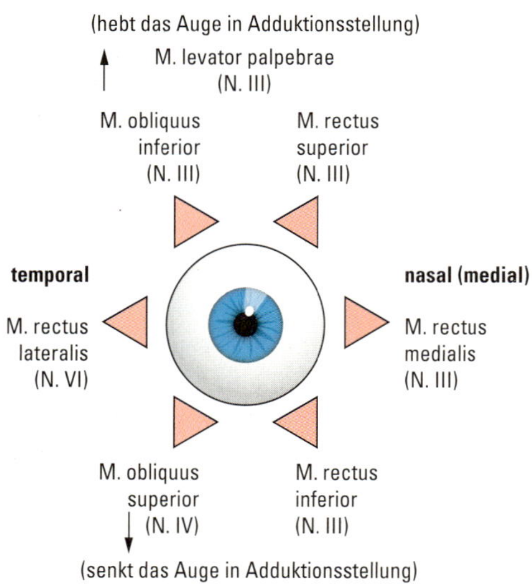

Abb. 34: Augenmuskelinnervation durch die Hirnnerven III, IV, VI und Einfluss auf die Sehachse

medi-learn.de/6-ana4-34

Sehr gerne wird im Schriftlichen nach der Blickhebung- und Senkung gefragt. Daher jetzt bitte die Inputkanäle auf vollen Empfang stellen: Von den genannten Muskeln schwenken der M. rectus superior und der M. obliquus inferior (s. IMPP-Bild 3, S. 67) die Sehachse nach oben (Blickhebung), während der M. rectus inferior

und der M. obliquus superior die Blickachse senken (Blicksenkung, s. Richtungspfeile in Abb. 34, S. 40).Neben seiner motorischen Innervation dienen die parasympathischen Fasern des N. oculomotorius der Steuerung von Akkomodation und Pupillenreflex. Die präganglionären **parasympathischen** Fasern des dritten Hirnnerven gelangen mit dem Nerven in die Orbita, wo sie im retrobulbär liegenden Ganglion ciliare auf postganglionäre parasympathische Fasern umgeschaltet werden. Anschließend gelangen sie als Nervi ciliares breves zum M. ciliaris und zum M. sphincter pupillae, wo sie für den Pupillenreflex (über den N. nasociliaris und die Nn. ciliares longi) und die Akkomodation sorgen (s. 6.1.1, S. 55).

Bei einer Nervenschädigung (u. a. durch Einklemmung des Uncus parahippocampalis im Tentoriumschlitz durch Druck) kommt es zu einer Fehlstellung des Bulbus oculi und zu einer Weitstellung der Pupille (fehlende Akkomodation). Daher ist bei Belichtung des kranken Auges eine konsensuelle Pupillenverengung des gegenüberliegenden gesunden Auges möglich. Wird jedoch das gesunde Auge belichtet, so zeigt das geschädigte Auge KEINE konsensuelle Pupillenverengung.

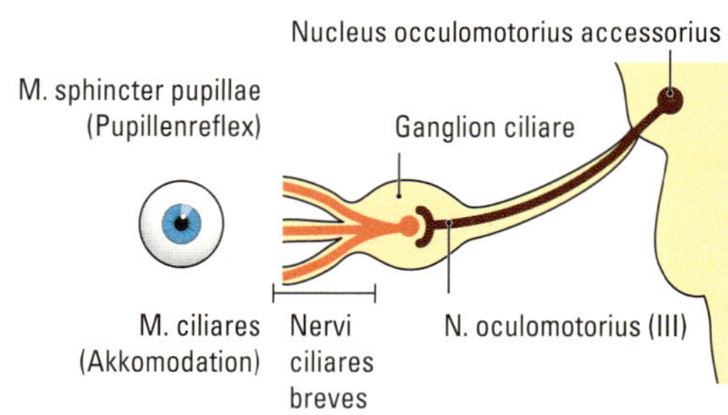

Abb. 35: Parasympathische Fasern des dritten Hirnnerven *medi-learn.de/6-ana4-35*

5.1.4 Nervus trochlearis (IV. Hirnnerv)

Der vierte Hirnnerv hat rein somatomotorische Qualitäten und sein Hirnnervenkern – der Nucleus nervi trochlearis – ist im Mesencephalon lokalisiert. Der N. trochlearis ist der einzige Hirnnerv, der den Hirnstamm dorsal verlässt:

Er tritt im Bereich der Vierhügelplatte – der Lamina tecti – aus und zieht u. a. durch die Cisterna ambiens. Anschließend verläuft er streckenweise in/an der Wand des Sinus cavernosus und schließlich mitsamt dem dritten, sechsten und einem Ast des fünften Hirnnerven (Merkhilfe: „Oh super: 3,4,5[1],6) sowie der V. ophthalmica superior durch die Fissura orbitalis superior in die Orbita. Dort innerviert er den M. obliquus superior, der das Auge nach auswärts unten rollt (Blicksenkung, s. Richtungspfeile in Abb. 34, S. 40).

5.1.5 Nervus trigeminus (V. Hirnnerv)

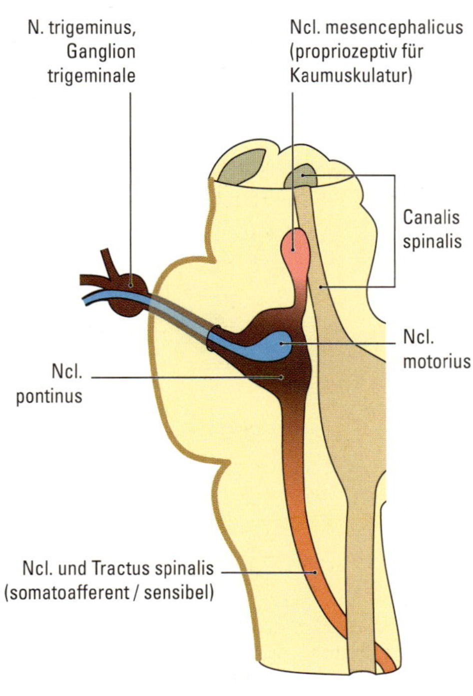

Abb. 36: Kerne des N. trigeminus im Hirnstamm

medi-learn.de/6-ana4-36

Der N. trigeminus ist der größte Hirnnerv und besitzt folglich viele Funktionen und entsprechend viele Kerne. In jedem Gebiet des Hirnstamms befindet sich ein Kern des fünften Hirnnerven, der passenderweise auch nach diesem Bereich benannt ist:
- Nucleus mesencephalicus (Tiefensensibilität),
- Nucleus pontinus (epikritische Sensibilität, z. B. Druck, Berührung, Vibration),
- Nucleus spinalis (Druck, Schmerzempfinden, Temperatur, u. a.) sowie zusätzlich der
- Nucleus motorius (motorische Fasern).

Als größter Hirnnerv verlässt der N. trigeminus den Hirnstamm auf der lateralen Seite des Pons (seitlicher Bereich der Brücke), zieht in das Ganglion trigeminale auf der Vorderfläche der Felsenbeinpyramide und teilt sich anschließend in seine drei Äste auf:
- Nervus ophthalmicus (V1)
- Nervus maxillaris (V2)
- Nervus mandibularis (V3)

Nervus ophthalmicus (V1)

Der erste Ast des fünften Hirnnerven/seine Äste ziehen durch die Fissura **o**rbitalis **sup**erior (Merkhilfe: „**Oh** **sup**er: **3,4,5[1],6**) in die Orbita und zweigen sich dort auf. Seine Äste (N. nasociliaris, N. frontalis, N. lacrimalis) versorgen sensibel (somato-afferent) die oberen Nasennebenhöhlen und die Nasenscheidewand, die Cornea (Cornealreflex), den medialen Augenwinkel mit Haut und Konjunktiva, die Stirnhaut und das Oberlid (s. Abb. 37, S. 42). Ein Ast des N. ophthalmicus bzw. des N. frontalis ist der Nervus supraorbitalis, der im Bereich der Incisura supraorbitalis einen Trigeminusdruckpunkt bildet. Der Cornealreflex wurde in früheren Examina gerne abgefragt!

Nervus maxillaris (V2)

Der N. **max**illaris ist der zweite Ast des fünften Hirnnerven und versorgt sensibel über Rami tentorii einen Teil der Meningen, bevor er durch das Foramen **rot**undum (Remember: „**rot**er **Max**") die Schädelbasis verlässt. In der Fossa pterygopalatina (Flügelgaumengrube) zweigt er sich dann in seine Äste auf (Nervi ganglionares und nach dem Ganglion: Nervi nasales/palatini, den N. infraorbitalis, den N. zygomaticus und den Rami alveolares sup., post., med. und ant.). Der N. maxillaris besitzt sensible Fasern zur Versorgung der Schleimhaut der Nasenmuscheln, der hinteren Siebbeinzellen (Cellulae ethmoidales posteriores), des Gaumens, der Nasenhöhle, der Wange, der Oberkieferzähne und des Oberkiefers sowie der Haut vom Unterlid bis zur Oberlippe, der Kieferhöhle und der vorderen Schläfenregion (s. Abb. 37, S. 42). Den zugehörigen Trigeminusdruckpunkt bildet der N. infraorbitalis im Foramen infraorbitale. Dieser N. infraorbitalis verläuft im Dach (obere Wand) der Kieferhöhle und wird von einer gleichnamigen Arterie begleitet. Äste von ihm verlaufen zu Zähnen des Oberkiefers und er versorgt die Gesichtshaut unterhalb des Auges.

Nervus mandibularis (V3)

Der dritte Ast des fünften Hirnnerven besitzt sowohl sensible als auch motorische Funktionen. Er zieht durch das Foramen **ovale** (Merkhilfe: „**ovale Mandel**") in die Fossa infratemporalis und versorgt motorisch die gesamte Kaumuskulatur, den Venter anterior des M. digastricus, den M. tensor veli palatini und den M. tensor tympani (gerne gefragt!) sowie den Mundbodenmuskel M. mylohyoideus.

Eine Lähmung der Radix motoria des N. trigeminus betrifft u. a. den M. masseter, den M. temporalis, den M. mylohyoideus und den Venter anterior des M. digastricus. Klagt ein Patient z. B. über Motilitätsstörungen im Bereich des Kiefergelenks und des Kauapparats und fühlt sich nicht so sehr beim Kauen selbst, als vielmehr beim Sprechen und Singen behindert, kann es sich um eine Störung des propriozeptiven Systems der Kaumuskulatur handeln.

Die Perikaryen der Neurone des Trigeminussystems, die die Kaumuskulatur innervieren, befinden sich im ipsilateralen Nucleus motorius nervi trigemini. Die Zellkörper propriozeptiver Afferenzen aus der Kaumuskulatur findet man im Nucleus mesencephalicus nervi trigemini.

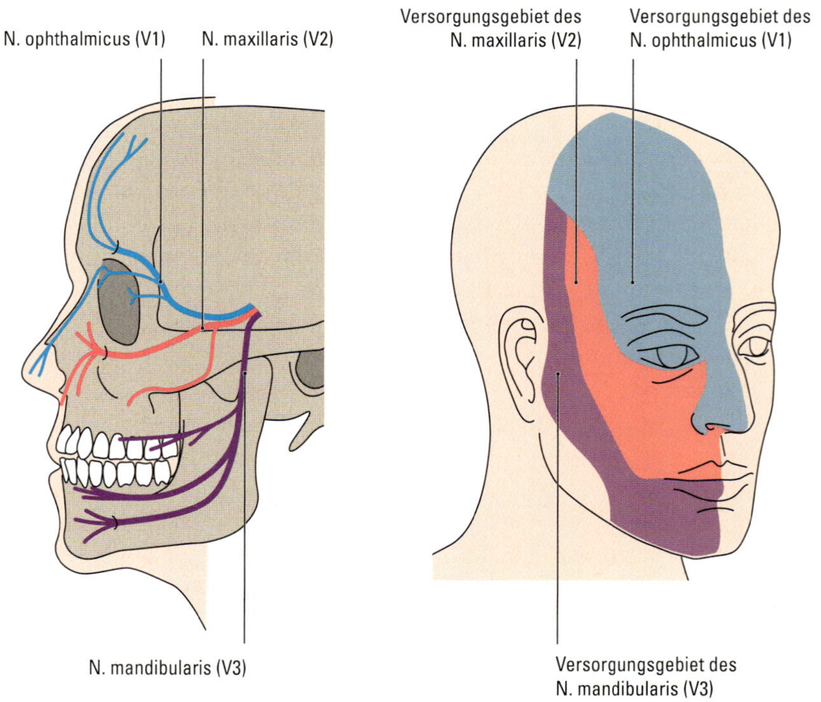

Abb. 37: Äste des N. trigeminus

medi-learn.de/6-ana4-37

Übrigens ...
Eine Alkoholinjektion in das Ganglion trigeminale kann über das Foramen ovale (durch das der N. mandibularis, V3, tritt) zur Behandlung einer Trigeminusneuralgie vorgenommen werden.

Sensibel versorgt der N. mandibularis den restlichen Bereich des Gesichts: Neben dem Bereich des Kiefergelenks sind dies Teile der **Hirnhäute**, des Ohrs (Ohrmuschel, Trommelfell), der **Unterkiefer mitsamt Unterkieferzähnen**, die vorderen zwei Drittel der Zunge und der Wange, die Schleimhaut der Mundhöhle und ein Teil der Gingiva (s. Abb. 37, S. 42). Der zugehörige Trigeminusdruckpunkt ist der N. mentalis im gleichnamigen Foramen.

Übrigens ...
Bei einer ordnungsgemäß durchgeführten Leitungsanästhesie des N. alveolaris inferior rechts am Foramen mandibulae erlischt typischerweise die Berührungsempfindlichkeit der Unterlippenhaut auf der rechten Seite.

5.1.6 Nervus abducens (VI. Hirnnerv)

Der rein somatomotorische Hirnnervenkern des sechsten Hirnnerven befindet sich in dem Pons (Nucleus nervi abducentis). Der Nerv verlässt den Hirnstamm zwischen dem Pons und den Pyramiden und tritt dann durch die Fissura orbitalis superior in die Orbita ein (Merkhilfe: „**Oh** **sup**er: **3,4,5**[1]**,6**). Dort verläuft er innerhalb des Anulus tendineus communis der Augenmuskeln und innerviert den M. rectus lateralis (s. Abb. 34, S. 40). Dreht ein Patient den Kopf bei Schädigung des Hirnnerven zur erkrankten Seite, so verringert sich die Doppelbildwahrnehmung.
Der N. abducens zieht mitten durch den Sinus cavernosus und läuft daher – z. B. bei einer eitrigen Thrombophlebitis im Sinus cavernosus – Gefahr, geschädigt zu werden.

5.1.7 Nervus (intermedio) facialis (VII. Hirnnerv)

Der siebte Hirnnerv ist zugleich der zweite Kiemenbogennerv. Er umfasst den eigentlichen Nervus facialis als motorischen Anteil und den Nervus intermedius, in dem sensible und parasympathische Fasern verlaufen.
Das Kerngebiet des Nervus (intermedio) facialis liegt in dem Pons und beinhaltet drei wichtige Kerne:
- als somatomotorischen Kern den Nucleus nervi facialis,
- den Nucleus salivatorius superior als parasympathischen Kern und
- den Nucleus solitarius (sensorisch = speziell viscerosensibel = Geschmackskern) als Einmündungsgebiet der viscerosensiblen Fasern aus den vorderen zwei Drittel der Zunge über die Chorda tympani.

Daneben ist der Nervus (intermedio)facialis an der peripheren Geschmacksleitung beteiligt und führt über die Chorda tympani sensorische Fasern von den Geschmacksrezeptoren der Zunge. Die Chorda tympani führt zudem parasympathische Fasern und ist in ihrer Verlaufsstrecke durch die Paukenhöhle von Mucosa überzogen. Sie legt sich von hinten her dem N. lingualis an und verläuft durch die Fossa infratemporalis.
Im Bereich des Pons verläuft der siebte Hirnnerv um Anteile des Nucleus nervi abducentis herum und bildet das **innere Fazialisknie**, bevor er den Hirnstamm im Kleinhirnbrückenwinkel verlässt. Das **äußere Fazialisknie** befindet sich im Canalis facialis ossis petrosi. Nachdem der Nerv den Hirnstamm verlassen hat, verläuft er im Porus/Meatus acusticus internus (zusammen mit dem VIII. Hirnnerven und der A./V. labyrinthi), bis er durch das Foramen stylomastoideum die Schädelbasis verlässt und dann retromandibulär zieht. Somatomotorisch versorgt der Nervus facialis die gesamte Gesichtsmuskulatur (mimische Muskeln, s. 3.1, S. 10 und Abb. 5, S. 10). Außerdem ist er zuständig für die motorische Innervation der beiden suprahyalen Zungenbeinmuskeln (s. 3.3,

S. 12 und Abb. 7, S. 12), des Venter posterior des Musculus digastricus und des M. stylohyoideus sowie des Ohrmuskels M. stapedius. Bei einem Ausfall des Nervus facialis kann der Patient das Auge nicht mehr richtig schließen. Der fehlende Lidschlag und das ständig geöffnete Auge führen zur Schädigung der Cornea durch Austrocknung. Ein weiteres Zuständigkeitsgebiet des N. (intermedio)facialis im Kopf- und Halsbereich ist die parasympathische Innervation der meisten Drüsen. So werden die Glandulae lacrimales und die Gaumen-, Nasen- und Nasennebenhöhlendrüsen (Drüsen im oberen Anteil des Gesichts) über das Ganglion pterygopalatinum (s. 6.1.2, S. 56) versorgt. Hier erfolgt die Umschaltung der präganglionären parasympathischen Fasern, die mit dem N. petrosus major verlaufen, auf postganglionäre parasympathische Fasern. Die parasympathischen Fasern, die die Drüsen des unteren Anteils des Gesichts, wie die Glandula submandibularis, die Glandula sublingualis und die Glandulae linguales innervieren, werden dagegen im Ganglion submandibulare verschaltet. Hier erfolgt die Umschaltung der präganglionären parasympathischen Fasern, die mit der Chorda tympani verlaufen, auf die postganglionären parasympathischen Fasern. Die Chorda tympani dient zudem der sensorischen Versorgung der vorderen zwei Drittel der Zunge (Geschmacksknospen des Zungenrückens). Beim Ausfall des N. facialis kann es zu Fazialisparesen kommen. Hierbei unterscheidet man die periphere von der zentralen Facialisparese. Bei der zentralen Fazialisparese sind kortikonukleäre Fasern unterbrochen. Bei einer einseitigen, zentralen Fazialisparese hängt der kontralaterale Mundwinkel herab und es kommt zur Lähmung des kontralateralen M. buccinator; die zentrale Lähmung spart die Stirnmuskulatur aus (s. Abb. 38, S. 44).

Bei einer peripheren Fazialislähmung fallen – je nach Höhe der Schädigung – mehr oder weniger Funktionen aus (s. Abb. 40, S. 45):

- Eine Hyperakusis ist bei einer Schädigung des N. facialis unmittelbar peripher des Ganglion geniculi zu erwarten.
- Ein Patient mit Schädelbasisbruch, bei dem es direkt oder durch den Druck des entstehenden Hämatoms zu einer Schädigung des N. facialis kurz vor dem Austritt aus dem Foramen stylomastoideum kommt, leidet un-

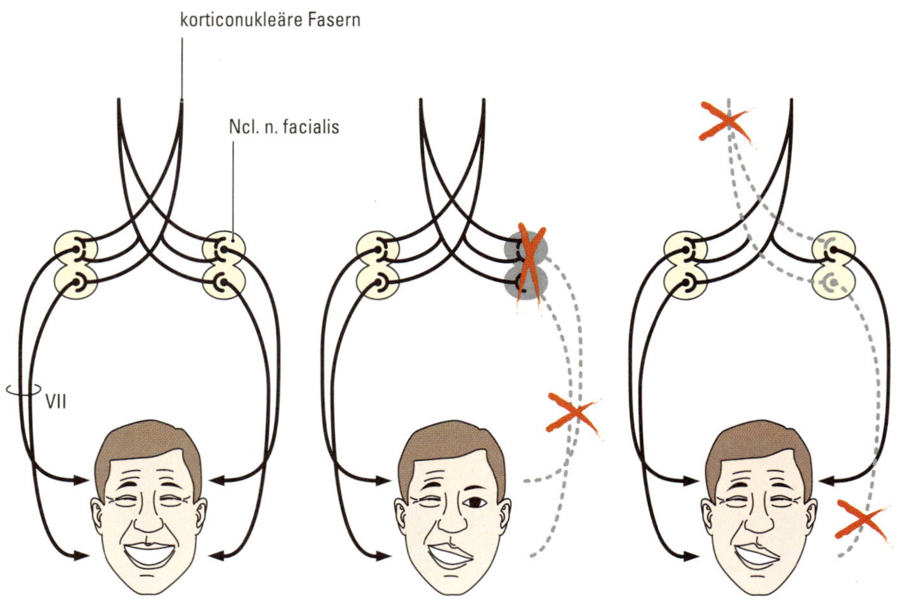

Abb. 38: Fazialisparesen

medi-learn.de/6-ana4-38

ter einer schlaffen linken Gesichtshälfte und auf der gleichen Seite unter einer gestörten Geschmacksempfindung auf der vorderen Zungenhälfte, während das Hörempfinden und die Tränenproduktion unvermindert sind (s. Abb. 39, S. 45 und s. Abb. 40, S. 45).

Der M. buccinator ist ein mimischer Muskel, der sich nach dorsal im Regelfall über Zwischenschaltung der Raphe buccopharyngea (Raphe pterygomandibularis) in den M. constrictor pharyngis superior fortsetzt. Zudem steht er ventral mit dem M. orbicularis oris in Verbindung, wird vom N. facialis motorisch innerviert und vom Ductus parotideus durchbohrt. Wie bereits bei den mimischen Muskeln (s. 3.1, S. 10) erwähnt, wird im Schriftlichen die Innervation des M. buccinator und sein Bezug zum Ductus parotideus sehr gerne gefragt; in den letzten Physikums-Prüfungen kamen noch Fragen zum M. orbicularis oculi hinzu. Daher bitte besonders daran denken, dass diese beiden mimischen Muskeln – wie alle übrigen auch – vom N. facialis innerviert werden.

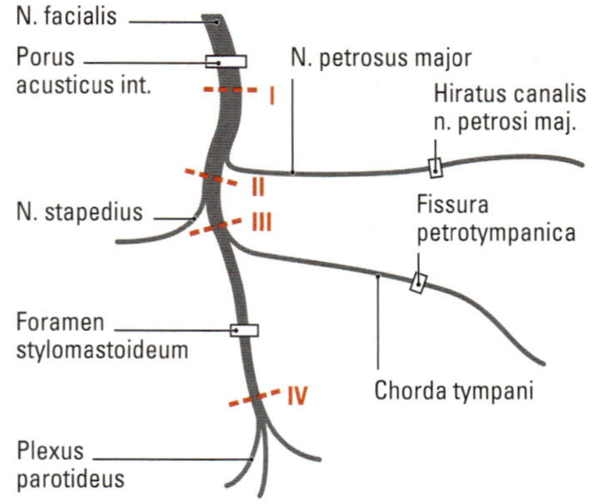

Ort der Schädigung	I	II	III	IV
Symptome				
Gestörte Tränensekretion	+	–	–	–
Hyperakusis	+	+	–	–
Geschmacksstörung	+	+	+	–
Schlaffe Lähmung der mimischen Muskulatur	+	+	+	+

Abb. 40: Potenzielle Funktionsausfälle bei einer peripheren Facialisparese

medi-learn.de/6-ana4-40

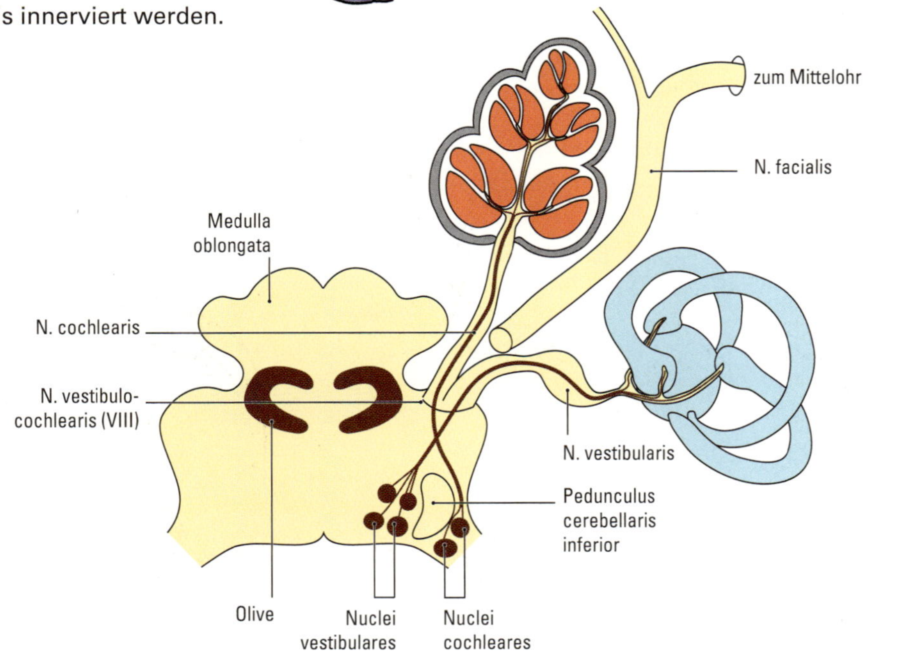

Abb. 39: Nervus vestibulocochlearis

medi-learn.de/6-ana4-39

5.1.8 Nervus vestibulocochlearis (VIII. Hirnnerv)

Das Kerngebiet des achten Hirnnerven liegt in der Medulla oblongata mit zwei Nuclei cochleares und vier Nuclei vestibulares.
Nach seinem Verlauf durch den **Porus acusticus internus** (gemeinsam mit dem N. VII und der A./V. labyrinthi) tritt der N. vestibulocochlearis unterhalb dem Pons und lateral der Olive ins Gehirn ein.
Seine Funktionen sind das Hören und das Gleichgewichtsempfinden.

5.1.9 Nervus glossopharyngeus (IX. Hirnnerv)

Das Kerngebiet des neunten Hirnnerven liegt in der Medulla oblongata.
Hier lassen sich vier Kerne unterscheiden:
- Als rein somatomotorischen Kern teilt sich der neunte Hirnnerv den **Nucleus ambiguus** mit dem zehnten und elften Hirnnerven (sehr, sehr häufig gefragt; somatomotorisch = speziell visceroefferent = branchiomotorisch).
- Zudem existiert der **Nucleus spinalis nervi trigemini**, in dem somatosensible Fasern aus Ohr und Rachen enden.
- Der **Nucleus salivatorius inferior** dient der parasympathischen Innervation der Parotis und
- der **Nucleus solitarius**, in dem sensorische Fasern des hinteren Drittels der Zunge enden.

Von den einzelnen Kernen ausgehend verbünden sich die Fasern zum eigentlichen N. glossopharyngeus. Dieser verlässt den Hirnstamm unterhalb dem Pons im Sulcus lateralis posterior und zieht (zusammen mit N. X und XI) durch das Foramen jugulare. Im weiteren Verlauf zieht er zusammen mit dem X., XI. und XII. Hirnnerven durch das Spatium latero-/parapharyngeum. Zu den Funktionen des neunten Hirnnerven gehören:
- **Somatomotorische Innervation** der Pharynxmuskulatur (Schlund-/Rachenmuskulatur) und Innervation des M. levator veli palatini.
- Ausgehend vom Nucleus spinalis nervi trigemini: **sensible Versorgung** von Anteilen des Ohrs und Rachens, so z. B. des Mittelohrs (Paukenhöhle), des inneren Trommelfells und der Tuba auditiva, der Gaumenmandel, Teilen der Zunge und der Pars oralis pharyngis.
- **Viscerosensible Versorgung** des Glomus caroticum und der Pressorezeptoren im Sinus caroticum. Im N. glossopharyngeus verlaufen daher chemorezeptive Afferenzen des Glomus caroticum zum Nucleus solitarius.
- **Sensorische Versorgung** des hinteren Drittels der Zunge. Somit ist der N. glossopharyngeus an der peripheren Geschmacksleitung beteiligt. Zudem versorgt er die Glandula parotidea über das Ganglion oticum mit parasympathischen Fasern.

5.1.10 Nervus vagus (X. Hirnnerv)

Die Kerne des zehnten Hirnnervs liegen ebenfalls in der Medulla oblongata. Zusammen mit dem Nervus glossopharyngeus besitzt er als somatomotorischen Kern den **Nucleus ambiguus** (sehr, sehr häufig gefragt; somatomotorisch = speziell visceroefferent = branchiomotorisch) und als sensorischen Kern den Nucleus solitarius. Der Nervus vagus ist somit ebenfalls an der peripheren Geschmacksleitung beteiligt. Seine parasympathischen Fasern haben ihren Ursprung im Nucleus dorsalis nervi vagi. Der Vagus tritt unterhalb dem Pons hinter der Olive aus dem Hirnstamm aus und verläuft im Sulcus lateralis posterior, bevor er durch das Foramen jugulare die Schädelbasis verlässt. Hier besitzt er ein Ganglion superius und inferius (nodosum). Die Ganglien sind aus pseudounipolaren Nervenzellen aufgebaut. Weiter zieht der Nerv im Spatium latero-/parapharyngeum zusammen mit dem IX., XI. und XII. Hirnnerven und liegt daher auch mit der A. carotis interna und der V. jugularis interna, die ebenfalls im Spatium latero-/parapharyngeum verlau-

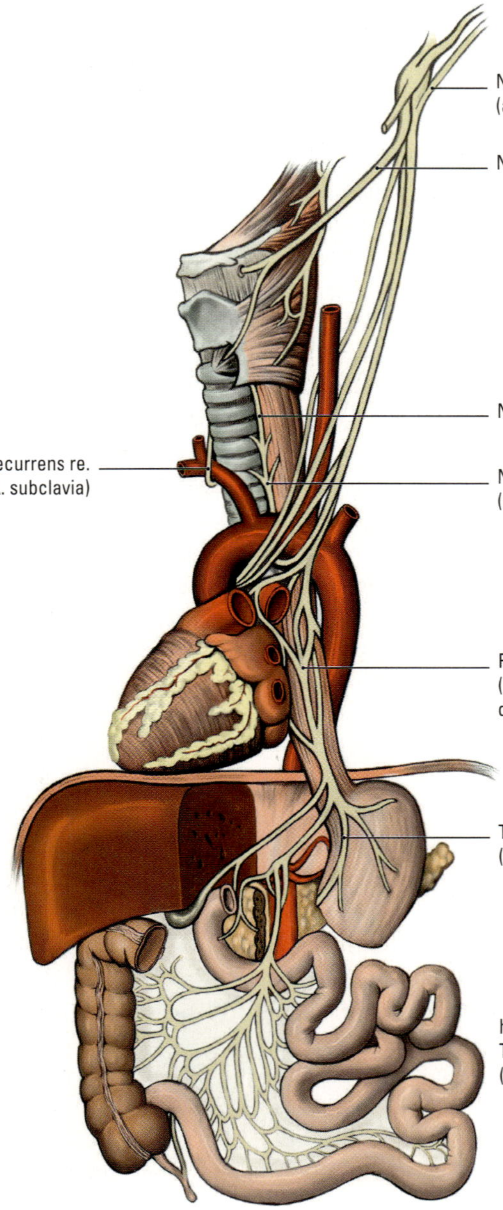

Abb. 41: Verlauf des Nervus vagus *medi-learn.de/6-ana4-41*

fen, in einer gemeinsamen Bindegewebsscheide. Im **Kopf- und Halsbereich** gibt der Nervus vagus den Nervus laryngeus superior und inferior (Recurrens) ab, die vornehmlich der Innervation des Larynx dienen (s. 4.7.2, S. 33 und Abb. 30, S. 33 sowie Abb. 29, S. 32). Der Nervus laryngeus superior bildet sich im 4. Branchialbogen (Kiemenbogen) und versorgt am Larynx den M. cricothyroideus (äußerer Spanner des Stimmbandes), den Aditus laryngis und die supraglottische Schleimhaut. Der N. laryngeus inferior (Recurrens) verläuft zunächst mit dem restlichen N. vagus in den **Thorax** – hier macht er links einen Bogen um die Aorta, rechts um die A. subclavia, bevor er zurück zum Larynx zieht und dort sensibel den infraglottischen Bereich und alle restlichen inneren Kehlkopfmuskeln motorisch innerviert. Der N. Vagus zieht zunächst Richtung Thorax: links befindet er sich in der Ösophago-Trachealrinne, während er rechts lateral der Trachea dorsal des Lungenhilums in wechselnder Lagebeziehung zur A. thyroidea inferior verläuft.

Übrigens ...
Bei Aneurysmen im Bereich des Aortenbogens oder nach Schilddrüsenoperationen kann es zu Schädigungen des Recurrens kommen. Die Patienten klagen dann über Heiserkeit.

Auch zur Versorgung der Meningen der hinteren Schädelgrube, des Gehörgangs und des Pharynx (mit Uvula) gibt der N. vagus einzelne Äste ab. Berührt man den äußeren Gehörgang (Meatus acusticus externus), kann es durch die Reizung des R. auricularis n. vagi zu Husten und Erbrechen kommen. Im Thoraxbereich versorgt er Herz (gibt Vagus-Fasern an den Plexus cardiacus ab und führt so zu einer Bradykardie aufgrund der Beeinflussung des Sinusknotens), Trachea und Ösophagus mit Rami, die im hinteren Mediastinum verlaufen. Anschließend passiert er gemeinsam mit dem Ösophagus als Truncus vagalis anterior und posterior und dem linken N. phrenicus im Hiatus oesophageus das Zwerchfell. Im Abdomen angekommen, versorgt er parasympathisch und sensibel alle Bauchorgane bis zum Cannon-Boehm-Punkt an der linken Kolonflexur.

5.1.11 Nervus accessorius (XI. Hirnnerv)

Der Nervus accessorius ist kein echter Hirnnerv, sondern eigentlich eine motorische Abspaltung des Nervus vagus. Seine Kerne befinden sich im Bereich der Medulla oblongata. Neben der Radix spinalis nervi accessorii aus den oberen zervikalen Segmenten hat er noch eine Radix cranialis mit dem **Nucleus ambiguus** als Ausgangspunkt. Sein Hirnaustritt erfolgt unterhalb dem Pons im Sulcus lateralis posterior bis C6. Die Radix spinalis zieht dann zunächst durch das Foramen magnum in die Schädelhöhle hinein, wo sie sich mit der Radix cranialis zum eigentlichen Nervus accessorius verbindet. Dieser verlässt die Schädelhöhle durch das Foramen jugulare, um sich um die somatomotorische Innervation des M. trapezius und des M. sternocleidomastoideus zu kümmern. Bei Verkürzung des rechten Musculus sternocleidomastoideus neigt der Patient den Kopf zur rechten Seite bei gleichzeitiger Kopfdrehung zur linken Seite.
In seinem Verlauf findet man ihn im Spatium latero-/parapharyngeum, wo er zusammen mit dem IX., X., und XII. Hirnnerven verläuft. Beim Funktionsausfall des XI. Hirnnerven kann der Betroffene oft den Arm nicht über die Horizontale heben und daher auch seine Haare nicht kämmen (so wird das immer wieder gerne im Schriftlichen gefragt ...). Eine Verletzung des N. accessorius tritt vor allem nach Operationen im **Trigonum colli laterale (laterales Halsdreieck)** auf. In dieser Regio colli lateralis (Regio cervicalis lateralis) liegen zudem Äste des Plexus cervicalis, der N. occipitalis minor und die A. subclavia.

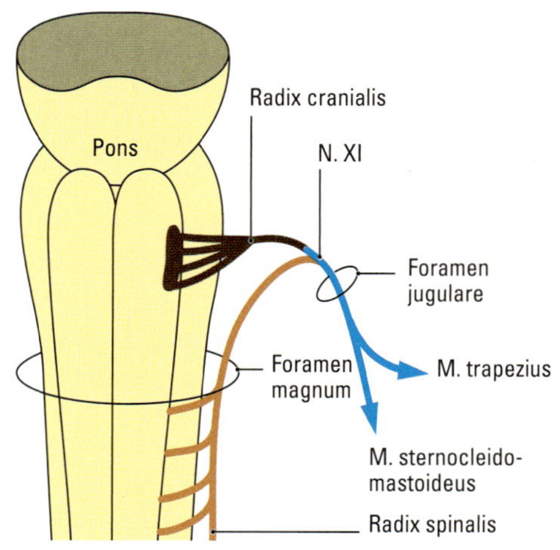

Abb. 42: Nervus accessorius *medi-learn.de/6-ana4-42*

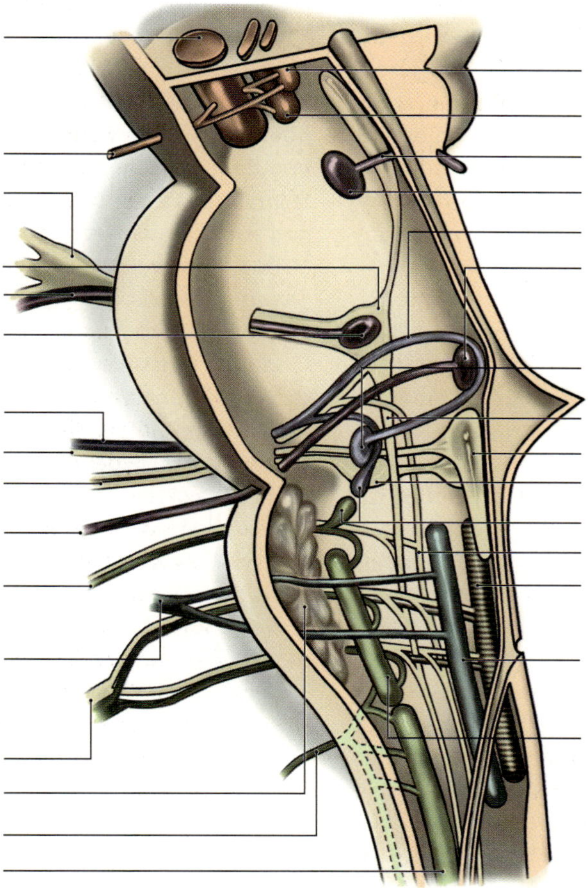

Abb. 43: Hirnstamm und Hirnnervenkerne *medi-learn.de/6-ana4-43*

5.1.12 Nervus hypoglossus (XII. Hirnnerv)

Der N. hypoglossus ist eigentlich ein Spinalnerv. Sein motorisches Kerngebiet liegt in Form des Nucleus nervi hypoglossi in der Medulla oblongata (s. Abb. 46, S. 51). Der XII. Hirnnerv verlässt den Hirnstamm ventral der Olive im Sulcus lateralis anterior und tritt durch den Canalis hypoglossi als medialster Hirnnerv in der hinteren Schädelgrube aus der Schädelhöhle aus. Er dient der Innervation der Zungenmuskulatur.

Bei einem einseitigen Ausfall des Nervus hypoglossus weicht die Zunge beim Herausstrecken zur kranken Seite hin ab (rechts Defekt, Folge: Zunge weicht nach rechts ab).

5.2 Halsnerven

Die Halsnerven umfassen im zervikalen Bereich den Plexus cervicalis und einige wichtige dorsale Nerven, die sich per Merkspruch aber schnell behalten lassen.

5.2.1 Rami ventrales der zervikalen Spinalnerven

Aus den zervikalen Spinalnerven entstehen jeweils ein Ramus dorsalis und ein Ramus ventralis. Die Rami ventrales von C1 bis C4 bilden den **Plexus cervicalis**, der am Hinterrand des M. sternocleidomastoideus liegt. Hier durchbricht der Plexus cervicalis die oberflächliche Halsfaszie (Lamina superficialis cervicalis) am

Erb-Punkt (Punctum nervosum) und teilt sich in seine vier rein sensiblen Äste auf, die subkutan liegen (s. Abb. 44, S. 50):

- Der **N. occipitalis minor** zieht in die seitliche Occipitalregion und innerviert die Haut hinter der Ohrmuschel.
- Der **N. auricularis magnus** innerviert ebenfalls die Haut an der Ohrmuschel und Wange sowie den Kieferwinkel.
- Der **N. transversus colli** zieht annähernd horizontal nach ventral und innerviert die Haut des vorderen Halses,
- während die **Nn. supraclaviculares** die Haut der oberen Schulter- und Brustregion versorgen, mitsamt der Fossa supraclavicularis major und der Haut im Bereich des M. sternocleidomastoideus. (Der M. sternocleidomastoideus führt bei Kontraktion zu einer Kopfneigung zur gleichen, bei gleichzeitiger Kopfdrehung zur entgegengesetzten Richtung).

Merke!

Ob **Aur**ora **m**ich **tr**otzdem **su**cht? Für die vier Äste: N. **o**ccipitalis minor, N. **aur**icularis **m**agnus, N. **tr**ansversus colli, Nn. **su**praclaviculares.

Aus den zervikalen Rami ventrales bilden sich zudem Muskeläste, wie z. B. der N. phrenicus, der seine Fasern aus C3 bis C5 erhält und Rami musculares (innervieren den M. longus capitis und colli, den M. rectus capitis anterior und lateralis, die Mm. intertransversarii cervicales, den M. levator scapulae und die Mm. scaleni).

5.2.2 Rami dorsales der zervikalen Spinalnerven

Die Rami dorsales der zervikalen Spinalnerven übernehmen neben der motorischen Innervation der tiefen Nackenmuskulatur die sensible Innervation der Occipitalregion. Hierzu dienen vor allem drei Nerven (s. Abb. 45, S. 51):

- Der **Ramus dorsalis aus C1** bildet den N. suboccipitalis, der vorwiegend motorisch in der tiefen Nackengegend die Nackenmuskulatur innerviert.
- Der **Ramus dorsalis aus C2** versorgt durch den N. occipitalis major vorwiegend sensibel die Haut am medialen Hinterkopf sowie motorisch den M. semispinalis capitis und den M. longissimus capitis.
- Der **Ramus dorsalis aus C3** bildet den **N. occipitalis tertius**, der sensibel die mediale Hinterkopfhaut versorgt.

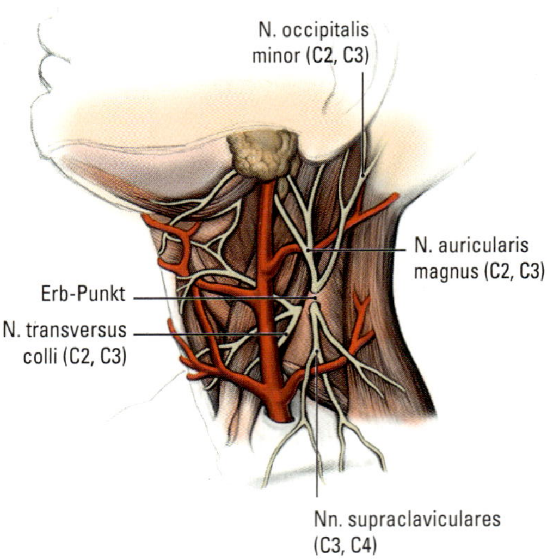

Abb. 44: Äste des Plexus cervicalis

medi-learn.de/6-ana4-44

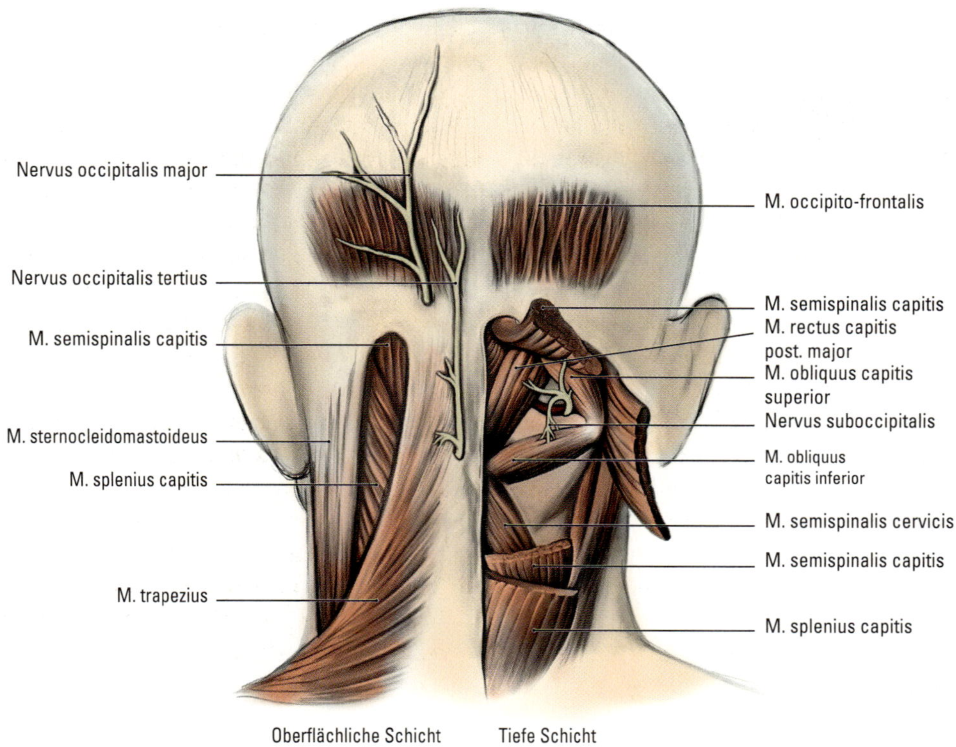

Abb. 45: Zervikale Rami dorsales *medi-learn.de/6-ana4-45*

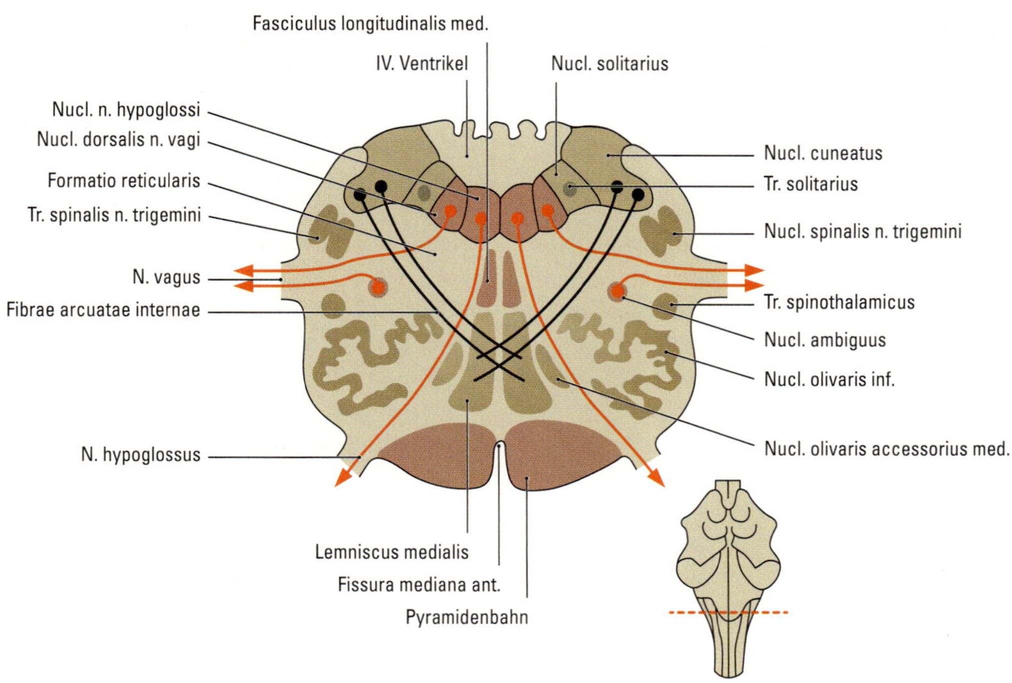

Abb. 46: Medulla oblongata *medi-learn.de/6-ana4-46*

DAS BRINGT PUNKTE

Da sämtliche aufgeführte Fakten zu den **Hirnnerven** häufig im Physikum gefragt werden, solltest du das ganze Kapitel sorgfältig lernen. Schriftlich werden besonders gerne folgende Nerven geprüft:

- V
- VII
- IX
- X
- XI
- Kerne sämtlicher Hirnnerven im Hirnstamm und deren Austrittsstellen.
- Der Ncl. ambiguus ist der motorische Kern der Hirnnerven IX,X und XI.
- Der Ncl. solitarius ist der Geschmackskern = viscerosensibel = sensorisch.

Zum Thema **Halsnerven** werden im Physikum häufig Fragen zum Plexus cervicalis gestellt. Du solltest dir daher unbedingt merken, dass:

- der Plexus cervicalis die oberflächliche Halsfaszie im Erb-Punkt durchbricht und
- welche vier Äste er hat (s. 5.2.1, S. 49).

FÜRS MÜNDLICHE

Zum Kapitel „Hirn- und Halsnerven" werden in der mündlichen Prüfung gerne folgende Fragen gestellt:

1. **Was können Sie zum Verlauf und den Kernen des N. facialis sagen?**
2. **Was fällt Ihnen zum N. trigeminus ein?**
3. **Was können Sie zur Sehbahn referieren?**
4. **Was wissen Sie über den Plexus cervicalis?**
5. **Wofür dient der Plexus?**

---

1. Was können Sie zum Verlauf und den Kernen des N. facialis sagen?
VII. Hirnnerv, Kerngebiete im Bereich des Pons, Verlauf im Porus acusticus internus, Chorda tympani und N. petrosus major. Verlässt Schädelbasis durch Foramen stylomastoideum, Innervation der mimischen Muskulatur, Innervation der meisten Drüsen im Kopf- und Halsbereich, außer der Parotis.

2. Was fällt Ihnen zum N. trigeminus ein?
V. Hirnnerv, größter Hirnnerv mit den meisten Kernen (s. 5.1.5, S. 41) im Hirnstamm, Austritt lateral des Pons, sensible Versorgung des Gesichts durch seine drei Hauptäste:

- N. ophthalmicus,
- N. maxillaris,
- N. mandibularis

sowie Äste zur motorischen Versorgung der Kaumuskulatur (im N. mandibularis).

3. Was können Sie zur Sehbahn referieren?
Ursprung sind die primären Sinneszellen in Form von Stäbchen und Zapfen im Stratum neuroepitheliale retinae. Über das Stratum ganglionare retinae und die Nervi optici gelangen die Informationen durch den N. opticus – der erste Ort, wo man Myelinscheiden

findet – aus der Orbita durch den Canalis opticus, durch den zudem die A. ophthalmica zieht, in die mittlere Schädelgrube. Hier befindet sich im Bereich der Sella turcica das Chiasma opticum (s. 5.1.2, S. 37).

4. Was wissen Sie über den Plexus cervicalis?
Nervengeflecht, das am hinteren Rand des M. sternocleidomastoideus durch die Lamina superficialis fasciae cervicalis hindurchtritt.

Teilt sich in vier Äste auf:
- N. occipitalis minor,
- N. auricularis magnus,
- N. transversus colli,
- Nn. supraclaviculares.

5. Wofür dient der Plexus?
Er dient der sensiblen Innervation von lateralen Anteilen des Gesichts und des lateralen Hinterkopfs bis nach kaudal in den Bereich der Clavicula.

Mehr Cartoons unter www.medi-learn.de/cartoons

Pause

Kleine Pause gegen aufziehende Kopfschmerzen gefällig?

6 Vegetative Innervation von Kopf und Hals

Fragen in den letzten 10 Examen: 9

Das Thema der vegetativen Innervation und der dazugehörigen Ganglien ist für die meisten Physikumsanwärter ein sehr unbeliebtes Kapitel. Hast du aber die Drüsen im Kopf-/Halsbereich sowie die Hirnnerven sieben und neun schon gelernt, so ist es ein Kinderspiel, sich auch die wesentlichen Aspekte dieses Themas anzueignen.

Da die vegetative Innervation von Kopf und Hals immer wieder gefragt wird, solltest du die folgenden Seiten aufmerksam lesen, sorgfältig lernen und anschließend im Schlaf können.

6.1 Allgemeines zu den Ganglien

Man unterscheidet parasympathische Ganglien von sympathischen und sensiblen Ganglien. Im Kopf- und Halsbereich existieren vier wichtige parasympathische Ganglien, auf die **im schriftlichen Examen sehr viel Wert gelegt** wird und die du daher **unbedingt lernen und verstehen solltest**. Hast du den Inhalt dieses Kapitels im Kopf, kannst du aber die meisten Fragen aus dem Komplex Kopf und Hals gut beantworten – daher **also hier mal wieder besonders aufgepasst...**

Die vier parasympathischen Ganglien sind:
- das Ganglion ciliare,
- das Ganglion pterygopalatinum,
- das Ganglion submandibulare und
- das Ganglion oticum.

In diesen Ganglien befinden sich:
1. präganglionäre **parasympathische** Fasern, die organnah auf das zweite postganglionäre Neuron verschaltet werden,
2. postganglionäre **sympathische** Fasern, die bereits organfern im Grenzstrang verschaltet wurden und durch das parasympathische Ganglion lediglich hindurchziehen, ohne verschaltet zu werden,
3. **sensible** Fasern, die nicht verschaltet werden und die sich auf dem Weg zum ZNS dem jeweiligen Ganglion anlagern.

Wie in Kapitel 4.5, S. 26 bereits erwähnt, werden alle wesentlichen Drüsen im Kopf- und Halsbereich durch parasympathische Fasern innerviert, die im Nervus (intermedio)facialis verlaufen. Eine Ausnahme bildet die Parotis, die vom N. glossopharyngeus versorgt wird.

6.1.1 Ganglion ciliare

Das Ganglion ciliare liegt in der Orbita, direkt hinter dem Bulbus oculi (retrobulbär) und lateral des Nervus opticus. Es dient der Verschaltung parasympathischer Fasern, die **für die Akkomodation und den Pupillenreflex** notwendig sind. Außerdem hat das Ganglion viele multipolare Nervenzellen.

Präganglionäre parasympathische Fasern, die im **Nucleus oculomotorius accessorius** (Edinger Westphal) des dritten Hirnnerven im Mesencephalon ihren Ursprung haben und mit dem **N. oculomotorius** in die Orbita gelangen (s. 5.1.3, S. 39), werden hier (organnah) auf das zweite postganglionäre parasympathische Neuron verschaltet. In Form der Nn. ciliares breves gelangen sie dann zum M. ciliaris und M. sphincter pupillae, wo sie für die Akkomodation und den Pupillenreflex sorgen (s. Abb. 47, S. 56).

Postganglionäre **sympathische** Fasern innervieren den M. dilatator pupillae (Sympathikusaktivierung, Folge: Augen weit auf!) und gelangen vom oberen Halsstrangganglion mit den Gefäßen in den Schädel und zum Auge. Hierbei begleiten sie auch die A. carotis interna.

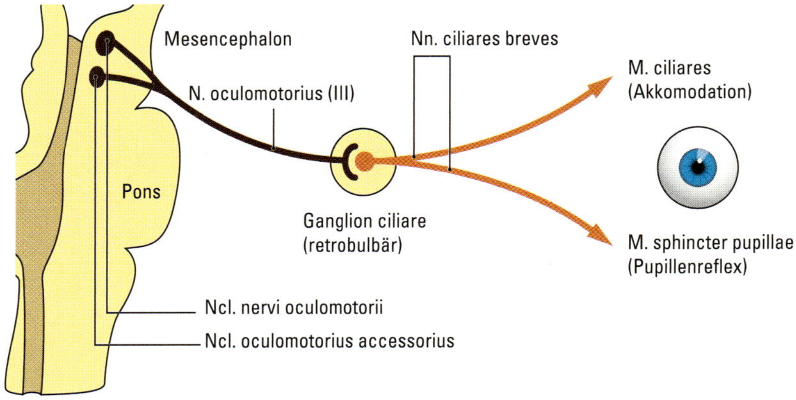

Abb. 47: Übersicht Ganglion ciliare *medi-learn.de/6-ana4-47*

Sensible Fasern der Cornea lagern sich als Nn. ciliares longi dem Ganglion an und verlaufen mit dem N. trigeminus.
Die Perikaryen der präganglionären sympathischen Neurone zur Weitstellung der Pupille liegen im Rückenmark, während sich die Perikaryen der präganglionären parasympathischen Neurone für die Akkomodation im Mittelhirn befinden.

6.1.2 Ganglion pterygopalatinum

Das Ganglion pterygopalatinum liegt in der Fossa pterygopalatina (Flügelgaumengrube). Es wird benötigt, um einen Teil der Drüsen im Kopf- und Halsbereich parasympathisch zu versorgen.

Präganglionäre **parasympathische** Fasern, die im **Nucleus salivatorius superior** in den Pons ihren Ursprung haben und mit dem **N. (intermedio) facialis** über den N. petrosus major (über den Canalis pterygoideus) in die Flügelgaumengrube gelangen (s. 5.1.7, S. 43), werden hier (organnah) auf das zweite postganglionäre parasympathische Neuron verschaltet. Die postganglionären Fasern innervieren die Drüsen im oberen Anteil des Gesichts:

- die Glandula lacrimalis,
- die Nasen-,
- Nasennebenhöhlen- und
- Gaumendrüsen (Glandulae nasales und palatines).

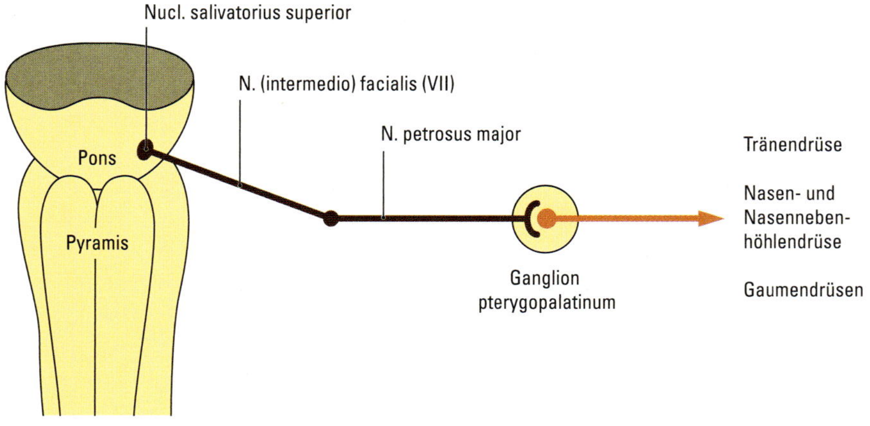

Abb. 48: Übersicht Ganglion pterygopalatinum *medi-learn.de/6-ana4-48*

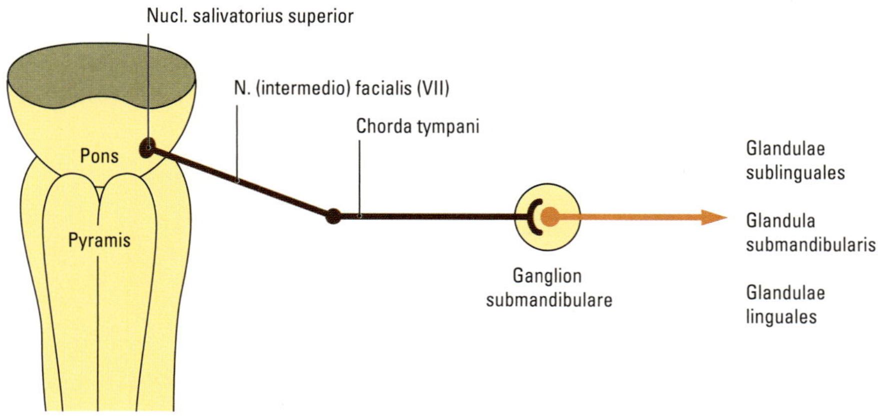

Abb. 49: Übersicht Ganglion submandibulare *medi-learn.de/6-ana4-49*

Die Fossa pterygopalatina hat Verbindung zur Fossa cranii media (Foramen rotundum), zur Cavitas nasi (Foramen sphenopalatinum), zum Cavum oris (Canalis palatinus major) und zur Fossa infratemporalis (Fissura pterygomaxillaris).
Postganglionäre sympathische Fasern aus dem Halsgrenzstrang ziehen als N. petrosus profundus zur Schleimhaut der Nasennebenhöhlen. Sensible Fasern aus dem Gaumen- und Nasennebenhöhlenbereich entstammen dem N. maxillaris.

6.1.3 Ganglion submandibulare

Das Ganglion submandibulare liegt oberhalb der Glandula submandibularis. Es innerviert die Drüsen im unteren Anteil des Gesichts. Präganglionäre parasympathische Fasern, die ebenso im **Nucleus salivatorius superior** in dem Pons ihren Ursprung haben und mit dem N. (intermedio)facialis über die Chorda tympani zum Mundboden gelangen (s. 5.1.7, S. 43), werden hier (organnah) auf das zweite postganglionäre parasympathische Neuron verschaltet. Sie versorgen die Glandula submandibularis, die Glandula sublingualis und die Glandulae linguales.

Die postganglionären sympathischen Fasern stammen aus dem Halsgrenzstrang und innervieren vor allem die Mundgefäße. Die sensiblen Fasern ziehen als N. lingualis von der Zunge am Ganglion vorbei zum N. trigeminus.

6.1.4 Ganglion oticum

Das Ganglion oticum liegt in der Fossa infratemporalis. Präganglionäre parasympathische Fasern ziehen in der Medulla oblongata durch den Nucleus salivatorius inferior und gelangen mit dem N. glossopharyngeus (über den N. tympanicus zum Plexus tympanicus; von dort zieht der N. petrosus minor zum Ganglion) in die Fossa infratemporalis (s. 5.1.9, S. 46). Hier werden sie (organnah) auf das zweite postganglionäre parasympathische Neuron verschaltet. Diese postganglionären Fasern ziehen dann mit dem N. auriculotemporalis zur Parotis und innervieren diese Drüse.
Postganglionäre sympathische Fasern kommen aus dem Plexus caroticus externus zum Ganglion oticum und innervieren Blutgefäße und Drüsen im Ohrbereich.
Sensible Fasern aus der Haut, Schleimhaut und den Zähnen des Unterkiefers ziehen mit dem N. mandibularis zum Hirnstamm.

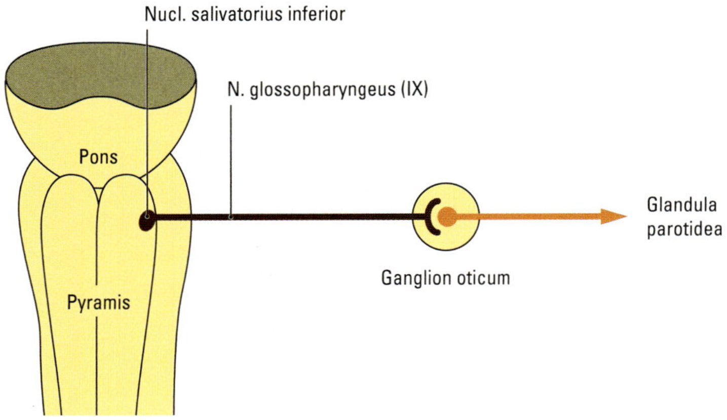

Abb. 50: Übersicht Ganglion oticum *medi-learn.de/6-ana4-50*

DAS BRINGT PUNKTE

Aus diesem Kapitel sind Fragen zu den Begriffen **parasympathische Innervation der Speicheldrüsen** häufig im Physikum anzutreffen. Du solltest dir daher unbedingt merken, dass:

- alle Drüsen im Kopf-/Halsbereich durch den N. facialis (VII) innerviert werden, außer der Parotis, die der N. glossopharyngeus (IX) innerviert.
- der parasympathische Kern des N. (intermedio)facialis (VII) der Nucleus salivatorius superior ist, während der Nucleus salivatorius inferior der Kern des N. glossopharyngeus (IX) ist.

FÜRS MÜNDLICHE

Häufig gestellte Fragen zu dem Kapitel „Vegetative Innervation von Kopf und Hals" lauten:

1. **Welche parasympathischen Ganglien kennen Sie und was sind deren Funktionen?**
2. **Wo liegt das Ganglion ciliare und wozu dient es?**

---

1. Welche parasympathischen Ganglien kennen Sie und was sind deren Funktionen?
Ganglion ciliare, oticum, pterygopalatinum und submandibulare.
Funktion: Parasympathische Fasern werden organnah verschaltet und dienen dann der Innervation der Drüsen im Kopf- und Halsbereich.

2. Wo liegt das Ganglion ciliare und wozu dient es?
Retrobulbäre Lage, Verschaltung präganglionärer parasympathischer Fasern auf postganglionäre, um dann als Nervi ciliares breves der Akkomodation und dem Pupillenreflex zu dienen sowie Blutgefäße und Drüsen am Auge zu versorgen.

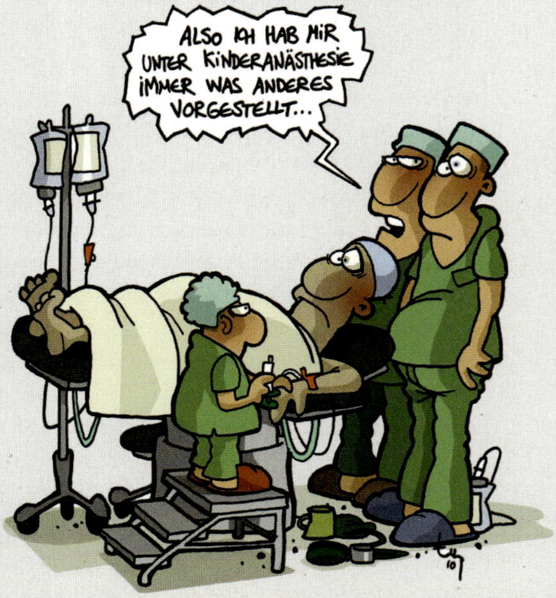

Mehr Cartoons unter www.medi-learn.de/cartoons

Pause

Genug gehirnt und daher Zeit für eine kleine Pause

7 Blut- und Lymphgefäße

Fragen in den letzten 10 Examen: 6

Die arterielle Versorgung von Kopf und Hals stammt aus zwei Hauptgefäßen. Diese solltest du namentlich kennen sowie deren Abgänge benennen und zum Teil auch zeigen können. Denn gerade in der mündlichen Prüfung werden diese Arterien immer wieder gerne gefragt. Die Venen stimmen namentlich mit den Arterien überein und verlaufen meist in enger Nachbarschaft zu diesen.

7.1 Arterielle Versorgung im Kopf- und Halsbereich

Das Blut für die arterielle Versorgung des Kopf- und Halsbereichs stammt aus der linken Herzkammer. Von dort gelangt es über die Aorta ascendens und den Arcus aortae auf der rechten Seite in den Truncus brachiocephalicus. Der besitzt als Äste die A. carotis communis und die A. subclavia der rechten Seite. Auf der linken Seite erfolgt die Blutversorgung über direkte Abgänge aus dem Arcus aortae: die linke A. carotis communis und die linke A. subclavia.

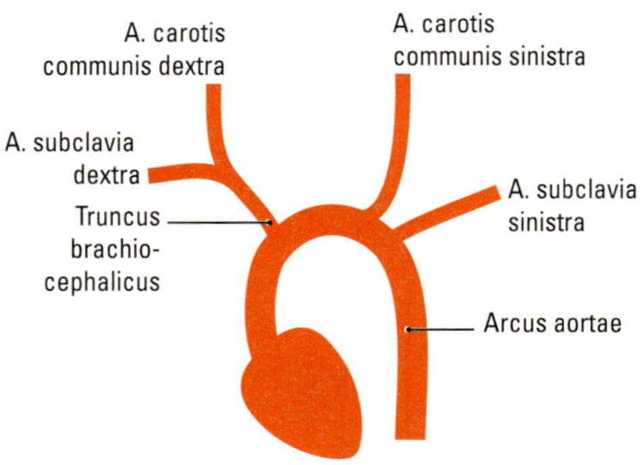

Abb. 51: Abgänge für Kopf und Hals

medi-learn.de/6-ana4-51

7.1.1 A. subclavia

Die A. subclavia wird oft im Zusammenhang mit z. B. Skalenuslücken abgefragt. Um auf Nachfragen gut antworten zu können, etwas Basiswissen ... und im Mündlichen gerne gefragt. Die A. subclavia ist auf der linken Seite ein direkter Abgang des Arcus aortae und auf der rechten Seite ein Abgang aus dem Truncus brachiocephalicus. Sie legt sich in ihrem Verlauf kranial um die Pleurakuppel und hinterlässt hier einen Sulcus arteriae subclaviae, bevor sie mit dem Plexus brachialis durch die (hintere) Skalenuslücke zwischen dem M. scalenus anterior und medius zieht. Erst in der Axilla geht die A. subclavia in die A. axillaris über. Für den Kopf- und Halsbereich gibt die A. subclavia vier wichtige Äste ab:

- die A. thoracica interna,
- die A. vertebralis,
- den Truncus thyreocervicalis und
- den Truncus costocervicalis.

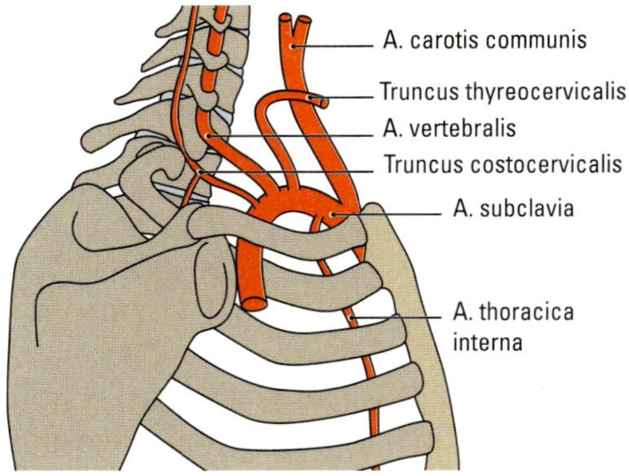

Abb. 52: Äste der A. subclavia

medi-learn.de/6-ana4-52

In den Thoraxbereich zieht als ein Abgang der A. subclavia die **A. thoracica interna**, die lateral des Sternums nach kaudal zieht und sich in Höhe der sechsten Rippe in die A. epigastrica superior und die A. musculophrenica aufteilt. Sie versorgt u. a. den Thymus, das Mediastinum, die Trachea und ihre Bronchien sowie das Sternum und die Mamma.

Ein weiterer wichtiger Abgang der A. subclavia ist die **A. vertebralis**. Sie zieht vom sechsten bis zum ersten Halswirbel durch die Foramina transversaria gemeinsam mit Nervengeflechten und Venenplexus, führt dann zwischen Atlas und Axis dorsal um die Massa lateralis des Atlas herum, bevor sie in den Subarachnoidalraum eintritt. Durch das Foramen magnum gelangt sie in die Schädelhöhle und vereinigt sich dort mit der A. vertebralis der Gegenseite zur A. basilaris.

Die weiteren wichtigen Abgänge der A. subclavia sind zwei Trunci: der **Truncus thyreocervicalis** und der **Truncus costocervicalis**. Der Truncus thyreocervicalis verzweigt sich in seine Äste:

- die A. thyroidea inferior, die dorsal der A. carotis communis und des N. vagus und medial des M. scalenus anterior verläuft und der Versorgung der unteren Anteile der Glandula thyroidea und des Larynx dient (über die A. laryngea inferior),
- die A. cervicalis ascendens,
- die A. suprascapularis und
- die A. transversa cervicis.

Der Truncus costocervicalis verfügt über zwei Hauptabgänge, die A. cervicalis profunda und die A. intercostalis suprema.

7.1.2 A. carotis communis

Die A. carotis communis stammt auf der linken Seite aus dem Aortenbogen, während sie auf der rechten Seite ein Ast des Truncus brachiocephalicus ist. Sie ist die Aterie mit dem größten Reichtum an elastischen Fasern.

Ohne Verzweigungen zieht sie gemeinsam mit der V. jugularis interna in der Vagina carotica durch den Halsbereich am Vorderrand des M. sternocleidomastoideus. Erst in Höhe des Cartilago thyroidea (in Höhe des vierten Halswirbels) befindet sich das Trigonum caroticum, das vom M. sternocleidomastoideus, dem Venter superior des M. omohyoideus und dem Venter posterior des M. digastricus begrenzt wird. Hier liegen der Sinus caroticus und die Arterie, die sich an dieser Stelle in die A. carotis interna und externa teilt. Zwischen der A. carotis interna und A. carotis externa bildet am wahrscheinlichsten die A. angularis eine Anastomose aus.

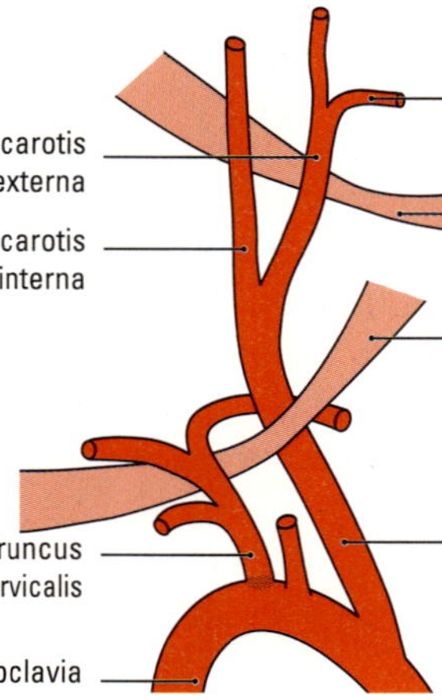

Abb. 53: Äste der A. carotis communis

medi-learn.de/6-ana4-53

- Die **A. carotis interna** (s. IMPP-Bild 2, S. 66) zweigt sich erst im Schädel in ihre Äste auf. Sie bildet bei der Aufzweigungsstelle der A. carotis communis den hinteren Ast der A. carotis communis und verläuft **ohne Astabgabe** zur Schädelbasis. Dort zieht sie durch den Canalis caroticus in die Schädelhöhle. Der Canalis caroticus durchzieht die Pars petrosa des Os temporale und liegt medial der kleinen Foramina. Hierin verlaufen die Arteria carotis interna mit dem begleitenden sympathischen Plexus caroticus internus. Im Bereich des Sinus cavernosus bildet sie das Karotissiphon (S-Schleife) und gibt schließlich in der mittleren Schädelgrube als Äste die A. ophthalmica (direkter Ast hiervon ist die A. centralis retinae), die A. cerebri media und anterior sowie die A. communicans posterior ab.

- Die **A. carotis externa** hingegen verläuft unter dem Venter posterior des M. digastricus und dem M. stylohyoideus in die Fossa ret-

romandibularis und gibt auf ihrem Weg folgende Äste ab:
- die A. **th**yroidea superior (versorgt die Glandula **Th**yroidea und die oberen Anteile des Larynx),
- die A. **lin**gualis (aus der die A. profunda linguae hervorgeht),
- die A. **fa**cialis,
- die A. **pha**ryngea ascendens,
- den Ramus sternocleidomastoideus,
- die A. **occ**ipitalis,
- die A. **au**ricularis posterior

– und als ihre Endäste:
- die A. **te**mporalis superficialis und
- die A. **m**axillaris.

Die A. maxillaris beginnt in der Parotisloge und zieht durch die Fossa infratemporalis, wo sie in topografischer Beziehung zum M. pterygoideus lateralis steht. Sie versorgt als Endast der A. carotis externa Zähne, Gaumen, Dura mater und gibt als Ast die A. meningea media ab. Diese gelangt durch das Foramen spinosum in die mittlere Schädelgrube und verläuft hier epidural.
Äste der A. maxillaris sind u. a. die A. alveolaris inf., die A. meningea media, die A. buccalis und die A. palatina descendens.
Äste der A. facialis sind u. a. die A. palatina ascendens, die A. submentalis sowie die A. labialis

Merke!

Theo **Ling**en **fa**briziert **pha**ntastisch **st**arke **Oc**hsenschwanzsuppe **aus** **t**oten **M**äusen; für die Äste der A. carotis externa: A. **th**yroidea superior, A. **ling**ualis, A. **fa**cialis, A. **pha**ryngea ascendens, Ramus **st**ernocleidomastoideus, A. **oc**cipitalis, A. **au**ricularis posterior, A. **t**emporalis superficialis und A. **m**axillaris.

7.2 Venen/Sinus

Die Venen begleiten die Arterien im Kopf-/Halsbereich und sind gleichnamig zu den Arterien.

Für den venösen Blutabfluss des Gehirns bedarf es unter anderem der **Sinus durae matris**. Dies sind weitlumige venöse Blutleiter, die innerhalb der Dura mater verlaufen. Bei den Sinus handelt es sich um mit Endothel ausgekleidete Aufweitungen zwischen den Durablättern, die weder eine Muskelschicht noch Klappen aufweisen.
Das venöse Blut aus der Großhirnrinde fließt zum großen Teil zum Sinus sagittalis superior ab (unpaarig) und mündet in das Confluens sinuum. In dieses führen zudem
- der Sinus rectus, in den zuvor der Sinus sagittalis inferior und die V. cerebri magna mündeten und
- der Sinus occipitalis.

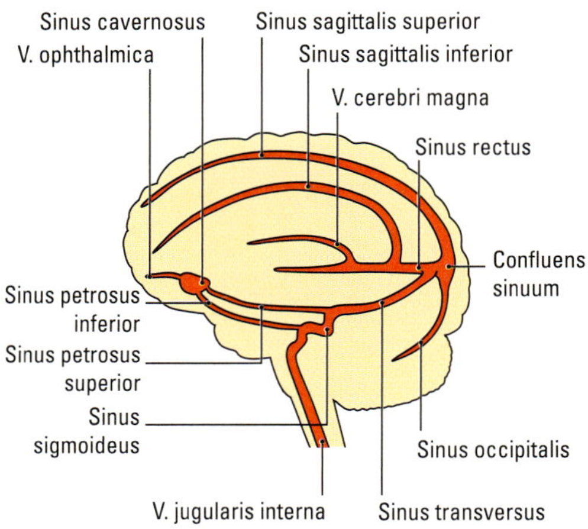

Abb. 54: Sinus durae matris (seitlicher Querschnitt)
medi-learn.de/6-ana4-54

Vom Confluens sinuum aus gelangt das Blut nach lateral über den jeweiligen Sinus transversus in den Sinus sigmoideus (topografische Beziehung zum Processus mastoideus = Mastoid; Anteil des Os temporale und zum Mittelohr), bevor es in die V. jugularis interna mündet, die das gesammelte Blut über die Vv. brachiocephalicae zum Herzen bringen.
Um das venöse Blut aus den vorderen Anteilen des Gehirns zu sammeln, findet man im Bereich der Sella turcica ein weiteres Sammelbecken: den Sinus cavernosus. In ihn münden der Sinus sphenoparietalis und die V. ophthal-

mica. Der Sinus cavernosus fließt dann über den Sinus petrosus superior und inferior in den Sinus transversus und den Sinus sigmoideus ab.

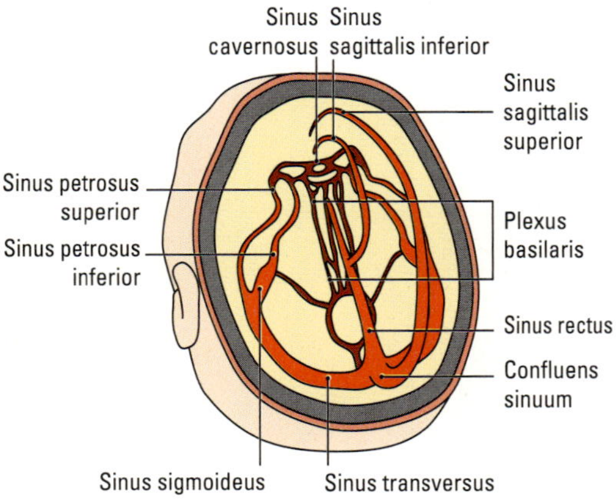

Abb. 55: Sinus durae matris (Aufsicht)

medi-learn.de/6-ana4-55

7.3 Lymphknoten und Lymphgefäße

Die Lymphbahnen wurden bisher im schriftlichen und mündlichen Examen relativ kurz gehalten. Daher sprechen auch wir sie nur in aller Kürze an.

Die Nodi lymphatici parotidei superficiales beziehen ihre Lymphe vor allem aus dem Gebiet der Schläfe und der Vorderfläche der Ohrmuschel, während die Lymphknoten Nodi lymphatici submentales die Lymphe der Unterlippe, des Mundhöhlenbodens und der Zungenspitze sammeln.

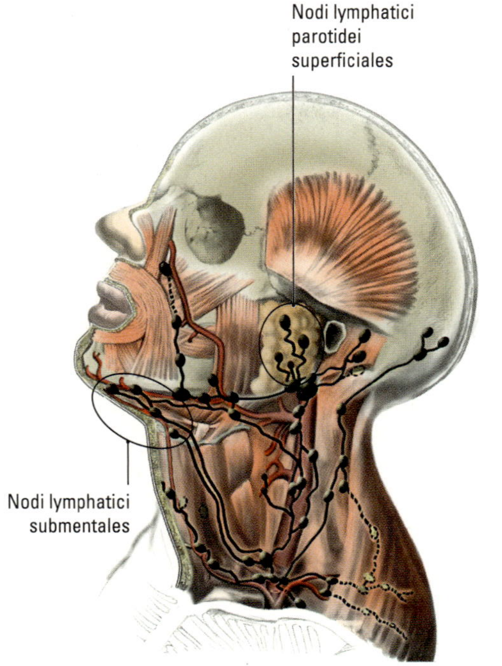

Abb. 56: Lymphgefäße und Lymphknoten der seitlichen Halsregion

medi-learn.de/6-ana4-56

Nach der Anatomie von Kopf und Hals folgt nun noch ein allgemeiner Hinweis:
Im Fach Anatomie gibt es in den schriftlichen Examina immer wieder Fragen mit Bildanhang. Es empfiehlt sich daher Fragen dieser Art aus den letzten Examina noch einmal kurz vor der Prüfung anzuschauen.
Die einzelnen gefragten Strukturen wurden in den vorangegangenen Kapiteln mit behandelt und sind im Einzelnen dort nachzulesen.

DAS BRINGT PUNKTE

Aus diesem Kapitel werden häufig die **A. subclavia** und **A. carotis communis plus Äste** sowie die **Sinus** im Physikum geprüft. Du solltest dir daher unbedingt merken, dass

- das Blut für Kopf und Hals aus der A. subclavia und A. carotis communis sowie deren Ästen stammt und solltest diese benennen können.
- die Sinus durae matris die venösen Abflussleiter sind.

FÜRS MÜNDLICHE

Häufig gestellte Fragen zum Thema Blut- und Lymphgefäße sind:

1. **Beschreiben Sie bitte die arterielle Versorgung von Kopf und Hals.**
2. **Was verstehen Sie unter dem Begriff Sinus?**

---

1. Beschreiben Sie bitte die arterielle Versorgung von Kopf und Hals.
Aortenbogen mit den Abgängen Truncus brachiocephalicus rechts und links den direkten Abgängen A. subclavia und A. carotis communis.
Die A. carotis communis teilt sich in die A. carotis interna und externa sowie deren Äste auf, während die A. subclavia 4 wichtige Äste besitzt:

- den Truncus thyreocervicalis,
- den Truncus costocervicalis,
- die A. vertebralis und
- die A. thoracica interna.

2. Was verstehen Sie unter dem Begriff Sinus?
Duraduplikaturen; hierzu zählt man z. B. den Sinus sagittalis superior und inferior, den Sinus occipitalis und den Sinus rectus. Diese münden in den Confluens sinuum, von wo das Blut lateral über Sinus transversus und Sinus sigmoideus letztlich in die V. jugularis interna fließt.
Ventrale Bereiche des Gehirns sammeln ihr venöses Blut im Sinus cavernosus, von wo es über den Sinus petrosus superior und inferior in den Sinus transversus und Sinus sigmoideus abfließt.

Pause

Nachdem du dich tapfer durch die Anatomie von Kopf und Hals gekämpft hast, ist es jetzt Zeit für eine Pause!
Danach geht es dann ans Kreuzen.

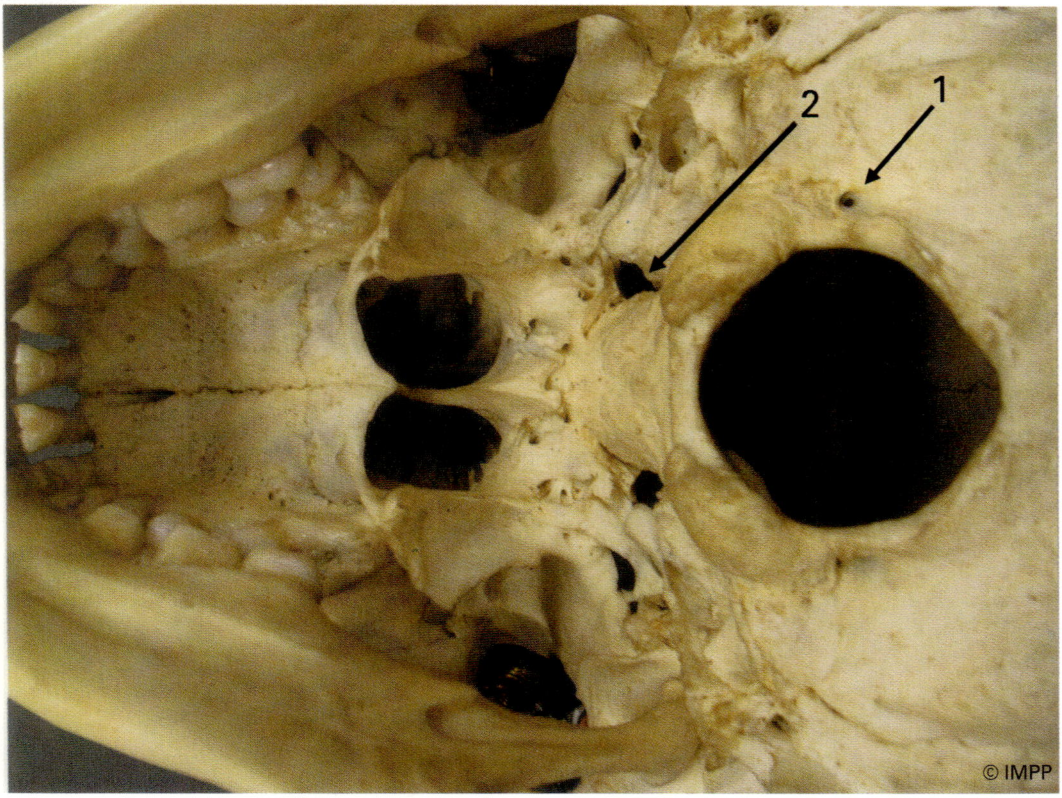

IMPP-Bild 1: Schädelbasis

medi-learn.de/6-ana4-impp1

1. Lateral des Foramen magnums liegen nur die Durchtrittsstellen der Vv. emmissariae. Knöcherne Struktur ist das Os occipitale.
2. Markiert ist das Foramen lacerum, durch das der N. petrosus major und profundus Verbindung zur mittleren Schädelgrube haben. Es liegt zwischen dem Os temporale, dem Os occipitale und dem Os sphenoidale.

Tipp:
Hier werden die Foramina an der Schädelbasis von kaudal geprüft. Präge dir daher unbedingt sämtliche Foramina mit den hindurchtretenden Strukturen ein (s. Abb. 4 b, S. 5).

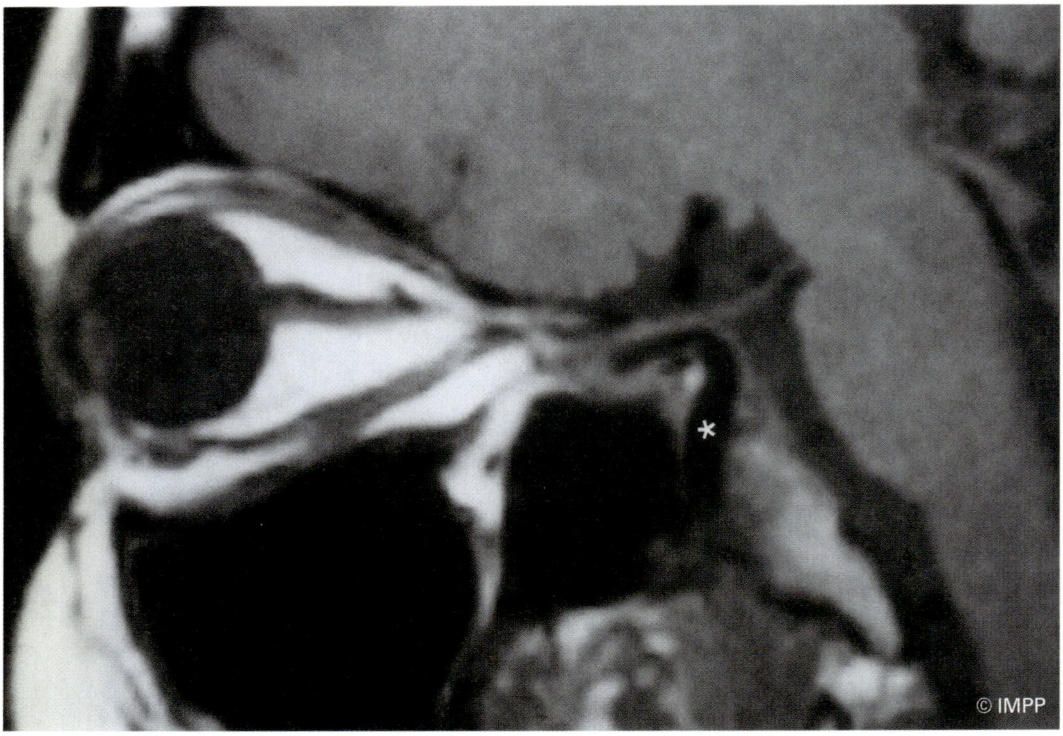

IMPP-Bild 2: Sagittalschnitt des Schädels
medi-learn.de/6-ana4-impp2

Angeschnitten sind die Orbita mit Bulbus oculi und Nervus opticus, die Nasenhöhle und Nasennebenhöhlen (hier gut zu sehen der Sinus sphenoidalis) und ein Teil des Großhirns. Markiert ist die A. carotis interna, die für die Versorgung u. a. der Augen und Nasenhöhle Arterien abgibt.

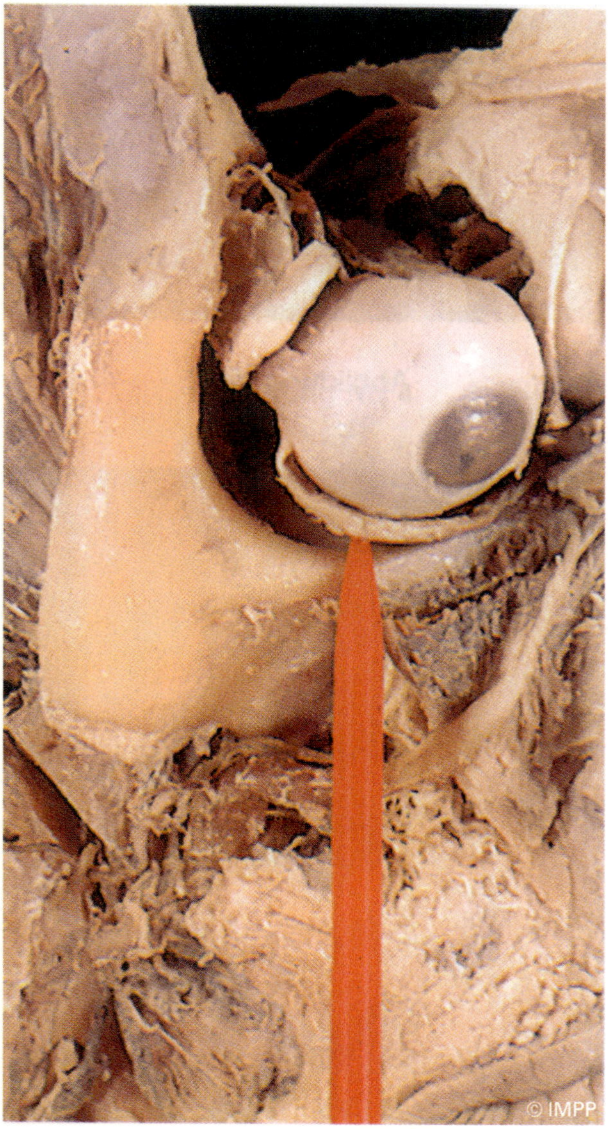

Markiert ist der M. obliquus inferior, der durch den Nervus oculomotorius innerviert wird.

Anhang

IMPP-Bild 3: Präparierte Orbita mit Bulbus oculi und Augenmuskeln an einer Leiche

medi-learn.de/6-ana4-impp3

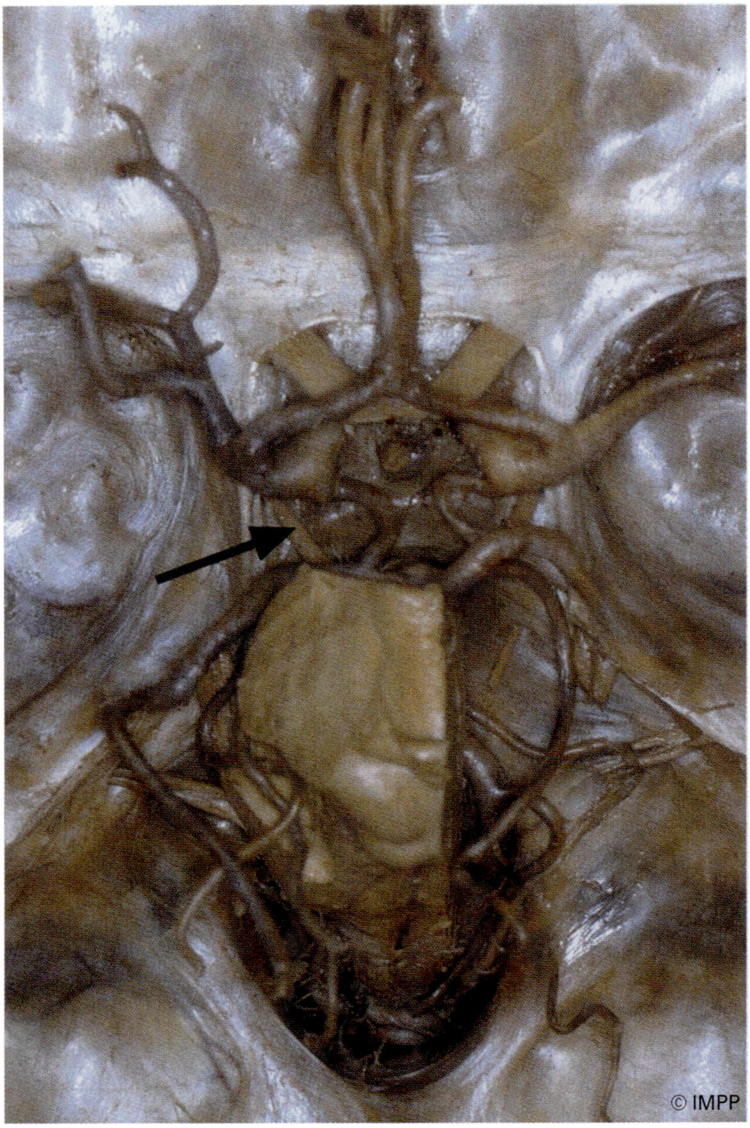

IMPP-Bild 4: Schädelbasis, Ansicht von kranial
medi-learn.de/6-ana4-impp4

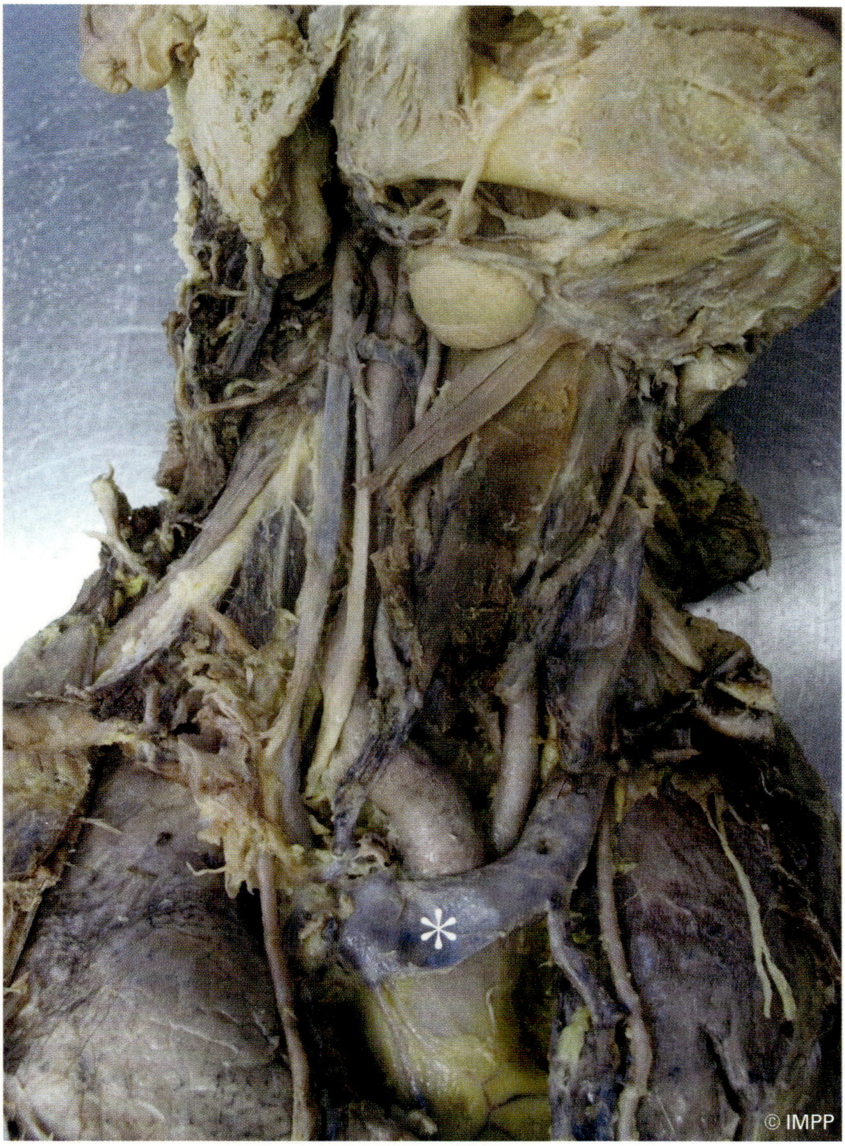

IMPP-Bild 5: Seitliche Halsregion
medi-learn.de/6-ana4-impp5

Die mit dem Stern markierte Struktur der Abbildung entsteht aus dem Zusammenfluss der linken V. jugularis interna und der linken V. subclavia.

Index

O

P

Feedback

Deine Meinung ist gefragt!

Es ist erstaunlich, was das menschliche Gehirn an Informationen erfassen kann. Slbest wnen kilene Fleher in eenim Txet entlheatn snid, so knnsat du die eigneltchie lofnrmotian deoncnh vershteen – so wie in dsieem Text heir.

Wir heabn die Srkitpe mecrfhah sehr sogrtfältg güpreft, aber vilcheliet hat auch uesnr Girehn – so wie deenis grdaee – unbeswust Fheler übresehne. Um in der Zuuknft noch bsseer zu wrdeen, bttein wir dich dhear um deine Mtiilhfe.

Sag uns, was dir aufgefallen ist, ob wir Stolpersteine übersehen haben oder ggf. Formulierungen verbessern sollten. Darüber hinaus freuen wir uns natürlich auch über positive Rückmeldungen aus der Leserschaft.

Deine Mithilfe ist für uns sehr wertvoll und wir möchten dein Engagement belohnen: Unter allen Rückmeldungen verlosen wir einmal im Semester Fachbücher im Wert von 250 Euro. Die Gewinner werden auf der Webseite von MEDI-LEARN unter www.medi-learn.de bekannt gegeben.

Schick deine Rückmeldung einfach per E-Mail an support@medi-learn.de oder trag sie im Internet in ein spezielles Formular für Rückmeldungen ein, das du unter der folgenden Adresse findest:

www.medi-learn.de/rueckmeldungen

Andreas Martin

Anatomie Band 3

MEDI-LEARN Skriptenreihe

6., komplett überarbeitete Auflage

MEDI-LEARN Verlag GbR

Autor: Andreas Martin
Fachlicher Beirat: PD Dr. Rainer Viktor Haberberger

Teil 3 des Anatomiepaketes, nur im Paket erhältlich
ISBN-13: 978-3-95658-000-0

Herausgeber:
MEDI-LEARN Verlag GbR
Dorfstraße 57, 24107 Ottendorf
Tel. 0431 78025-0, Fax 0431 78025-262
E-Mail redaktion@medi-learn.de
www.medi-learn.de

Verlagsredaktion:
Dr. Marlies Weier, Dipl.-Oek./Medizin (FH) Désirée Weber, Denise Drdacky, Jens Plasger, Sabine Behnsch, Philipp Dahm, Christine Marx, Florian Pyschny, Christian Weier

Layout und Satz:
Fritz Ramcke, Kristina Junghans,
Christian Gottschalk

Grafiken:
Dr. Günter Körtner, Irina Kart, Alexander Dospil,
Christine Marx

Illustration:
Daniel Lüdeling

Druck:
A.C. Ehlers Medienproduktion GmbH

6. Auflage 2014

Wichtiger Hinweis für alle Leser
Die Medizin ist als Naturwissenschaft ständigen Veränderungen und Neuerungen unterworfen. Sowohl die Forschung als auch klinische Erfahrungen führen dazu, dass der Wissensstand ständig erweitert wird. Dies gilt insbesondere für medikamentöse Therapie und andere Behandlungen. Alle Dosierungen oder Applikationen in diesem Buch unterliegen diesen Veränderungen.
Obwohl das MEDI-LEARN Team größte Sorgfalt in Bezug auf die Angabe von Dosierungen oder Applikationen hat walten lassen, kann es hierfür keine Gewähr übernehmen. Jeder Leser ist angehalten, durch genaue Lektüre der Beipackzettel oder Rücksprache mit einem Spezialisten zu überprüfen, ob die Dosierung oder die Applikationsdauer oder -menge zutrifft. Jede Dosierung oder Applikation erfolgt auf eigene Gefahr des Benutzers. Sollten Fehler auffallen, bitten wir dringend darum, uns darüber in Kenntnis zu setzen.

Inhalt

1 Mittelhirn (Mesencephalon)

Fragen in den letzten 10 Examen: 9

1

Das Mittelhirn bildet zusammen mit der Medulla oblongata und der Pons (Brücke) den Hirnstamm. Es ist der kleinste Hirnabschnitt und besteht überwiegend aus weißer Substanz (Fasern). Daneben enthält er noch die Kerngebiete für den III. und IV. Hirnnerv.

Übrigens ...
Die Benennung von Bahnen im ZNS erfolgt immer nach dem gleichen Schema: Tractus Ursprungsort – Endigungsort
Dementsprechend heißt die Bahn, die vom Ncl. ruber ins Rückenmark zieht, Tractus rubrospinalis.

1.1 Topografie

Das Mittelhirn grenzt nach kaudal an den Pons und nach kranial an das Zwischenhirn (Diencephalon). Vorn liegen die Crura cerebri (Hirnschenkel), dahinter das Tegmentum (Haube) und schließlich dorsal die Lamina tecti (Lamina quadrigemina oder Vierhügelplatte). Zwischen Tegmentum und Tectum mesencephali liegt der Aquaeductus mesencephali. Er verbindet den dritten mit dem vierten Ventrikel.

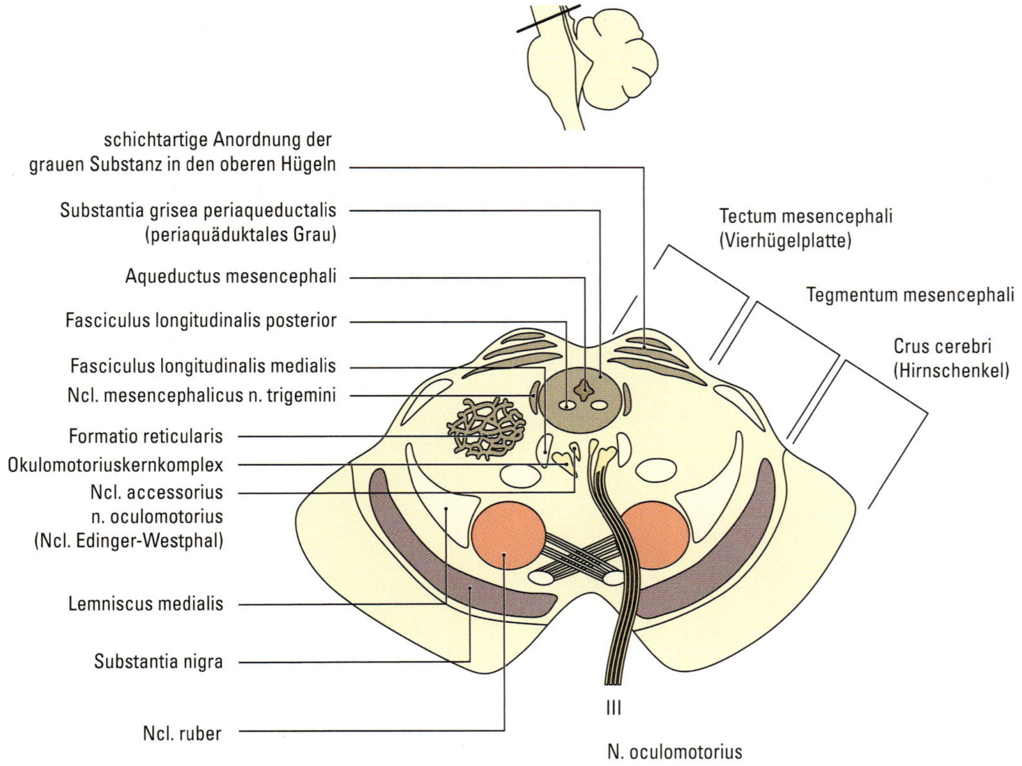

Abb. 1: Querschnitt durch das Mittelhirn in Höhe der Colliculi superiores *medi-learn.de/6-ana3-1*

1.2 Tectum mesencephali

Die Vierhügelplatte besteht, wie der Name schon sagt, aus vier Hügeln. Die zwei Colliculi superiores sind ein optisches Reflexzentrum, während die zwei Colliculi inferiores einen Teil der Hörbahn darstellen.

1.2.1 Colliculi superiores

In den zwei oberen Hügeln liegen Kerne, die bei der Verschaltung optischer Reflexe eine wichtige Rolle spielen. Dementsprechend kommt es bei einer Schädigung dieser Gebiete zur Störung der reflektorischen Augenbewegungen und der Augenschutzreflexe, NICHT aber zu Störungen der Bilderkennung.
Die Afferenzen und Efferenzen der Colliculi superiores sind in Abb. 2, S. 2 dargestellt.
Die Colliculi superiores spielen eine entscheidende Rolle bei Orientierungsbewegungen von Augen und Kopf sowie beim Zustandekommen der Sakkaden (schnellen Augenbewegungen). Über die Afferenzen aus den Colliculi inferiores bewirken die oberen Hügel, dass Kopf und Augen in die Richtung eines Geräusches gedreht werden. Über die Afferenzen von der Retina und die Efferenzen zum Ncl. n. facialis wird der Lidschlussreflex bei plötzlich näher kommenden visuellen Reizen ausgelöst.

1.2.2 Colliculi inferiores

Hier werden fast alle Fasern der Hörbahn nochmals verschaltet. Sie stammen aus dem **Lemniscus lateralis**, werden anschließend in den Colliculi inferiores verschaltet und ziehen dann zum **Corpus geniculatum mediale** (einem Teil des Thalamus), um dort auf das letzte Neuron der Hörbahn verschaltet zu werden. Von dort ziehen die Fasern zur primären Hörrinde im Temporallappen. Bei Schädigung der unteren Hügel kommt es zur Hörminderung der **ipsi- und kontralateralen** Seite, da ein Teil der Fasern ungekreuzt verläuft.

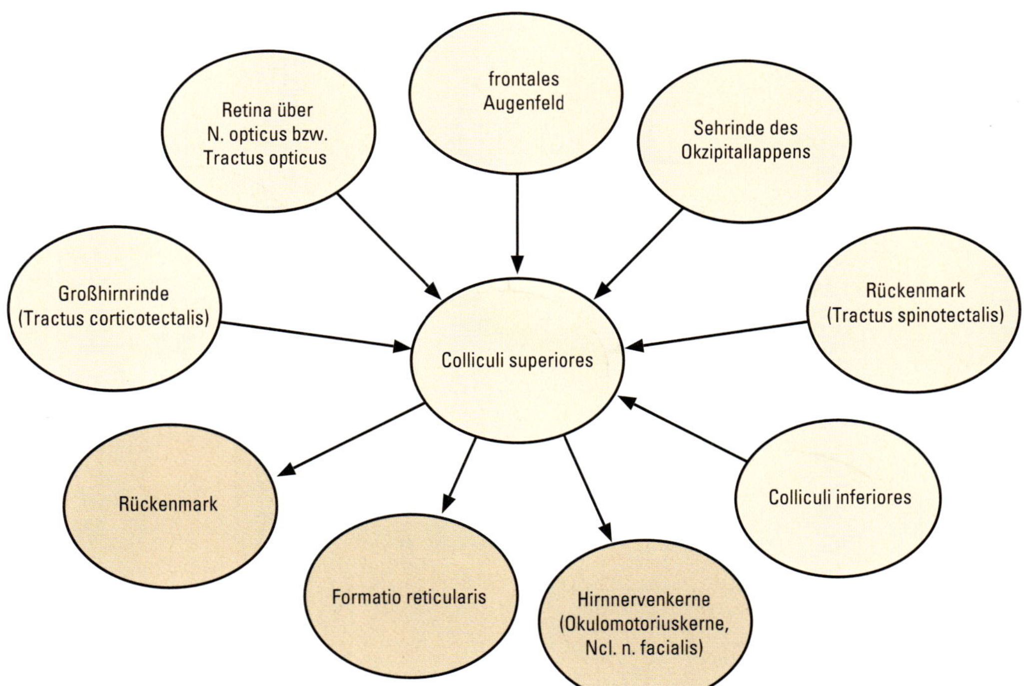

Abb. 2: Afferenzen und Efferenzen der Colliculi superiores *medi-learn.de/6-ana3-2*

Merke!

- Die Colliculi **s**uperiores spielen beim **S**ehen eine Rolle.
- Die Colliculi inferiores sind in die Hörbahn eingeschaltet.

1.3 Tegmentum mesencephali

Von den hier liegenden Kerngebieten wurden die des N. oculomotorius sowie des N. trochlearis bereits besprochen. Jetzt folgen noch der Ncl. ruber, die Substantia nigra, die Formatio reticularis und die Augenbewegungszentren. Damit ist dann auch alles Prüfungsrelevante gesagt und muss nur noch von dir gelernt werden ...

1.3.1 Nukleus ruber

Dieser Kern ist makroskopisch als runder, rotbraun gefärbter Komplex sichtbar. Die Rotfärbung kommt durch den hohen Eisengehalt der dortigen Perikaryen zustande. Die Afferenzen und Efferenzen sind in Abb. 3, S. 3 dargestellt.
Der Ncl. ruber ist in das motorische System eingebunden und stellt mit seiner Projektion ins Rückenmark einen wesentlichen Teil des **extrapyramidalmotorischen Systems** dar. Der Tractus rubrospinalis kreuzt noch in Höhe des Tegmentums auf die Gegenseite, zieht dann nach unten und endet vorwiegend an den Motoneuronen der distalen Flexoren.
Über den Tractus rubroolivaris laufen Impulse zur Olive, von dort zur Kleinhirnrinde, weiter zu den Kleinhirnkernen und wieder zurück zum Ncl. ruber. Darüber nimmt der Ncl. ruber modulierenden Einfluss auf die Pyramidalmotorik. Bei Schädigung des Ncl. ruber kommt es auf der kontralateralen Seite zu einem Intentionstremor (Zittern bei Annäherung an das

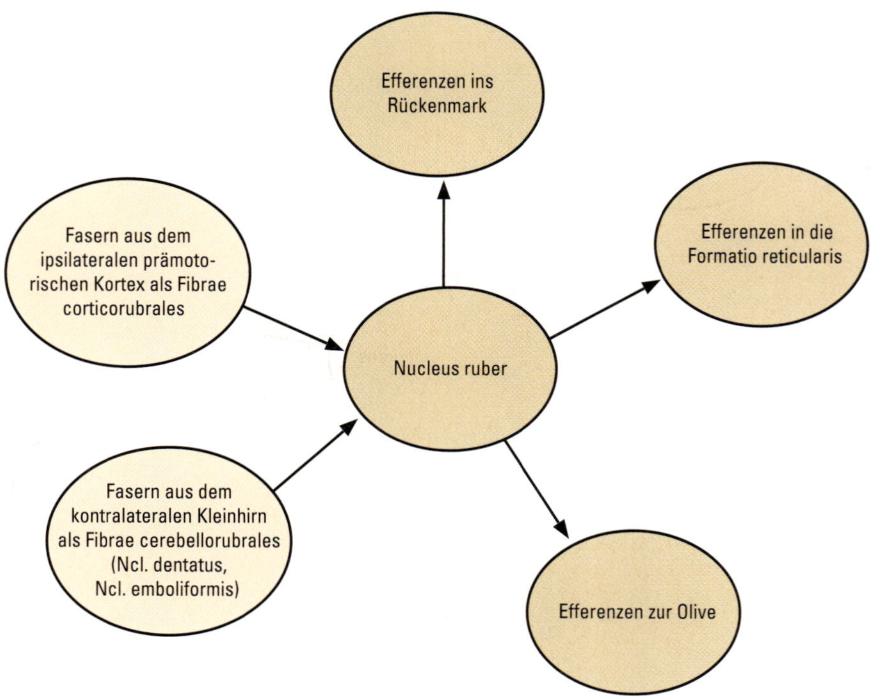

Abb. 3: Wichtige Projektionen des Ncl. ruber

medi-learn.de/6-ana3-3

Bewegungsziel). Weiterhin resultieren choretisch-athetotische Bewegungen (unkontrollierte, ausfahrende, langsame schraubende, nicht beeinflussbare Bewegungen).

Merke!

Unter dem extrapyramidalmotorischen System versteht man motorische Bahnen, die außerhalb der Pyramidenbahn ins Rückenmark ziehen.

1.3.2 Substantia nigra

Durch einen hohen Gehalt der Perikaryen an Melanin erscheint die Substantia nigra (lat. niger: schwarz) makroskopisch schwarz. Die Afferenzen und Efferenzen zeigt Abb. 4, S. 4.

Der Hauptteil der Efferenzen der Substantia nigra läuft in das Striatum. Dort hemmen die dopaminergen **Fibrae nigrostriatales** die Neurone des Striatums, die einen inhibitorischen Effekt auf die motorischen Impulse des Großhirns haben. Damit hat die Substantia nigra eine wesentliche Bedeutung bei der **Bewegungsinitiation**.

Merke!

- Das Striatum hemmt motorische Impulse des Großhirns.
- Die Substantia nigra hemmt das Striatum.

Damit hemmt die Substantia nigra die Hemmung des Striatums, was zu Bewegungsantrieb führt; frei nach dem Motto: „Minus · Minus = Plus".

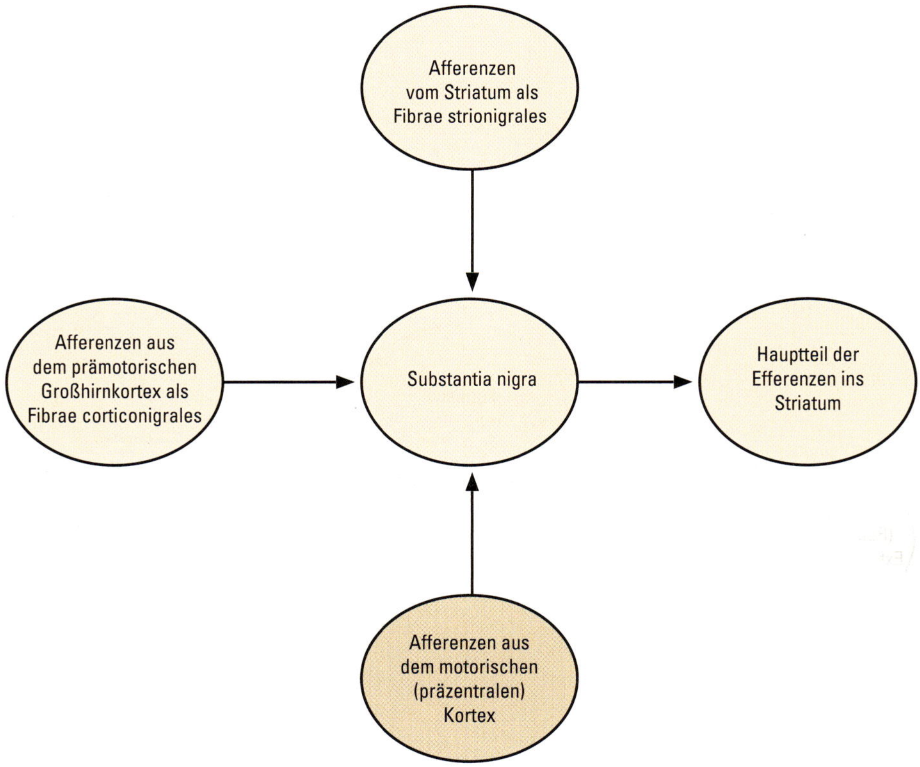

Abb. 4: Wichtige Projektionen der Substantia nigra *medi-learn.de/6-ana3-4*

Übrigens ...

Durch Degeneration der dopaminergen Neurone der Substantia nigra kommt es klinisch zum **Morbus Parkinson**. Diese Erkrankung äußert sich mit der Parkinsontrias:

- Ruhetremor (Ruhezittern)
- Rigor (erhöhter Muskeltonus, steife Muskeln, fehlende Armbewegung beim Laufen)
- Akinese (Bewegungsarmut, kleine trippelnde Schritte)

1.3.3 Formatio reticularis

Frei übersetzt bedeutet Formatio reticularis „netzartige Formation". Sie ist ein Reflexzentrum, das Hirnnervenkerne mit Zellgruppen des Tegmentums verschaltet, z. B. dürfen sich Schluckreflex und Atmung nicht gegenseitig behindern. Weiterhin sind hier Atem- und Kreislauf- sowie das Brechzentrum zu finden.

ARAS (aufsteigendes retikuläres aktivierendes System, Weckzentrum)

Die Afferenzen dieser funktionellen Einheit stammen vom Hinterhorn und Kortex. Bei Erregung kann die Formatio reticularis über **acetylcholinerge** Projektionen in den Thalamus die Aktivität des gesamten Kortex steigern und damit den Körper in einen extremen Wachzustand versetzen. Im Schlaf ist die Aktivität dieses Systems herabgesetzt.

Brechzentrum (Area postrema)

Die Area postrema liegt am kaudalen Ende der Rautengrube und gehört zu den zirkumventrikulären Organen. Zusammen mit den Ncl. tractus solitarii bildet sie das zentrale Brechzentrum, welches das Erbrechen koordiniert. Erbrechen kann ausgelöst werden durch viszerosensible Afferenzen aus dem Magen-Darm-Trakt,

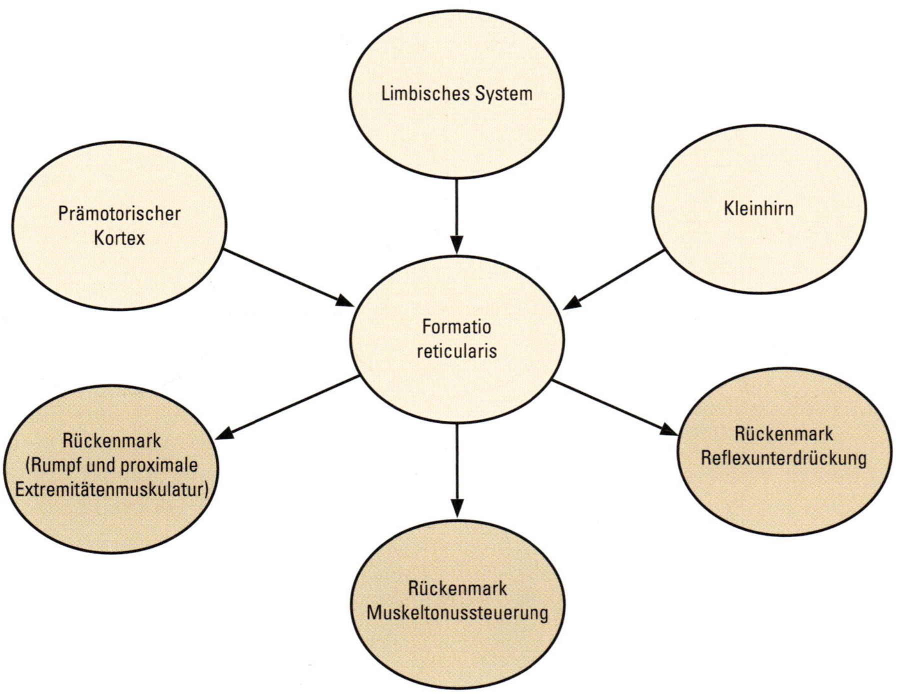

Abb. 5: Absteigendes retikuläres System

medi-learn.de/6-ana3-5

den Vestibulariskernen, Druckveränderungen im vierten Ventrikel, körperschädigenden Substanzen im Blut sowie den Neurotransmittern Dopamin und Serotonin.

Merke!

Die zirkumventrikulären Organe besitzen KEINE Blut-Hirn-Schranke.

Atemzentrum

Das Atemzentrum liegt im Bereich der Medulla oblongata in den lateralen Formatio reticularis-Anteilen. Weitere Neuronengruppen liegen in der Umgebung des Ncl. ambiguus sowie der Ncl. tractus solitarii.

Kreislaufzentrum

Ebenfalls in den lateralen Abschnitten der Formatio reticularis liegen **Pressor- und Depressorzentrum**. Bei Reizung des Pressorzentrums kommt es zum Anstieg von Blutdruck und Herzaktivität.

Absteigendes retikuläres System

Das absteigende retikuläre System ist Teil der Extrapyramidalmotorik. Die Bahnen verlaufen als **Tractus reticulospinalis** sowohl ipsi- als auch kontralateral. s. Abb. 5, S. 5 zeigt die prüfungsrelevanten Afferenzen und Efferenzen.

Pontines Miktionszentrum

Dieser im Bereich der lateralen Pons gelegene Kernkomplex übt einen fördernden Einfluss auf das sakrale Blasenentleerungszentrum aus. Übergeordnete Zentren (Hirnstamm und Großhirn) beeinflussen das pontine Miktionszentrum.

Monoaminerge Zellgruppen

Darunter werden Nervenkerngruppen der Formatio reticularis zusammengefasst, die als Neurotransmitter **Monoamine** nutzen. Monoamine sind Decarboxylierungsderivate von Aminosäuren.

Merke!

Die wichtigsten Monoamine sind Dopamin, Noradrenalin und Serotonin.

Dopaminerge Kerngebiete finden sich vor allem in der Substantia nigra und wurden dort bereits besprochen.

Noradrenerge Zellgruppen finden sich vor allem im **Locus caeruleus** (Locus coeruleus) am Boden der Rautengrube. Seine vorwiegend inhibitorischen Projektionen reichen ins limbische System und ins Hinterhorn des Rückenmarks, wo sie die Weiterleitung sensibler Afferenzen kontrollieren. Außerdem ist der Locus caeruleus an der **Entstehung des Schlaf-Wach-Rhythmus** und der **Angstempfindung** beteiligt.

Übrigens ...
Bei depressiven Erkrankungen nimmt man eine Unterfunktion noradrenerger Neurone an.

Serotoninerge Zellgruppen liegen überwiegend paramedian im Hirnstamm und werden deshalb **Raphe-Kerne** genannt. Die Projektionen gehen überwiegend ins limbische System (Beeinflussung emotionaler Vorgänge) und ins Rückenmark (Hemmung der Weiterleitung sensibler Impulse). Auch sie beeinflussen den **Schlaf-Wach-Rhythmus**.

Übrigens ...
- Auch die serotoninergen Neurone spielen eine Rolle bei der Entstehung depressiver Erkrankungen.

- Bei Migräne führen sie zur maximalen Kontraktion der Gefäße.

Periaquäduktales Grau

Das **periaquäduktale Grau** (Substantia grisea periaquaeductalis) liegt im Mittelhirn um das Aquädukt herum. Es wird zur Formatio reticularis gerechnet und koordiniert Angst- sowie Fluchtreflexe und spielt bei der **Stimmbildung** und **endogenen Schmerzunterdrückung** eine wichtige Rolle.

1.3.4 Augenbewegungszentren

Man unterscheidet drei Kategorien von Zentren, die die Augenbewegungen koordinieren:
- internucleäre Verbindungen der Augenmuskelkerne,
- präokulomotorische Zentren,
- optische Reflexzentren.

Internucleäre Verbindungen

Hier sind vor allem die Verbindungen zwischen dem III. und VI. Hirnnervenkern von Bedeutung. Damit wird die Bewegung beider Bulbi immer gleichgerichtet, sodass die Sehachsen übereinstimmen. Die internucleäre Verschaltung läuft über den **Fasciculus longitudinalis medialis**.

Präokulomotorische Zentren

Diese Zentren spielen eine große Rolle bei der Koordination von horizontalen und vertikalen Augenbewegungen.

Merke!

- Horizontale Blickbewegungen werden vor allem im Pons ausgelöst.
- Vertikale Blickbewegungen werden vor allem im Mittelhirn ausgelöst.

Die wichtigsten präokulomotorischen Zentren sind:
- die paramediane pontine Formatio reticularis (PPFR) für die horizontalen Augenbewegungen,
- die rostrale mesencephale Formatio reticularis für die vertikalen Augenbewegungen und
- die Ncll. vestibulares zur Stabilisierung des Bildes.

Optische Reflexzentren

Hierzu gehören die Colliculi superiores (s. 1.2.1, S. 2) und die Area praetectalis. Die Area praetectalis spielt eine entscheidende Rolle bei der Pupillenverengung.

1.4 Crura cerebri (Hirnschenkel)

In den Hirnschenkeln verlaufen
- die kortikonucleären Fasern,
- die kortikospinalen Fasern und
- die kortikopontinen Fasern.

Alle diese Fasern verlaufen somatotopisch gegliedert: Medial laufen die Fibrae frontopontinae, lateral davon die Fibrae corticonucleares, lateral davon die Pyramidenbahn (Tractus corticospinalis) und ganz lateral die Fibrae temporopontinae.

1.5 Bahnsysteme des Hirnstamms

Die hier vorgestellten Bahnsysteme des Hirnstamms wurden z. T. bereits in früheren Kapiteln erwähnt. Dieses Kapitel enthält die prüfungsrelevanten Bahnsysteme. Deshalb kann – und sollte – dir einiges bekannt vorkommen.

1.5.1 Kortikospinale und kortikonucleäre Bahn

Die Pyramidenbahn ist ausführlich im Skript Anatomie 2 dargestellt. Die kortikonucleären Bahnen ziehen ebenso wie die kortikospinalen Bahnen durch die **Capsula interna**. Teilweise laufen die Fasern ungekreuzt, teilweise gekreuzt.

1.5.2 Kortikopontine Bahnen

Diese Bahnen übertragen Impulse vom Kortex über die Ncll. pontis an das Kleinhirn. Dabei ziehen sie durch die Capsula interna.

1.5.3 Lemniscus medialis

Hier laufen vorrangig die Fasern aus den Hinterstrangkernen (epikritische Sensibilität), die vor Eintritt in den Lemniscus medialis noch zur Gegenseite kreuzen. Weiterhin laufen hier die sensibel-sensorischen Impulse der kontralateralen Körperhälfte, die im Thalamus auf das dritte Neuron umgeschaltet werden und von dort zur Großhirnrinde (Gyrus postcentralis) ziehen, wo sie ins Bewusstsein gelangen.

1.5.4 Tractus spinothalamicus

Der Tractus spinothalamicus leitet Impulse der protopathischen Sensibilität zum Thalamus, wo die Umschaltung auf das dritte Neuron stattfindet. Von dort ziehen die Fasern zum Gyrus postcentralis des Großhirnkortex.

1.5.5 Lemniscus lateralis

Der Lemniscus lateralis ist ein Teil der Hörbahn. Im Bereich der Medulla oblongata kreuzen die Fasern aus den Ncll. cochleares partiell zur Gegenseite, um dann als Lemniscus lateralis zu den Colliculi inferiores zu ziehen, wo sie verschaltet werden. Von dort ziehen die Fasern zum Thalamus, werden dort erneut verschaltet und ziehen schließlich zur Hörrinde.

1.5.6 Fasciculus longitudinalis medialis

Hierbei handelt es sich um eine Ansammlung verschiedener Fasertrakte. Sie verbinden verschiedene Hirnnerven- und Hirnstammkerne untereinander: v. a. **vestibuläre** und **internucleäre** Verbindungen.

1.5.7 Fasciculus longitudinalis dorsalis/posterior (Schütz-Bündel)

In diesem Fasersystem laufen Afferenzen aus dem Hirnstamm (genauer: Formatio reticularis) zum Hypothalamus und Fasern, die den Hypothalamus mit dem periaquäduktalen Grau der Medulla oblongata sowie den parasympathischen Kernen im Rückenmark verbinden.

1.5.8 Tractus tegmentalis centralis (zentrale Haubenbahn)

Diese Bahn läuft vom Mittelhirn zur Olive. Darin ziehen Fasern aus motorischen Zentren (Ncl. ruber, Formatio reticularis) zur Olive. Die zweiten Neurone der Geschmacksbahn ziehen ebenfalls im Tractus tegmentalis centralis durch den Hirnstamm zum Thalamus.

DAS BRINGT PUNKTE

Gerne wurde nach den verschiedenen **Fasciculi longitudinales** gefragt:

- Fasciculus longitudinalis medialis: vestibuläre und internucleäre Verbindungen zwischen Hirnstamm und Hirnnervenkernen
- Fasciculus longitudinalis posterior: Afferenzen vom Hirnstamm zum Hypothalamus und Verbindung zwischen Hypothalamus und Medulla oblongata

Häufig wurden auch makroskopische Bilder gezeigt. Dort sollte man eine Struktur erkennen und einer Bahn zuordnen oder den Neurotransmitter dieser Bahn benennen.

Wichtig ist auch die Zuordnung der **Colliculi superiores** zum Sehen (Verschaltung von Augenmuskelreflexen). Bei Schädigung resultieren KEINE Störungen der Bilderkennung.

Du solltest wissen, dass die Colliculi inferiores Teil der Hörbahn sind. Hier werden fast alle Fasern der Hörbahn aus dem **Lemniscus lateralis** nochmals verschaltet und ziehen dann zum **Corpus geniculatum mediale.** Nachfolgende Tabelle gibt das **prüfungsrelevante Wissen** wieder:

Neurotransmitter	Vorkommen
Acetylcholin	**Rückenmark**, Medulla oblongata, Pons, Mittelhirn (einzelne Kerne der Formatio reticularis), Großhirn (Striatum, Septum und basale Vorderhirnstrukturen wie z. B. **Ncl. basalis Meynert**).
Dopamin	**Substantia nigra**, Pars compacta.
Serotonin	Medulla oblongata, Pons, Mesencephalon **Raphe-Kerne** und periaquäduktales Grau der Formatio reticularis.
Adrenalin	**Formatio reticularis**.
Noradrenalin	Locus coeruleus als Teil der Formatio reticularis, dessen Fasern hauptsächlich zur Großhirnrinde ziehen.
Somatostatin	Medulla oblongata, Pons, Mesencephalon (Formatio reticularis, Ncl. ambiguus, Ncll. tractus solitarii, Hörbahnkerne), Diencephalon (Hypothalamus), Telencephalon (Striatum, Corpus amygdaloideum, Hippocampus, Septumregion, Tuberculum olfactorium).
Glycin (wirkt inhibitorisch)	**Rückenmark** (Renshaw-Zellen zur rekurrenten Hemmung). Der Glycin-Rezeptor ist ein ligandengesteuerter Ionenkanal.
GABA (wirkt inhibitorisch)	Rückenmark (Renshaw-Zellen), alle Neurone der Kleinhirnrinde AUSSER den Körnerzellen.
Glutamat (wirkt exzitatorisch)	Olivenkernkomplex, Körnerzellen der Kleinhirnrinde.

Tab. 1: Wichtige Neurotransmitter

FÜRS MÜNDLICHE

Zum Thema Mittelhirn kannst du die folgenden Fragen für deine persönliche Wissensüberprüfung benutzen:

1. **Wo suchen Sie den Nukleus ruber?**
2. **Wo suchen Sie die Substantia nigra?**
3. **Sagen Sie, was ist die Formatio reticularis?**
4. **Wo liegen die Colliculi superiores und was machen sie?**
5. **Wo liegen Ihrer Meinung nach die Colliculi inferiores und was machen sie?**
6. **Nennen Sie die Aufgabe der Substantia nigra und wie nimmt sie diese wahr?**
7. **Wissen Sie, wie das nach Schädigung der Substantia nigra resultierende Krankheitsbild heißt? Nennen Sie bitte den Namen!**

---

1. Wo suchen Sie den Nukleus ruber?
Im Mittelhirn; sieht auf dem Querschnitt rötlich-braun aus.

2. Wo suchen Sie die Substantia nigra?
Im Mittelhirn; schwärzliche Farbe im Querschnitt.

3. Sagen Sie, was ist die Formatio reticularis?
Ein Netz aus Kerngebieten, das von der Medulla oblongata bis ins Mesencephalon reicht. Hier liegen Atem- sowie Kreislaufzentrum, und der Schlaf-Wach-Rhythmus wird von hier aus gesteuert.

4. Wo liegen Ihrer Meinung nach die Colliculi superiores und was machen sie?
Sie liegen im Tectum mesencephali, dorsal des Aquaeductus mesencephali und dienen der Verschaltung optischer Reflexe.

5. Wo liegen die Colliculi inferiores und was machen sie?
Sie liegen unterhalb der Colliculi superiores und gehören zur Hörbahn. Hier werden fast alle Fasern der Hörbahn verschaltet.

6. Nennen Sie die Aufgabe der Substantia nigra und wie nimmt sie diese wahr?
Sie spielt eine wichtige Rolle bei der Bewegungsinitiation. Dies erreicht sie durch die Hemmung des Striatums mit Hilfe dopaminerger Neurone.

7. Wissen Sie, wie das nach Schädigung der Substantia nigra resultierende Krankheitsbild heißt? Nennen Sie bitte den Namen!
Morbus Parkinson.

Mehr Cartoons unter www.medi-learn.de/cartoons

Pause

Päuschen gefällig?
Das hast du dir verdient!

2 Kleinhirn (Cerebellum)

Fragen in den letzten 10 Examen: 7

Das Kleinhirn ist das wichtigste Zentrum für die Koordination und Feinabstimmung von Bewegungsabläufen.

2.1 Makroskopie

Das Kleinhirn sitzt der Medulla oblongata und der Pons von hinten auf und bildet das Dach des vierten Ventrikels. Die Afferenzen und Efferenzen laufen durch die drei Kleinhirnstiele, Pedunculus cerebellaris superior, medius et inferior. Das **Velum medullare superius** und **inferius** (die Kleinhirnsegel) besteht aus weißer Substanz und verbinden das Kleinhirn mit dem Mesencephalon und der Medulla oblongata. Über dem Kleinhirn liegt das **Tentorium cerebelli** (Kleinhirnzelt), eine Duraduplikatur. Zentral liegt der **Vermis** (Kleinhirnwurm). Eine Stelle im unteren Teil wird als **Nodulus** bezeichnet. Sie steht über eine stielartige Struktur mit dem lateral liegenden **Flocculus** in Verbindung. Zusammen bilden diese Strukturen den **Lobus flocculonodularis**.

Übrigens ...
Die Kleinhirntonsillen liegen im Bereich des Foramen magnum. Steigt der Hirndruck, versucht das Gehirn dem Druck auszuweichen und rutscht dabei nach unten in das Foramen magnum. Dabei werden die Kleinhirntonsillen gequetscht und es kommt v. a. zum Versagen des Atemzentrums mit tödlichem Ausgang. Dies wird als **untere Einklemmung** bezeichnet. Bei der **oberen Einklemmung** wird das Mittelhirn im Tentoriumschlitz eingeklemmt. Dies ist nicht unmittelbar lebensbedrohlich, geht jedoch der unteren Einklemmung voraus.

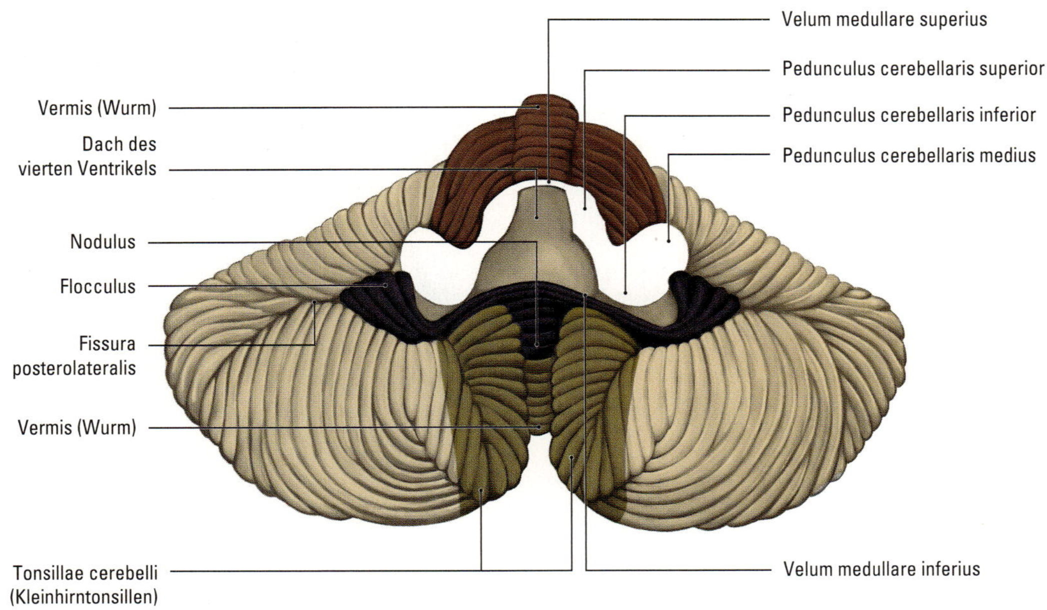

Abb. 6: Kleinhirn von vorne

medi-learn.de/6-ana3-6

Das Kleinhirn kann in drei Abschnitte unterteilt werden:
- **Vestibulocerebellum**: Die Bezeichnung rührt von der engen Beziehung zum Vestibularapparat her, von dem es den Hauptteil seiner Afferenzen bezieht. Es entspricht dem **Lobus flocculonodularis.**
- **Spinocerebellum**: Der Hauptteil der Afferenzen entstammt dem Rückenmark. Es besteht aus dem Kleinhirnwurm (Vermis) und der paravermalen Zone.
- **Pontocerebellum**: Seine Afferenzen stammen überwiegend von den Brückenkernen. Es besteht aus den beiden Hemisphären.

2.2 Kleinhirnkerne

Im Kleinhirn befinden sich vier paarige, wichtige Kerngebiete (s. Abb. 8, S. 15):
- der Ncl. dentatus (gezahnt) liegt im Kleinhirnmark,
- der Ncl. emboliformis (pfropfenförmig) liegt medial des Ncl. dentatus und „verschließt" die offene Seite des Ncl. dentatus,
- der Ncl. globosus (kugelförmig) liegt medial des Ncl. emboliformis,
- der Ncl. fastigii (Giebel) ist der höchste Punkt des vierten Ventrikels und liegt ganz medial.

Merke!

Es gibt vier Kleinhirnkerne:
- Ncl. dentatus,
- Ncl. emboliformis,
- Ncl. globosus,
- Ncl. fastigii.

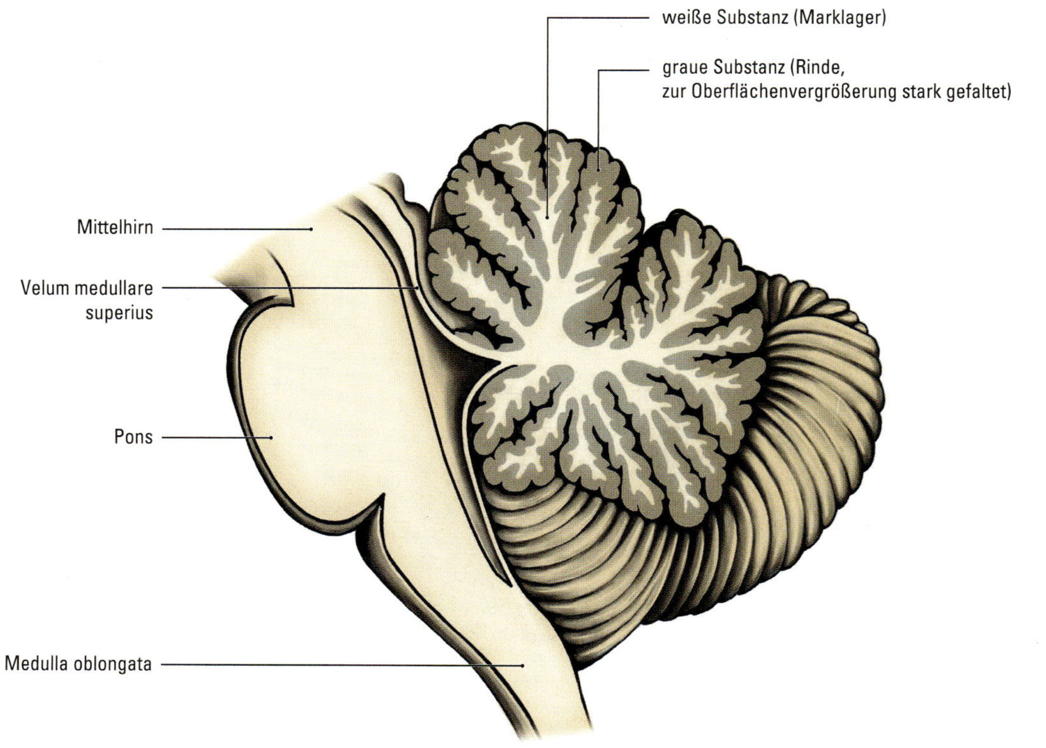

Abb. 7: Medianer Sagittalschnitt durch das Kleinhirn

medi-learn.de/6-ana3-7

2.3 Kleinhirnrinde

Das Kleinhirn besitzt mehr Neurone als das Großhirn. Die Neurone liegen in der Kleinhirnrinde. Diese kann in drei Schichten gegliedert werden. Von innen nach außen sind das die

- **Körnerschicht (Stratum granulosum).** Diese Schicht besteht zum größten Teil aus **Körnerzellen**. Dies sind die **einzigen erregenden Zellen der Kleinhirnrinde.** Sie sind multipolar und verwenden den Neurotransmitter **Glutamat**. Hier enden die Moosfasern. Weiterhin finden sich hier die Golgi-Zellen, welche die Körnerzellen hemmen.
- **Purkinje-Zellschicht (Stratum purkinjense).** Die Purkinje-Zellen sind die größten Zellen des Kleinhirns. Ihr Axon zieht zu den Kleinhirnkernen und ein großer Dendritenbaum zur Molekularschicht. Synaptische Verbindungen stammen von je einer Kletterfaser aus der Olive und vielen Parallelfasern aus den Körnerzellen. Für die schriftliche Prüfung solltest du dir merken, dass die Somata der Purkinje-Zellen in den Kleinhirnhemisphären liegen.
- **Molekularschicht (Stratum moleculare).** Dies ist die äußerste Rindenschicht (mehr dazu s. Skript Histologie 2).

Merke!

Die Afferenzen aus der Olive ziehen als Kletterfasern zu den Purkinje-Zellen. Alle anderen Afferenzen des Kleinhirns ziehen als Moosfasern zu den Körnerzellen.

2

2.4 Afferente Kleinhirnbahnen

Alle Kleinhirnafferenzen ziehen zur Kleinhirnrinde. Dabei geben sie Kollateralen zu den Kleinhirnkernen ab.

2.4.1 Pedunculus cerebellaris inferior

Durch den unteren Kleinhirnstiel ziehen drei wichtige Afferenzen:

- **Tractus vestibulocerebellaris:** Er enthält Bahnen aus den Ncll. vestibulares, die überwiegend im **Lobus flocculonodularis,** also dem Vestibulocerebellum enden. Auf ihrem Weg geben sie Kollateralen zum Ncl. fastigii

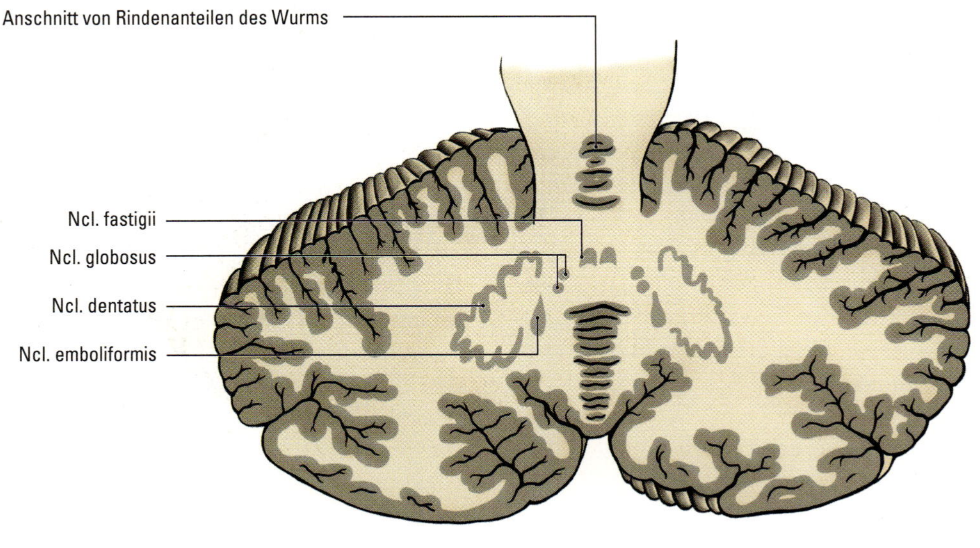

Abb. 8: Horizontalschnitt durch das Kleinhirn *medi-learn.de/6-ana3-8*

ab, der wiederum efferent in die Vestibulariskerne projiziert.

- **Tractus olivocerebellaris:** Die efferenten Fasern der Olive kreuzen im Hirnstamm, um dann durch den unteren Kleinhirnstiel zu ziehen und als **Kletterfasern** in der Kleinhirnrinde zu enden. Hierüber erhält das Kleinhirn Informationen über die zeitgleichen Impulse der Pyramidenbahn.
- **Tractus spinocerebellaris posterior:** Die Fasern stammen aus dem Ncl. dorsalis (Stilling-Clarke) des Hinterhorns und führen **propriozeptiv-sensible Informationen** der ipsilateralen Körperhälfte zum Kleinhirn. Sie enden als **Moosfasern** in der Körnerschicht der Rinde, im Bereich des Spinocerebellums.

Merke!

- Der Tractus spinocerebellaris posterior zieht durch den unteren Kleinhirnstiel.
- Die Tractus spinocerebellaris anterior et superior ziehen durch den oberen Kleinhirnstiel.

2.4.2 Pedunculus cerebellaris medius

Die **Fibrae pontocerebellares** entstammen den Ncll. pontis und **kreuzen** vor Eintritt in den mittleren Kleinhirnstiel zur Gegenseite, bevor sie in der Rinde der Kleinhirnhemisphären enden. Sie geben Kollateralen zum Ncl. dentatus sowie dem Ncl. emboliformis ab.
Die Fibrae pontocerebellares stellen die Fortsetzung der kortikopontinen Bahn dar. So werden dem Kleinhirn Bewegungsentwürfe des Großhirns zugeleitet, die im Kleinhirn koordiniert werden sollen.

2.4.3 Pedunculus cerebellaris superior

Die größte Afferenz ist der **Tractus spinocerebellaris anterior.** Er steigt **gekreuzt und ungekreuzt** im Seitenstrang nach oben. Die vorher gekreuzten Fasern kreuzen im Bereich des Hirnstamms wieder zurück. Der Tractus spinocerebellaris anterior leitet **propriozeptive Impulse** der **ipsilateralen** Körperhälfte zum Spinocerebellum.

Merke!

Der Tractus spinocerebellaris anterior und der Tractus spinocerebellaris posterior leiten propriozeptive Impulse der ipsilateralen Körperhälfte.

2.5 Efferente Kleinhirnbahnen

Die efferenten Kleinhirnbahnen beginnen grundsätzlich an den Kleinhirnkernen und ziehen in den Hirnstamm oder den Thalamus. Die Kleinhirnkerne werden **exzitatorisch** durch die afferenten Bahnen zur Kleinhirnrinde und **inhibitorisch** durch die Purkinje-Zellen der Rinde erregt.

Merke!

- Die Purkinje-Zellen der Hemisphärenrinde projizieren vorwiegend in den Ncl. dentatus.
- Die Purkinje-Zellen aus dem Lobus flocculonodularis projizieren vorwiegend zum Ncl. fastigii.
- Die Purkinje-Zellen der paravermalen und vermalen Zone projizieren vorwiegend zum Ncl. emboliformis und Ncl. globosus.

2.5.1 Pedunculus cerebellaris inferior

Die größte Bahn ist der **Tractus cerebellovestibularis.** Die Fasern stammen aus dem Ncl. fastigii und direkt von der Kleinhirnrinde. Über diese Bahn wird u. a. der vestibulo-okuläre Reflex moduliert.

2.5.2 Pedunculus cerebellaris superior

Durch den oberen Kleinhirnstiel läuft der größte Teil der Kleinhirnefferenzen.

- **Tractus cerebellothalamicus:** Diese größte Kleinhirnefferenz entspringt überwiegend dem Ncl. dentatus und wird daher auch **Tractus dentatothalamicus** genannt. Nach dem Eintritt in das Tegmentum **kreuzen** die Fasern zur Gegenseite und ziehen dann zum Thalamus. Sie projizieren überwiegend zum **Ncl. ventralis lateralis thalami**, der die Impulse anschließend zum Motokortex weiterleitet.

- **Tractus cerebellorubralis:** Hier laufen Fasern aus dem Ncl. emboliformis, Ncl. globosus und Ncl. dentatus. Vor Eintritt in das Mesencephalon **kreuzt** auch diese Bahn. Sie endet dann im kontralateralen Ncl. ruber. Damit übt das Kleinhirn Einfluss auf die extrapyramidale Motorik (rubrospinale Bahn) aus. Gleichzeitig existiert so eine Feedback-Schleife über Ncl. ruber – Olive – Kleinhirnrinde – Kleinhirnkerne – Ncl. ruber.

Tab. 2, S. 17 fasst die Afferenzen und Efferenzen des Kleinhirns mit den zugehörigen Kleinhirnstielen zusammen.

Merke!

- Die Kleinhirnefferenzen des Pedunculus cerebellaris superior kreuzen zur Gegenseite. Die vom Motokortex und Ncl. ruber ausgehenden kortiko- bzw. rubrospinalen Bahnen kreuzen ebenfalls zur Gegenseite. Damit steuert das Kleinhirn die Motorik der ipsilateralen Körperhälfte.
- Der obere Kleinhirnstiel führt überwiegend Efferenzen.
- Der mittlere Kleinhirnstiel führt ausschließlich Afferenzen.
- Der untere Kleinhirnstiel führt überwiegend Afferenzen.

2.6 Funktionen des Kleinhirns

Prinzipiell dient das Kleinhirn der **Steuerung und Feinabstimmung der Motorik.** Dabei haben die drei Kleinhirnanteile verschiedene Aufgaben:

Kleinhirnstiel	Bahn	Faserqualität
Pedunculus cerebellaris inferior	– Tractus vestibulocerebellaris – Tractus olivocerebellaris – Tractus spinocerebellaris posterior – Tractus reticulocerebellaris	afferent
	– Tractus cerebellovestibularis – Tractus cerebelloolivaris	efferent
Pedunculus cerebellaris medius	– Fibrae pontocerebellares	afferent
Pedunculus cerebellaris superior	– Tractus spinocerebellaris anterior – Tractus spinocerebellaris superior	afferent
	– Tractus cerebellothalamicus – Tractus cerebellorubralis	efferent

Tab. 2: Kleinhirnstiele und durchziehende Bahnen

- Das **Vestibulocerebellum** mit seinen Afferenzen aus den Vestibulariskernen steuert die Feinabstimmung der Augenmuskeln. Über die Extrapyramidalmotorik nimmt es Einfluss auf die **Stabilisierung von Stand und Gang** und die **Koordination mit dem Gleichgewichtsorgan.**
- Das **Spinocerebellum** mit seinen Afferenzen aus dem Rückenmark beeinflusst den **Muskeltonus** und die **Bewegung vorwiegend der proximalen Extremitäten.**
- Das **Pontocerebellum koordiniert** die vom Motokortex generierten willkürlichen Zielbewegungen, die über die Pyramidenbahnen ins Rückenmark gelangen. Ebenso sorgt es für die **Feinabstimmung** dieser Bewegungen, damit diese rund und harmonisch verlaufen.

Bei Schädigung des Kleinhirns kommt es zu **Ataxie, mangelnder Blickstabilisierung** und **herabgesetztem Muskeltonus.**

Das Ausmaß der Symptome ist vom Ausmaß der Schädigung abhängig.

3 Zwischenhirn (Diencephalon)

Fragen in den letzten 10 Examen: 4

Das Zwischenhirn nimmt eine zentrale Stellung in der Wahrnehmung von Reizen über den Thalamus – unserem „Tor zum Bewusstsein" – ein.

3.1 Makroskopie

Das Zwischenhirn beginnt kranial des Mittelhirns. Da während der Embryonalzeit Zwischenhirn und Großhirn zum Teil ineinander wachsen, ist es nach kranial gegen das Großhirn wesentlich schwieriger abzugrenzen als nach kaudal gegen das Mittelhirn. Wie bereits im Skript Anatomie 2 beschrieben, kommt es während der Entwicklung zum Abkippen der Neuralrohrachse zwischen Mittelhirn und Zwischenhirn nach vorne um 60°. In Abb. 9, S. 20 sind die Strukturen des Zwischenhirns grau unterlegt. Das Zwischenhirn kann weiter unterteilt werden in:

- Thalamus,
- Hypothalamus,
- Epithalamus,
- Subthalamus.

Übrigens ...
Diese Einteilung resultiert aus der Lage der Organe während der Embryonalzeit.

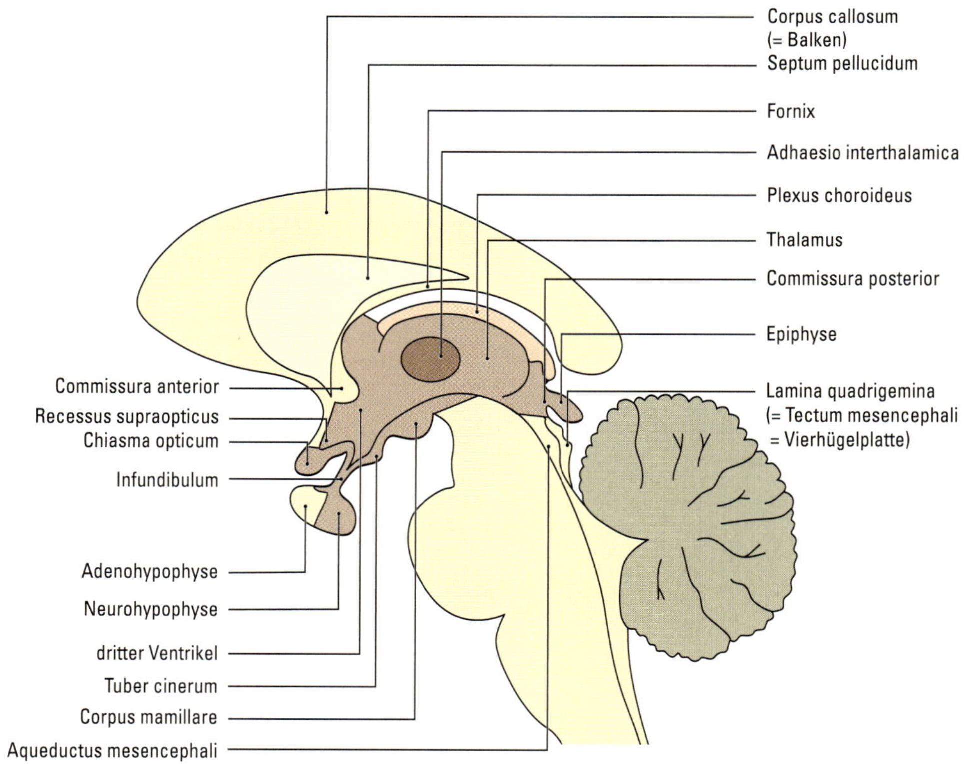

Abb. 9: Sagittalschnitt durch das Zwischenhirn

medi-learn.de/6-ana3-9

3.2 Thalamus

Der Thalamus wird auch als das „Tor zum Bewusstsein" bezeichnet, weil nahezu sämtliche sensible Informationen ihn durchlaufen, bevor sie im Großhirnkortex zum Bewusstsein gelangen. Die mediale Fläche bildet die Seitenwand des dritten Ventrikels, die laterale Thalamusfläche grenzt an die Capsula interna.

Merke!

Man unterscheidet zwei Arten von Thalamuskernen:
- Die spezifischen Thalamuskerne üben Einfluss auf einen speziellen Teil der Großhirnrinde aus.
- Die unspezifischen Thalamuskerne sind vor allem mit dem Hirnstamm verbunden und haben kaum direkte Verbindungen zum Großhirnkortex.

3.2.1 Spezifischer Thalamus (Palliothalamus)

Im spezifischen Thalamus kann man nach topografischen Gesichtspunkten verschiedene Kerne unterscheiden (s. Tab. 3, S. 21):

Diese Kerngebiete werden voneinander durch dünne „Lamellen" weißer Substanz getrennt. Wesentlich ist vor allem die ventrale Kerngruppe, die sich wiederum gliedert in:
- Ncl. ventralis anterior (NVA),
- Ncl. ventralis lateralis (NVL),
- Ncl. ventralis posterior (NVP).

Jedem Kerngebiet lässt sich ein Kortexareal zuordnen. Zwischen den Thalamuskernen und den entsprechenden Kortexarealen bestehen afferente und efferente Verbindungen.

Merke!

Der Tractus opticus enthält die visuelle Information der kontralateralen Gesichtsfeldhälfte und damit die Information der ipsilateralen Netzhauthälften beider Retinae.

Die Afferenzen des **Corpus geniculatum mediale** entstammen dem ipsilateralen unteren Hügel und sind Teil der Hörbahn. Die **Ncll. anteriores** stehen mit dem **limbischen System** in Verbindung. Die Afferenzen stammen z. T. aus dem **Fasciculus mamillothalamicus** (Vicq-d'Azyr-Bündel). Efferent sind die vorderen Kerne vor allem mit dem Gyrus cinguli und dem Hippocampus verbunden. Sie sind Bestandteil des **Papez-Neuronenkreises.**

Kerngruppe	Projektion
anteriore Kerngruppe	Projektion ins limbische System
mediale Kerngruppe	Projektion zum Frontallappen
ventrale Kerngruppe	– NVA (Ncl. ventralis anterior) – prämotorische Rinde – NVL (Ncl. ventralis lateralis) – motorische Rinde – NVP (Ncl. ventralis posterior) – sensible Rinde • lateraler und medialer Teil
posteriore Kerngruppe	—
dorsale Kerngruppe	Projektion zu visuellen Rindenarealen
Corpus geniculatum laterale	Projektion in die Sehrinde des Okzipitallappens
Corpus geniculatum mediale	Projektion in die Hörbahn des Temporallappens

Tab. 3: Thalamische Kerngruppen und deren Projektion

3.2.2 Unspezifischer Thalamus (Truncothalamus)

Die unspezifischen Thalamuskerne sind **afferent** mit den Basalganglien, dem Kleinhirn sowie vor allem mit der Formatio reticularis (s. 1.3.3, S. 5) verbunden. Die **Efferenzen** ziehen zu den meisten anderen Thalamuskernen sowie zur Großhirnrinde.
Die Impulse des ARAS der Formatio reticularis gelangen als Afferenzen zum unspezifischen Thalamus. Dieser erregt mit seinen vielen Efferenzen die anderen (spezifischen) Thalamuskerne, die wiederum starke Verbindungen zum Kortex aufweisen. Damit wird fast der gesamte Kortex aktiviert.

Merke!

Die unspezifischen Thalamuskerne sind nur durch wenige (unspezifische) Fasern mit dem Großhirnkortex verbunden. Dabei führt die Erregung der unspezifischen Thalamuskerne zu einer unspezifischen Erregung des gesamten Kortex.

Bei einer Schädigung des Thalamus sind in aller Regel Motorik, Sensibilität und vegetative Funktionen der kontralateralen Körperhälfte gestört. Die Ausfallerscheinungen richten sich dabei nach den geschädigten Thalamuskerngebieten.

3.3 Hypothalamus

Der Hypothalamus bildet den Boden des dritten Ventrikels. Zu ihm gehören die
- Corpora mamillaria,
- das Tuber cinerum,
- das Infundibulum,
- die Neurohypophyse und
- die Eminentia mediana.

Funktionell ist der Hypothalamus das **höchste Integrationsorgan vegetativer Funktionen.** Dementsprechend sind die meisten Hypothalamuskerne efferent mit vegetativen Zentren in Hirnstamm und Rückenmark verbunden. Die Afferenzen stammen aus dem gesamten ZNS, insbesondere jedoch aus dem limbischen System.

Wie Abb. 10, S. 23 zeigt, kann man die Hypothalamuskerne in eine vordere, mittlere und hintere Kerngruppe einteilen.
Die Wirkungsweise des neurohypophysären Regelkreislaufs ist Bestandteil des Skripts Physiologie 2.

Tab. 4, S. 23 musst du übrigens nicht auswendig lernen. Lediglich das Fettgedruckte wurde im schriftlichen Physikum bisher gefragt.

3.3.1 Wichtige hypothalamische Faserverbindungen

Der Hypothalamus ist afferent und efferent sehr intensiv mit dem **limbischen System** verbunden.
- Der **Fornix** verbindet Hippocampus und Corpora mamillaria der gleichen Seite.
- Der **Fasciculus longitudinalis posterior** führt – überwiegend ungekreuzt – vorrangig efferente Fasern in den Hirnstamm und in das Seitenhorn des Rückenmarks.

3.4 Hypophyse

Die Hypophyse lässt sich embryologisch unterteilen in
- Hypophysenhinterlappen (HHL, Neurohypophyse) und
- Hypophysenvorderlappen (HVL, Adenohypophyse).

Kerngebiet	Lage	Funktion
Ncl. supraopticus	liegt über dem Tractus opticus	produziert Vasopressin (ADH, antidiuretisches Hormon) und z. T. auch Oxytocin; projiziert in die Neurohypophyse
Ncl. paraventricularis	liegt in der basalen Seitenwand des dritten Ventrikels	Hauptproduzent von Oxytocin (Kontraktion des Uterus, Milchejektionshormon); Projektion in die Neurohypophyse und über die **Eminentia mediana** in die Adenohypophyse
Ncl. suprachiasmaticus (einziges bisher gefragtes Kerngebiet)	liegt oberhalb des Chiasma opticum	entscheidende Bedeutung für die **zirkadiane Rhythmik,** Hell-Dunkel-Impulse werden z. B. über retino-hypothalamische Projektionen geleitet
Ncll. praeoptici	—	Regulation von Körpertemperatur, Sexualverhalten, gonadotropen Hormonen der Hypophyse
mittlere Kerngruppe	—	Produktion von **Releasinghormonen** für die Adenohypophyse, die in der **Eminentia mediana** in den hypophysären Pfortaderkreislauf ausgeschüttet werden
hintere Kerngruppe	liegt in den Corpora mamillaria	viszerale Efferenzen in Hirnstamm und Rückenmark (v. a. über den Fasciculus longitudinalis posterior); viele Afferenzen über den **Fornix** aus dem **Hippocampus** (limbisches System), die über den **Fasciculus mamillothalamicus** (Vicq-d'Azyr-Bündel) zum Thalamus und von dort zum Gyrus cinguli und Hippocampus projizieren; wesentliche Funktion für Selbsterhaltung und Reproduktion sowie das Lernen

Tab. 4: Hypothalamische Kerngebiete, deren Lage und Funktion

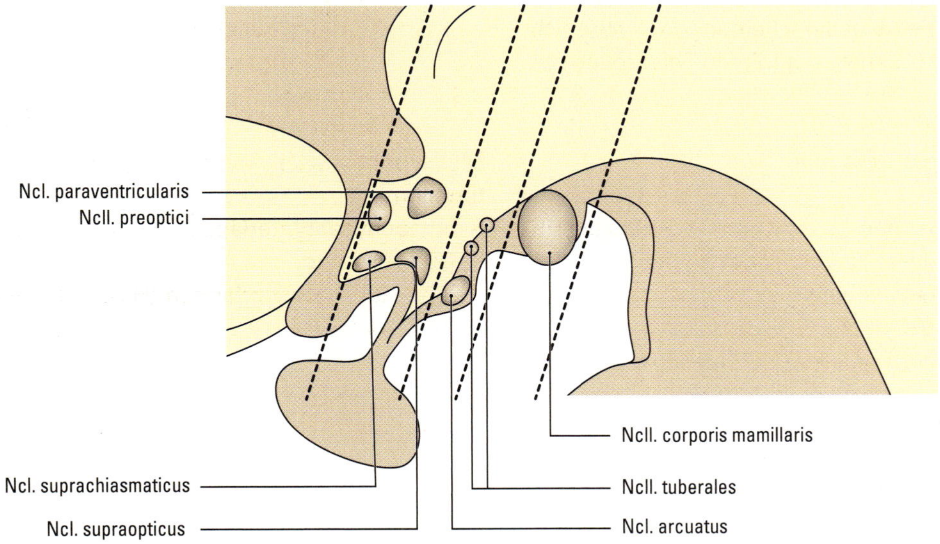

Abb. 10: Hypothalamuskerne

medi-learn.de/6-ana3-10

3.4.1 Neurohypophyse

Die Neurohypophyse gehört embryologisch zum Hypothalamus. Im Bereich der Eminentia mediana und der Neurohypophyse ist KEINE dichte Blut-Hirn-Schranke ausgebildet, sodass hier die Hormone (Oxytocin und Vasopressin) in das Blut via **Neurosekretion** abgegeben werden können.

Merke!

- Neurohypophyse (HHL), Area postrema, Eminentia mediana (Infundibulum), Epiphyse, Subfornikalorgan und Subkommissuralorgan besitzen KEINE Blut-Hirn-Schranke.
- Die Neurohypophyse produziert keine eigenen Hormone, sondern speichert Oxytocin und Vasopressin, die im Hypothalamus gebildet werden.

3.4.2 Adenohypophyse

Die Adenohypophyse entsteht embryologisch aus der **Rathke-Tasche**, einer Abspaltung des Rachendachs, und legt sich ventral der Neurohypophyse an.

Übrigens ...
Bleiben Reste der Rathke-Tasche im Rachendach liegen, können diese meist gutartige, z. T. verkalkende Tumoren bilden, die **Kraniopharyngeome**.

Auch Tab. 5, S. 24 brauchst du nicht auswendig aufsagen zu können. Sie soll dir nur die Übersicht erleichtern.

Hormon	Funktion	Releasing-Hormon	Releasing -Inhibiting-Hormon
somatotropes Hormon (STH, Wachstumshormon, Growth Hormon)	Förderung von Körperwachstum, Proteinsynthese und Blutzuckeranstieg	Somatotropin-Releasing-Hormon (SRH)	Somatotropin-Inhibiting-Hormon (SIH)
Prolaktin (PRL)	Milchbildung	Prolaktin-Releasing-Hormon (Peptide)	Prolaktin-Inhibiting-Hormon (Dopamin)
Kortikotropin (Adrenocorticotropes Hormon, ACTH)	Sekretionsreiz für die Nebennierenrinde	Kortikotropin-Releasing-Hormon (CRH)	kein spezielles Hormon, sondern Inhibition von CRH-Bildung durch Cortisol
Melanotropin (Melanozyten-stimulierendes Hormon, MSH)	Pigmentierung der Haut	Melanotropin-Releasing-Hormon (MRH)	Melanotropin-Inhibiting-Hormon (MIH)
Follikel-stimulierendes Hormon (FSH)	stimuliert die Eizell- und Spermienreifung	Gonadotropin-Releasing-Hormon (GnRH)	Dopamin (inhibiert GnRH-Ausschüttung im Hypothalamus)
luteotropes Hormon (LH)	Gelbkörperbildung im Eierstock, Testosteron-Produktion im Hoden	Gonadotropin-Releasing-Hormon (GnRH)	Dopamin (inhibiert GnRH-Ausschüttung im Hypothalamus)
Thyreotropin (Thyreoidea-stimulierendes Hormon, TSH)	Sekretionsreiz für die Schilddrüse (Stimulation der Thyroxinfreisetzung)	Thyreotropin-Releasing-Hormon (TRH)	Somatotropin-Inhibiting-Hormon (SIH)

Tab. 5: Überblick über die hypophysären Hormone, deren Funktionen sowie Releasing- und Releasing-Inhibiting-Hormone

Der Hypophysenvorderlappen umhüllt die Neurohypophyse von vorne, besteht aus **Drüsenepithel** und liegt direkt unterhalb des Chiasma opticum.
Die Adenohypophyse bildet **glandotrope** und **Effektorhormone**. Die Freisetzung dieser Hormone wird über **Releasing-Hormone** und **Releasing-Inhibiting-Hormone** aus dem Hypothalamus gesteuert.

Übrigens ...
Häufige, gutartige Tumoren des Hypophysenvorderlappens sind die **Hypophysenadenome**. Dabei kommt es durch entartete Zellen zur vermehrten Hormonproduktion, meist des Wachstumshormons. Bei Kindern führt dies zu Riesenwuchs, bei Erwachsenen zu **Akromegalie**.

3.4.3 Hypothalamo-hypophysärer Pfortaderkreislauf

Nachdem das Blut die Kapillaren im Bereich der Eminentia mediana durchlaufen hat, fließt es durch ein zweites Kapillarbett im Bereich des Hypophysenvorderlappens. Damit kommen die hypothalamischen Releasing-Hormone direkt und in hoher Konzentration an den Epithelzellen der Adenohypophyse an. Diese reagiert mit Sekretionssteigerung oder -minderung des entsprechenden Hormons.

3.5 Epithalamus

Der Epithalamus sitzt dem Thalamus von hinten auf. Zu ihm gehören
- Epiphyse (Glandula pinealis, Corpus pineale, Zirbeldrüse),
- Habenulae mit den Ncll. habenulares,
- Stria medullaris,
- Area praetectalis und
- Commissura posterior.

Die **Epiphyse** sieht makroskopisch wie ein Pinienzapfen aus und produziert in erster Linie **Melatonin**. Dieses Hormon arbeitet als eine Art Zeitgeber und wirkt so am Entstehen der zirkadianen Rhythmik entscheidend mit.
Die **Area praetectalis** spielt eine wichtige Rolle beim Zustandekommen des **Pupillen-Reflexes**. Sie liegt rostral der oberen zwei Hügel an der Grenze von Mittelhirn und Zwischenhirn. Afferenzen erhält sie über den Tractus opticus und die Brachii colliculi superiores. Die Efferenzen laufen sowohl zum ipsi- als auch zum kontralateralen Ncl. accessorius n. oculomotorii. Dieser Kern veranlasst die Kontraktion des M. sphincter pupillae. Bei Beleuchtung nur einer Pupille verengen sich daher beide Pupillen.

Merke!

Die **Z**irbeldrüse = Epiphyse ist der **Z**ippel am Diencephalon.

Übrigens ...
Die Stria medullaris thalami (nicht verwechseln mit der Stria terminalis, s. 4.3, S. 34) ist die Fortsetzung der Habenulae. Sie verbindet die Ncll. habenulares mit dem Riechhirn.

3.6 Subthalamus

Hierzu werden der **Ncl. subthalamicus** sowie ein Großteil des **Globus pallidus** gezählt. Funktionell gehören diese Gebiete zu den Basalganglien, weshalb sie auch erst dort eingehend besprochen werden (ab Seite 32).

DAS BRINGT PUNKTE

Du solltest die vier **Kleinhirnkerne** benennen und im Bild erkennen können:
- Ncl. dentatus,
- Ncl. emboliformis,
- Ncl. fastigii und
- Ncl. globosus.

Gern wird auch nach den **Kleinhirnstielen** und den durchziehenden Bahnen gefragt. Hier lohnt es sich, auch die Faserqualität (afferent, efferent) parat zu haben.
Mit Hilfe der **Kleinhirn-Gliederung** in Vestibulocerebellum (Lobus flocculonodularis), Spinocerebellum (vermale und paravermale Zone) und Pontocerebellum lassen sich viele Fragen lösen:
- Das Vestibulocerebellum erhält seine Afferenzen überwiegend aus dem Vestibularapparat.

Obwohl es eher Thema der Histologie ist, solltest du auch für das ZNS einen groben Überlick über die drei **Rindenschichten** haben. Häufig wurde nach der Purkinje-Zellschicht gefragt:
- Die Purkinje-Zellschicht liegt zwischen der Molekularschicht (außen) und der Körnerschicht (innen) und besteht aus Purkinje-Zellen. Sie sind die einzigen efferenten Zellen der Kleinhirnrinde, projizieren in die Kleinhirnkerne und wirken dort mit ihrem Transmitter GABA hemmend.

Mehrfach wurde auch nach dem **Tractus spinocerebellaris posterior** gefragt:
- Der Tractus spinocerebellaris posterior zieht vom Ncl. dorsalis (Stilling-Clarke) des Hinterhorns und führt **propriozeptiv-sensible Informationen** der ipsilateralen Körperhälfte als **Moosfasern** zum Kleinhirn.

Glücklicherweise wurde in den letzten schriftlichen Examina fast nichts zum Thalamus gefragt. Dafür kamen einige Fragen zur **Hypophyse**:
- Der Hypophysenhinterlappen besteht größtenteils aus marklosen Axonen der Zellen des Ncl. paraventricularis et supraopticus und gibt die Hormone Oxytocin und Vasopressin ins Blut ab.
- Der Hypophysenvorderlappen besteht aus Drüsenepithel und produziert STH, Prolaktin, ACTH, MSH, FSH, LH und TSH.
- Das Chiasma opticum liegt oberhalb des Hypophysenvorderlappens.
- Die Hypophyse ist in einen Pfortaderkreislauf – den hypothalamo-hypophysären Pfortaderkreislauf – eingebunden: Das Blut aus den Kapillaren im Bereich der Eminentia mediana durchläuft ein zweites Kapillarnetz im Hypophysenvorderlappen.

FÜRS MÜNDLICHE

Für dich alleine oder für deine Lerngruppe haben wir hier die Fragen zu dem Thema Kleinhirn und Zwischenhirn aufgelistet:

1. **Bitte nennen Sie die wichtigen Kerne im Kleinhirn!**
2. **Erläutern Sie das efferente System der Kleinhirnrinde, von welchen Zellen stammen dessen Axone und wo enden sie mit welchem Einfluss?**

FÜRS MÜNDLICHE

3. Wohin sendet das Cerebellum seine Efferenzen?

4. Wissen Sie, welche Fasern aus der Olive ins Kleinhirn kommen? Wie gelangen sie ins Kleinhirn?

5. Sagen Sie, welchen Kleinhirnstiel benutzen die Afferenzen zum Kleinhirn?

6. Nennen Sie bitte den Kleinhirnstiel, den die Efferenzen vom Kleinhirn benutzen!

7. Erläutern Sie bitte, was eine Rathke-Tasche ist!

8. Das Globus pallidum gehört zu den Basalganglien. Was hat es mit dem Zwischenhirn zu tun?

9. Beschreiben Sie, was der Lemniscus medialis ist und welche Aufgabe er hat!

10. Was ist der Lemniscus lateralis und nennen Sie seine Aufgaben!

11. Sagen Sie, was wird als „Tor des Bewusstseins" bezeichnet und warum?

---

1. Bitte nennen Sie die wichtigen Kerne im Kleinhirn!
Ncl. dentatus, Ncl. emboliformis, Ncl. globosus, Ncl. fastigii.

2. Erläutern Sie das efferente System der Kleinhirnrinde, von welchen Zellen stammen dessen Axone und wo enden sie mit welchem Einfluss?
Purkinje-Zellen sind die efferenten Zellen der Kleinhirnrinde, sie enden mit ihren inhibitorischen Axonen an den Kleinhirnkernen.

3. Wohin sendet das Cerebellum seine Efferenzen?
- Thalamus,
- Ncl. ruber,
- Ncll. vestibulares (über den unteren Kleinhirnstiel) und
- Formatio reticularis.

4. Wissen Sie, welche Fasern aus der Olive ins Kleinhirn kommen? Wie gelangen sie ins Kleinhirn?
Die Kletterfasern ziehen von der Olive über den Tractus olivocerebellaris und über den Pedunculus cerebellaris inferior ins Kleinhirn.

5. Sagen Sie, welchen Kleinhirnstiel benutzen die Afferenzen zum Kleinhirn?
Die Afferenzen zum Kleinhirn benutzen alle drei Kleinhirnstiele. Kommen sie aus dem Großhirn, erreichen sie das Kleinhirn über den mittleren Kleinhirnstiel, Fasern aus dem Rückenmark (spinocerebelläre Fasern) nutzen den unteren und oberen Kleinhirnstiel.

6. Nennen Sie bitte den Kleinhirnstiel, den die Efferenzen vom Kleinhirn benutzen!
Die Efferenzen des Kleinhirns bilden den Hauptanteil des oberen Kleinhirnstiels.

7. Erläutern Sie bitte, was eine Rathke-Tasche ist!
Eine Abspaltung des Rachendachs. Aus ihr entsteht die Adenohypophyse, die sich ventral an die Neurohypophyse anlegt.

8. Das Globus pallidum gehört zu den Basalganglien. Was hat es mit dem Zwischenhirn zu tun?
Der größte Teil des Globus pallidum sowie der Ncl. subthalamicus entwickeln sich aus dem Subthalamus des Zwischenhirns.

9. Beschreiben Sie, was der Lemniscus medialis ist und welche Aufgabe er hat!
Der Lemniscus medialis enthält die Vorderseitenstrang- und Hinterseitenstrangbahnen: Tractus spinothalamici, Tractus bulbothalamici.
Seine Aufgabe ist die Vermittlung der Tiefen- und Oberflächensensibilität.

10. Was ist der Lemniscus lateralis und nennen Sie seine Aufgaben!
Der Lemniscus lateralis enthält Projektions- und Reflexfasern der Hörbahn (Hörschleife).

11. Sagen Sie, was wird als „Tor des Bewusstseins" bezeichnet und warum?
Der Thalamus. Alle afferenten Bahnen mit Ausnahme der Riechbahn ziehen durch den Thalamus (das Tor), bevor sie im Kortex zum Bewusstsein gelangen.

Mehr Cartoons unter www.medi-learn.de/cartoons

Pause

Ein paar Seiten hast du schon wieder geschafft!
Päuschen und weiter geht's!

4 Großhirn (Telencephalon)

Fragen in den letzten 10 Examen: 17

Das Großhirn ist der differenzierteste Teil des Gehirns. Es hat im Laufe der Entwicklung fast alle anderen Hirnteile überwachsen. Dieses Kapitel behandelt seine prüfungsrelevanten makroskopischen und funktionellen Fakten.

4.1 Makroskopie

Mit Hilfe der folgenden Abbildungen solltest du dir einen Überblick über die essentiellen makroskopischen Strukturen am Gehirn verschaffen. Damit lassen sich nämlich schon viele Fragen mit Bildbeilage beantworten.

Im Großhirn lassen sich vier Hemisphärenabschnitte unterscheiden:
- **Paleokortex** – ältester Abschnitt, beim Erwachsenen nur noch als Riechhirn,
- **Striatum** – nächstjüngerer Abschnitt,
- **Archikortex** – größte Struktur ist der Hippocampus und
- **Neokortex** – größter Teil der Großhirnrinde.

Histologisch lässt sich der Großhirnkortex in über 50 Rindenfelder oder **Areae** – die **Brodmann-Areae** – einteilen.

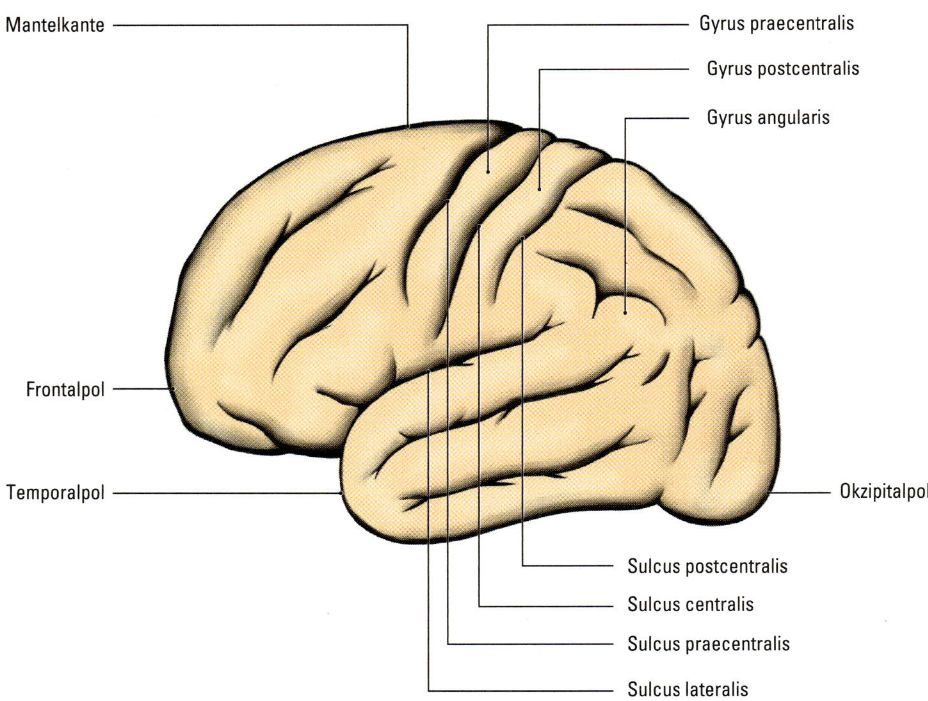

Abb. 11: Lateralansicht des Großhirns

medi-learn.de/6-ana3-11

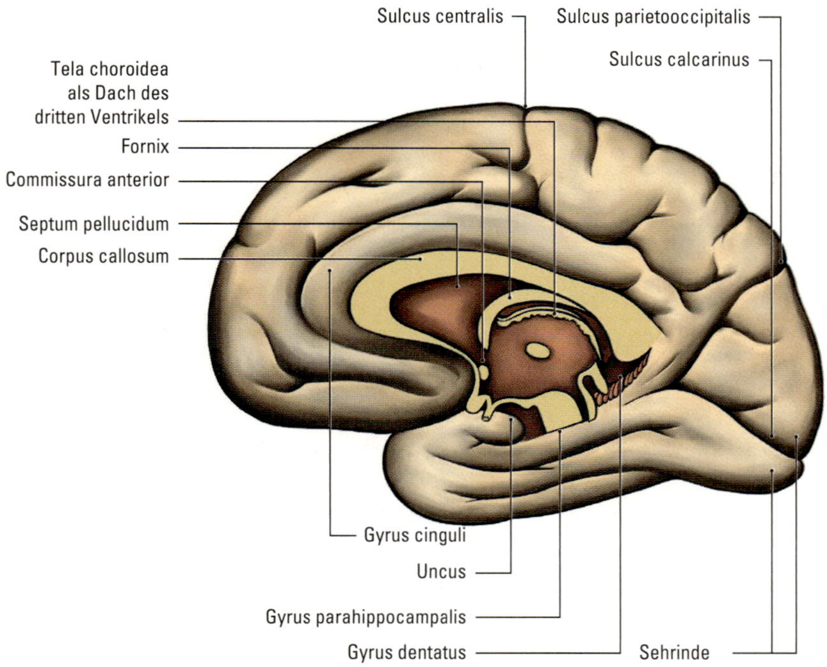

Abb. 12: Medialansicht des Großhirns

medi-learn.de/6-ana3-12

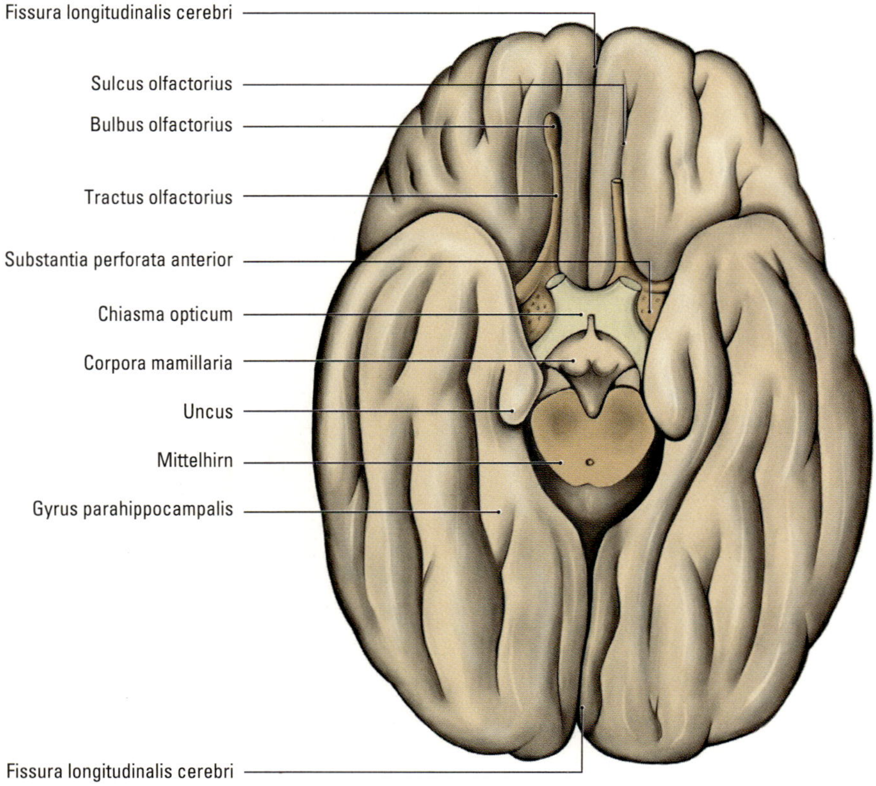

Abb. 13: Basalanschicht des Großhirns

medi-learn.de/6-ana3-13

4.2 Basalganglien

Basalganglien sind Kerne im Marklager des Großhirns. Dazu gehören

- das **Striatum** (bestehend aus **Ncl. caudatus** und **Putamen**) und
- das **Pallidum** (Globus pallidus).

Funktionell lassen sich der Ncl. subthalamicus und die Substantia nigra dazu zählen.

Übrigens ...
Nach alter Nomenklatur werden Putamen und Pallidum als **Ncl. lentiformis** bezeichnet.

Der Ncl. caudatus liegt wie ein Schweif um das Putamen herum und bildet im oberen Teil zusammen mit dem Thalamus den Boden des Seitenventrikels und im unteren Teil das Ventrikeldach. Medial des Putamens liegt das Pallidum, bestehend aus zwei Segmenten. Wiederum medial davon trennt die **Capsula interna** das Pallidum vom Thalamus.

4.2.1 Striatum

Das Striatum besteht aus **Putamen** und **Ncl. caudatus**. Beide Teile entstammen einer gemeinsamen Anlage und werden durch die einsprossende Capsula interna getrennt. Funktionell ist das Striatum eine wichtige Schaltstelle motorischer Impulse.

Die **Afferenzen** stammen überwiegend aus der ipsilateralen Hirnhälfte von

- **Kortex** (vom motorischen, sensorischen und präfrontalen Assoziationskortex),
- **Substantia nigra** und
- **Thalamus**.

Die **Fibrae corticostriatales** wirken mit ihrem Transmitter **Glutamat** erregend auf das Striatum. Die **Fibrae nigrostriatales** wirken mit ihrem Transmitter **Dopamin** hemmend auf das Striatum.

Efferent ist das Striatum mit dem **Pallidum** und der **Substantia nigra** verbunden. Die striatalen Neurone wirken durch ihren Transmitter **GABA** hemmend in ihren Projektionsgebieten.

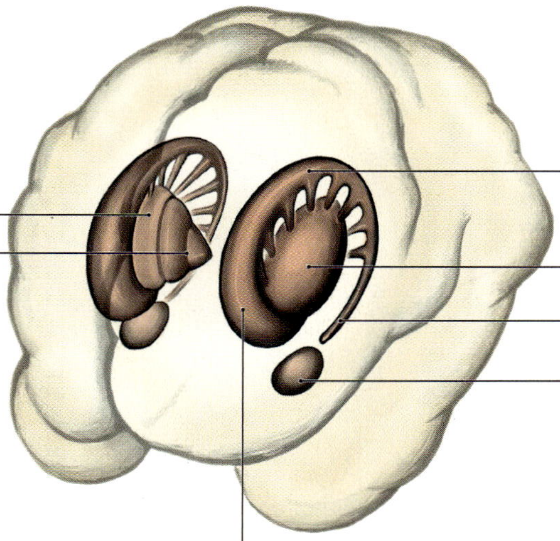

Abb. 14: Lage der Basalganglien

medi-learn.de/6-ana3-14

Funktion: Über die kortikostriatalen Bahnen bekommt das Striatum vor allem motorische Impulse zugeleitet. Diese Bewegungsimpulse werden hier überwiegend **hemmend** bearbeitet. Einige Impulse werden jedoch auch **fördernd** bearbeitet.

Merke!

- Das Striatum kann Bewegungsimpulse ganz oder teilweise unterdrücken.
- Dem Striatum wird auch der Nukleus accumbens zugeordnet. Er spielt eine zentrale Rolle im „Belohnungssystem" des Gehirns sowie bei der Entstehung von Sucht.

4.2.2 Pallidum

Das Pallidum stammt entwicklungsgeschichtlich zu großenTeilen vom Zwischenhirn ab und kann als funktioneller Antagonist des Striatums verstanden werden.
Die **Afferenzen** stammen von **Striatum, Ncl. subthalamicus** und **Thalamus**. Dabei wirken die Fasern aus dem Striatum hemmend auf das Pallidum.
Die **Efferenzen** laufen zum **Thalamus** (Ncl. ventralis anterior). Dieser Kern projiziert erregend in die motorische Hirnrinde. Hemmende Efferenzen laufen zum **Ncl. subthalamicus**.
Funktion: Das mediale Pallidumsegment wirkt **hemmend** auf motorische Impulse. Das laterale Pallidumsegment wirkt **fördernd** auf motorische Impulse.

Merke!

Das Pallidum wirkt eher bahnend für motorische Impulse.

4

4.2.3 Nukleus subthalamicus

Der Ncl. subthalamicus entstammt ebenfalls dem Zwischenhirn und liegt ventromedial des Pallidums. Afferent und efferent ist er v. a. mit dem Pallidum verbunden.
Funktion: Er **hemmt** Bewegungsimpulse.

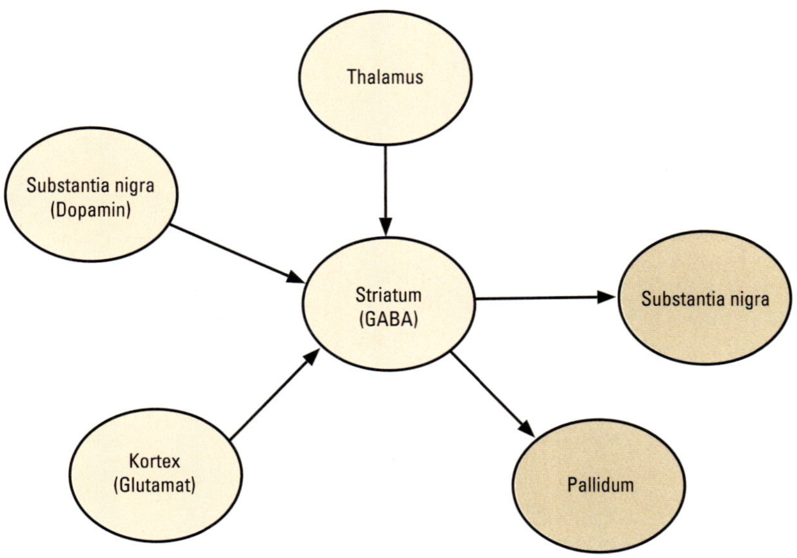

Abb. 15: Afferenzen und Efferenzen des Striatums *medi-learn.de/6-ana3-15*

4.2.4 Claustrum

Diese dünne Schicht grauer Substanz liegt zwischen Striatum und Inselrinde. Ihre Funktion ist bisher nicht bekannt.

4.2.5 Vom Bewegungsimpuls zur Bewegung

Der Bewegungsantrieb entsteht im limbischen System und wird an den Assoziationskortex weitergeleitet. Von dort existieren **drei Wege**, die letztlich alle im Thalamus und anschließend im Motokortex enden. Von dort erfolgt die Weiterleitung der Impulse über die kortikonucleäre und/oder die kortikospinale Bahn. Abb. 16, S. 34 zeigt diese drei Wege.

Merke!

Die motorischen Impulse werden vom Kleinhirn fein abgestimmt und von den Basalganglien bahnend oder unterdrückend bearbeitet.

4.3 Paleokortex und Riechhirn

Der Paleokortex ist der älteste Teil der Hemisphären. Er liegt frontobasal und umfasst

- Bulbus olfactorius und Tractus olfactorius,
- Tuberculum olfactorium,
- Septum (NICHT das Septum pellucidum!) und
- kortikale Anteile des Corpus amygdaloideum.

Im **Bulbus olfactorius** werden die Filae olfactoriae auf das zweite Neuron umgeschaltet und über den **Tractus olfactorius** der Riechrinde (olfaktorischer Kortex) zugeleitet.

Das **Corpus amygdaloideum** (Mandelkern, Amygdala) ist ein Komplex grauer Substanz und liegt im Temporallappen rostral des Ncl. caudatus. Es ist ein Teil des limbischen Systems. Seine Funktion liegt in der

- **Modulation** vegetativer hypothalamischer Zentren,
- **Vermittlung** emotionaler Verhaltensweisen und
- **Speicherung** emotional betonter Gedächtnisinhalte.

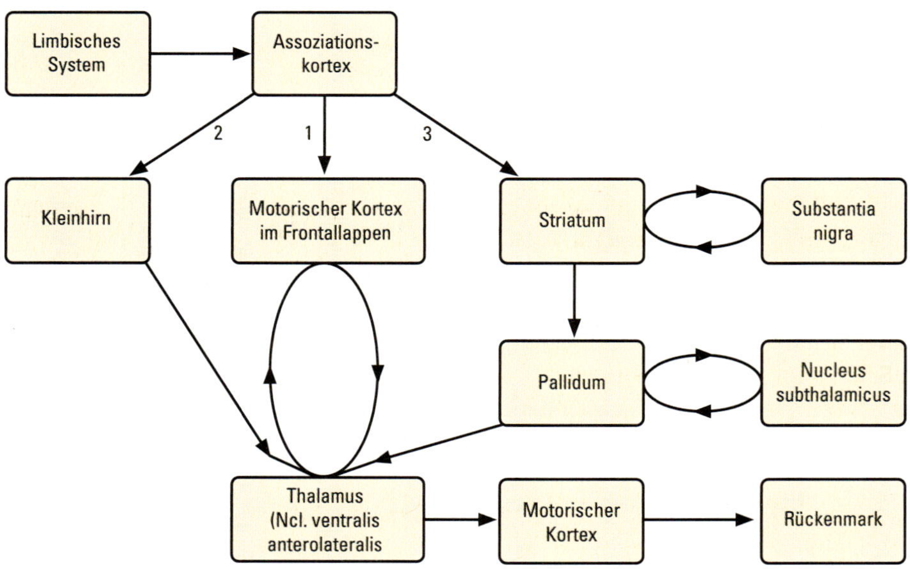

Die kortiko-thalamo-kortikale Neuronenschleife aus Weg 1 wird durch die beiden anderen Wege beeinflusst.

Abb. 16: Regulation der Motorik durch verschiedene Zentren *medi-learn.de/6-ana3-16*

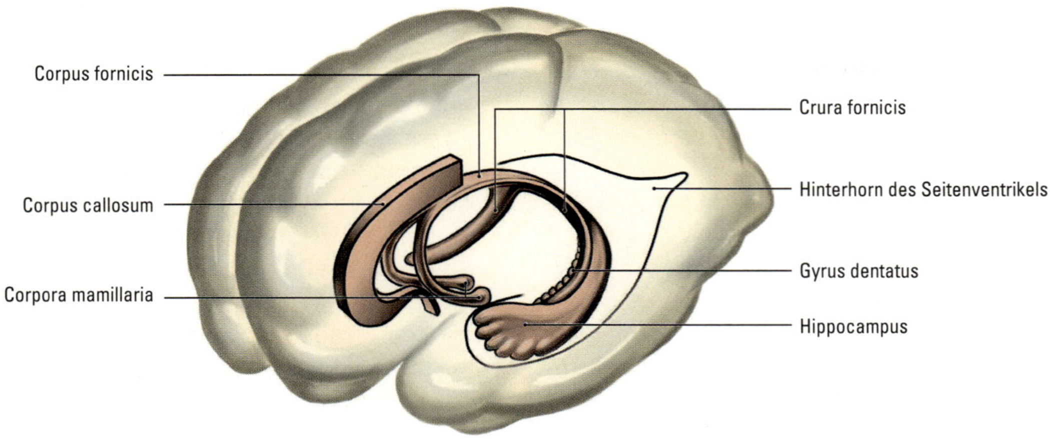

Abb. 17: Lage des Hippocampus und des Fornix medi-learn.de/6-ana3-17

> **Merke!**
>
> Das Corpus amygdaloideum ist über die Stria terminalis mit dem Hypothalamus verbunden.

4.4 Archikortex und Gedächtnis

Der **Archikortex** wird zum Großteil vom **Hippocampus** gebildet. Die mikroskopische Rindenschichtung des Archikortex ist **dreischichtig**.
Die Lage des Hippocampus zeigt Abb. 17, S. 35. Seine **Afferenzen** stammen von der Regio entorhinalis (Impulse aus dem Riechhirn, Corpus amygdaloideum und Neokortex), die medial des Hippocampus im **Gyrus parahippocampalis** liegt. Weitere Afferenzen stammen aus dem **Thalamus** und **Gyrus cinguli**.
Die **Efferenzen** laufen fast alle im **Fornix** und enden größtenteils in den **Corpora mamillaria**. Dabei bildet sich der nach **Papez** benannte, in Abb. 18, S. 35 dargestellte Neuronenkreis.
Funktion: Der Papez-Neuronenkreis spielt für die **Überführung vom Kurz- ins Langzeitgedächtnis** eine entscheidene Rolle. Der Hippocampus als Bestandteil des limbischen Systems ist wesentlich am Zustandekommen von **Aggression, Affektverhalten, Bewusstsein und Motivation** beteiligt.

> **Merke!**
>
> - Paleo- und Archikortex werden auch als Allokortex bezeichnet.
> - Im Hippocampus werden Nervenzellen neu gebildet (adulte Neurogenese).

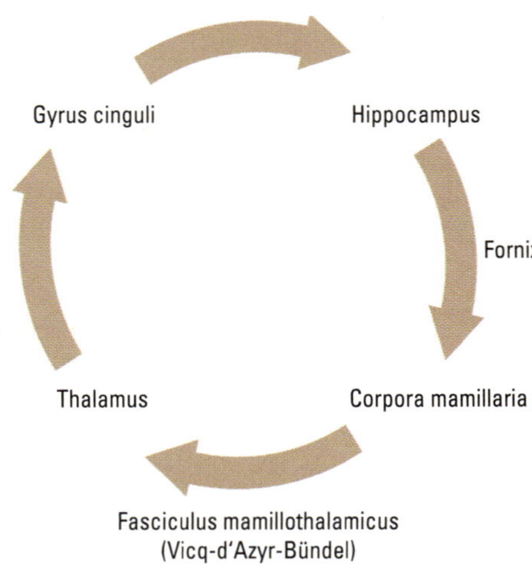

Abb. 18: Papez-Neuronenkreis
medi-learn.de/6-ana3-18

4.5 Limbisches System

Das limbische System ist der **Ort der Emotionen** im Gehirn. Es ist mit seinen Zentren nur sehr unklar definiert. Seine Funktion ergibt sich aus Tab. 6, S. 36. In der Regel werden folgende Strukturen zum limbischen System gezählt:

Bis auf den **Gyrus cinguli** wurden alle anderen Regionen bereits im vorangegangenen Text besprochen. Der Gyrus cinguli liegt direkt oberhalb des Balkens. Er beeinflusst **vegetative Parameter** nebst Nahrungsaufnahme sowie den **psycho-** und **lokomotorischen Antrieb**.

4.6 Neokortex

Der Neokortex wird dem Allokortex auch als **Isokortex** gegenübergestellt. Histologisch stellt er sich sechsschichtig dar. Er ist der jüngste und am höchsten organisierte Teil der Großhirnrinde.

Funktionell unterscheidet man **Primär-, Sekundär-** und **Assoziationsfelder**.

- **Primärfelder** sind sensorische Zentren, die ihre Afferenzen **interpretationsfrei** vom Thalamus empfangen und zum Bewusstsein bringen (z. B. Sehrinde, Hörrinde). Ein motorisches Primärfeld ist der **Gyrus praecentralis** (Motokortex).
- **Sekundärfelder** liegen neben ihren Primärfeldern und **verarbeiten integratorisch** die Sinneswahrnehmung aus dem primären Rindenfeld. Es erfolgt eine **Interpretation** des Wahrgenommenen.
- **Assoziationsfelder** sind keinem primären und sekundären Rindenfeld zugeordnet. Sie erhalten auch **KEINE Information aus dem Thalamus.** Afferent und efferent sind sie mit verschiedenen Primär- und Sekundärfeldern verbunden.

Merke!

- Für alle Arten von Sinneswahrnehmungen gibt es im Großhirn primäre Kortexareale.
- Das motorische Sprachzentrum ist z. B. ein Assoziationsfeld.
- Assoziationsfelder erhalten **KEINE** Information aus dem Thalamus.

Struktur	Funktion
Hippocampus mit Fornix	– Gedächtnis – Verhalten – Orientierung – Bewusstsein und – Motivation
Gyrus cinguli	– Vegetative Modulation – psycho- und lokomotorischer Antrieb
Gyrus parahippocampalis mit Regio entorhinalis	– Gedächtnis – Zuleitung von Sinnesinformationen zu anderen Teilen des limbischen Systems
Corpus amygdaloideum	– Affektverhalten – Affektmotorik – Beeinflussung vegetativer und sexueller Funktionen
Corpus mamillare	– Gedächtnis – Affektverhalten – Beeinflussung von Sexualfunktionen

Tab. 6: Strukturen des limbischen Systems und ihre Funktionen

4.6.1 Histologie des Neokortex

Im Neokortex gibt es zwei Arten von Neuronen: **Pyramidenzellen** und **Nicht-Pyramidenzellen**.

- **Pyramidenzellen** machen 85 % der Neurone der Großhirnrinde aus und wirken über ihre Transmitter Glutamat und Aspartat **exzitatorisch**. Sie bilden die Gesamtheit des kortikalen Efferenzsystems.
- **Nicht-Pyramidenzellen** wirken mit ihrem Transmitter GABA **inhibitorisch**.

Im Neokortex lassen sich histologisch sechs Schichten abgrenzen. Näheres erfährst du im Skript Histologie 2.

4.7 Frontallappen

Im Frontallappen liegt die **motorische** Rinde.

4.7.1 Gyrus praecentralis und Pyramidenbahn

Der Gyrus praecentralis (primär somatomotorische Rinde, Motokortex) nimmt die **Area 4** nach Brodmann ein. Von hier gelangen die Impulse zu den Hirnnervenkernen und ins Rückenmarkvorderhorn. Der Motokortex ist **somatotopisch** gegliedert. Dabei befinden sich die Areale für die untere Extremität im Interhemisphärenspalt.
Die **Afferenzen** stammen aus dem **Ncl. ventralis anterolateralis** des Thalamus, aus dem **Gyrus postcentralis** sowie aus der **prämotorischen Rinde**, die vor dem Gyrus praecentralis lokalisiert ist.
Die **Efferenzen** bilden große Teile des **Tractus corticonuclearis** sowie des **Tractus corticospinalis** (Pyramidenbahn). Beide Bahnen durchlaufen auf ihrem Weg nach kaudal die **Capsula interna.** Bei Schädigung der Pyramidenbahn kommt es zu einer schlaffen Parese im betroffenen **kontralateralen Körperareal**, die nach kurzer Zeit in eine spastische Parese übergeht.

Merke!

Der Gyrus praecentralis sorgt für die willkürmotorische Versorgung der kontralateralen Körperhälfte. Dabei handelt es sich vorrangig um die Feinmotorik.

4.7.2 Prämotorische Rinde und frontales Augenfeld

Die **prämotorische Rinde** entspricht der **Area 6** nach Brodmann. Sie ist afferent und efferent ähnlich verschaltet wie der Motokortex. Allerdings machen die **efferenten** Fasern einen großen Teil des **Tractus frontopontinus** aus.
Über die Versorgung der extrapyramidalen Zentren übt die prämotorische Rinde **direkten** Einfluss auf die Motorik aus.
Das **frontale Augenfeld** (frontales Blickzentrum) liegt vor der prämotorischen Rinde und initiiert **willkürliche Augeneinstellbewegungen** auf ein gewähltes Blickziel.

Merke!

Die unwillkürlichen, reflektorischen Augenbewegungen werden im Hirnstamm generiert.

4.7.3 Motorisches Sprachzentrum (Broca-Sprachzentrum)

Das motorische Sprachzentrum liegt im Bereich der Pars opercularis des Gyrus frontalis inferior. Hier werden **Wortlaut** und **Satzbau** geformt. Danach werden über Zwischenstationen die entsprechenden Muskelgruppen aktiviert.

Merke!

- Motorisches Sprachzentrum = Broca-Sprachzentrum
- Sensorisches Sprachzentrum = Wernicke-Sprachzentrum
- Das Broca-Zentrum existiert nur einseitig, in der dominanten Hemisphäre. Damit kann es nicht durch die Gegenseite kompensiert werden.
- Die Afferenzen stammen von der primären und sekundären Hörrinde.
- Die Efferenzen gelangen indirekt (über Basalganglien, Kleinhirn, Thalamus) zum Motokortex und von dort zu den Hirnstammkernen der für das Sprechen wichtigen Muskeln.

4.7.4 Präfrontale Rinde

Die präfrontale Rinde liegt vor dem prämotorischen Kortex und reicht bis zum Frontalpol. **Funktionell** spielt sie eine große Rolle für das **Kurzzeitgedächtnis**.

4.8 Parietallappen

Im Parietallappen liegen u. a. primäre und sekundäre **somatosensible** Rinde.

4.8.1 Gyrus postcentralis und primäre somatosensible Rinde

Der Gyrus postcentralis liegt direkt hinter dem Sulcus centralis und nimmt die **Area 1 – 3** nach Brodmann ein. Hier enden **sensibel-sensorische** Fasern aus der **kontralateralen Körperhälfte** in **somatotopischer** Gliederung.
Afferenzen stammen aus dem Thalamus (Ncl. ventralis posterior), von den Vestibulariskernen und verschiedenen Kortexarealen.
Die **Efferenzen** ziehen zum Thalamus, den sensiblen Trigeminuskernen, den Hinterstrangkernen sowie dem Rückenmark und können so sensible Reize **blockieren** oder **bahnen**.

Verlauf der protopathischen Sensibilität:

1. Pseudounipolares erstes Neuron (Perikaryon liegt im Spinalganglion)
   ↓
2. Umschaltung auf das zweite Neuron im Hinterhorn und Kreuzung nach kontralateral
   ↓
3. Aufsteigen der somatotopisch geordneten Fasern im Vorderseitenstrang als Tractus spinothalamicus
   ↓
4. Eintritt in den Ncl. ventralis posterior des Thalamus in somatotopischer Folge und Umschaltung auf das dritte Neuron
   ↓
5. Durchtritt durch die Capsula interna zum Gyrus postcentralis

Verlauf der epikritischen Sensibilität:

1. Pseudounipolares erstes Neuron (Perikaryon liegt im Spinalganglion)
   ↓
2. Aufsteigen der somatotopisch geordneten Fasern im ipsilateralen Hinterstrang
   ↓
3. Umschaltung auf das zweite Neuron im Ncl. gracilis et cuneatus und Kreuzung zur Gegenseite
   ↓
4. Aufsteigen als Lemniscus medialis, Eintritt in den lateralen Teil des Ncl. ventralis posterior des Thalamus in somatotopischer Folge sowie Umschaltung auf das dritte Neuron
   ↓
5. Durchtritt durch die Capsula interna zum Gyrus postcentralis

4.8.2 Sekundäre somatosensible Rinde

Dieses Kortexgebiet liegt dorsal des Gyrus postcentralis. Es nimmt die **Areae 5 und 7** nach Brodmann ein und ist **somatotopisch** geordnet. Hier werden die Reize der primären somatosensiblen Rinde **interpretiert**.

4.8.3 Gyrus angularis

Der Gyrus angularis liegt am Ende des Sulcus temporalis superior und nimmt die **Area 39** nach Brodmann ein. Er ist eine **wichtige Schaltstelle** zwischen **sekundärer Seh- und Hörrinde**, indem er visuelle Impulse mit dazu passenden sprachlichen Begriffen verknüpft.

4.8.4 Hinterer Parietallappen

Der hintere Parietallappen spielt bei der Orientierung im dreidimensionalen Raum eine entscheidende Rolle.

4.9 Okzipitallappen und visuelles System

Im Okzipitallappen befindet sich in erster Linie das visuelle System.

4.9.1 Sehbahn

Die Stationen der Sehbahn sind:

1. Erstes Neuron sind die Sinneszellen der Retina (Stäbchen und Zapfen)

↓

2. Bipolare Zellen = zweites Neuron der Sehbahn

↓

3. Ganglienzellen = drittes Neuron der Sehbahn, bilden mit ihren zentralen Fortsätzen den N. opticus, welcher in der Papilla n. optici entspringt.

↓

4. Im Chiasma opticum kreuzen alle Fasern der medialen Netzhauthälfte (Information von rechter oder linker Seite = laterales Gesicht).

5. Tractus opticus enthält ipsilaterale temporale und kontralaterale nasale Fasern der Netzhauthälfte.

↓

6. Corpus geniculatum laterale, dort Umschaltung auf das vierte Neuron

↓

7. Gratiolet-Sehstrahlung (Radiatio optica)

↓

8. primäre Sehrinde (Area 17 nach Brodmann oder Area striata)

Merke!

Im Verlauf der Sehbahn treten die ersten Myelinscheiden an den Axonen des N. opticus auf.

Abb. 19, S. 40 gibt den Verlauf der Sehbahn wieder und zeigt die Ausfallerscheinungen bei entsprechender Läsion.

4.9.2 Primäre Sehrinde

Die primäre Sehrinde liegt im Okzipitalpol, **Area 17** nach Brodmann. Sie befindet sich im Bereich des **Sulcus calcarinus** und wird auch **Area striata** genannt. Die Area striata wird in sehc Schichten eingeteilt. In Lamina IV (Lamina granularis interna) enden die Fasern der Radioatio optica überwiegend.
Ihre **Afferenzen** stammen in erster Linie vom **Corpus geniculatum laterale**, ihre **Efferenzen** laufen zur sekundären Sehrinde. In der primären Sehrinde gelangen die visuellen Reize zu **Bewusstsein**.

4.9.3 Sekundäre Sehrinde

Die sekundäre Sehrinde liegt hufeisenförmig um die primäre Sehrinde herum. Sie nimmt die **Areae 18** und **19** nach Brodmann ein.
Afferenzen erhält sie von der primären Sehrinde, **efferent** ist sie mit zahlreichen kortikalen

Arealen (z. B. frontales Augenfeld, Gyrus angularis, Colliculi superiores, Area praetectalis) verbunden.

Übrigens ...
Bei Läsion der sekundären Sehrinde kommt es NICHT zu Gesichtsfeldausfällen. Der Patient kann das Gesehene jedoch nicht mehr adäquat erkennend und zuordnend verarbeiten.

Merke!

Im Okzipitallappen liegen primäre und sekundäre Sehrinde.

4.10 Temporallappen und auditorisches System

Im Temporallappen liegen die primäre und die sekundäre **Hörrinde**. Abb. 20, S. 41 gibt den Verlauf der Hörbahn wieder.

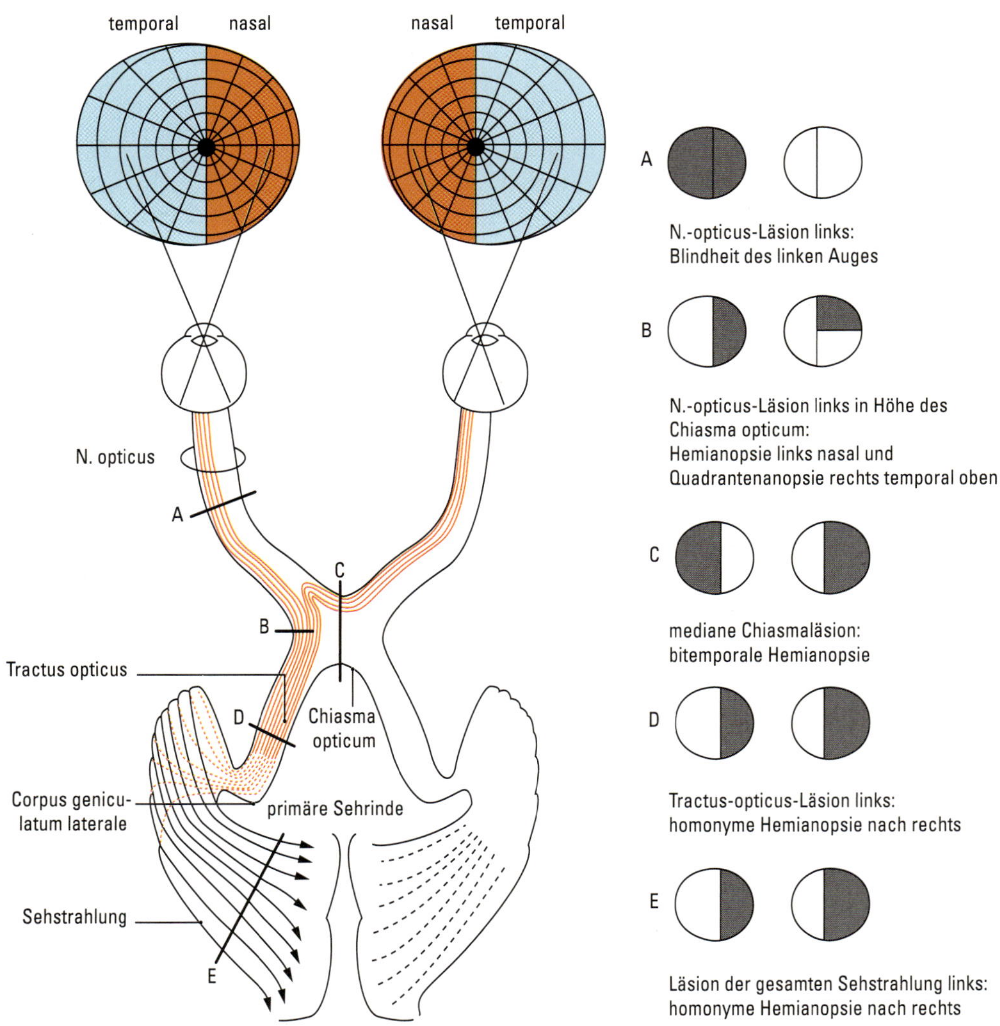

Abb. 19: Verlauf der Sehbahn und Ausfallerscheinungen

medi-learn.de/6-ana3-19

4.10.1 Primäre Hörrinde

Die primäre Hörrinde liegt in der Tiefe des Temporallappens in den **Gyri temporales transversi** (Heschl-Querwindungen), **Area 41** nach Brodmann. Die wichtigste **Afferenz** ist die Hörbahn. Deren Fasern enden hier in **tonotopischer Anordnung,** d. h. jede Tonfrequenz hat einen eigenen Endigungsort in der primären Hörrinde. Hier gelangen ausschließlich **einzelne Frequenzen zu Bewusstsein.** Die **Efferenzen** ziehen zur sekundären Hörrinde.

4.10.2 Sekundäre Hörrinde und Wernicke-Sprachzentrum

Die sekundäre Hörrinde schließt sich nach lateral der primären Hörrinde an und nimmt die **Areae 42** nach Brodmann ein. Unmittelbar dahinter befindet sich die **Area 22**. Sie wird auch als **Wernicke-Sprachzentrum** (sensorisches Sprachzentrum) bezeichnet.
Die **Afferenzen** stammen von der primären Hörrinde sowie dem Gyrus angularis, **efferent** ist sie vor allem mit dem Broca-Sprachzentrum (motorisches Sprachzentrum) verbunden. Die **Funktion** der sekundären Hörrinde sowie des Wernicke-Sprachzentrums liegt in der **integrativen Verarbeitung** der in der primären Hörrinde wahrgenommenen Laute. Es werden somit Wörter, Melodien und Geräusche erkannt. Über die afferente Verbindung mit dem Gyrus angularis besteht eine wichtige Verbindung zwischen visuellem und auditorischem System. Erst durch diese Verbindung ist es möglich, gesehene Gegenstände zu benennen.

4

4.11 Inselrinde

Die Inselrinde liegt in der Tiefe, bedeckt von Temporal-, Frontal- und Parietallappen (Oper-

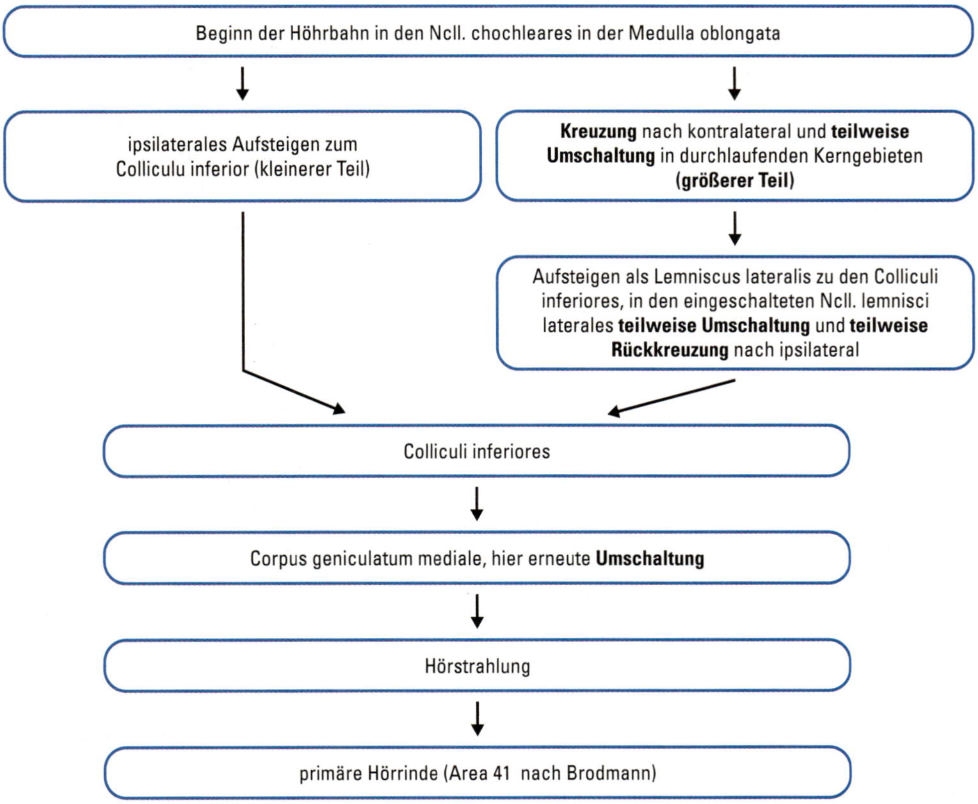

Abb. 20: Verlauf der Hörbahn

medi-learn.de/6-ana3-20

cula). Sie ist im Laufe der Entwicklung von den anderen Hirnlappen **überwachsen** worden und stellt einen wichtigen Teil der **viszerosensiblen Rinde** dar.

4.12 Bahnsysteme des Großhirns

Grundsätzlich unterscheidet man zwischen

- **Kommissurenfasern**: verbinden Areale beider Hemisphären miteinander, laufen zum größten Teil im Balken,
- **Projektionsfasern**: verbinden Kortex und subkortikale Gehirnteile (z. B. Basalganglien, Thalamus, Hirnstamm etc.), laufen größtenteils in der Capsula interna, aber auch in der Capsula externa und extrema,
- **Assoziationsfasern**: verbinden einzelne Areale (Gyri) einer Hemisphäre miteinander.

4.12.1 Balken (Corpus callosum)

Der Balken bildet das Dach des Seitenventrikels. In ihm verläuft der größte Teil der Kommissurenfasern. Dadurch werden die beiden Hemisphären miteinander verbunden. Praktisch lässt sich dies recht einfach am nachfolgenden Beispiel verdeutlichen: Der rechte Okzipitallappen verarbeitet die Impulse des linken Gesichtsfelds und umgekehrt. Das Corpus callosum ermöglicht eine Integration **beider Gesichtsfelder zu EINEM Gesichtsfeld.**

4.12.2 Capsula interna

Die Capsula interna führt den größten Teil der Projektionsfasern. Sie verläuft zwischen Ncl. caudatus und Thalamus einerseits und Putamen sowie Pallidum andererseits. Man unterscheidet einen vorderen und einen hinteren Schenkel sowie ein Knie. Die auf- und absteigenden Fasern sind nach Systemen geordnet.

Merke!

- Die kortikospinalen Fasern laufen in somatotopischer Reihenfolge im Crus posterius der Capsula interna.
- Die meisten Bahnen vom Kortex zu Thalamus, Basalganglien und Hirnstamm verlaufen durch die Capsula interna.

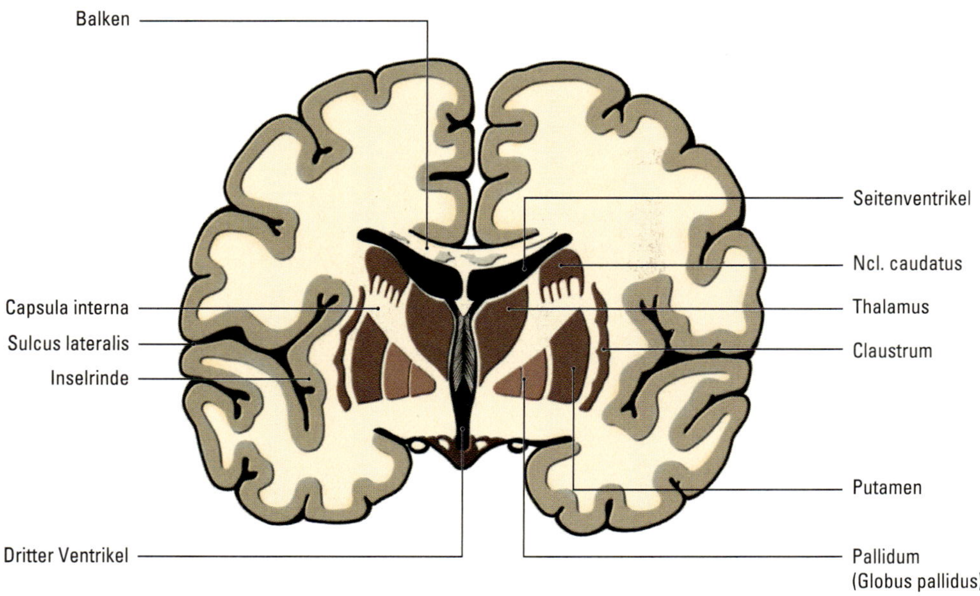

Abb. 21: Frontalschnitt durch das Großhirn *medi-learn.de/6-ana3-21*

4.13 Schnittserien durch das Gehirn

Abb. 21, S. 42 gibt exemplarisch einen **Frontalschnitt** durch das Gehirn wieder. Du solltest sowohl im schriftlichen als auch im mündlichen Physikum in der Lage sein, einen **Horizontalschnitt** von einem **Frontalschnitt** zu unterscheiden und daran auch die Kernstrukturen zeigen zu können. Dabei gilt es zu beachten, dass die **Schnitthöhe** eine wichtige Rolle spielt – es sind nämlich nicht alle Strukturen in allen Schnittebenen vertreten.
Am besten kannst du das alles am Präparat lernen.

Zur besseren Orientierung kannst du dir unter **www.medi-learn.de/skr-telen** eine Art Bastelbogen herunterladen, der dir die Orientierung und das Benennen der Strukturen erleichtern soll.

DAS BRINGT PUNKTE

Um diese Rubrik bei der Fülle des vorangegangenen Kapitels nicht übermäßig auszudehnen, sind hier die Prüfungslieblinge kurz aufgezählt:

Zu den **Basalganglien** solltest du dir unbedingt die folgenden Fakten merken:

- Das **Striatum** (Ncl. caudatus und Putamen) erhält Afferenzen vom Kortex, der Substantia nigra und dem Thalamus. Die Efferenzen laufen zum Pallidum und zur Substantia nigra.
- Zwischen dem Caput nuclei caudati und dem Nukleus lentiformis liegt das Crus anterius der Capsula interna.
- Das **Putamen** enthält dopaminerge Afferenzen aus der Substantia nigra.
- Das Globus pallidus hat zahlreiche GABAerge **Efferenzen** zum Thalamus.
- Der **Nukleus lentiformis** besteht aus Putamen und Pallidum. Er grenzt an die Capsula interna und die Capsula externa.

Du solltest wissen, dass das **limbische System** auch als „emotionales Bewertungszentrum" bezeichnet wird.
Dazu gehören

- der Hippocampus mit Fornix (in den Hippocampus projizieren Fasern überwiegend aus der Septumregion über den Fornix),
- der Gyrus cinguli,
- der Gyrus parahippocampalis mit der Regio entorhinalis,
- das Corpus amygdaloideum und
- das Corpus mamillare.

Zu den **Rindenfelder** wird folgendes gerne gefragt:

- Der Gyrus praecentralis ist das primäre motorische Rindenfeld.
- Das motorische Sprachzentrum liegt im Bereich der Pars opercularis des Gyrus frontalis inferior.
- Der Gyrus postcentralis ist das primäre somatosensible Rindenfeld.

Punkte gibt es, wenn du folgendes zur **Sehbahn** weißt:

- Die Sehbahn verläuft über den Tractus opticus – Corpus geniculatum laterale – Gratiolet-Sehstrahlung – Area 17 (primäre Sehrinde).
- Die primäre Sehrinde liegt im Okzipitallappen an der medialen Hemisphärenseite.
- Die sekundäre Sehrinde umschließt die primäre Sehrinde hufeisenförmig.

Über die **Hörbahn** solltest du folgende Fakten parat haben:

- Die Hörbahn verläuft über die Cochlea – Ncl. olivaris sup. – Lemniscus lateralis – Colliculi inferiores – dort Kreuzung und danach Verlauf beidseits – Corpus geniculatum mediale – Hörstrahlung – primäre Hörrinde.
- Die primäre Hörrinde (Heschl-Querwindungen) erhält ihre Afferenzen (Hörstrahlung) überwiegend aus dem Corpus geniculatum mediale.

Sonstige Punktebringer solltest du dir gut merken:

- Die meisten Projektionsneurone der Großhirnrinde sind Pyramidenzellen.
- Die Capsula interna liegt medial des Nukleus lentiformis, lateral des Thalamus, enthält sowohl ab- als auch aufsteigende Fasern und zwischen den Fasern auch graue Substanz.
- Die Fasern der spezifischen Thalamuskerne projizieren überwiegend in die Lamina granularis interna (IV) des Gyrus postcentralis.

FÜRS MÜNDLICHE

Das Kapitel zum Großhirn nimmt „großen" Platz in der Prüfung ein. Zur Überprüfung deines Wissen kannst du dich nun mit den folgenden Fragen aus den mündlichen Prüfungsprotokollen beschäftigen.

1. **Sagen Sie, was sind Assoziationsfasern?**
2. **Und wissen Sie auch was Projektionsfasern sind?**
3. **Was verstehen sie unter Kommissurenfasern?**
4. **Welche Teile werden als Striatum bezeichnet? Erläutern Sie, welche Beziehung das Striatum zur Substantia nigra hat!**
5. **Welcher Teil der Basalganglien wird entwicklungsgeschichtlich zum Diencephalon gerechnet? Nennen Sie seine Aufgaben.**
6. **Was können Sie zum Verlauf der auf- und absteigenden Bahnen in der Capsula interna sagen und welche Areale verbinden sie?**
7. **Was ist Ihrer Meinung nach das limbische System?**
8. **Was denken Sie, was verbindet der Fornix?**
9. **Was ist der Papez-Neuronenkreis und was gehört Ihrer Meinung nach dazu?**
10. **Sagen Sie uns bitte, wo die primäre und sekundäre Sehrinde liegen?**
11. **Nennen Sie den Verlauf der Sehbahn!**
12. **Erläutern Sie die Aufgabe der primären und sekundären Sehrinde und welche Auswirkung hat deren Zerstörung?**
13. **Sagen Sie, wo liegt die primäre Hörrinde?**
14. **Nennen Sie die Aufgabe des primären und sekundären Hörzentrums (Hörrinde)!**
15. **Beschreiben Sie den Unterschied zwischen Wernicke- und Broca-Areal!**

---

1. Sagen Sie, was sind Assoziationsfasern?
Assoziationsfasern verknüpfen einzelne Areale einer Hemisphäre miteinander.

2. Und wissen Sie auch was Projektionsfasern sind?
Projektionsfasern verbinden den Kortex mit subkortikalen Bereichen.

3. Was verstehen sie unter Kommissurenfasern?
Kommissurenfasern verbinden Areale beider Hemisphären miteinander.

4. Welche Teile werden als Striatum bezeichnet? Erläutern Sie, welche Beziehung das Striatum zur Substantia nigra hat!
Striatum = Ncl. caudatus und Putamen.
Das Striatum hat einen vorwiegend hemmenden Einfluss auf motorische Impulse. Die Substantia nigra hemmt über Dopamin das Striatum. Daher hemmt die Substantia nigra die Hemmung des Striatums (fördert motorische Impulse).

5. Welcher Teil der Basalganglien wird entwicklungsgeschichtlich zum Diencephalon gerechnet? Nennen Sie seine Aufgaben.
Das Pallidum (funkt. Antagonist zum Striatum), wirkt bahnend für motorische Impulse und wird entwicklungsgeschichtlich zum Diencephalon gerechnet.

6. Was können Sie zum Verlauf der auf- und absteigenden Bahnen in der Capsula interna sagen und welche Areale verbinden sie?
Die Bahnen verbinden den Kortex mit den subkortikalen Zentren.
Absteigende Bahnen:
- kortikonucleäre Bahn im Genu,
- kortikospinale Bahn – Crus posterius – somatotope Gliederung.

Aufsteigende Bahnen:
- thalamokortikale Fasern.

7. Was ist Ihrer Meinung nach das limbische System?
Das limbische System ist ein funktionelles System, das der Integration viszeraler und emotionaler Prozesse dient. Es wird auch als „emotionales Bewertungszentrum" bezeichnet.

8. Was denken Sie, was verbindet der Fornix?
Der Fornix verbindet Hippocampus und Corpora mamillaria.

9. Was ist der Papez-Neuronenkreis und was gehört Ihrer Meinung nach dazu?
Der Papez-Neuronenkreis ist ein theoretisches Konstrukt, mit dem der Informationsfluss zwischen den Teilen des limbischen Systems erklärt werden soll. Er verläuft über Hippocampus – Fornix – Corpora mamillaria –Thalamus (über Vicq-d'Azyr-Bündel) – Gyrus cinguli – Hippocampus.

10. Sagen Sie uns bitte, wo die primäre und sekundäre Sehrinde liegen?
Im Okzipitallappen:
- Die primäre Sehrinde liegt an der medialen Hemisphärenseite,
- die sekundäre Sehrinde umschließt die primäre Sehrinde hufeisenförmig.

11. Nennen Sie den Verlauf der Sehbahn!
Tractus opticus – Corpus geniculatum laterale – Gratiolet-Sehstrahlung – Area 17 (primäre Sehrinde).

12. Erläutern Sie die Aufgabe der primären und sekundären Sehrinde und welche Auswirkung hat deren Zerstörung?
Primäre Sehrinde:
- Bewusstwerden der visuellen Impulse,
- bei Zerstörung Gesichtsfeldausfälle.

Sekundäre Sehrinde:
- Integration und Verarbeitung der wahrgenommenen visuellen Impulse,
- bei Zerstörung resultiert die visuelle Agnosie (Betroffene können das Gesehene nicht mehr verarbeiten).

13. Sagen Sie, wo liegt die primäre Hörrinde?
In den Heschl-Querwindungen (Gyri temporales transversi).

14. Nennen Sie die Aufgabe des primären und sekundären Hörzentrums (Hörrinde)!
Primäre Hörrinde:
- interpretationsfreies Bewusstwerden des Gehörten.

Sekundäre Hörrinde:
- integrative Verarbeitung, „Verstehen".

15. Beschreiben Sie den Unterschied zwischen Wernicke- und Broca-Areal!
Wernicke-Areal:
- sensorisches Sprachzentrum, hier erfolgt das Verständnis der Sprache.

Broca-Areal:
- motorisches Sprachzentrum, dient der Sprachbildung.

Mehr Cartoons unter www.medi-learn.de/cartoons

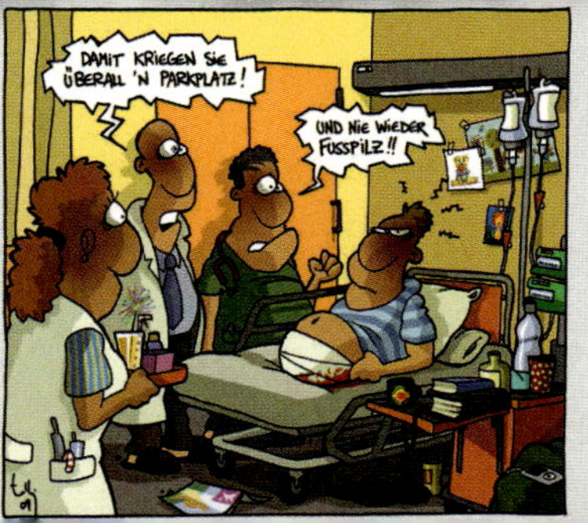

Pause

Kurze Grinsepause & dann auf zum letzten Kapitel!

5 Liquor- und Ventrikelsystem, Hirnhäute und Blutversorgung des Gehirns

Fragen in den letzten 10 Examen: 12

Dieses Kapitel behandelt das Ventrikelsystem des Gehirns sowie dessen arterielle und venöse Blutversorgung.

5.1 Liquor- und Ventrikelsystem

Wie das Rückenmark, ist auch das Gehirn in **Liquor cerebrospinalis im äußeren Liquorraum** eingebettet. Der Liquor schützt es vor mechanischem Stress. Außerdem gibt es einen **inneren Liquorraum,** der sich in vier **Ventrikel** teilt. Die Ventrikel stehen miteinander in Verbindung und bilden den Liquor.

Merke!

- Alle vier Ventrikel produzieren Liquor und besitzen daher einen Plexus choroideus.
- Vorder- und Hinterhorn des Seitenventrikels besitzen KEINEN Plexus choroideus.
- Die Gesamtliquormenge beträgt ca. 150 ml.

Die paarigen Seitenventrikel sind über das **Foramen interventriculare** (Monroi) mit dem dritten Ventrikel verbunden. Dieser wiederum steht über den **Aquaeductus mesencephali** mit dem vierten Ventrikel in Verbindung. Von dort setzt sich der innere Liquorraum als Canalis centralis ins Rückenmark fort.

Der gesamte innere Liquorraum ist von Gliazellen (Ependym) ausgekleidet. Diese sind am ehesten mit Mikrovilli- und Kinozilien-tragenden Epithelzellen vergleichbar. Die Kinozilien dienen dem Liquortransport.

Der Liquor reduziert das Hirngewicht von 1500 g auf ca. 50 g, die dem Knochen aufliegen. Vom Ventrikelsystem gelangt der Liquor durch die **Foramina Luschkae** und das **Foramen Magendi** (liegen im vierten Ventrikel) in den äußeren Liquorraum, den **Subarachnoidalraum**. Von hier wird der Liquor in das Blut rückresorbiert. Im Bereich des Schädels geschieht dies über die **Arachnoidalzotten** (Granulationes arachnoidales, Paccioni-Körper). Dies sind blumenkohlartige Gebilde, die vom Subarachnoidalraum in die großen Sinus reichen. Im Wirbelkanalbereich wird der Liquor an den Austrittsstellen der Spinalnerven aus dem Wirbelkanal resorbiert.

Täglich werden in den **Plexus choroidei** (befinden sich in allen vier Ventrikeln) ca. 500 ml Liquor produziert. Der Liquor ist ein **Ultrafiltrat** des Bluts. Seine Zusammensetzung wird durch das Plexusepithel stark modifiziert. Hier existiert eine **Blut-Liquor-Schranke,** die lediglich für Wasser, Sauerstoff und Kohlendioxid komplett durchlässig ist.

Merke!

Bei Verschluss des Aquaeductus mesencephali sind die Seitenventrikel und der dritten Ventrikel erweitert.

Übrigens ...

Ist die Verbindung von äußerem und innerem Liquorraum verlegt, kommt es zum Liquoraufstau und Hirndruckzeichen. Man spricht von einem **Hydrocephalus**. Hirndruckzeichen sind Kopfschmerz und Erbrechen ohne andere Ursache.

Die Tela choroidea bildet das Dach des dritten Ventrikels. Sie ist eine gefäßreiche Bindegewebsschicht, von der der Plexus choroideus gebildet wird. Ist der Subarachnoidalraum an einer Stelle besonders weit, so spricht man von einer **Liquorzisterne**.

Die wesentlichsten Zisternen sind:
- Cisterna cerebellomedullaris = Cisterna magna,
- Cisterna ambiens,
- Cisterna interpeduncularis,
- Cisterna chiasmatica.

5.2 Hirnhäute (Meningen)

Das Gehirn ist – wie das Rückenmark – von drei Hirnhäuten umgeben:
- Dura mater (harte Hirnhaut),
- Arachnoidea mater (Spinngewebshaut),
- Pia mater.

Die **Dura mater** wird auch als **Pachymeninx** bezeichnet. Arachnoidea und Pia mater werden als **weiche Hirnhaut** oder **Leptomeninx** zusammengefasst. Anders als im Wirbelkanal liegt die Dura mater dem Periost der Schädelkalotte fest an und ist nicht als einzelnes Blatt abtrennbar. Sie besteht aus zwei durch Kollagenfasern verbundenen Blättern. Als **Duraduplikatur** bildet sie die **Falx cerebri** und das **Tentorium cerebelli.** An einigen Stellen trennen sich die beiden Durablätter voneinander, um sich anschließend wieder zu vereinigen. So entstehen die venösen **Sinus** (Sinus sagittalis superior et inferior etc.).

Über eine Zellschicht ist die Dura mater mit der **Arachnoidea mater** verbunden. Die Arachnoidea wiederum ist über dünne Bindegewebsbrücken mit der Pia mater verbunden. Der Subarachnoidalraum ist der äußere Liquorraum. Die **Pia mater** liegt direkt den Gyri auf und zieht mit in die Sulci hinein.

Merke!

Im Gehirn existiert KEIN Epiduralraum. Allerdings gibt es ein epidurales Hämatom. Dies wird durch eine Blutung, meist aus der A. meningea media, verursacht. Dabei wird durch den hohen Druck des austretenden Bluts die Dura mater vom Periost der Schädelkalotte abgelöst.

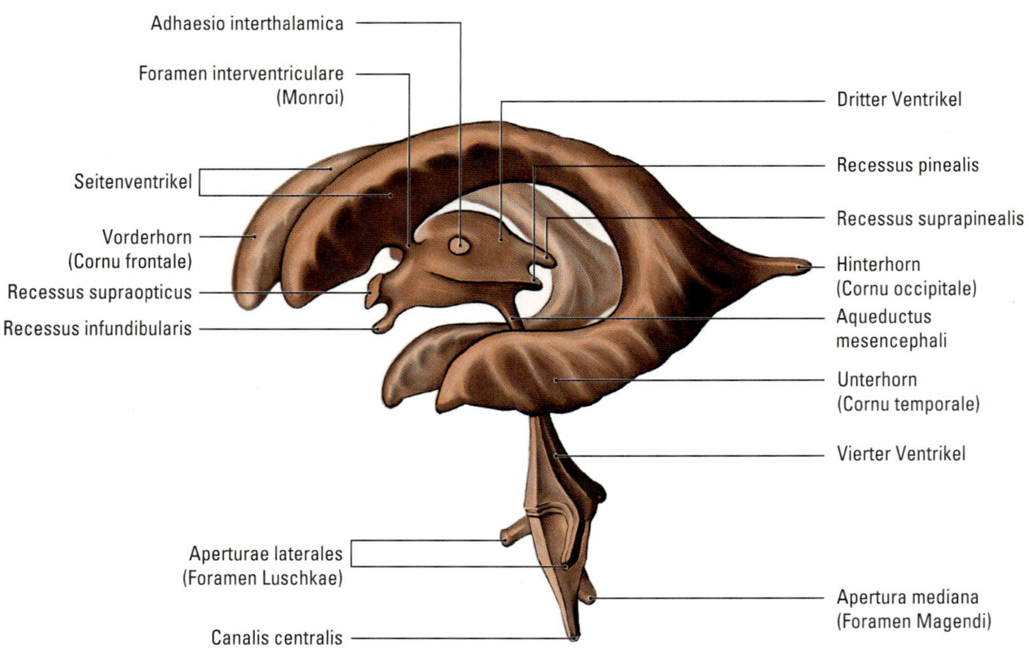

Abb. 22: Ventrikelsystem (innere Liquorräume) *medi-learn.de/6-ana3-22*

Merke!

Im Gehirn existiert auch KEIN Subduralraum. Dieser kann jedoch artifiziell durch meist venöse Einblutung zwischen Dura mater und Arachnoidea mater entstehen, was zu einem Subduralhämatom führt.

Die Blutversorgung der Meningen erfolgt über drei Arterien: die A. meningea anterior, media, und posterior. Die A. meningea media entspringt aus der A. maxillaris und zieht durch das Foramen spinosum in den Schädel. Die Innervation der Meningen erfolgt in erster Linie über den N. trigeminus.

Merke!

Nur die Meningen sind sensibel innerviert. Das Gehirn selbst besitzt keine Schmerzrezeptoren. Kopfschmerzen gehen deshalb immer von den Meningen aus.

5.3 Arterielle Gefäßversorgung des Gehirns

Das Gehirn wird jeweils durch die rechte und linke A. carotis interna sowie die A. vertebralis mit Blut versorgt. Zwischen diesen Gefäßen bildet sich an der Schädelbasis ein Anastomosenkreis, der **Circulus arteriosus cerebri** (Willisii). Über diesen Kreislauf wird bei Versorgungsknappheit im Stromgebiet einer zuführenden Arterie die Blutzufuhr in den entsprechenden Hirnteilen sichergestellt.
Die Blutgefäße liegen in den Sulci und treten von dort in das Innere des Gehirns ein. Venen und Arterien haben hier einen völlig unterschiedlichen Verlauf.
Man kann den großen Arterien Versorgungsgebiete zuordnen:

- Die **A. carotis interna** zieht durch den Canalis caroticus in die Schädelhöhle und erscheint neben der Hypophyse im Sinus cavernosus. Dort liegt auch der Karotissiphon. Im Anschluss daran teilt sie sich in **A. cerebri anterior** (s. IMPP-Bild 1, S. 64) und A. cerebri media. Weitere Äste versorgen die Hypophyse und den Plexus choroideus.

Versorgungsgebiet: überwiegend Frontal-, Parietal- und Temporallappen sowie Zwischenhirn; über die A. ophthalmica Auge und Teile der Nasennebenhöhle.

Übrigens ...
Die A. cerebri media stellt die direkte Fortsetzung der A. carotis interna dar. Deshalb finden sich Thromben, die über die A. carotis interna kommen, häufiger in der A. cerebri media. Der Verschluss einer hirnversorgenden Arterie führt zum **Hirninfarkt** (Schlaganfall, Apoplex, ischämischer Insult). Kommt es durch Ruptur eines hirnversorgenden Gefäßes zur Einblutung ins Hirnparenchym, so spricht man von einem **hämorrhagischen Insult**.

- Die **A. vertebralis** ist der erste Ast der A. subclavia und zieht durch die Querfortsatzlöcher der zervikalen Halswirbel bis zum Atlas. Sie gelangt durch das Foramen magnum in die Schädelhöhle und vereinigt sich am Unterrand der Brücke mit der A. vertebralis der Gegenseite zur unpaaren **A. basilaris**. Am Oberrand der Brücke zweigt sich diese zu zwei **Aa. cerebri posteriores** auf. Diese versorgen überwiegend den Okzipitallappen sowie Teile des Temporallappens. Vor Vereinigung zur A. basilaris geben die Aa. vertebrales die A. inferior posterior cerebelli zur Versorgung des Kleinhirns ab. Im weiteren Verlauf entspringen aus der A. basilaris die A. inferior anterior cerebelli sowie die A. superior cerebelli, die, wie der Name schon sagt, ebenfalls das Kleinhirn versorgen.
  Die ebenfalls aus der A. basilaris entspringende A. labyrinthi versorgt das Innenohr.

Versorgungsgebiet: Okzipitallappen, Teile des Temporallappens, Kleinhirn, Innenohr, Mittelhirn, Hirnstamm.

Merke!

- Nicht-fenestrierte Kapillaren (kontinuierliches Epithel) finden sich im Kleinhirn.
- Fenestrierte Kapillaren sind typisch für die Area postrema.

Der **Circulus arteriosus cerebri** verbindet die drei großen hirnversorgenden Gefäße miteinander. Über die **A. communicans anterior** werden die beiden Karotis-Interna-Stromgebiete kurzgeschlossen; über die **Aa. communicantes posteriores** werden Vertebralis- und Karotis-Interna-Stromgebiet kurzgeschlossen. Diese Kurzschlüsse sind eine Sicherheit, um das Gehirn auch bei Verlegung eines großen hirnzuführenden Gefäßes ausreichend zu durchbluten.

Übrigens ...
Eine langsam voranschreitende Stenose (Einengung) der A. carotis interna um 90 % kann völlig symptomlos bleiben.
Häufig finden sich im Bereich der Aa. communicantes Gefäßwandfehlbildungen, die zu Aussackungen **(Aneurysmen)** der Gefäßwand führen. Bei Druckbelastung platzen diese Aneurysmen sehr leicht und führen zu einer **Subarachnoidalblutung**. Diese ist durch blutigen Liquor gekennzeichnet.
Der Verschluss einer A. cerebri media hat die Hemiparese der kontralateralen Seite zur Folge.

Merke!

Lipidlösliche Substanzen können die Blut-Hirn-Schranke ohne spezifische Transportsysteme überwinden. Der Sinus sagittalis inferior verläuft in der Falx cerebri. Die Cellulae mastoideae stehen in enger Nachbarschaft zum Sinus sigmoideus.

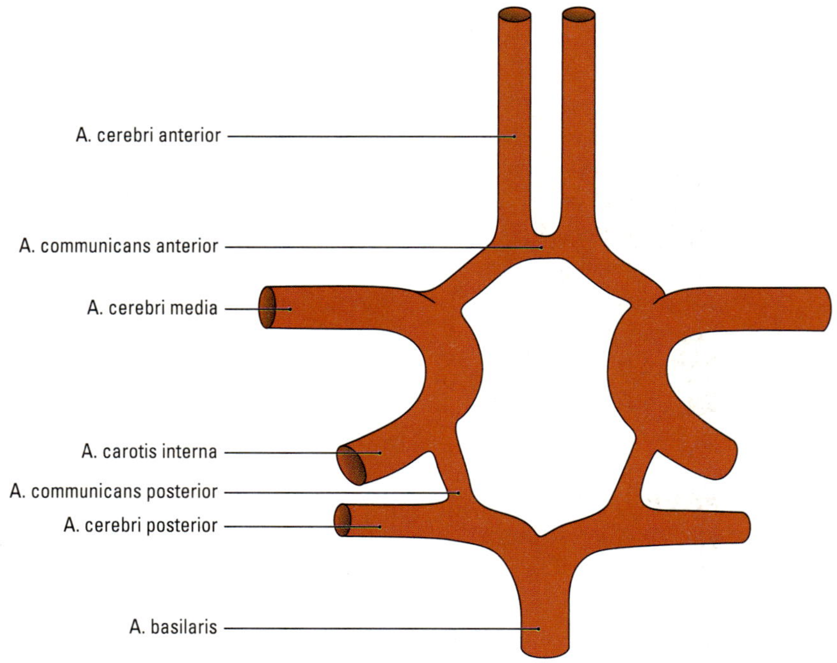

Abb. 23: Circulus arteriosus cerebri (Willisii)

medi-learn.de/6-ana3-23

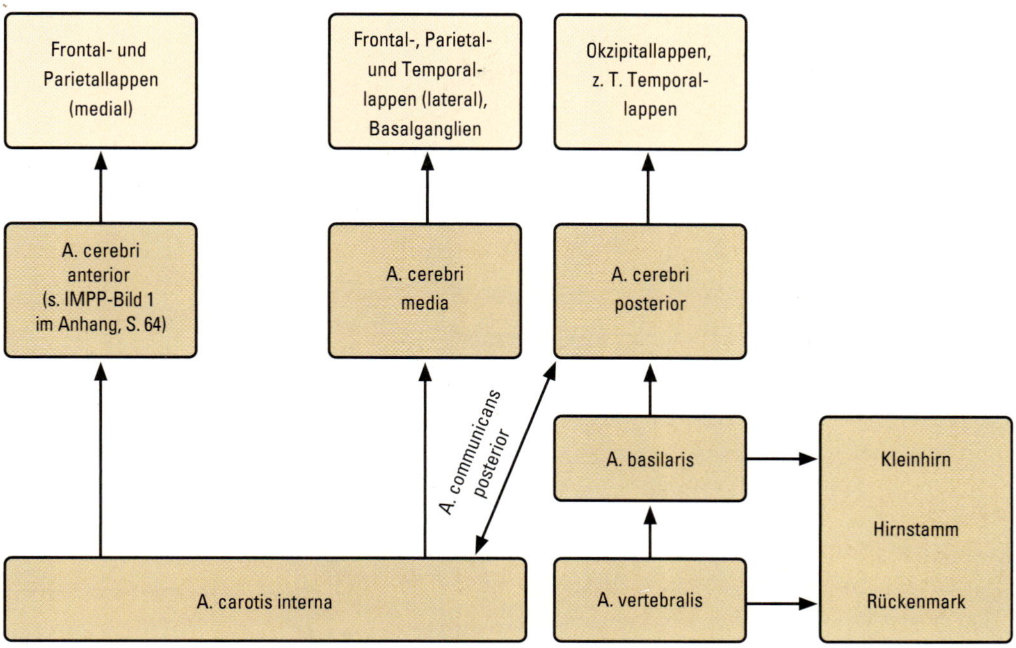

Abb. 24: Übersicht über die arterielle Gefäßversorgung des Gehirns *medi-learn.de/6-ana3-24*

Merke!

Der Circulus arteriosus Willisii verbindet das Stromgebiet der A. carotis interna mit dem Stromgebiet der A. vertebralis.

5.4 Venöse Gefäßversorgung des Gehirns

Das venöse Blut aus dem Gehirn fließt über die Hirnvenen in die venösen **Sinus**. Sinus sind **Duraduplikaturen**. Sie leiten venöses Blut aus dem Gehirn. Ihnen fehlt der typische Aufbau einer Vene, d. h. sie sind klappenlos. Fast das gesamte venöse Blut gelangt anschließend über die V. jugularis interna zur V. cava superior und von dort zum rechten Herzen. Ein geringer Teil des venösen Blutes wird über die **Vv. emissariae** aus dem Kopf abgeleitet. Diese Venen stellen Verbindungen zwischen den Sinus, den Diploevenen und den Kopfhautvenen dar.

Abb. 25, S. 52 zeigt den Verlauf der intraduralen Sinus. Für das Schriftliche solltest du dir merken, dass die V. magna cerebri in den Sinus rectus mündet.

Übrigens ...
Ein Sturz kann besonders bei älteren Menschen zu einer intrakraniellen Blutung führen. Häufige Ursache ist der Einriss einer Brückenvene aufgrund der Scherkräfte.

Merke!

Vv. emissariae ziehen senkrecht durch den Schädelknochen und verbinden die Sinus mit den Kopfhautvenen.

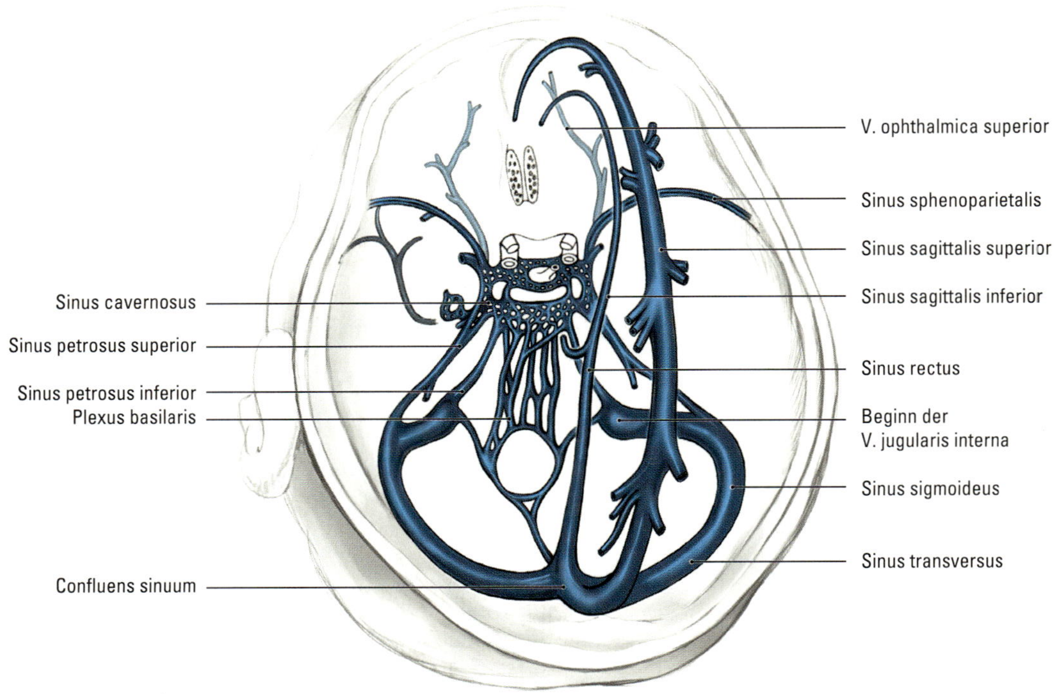

Abb. 25: Sinus durae matris

medi-learn.de/6-ana3-25

5

6 Augen und Ohr

Fragen in den letzten 10 Examen: 16

Sowohl über das Auge als auch über das Ohr könnte man ein eigenständiges Buch schreiben. Um deine Aufnahmefähigkeit jedoch nicht überzustrapazieren, werden hier nur die prüfungsrelevanten neuroanatomischen Details dargestellt. Beide Sinnesorgane haben aber auch histologisch und physiologisch noch einiges zu bieten (s. Skript Histologie 2 und Physiologie 3).

6.1 Auge

Im Auge wird das Licht gebrochen und wahrgenommen. Dafür ist es mit seinem Aufbau optimiert. Hornhaut, Linse und Glaskörper brechen das Licht, während die Retina das Licht wahrnimmt.

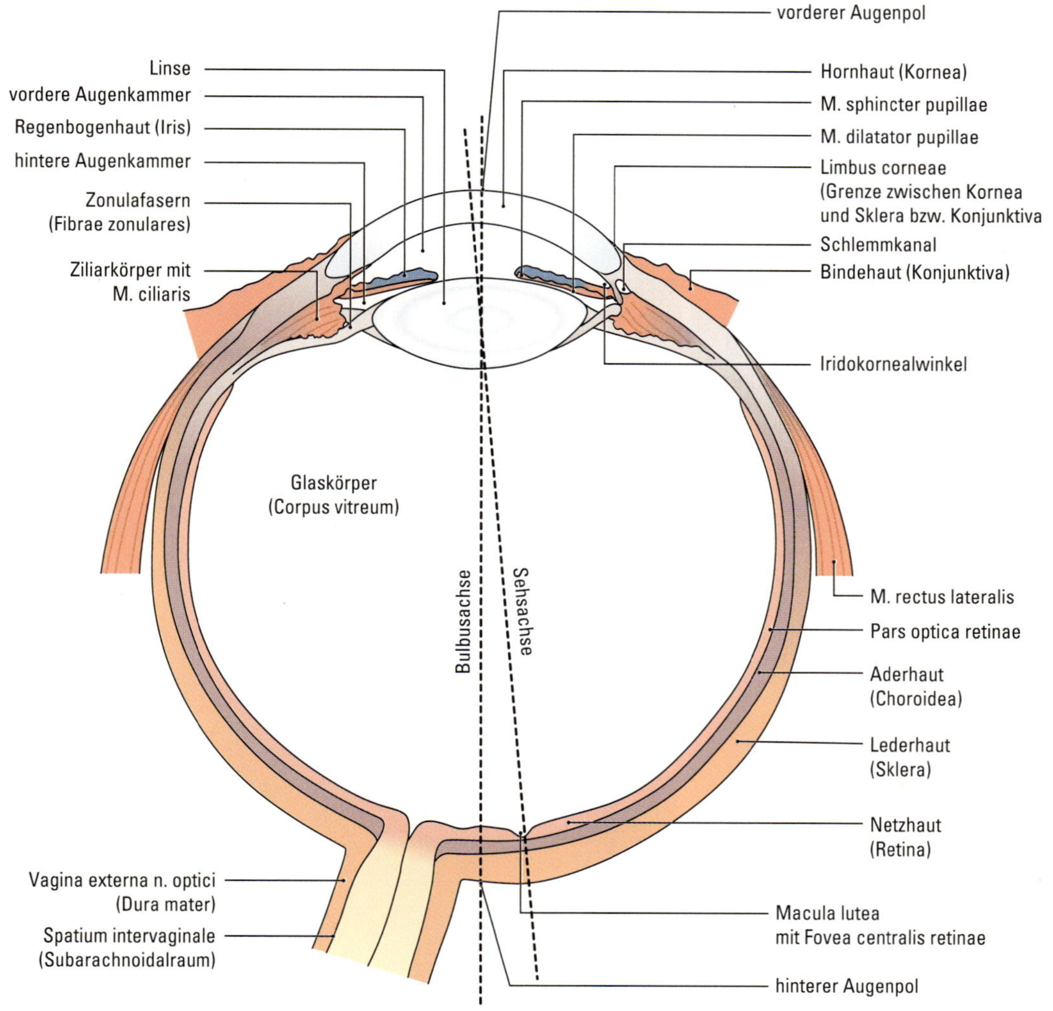

Abb. 26: Horizontalschnitt durch den Augapfel

medi-learn.de/6-ana3-26

6

Merke!

Die Retina wandelt den physikalischen Lichtreiz über photochemische Prozesse in einen neuronalen Reiz um.

6.1.1 Makroskopie

Abb. 26, S. 53 gibt die wichtigsten makroskopischen Strukturen des Augapfels wieder. Der Augapfel hat eine dreischichtige Schale.

- Tunica fibrosa bulbi = **Sklera** und **Kornea**, äußerste Schicht;
- Tunica vasculosa bulbi = **Uvea: Iris, Corpus ciliare und Choroidea;**
- Tunica interna bulbi = **Retina**, innerste Schicht.

Im Inneren des Auges unterscheidet man drei wichtige Räume:

- **vordere Augenkammer** (zwischen Kornea und Iris, mit Kammerwasser gefüllt);
- **hintere Augenkammer** (zwischen Ziliarkörper und Zonulafasern sowie der Irisrückseite gelegen, ebenfalls mit Kammerwasser gefüllt);
- **Glaskörperraum** (dorsal der Linse und des Corpus ciliare).

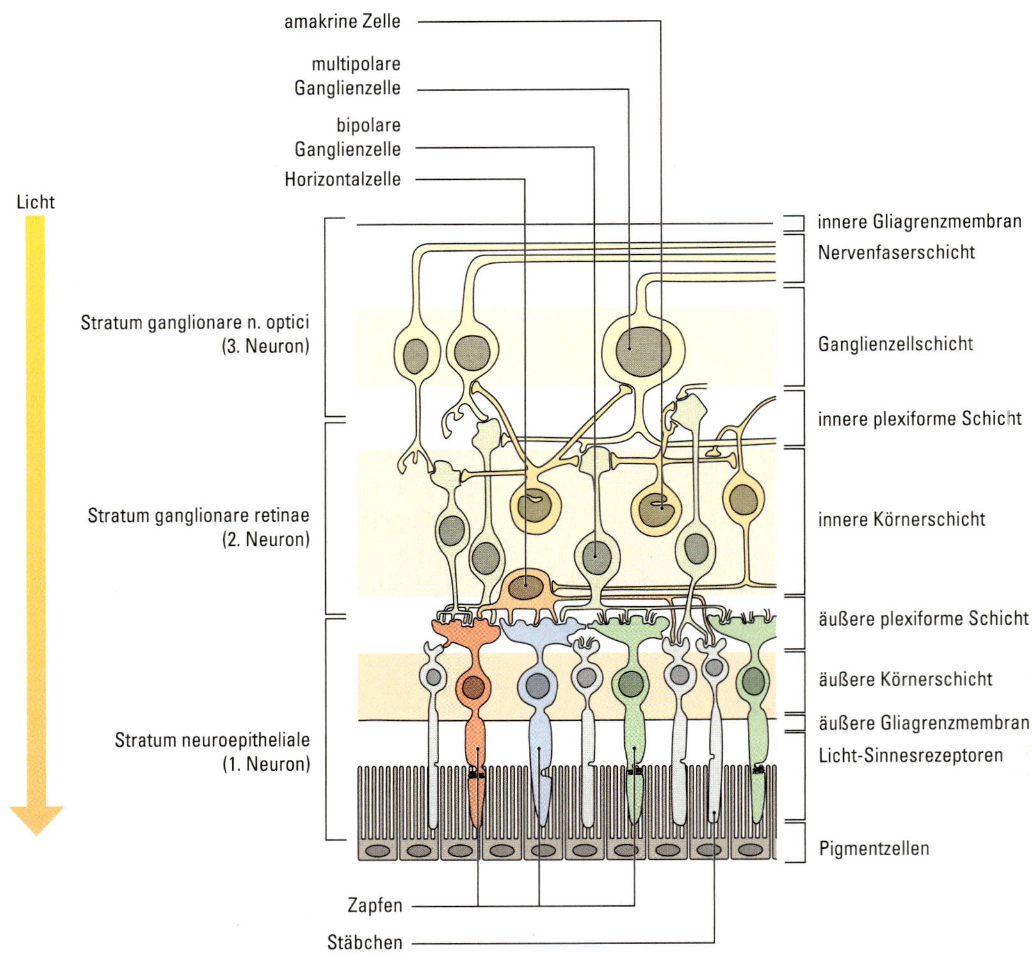

Abb. 27: Zellen der Retina und deren Verbindungen

medi-learn.de/6-ana3-27

Die **Blutversorgung** erfolgt über die **A. centralis retinae** aus der **A. ophthalmica**.

Merke!

Äste der A. und V. ophthalmica anastomosieren mit der A. und V. angularis am medialien Augenwinkel.

Der Schlemm-Kanal liegt im Kammerwinkel und bildet den zentralen Abflussweg für das Kammerwasser in die episkleralen Venen. Der Schutz des Auges erfolgt durch das Augenlid. Hier finden sich im inneren Bereich Talgdrüsen (Zeis- & Meibom-Drüsen).

6.1.2 Mikroskopie

Dieses Kapitel enthält nur die zum Verständnis nötigen Informationen. Weiterführende Details finden sich im Skript Histologie 2.
Die **Kornea** (Hornhaut) wirkt als Sammellinse und dient der Lichtbrechung (Brechkraft: 43 Dioptrien). Sie bündelt die Lichtstrahlen auf der Retina und sorgt damit für eine scharfe Abbildung.

Merke!

Die Kornea ist völlig gefäßlos. Sie wird durch Tränenflüssigkeit und Kammerwasser ernährt.

Die **Sklera** (Lederhaut) stabilisiert den Augapfel. Sie ist fast lichtundurchlässig und enthält Blutgefäße.
Die **Choroidea** (Aderhaut) ist stark vaskularisiert und enthält zahlreiche Melanozyten. Sie versorgt die äußeren Netzhautschichten mit Blut.
Die **Retina** (Netzhaut) ist die innerste Wandschicht des Bulbus oculi. Sie dient der Lichtwahrnehmung. Die Netzhaut besteht aus zwei Anteilen:

- **Stratum pigmentosum** (Pigmentepithel), hier sind melaninhaltige Pigmentkörnchen eingelagert. Es stellt die Verbindung zwischen Choroidea und Retina her. Im Pigmentepithel wird Retinal (gehört zu den Carotinoiden) regeneriert. Es ist außerdem in der Lage, Teile der Stäbchen und Zapfen zu phagozytieren und spielt damit für deren Regeneration eine wichtige Rolle.
- **Stratum nervosum,** liegt dem Pigmentepithel von innen an und kann in drei neuronale Zellschichten gegliedert werden (s. Abb. 27, S. 54):
  - **Stratum neuroepitheliale** (äußerste Schicht); hier befinden sich die Photorezeptoren zur Lichtwahrnehmung
  - **Stratum ganglionare retinae** (mittlere Schicht);
  - **Stratum ganglionare n. optici** (innerste Schicht).

In diesen drei Nervenzellschichten sitzen die ersten drei Neurone der Sehbahn. Als Bruch-Membran bezeichnet man die Grenzmembran zwischen Choroidea und Pigmentepithel. Sie wirkt mit ihrem hohen Anteil an elastischen Fasern als Antagonist des M. ciliaris bei der Fernakkommodation.

Übrigens ...
Aus dem ersten Gehirnbläschen stülpt sich das Augenbläschenpaar aus. Daraus entwickeln sich Netzhaut und Pigmentepithel. Der Augenbläschenstiel entspricht dem Sehnerv. Vom Augenbecher entwickelt sich der vordere Teil zur Pupille. Das innerste Blatt des Augenbechers bildet u. a. die Ganglienzellschicht der Retina. Choroidea, Sklera und Kornea sind mesenchymalen Ursprungs.

Merke!

Bei den Photorezeptoren unterscheidet man ca. 120 Millionen Stäbchen (hell-dunkel-Wahrnehmung) von ca. 6 Millionen Zapfen (Farbwahrnehmung).

Während am Rand der Retina vorwiegend die lichtempfindlichen Stäbchen vorkommen, befinden sich in der **Fovea centralis** AUSSCHLIEß-

LICH die weniger lichtempfindlichen Zapfen. Stäbchen und Zapfen geben ihre Impulse an die bipolaren Ganglienzellen des **Stratum ganglionare retinae** weiter. Von dort gelangen die Impulse zu den multipolaren Zellen des **Stratum ganglionare n. optici**. Dies sind die dritten Neurone der Sehbahn. Sie bilden mit ihren Axonen den N. opticus.

Die **Macula lutea** (gelber Fleck) liegt in der **Fovea centralis** und enthält ausschließlich Zapfen als Photorezeptoren. Hier ist jeder Zapfen mit **einer** Bipolarzelle und **einer** multipolaren Zelle verbunden. Daraus resultiert eine maximale Reizauflösung, sodass dies der Ort des schärfsten Sehens ist.

Die **Papilla n. optici** liegt ca. drei Millimeter medial der Macula lutea. Hier beginnt der N. opticus und es finden sich KEINE Photorezeptoren. Deshalb heißt diese Stelle auch **Blinder Fleck**.

Die **Iris** ist eine Ausstülpung der Uvea. Sie enthält mehr oder weniger Melanozyten und bestimmt damit die Augenfarbe. Funktionell reguliert sie den Lichteinfall:

- Die **Pupillenerweiterung** (Dilatation) erfolgt über den **sympathisch** innervierten M. dilatator pupillae.
- Die **Pupillenverengung** (Konstriktion) erfolgt über den **parasympathisch** innervierten M. sphincter pupillae.

Merke!

- Atropin und junge Maid machen die Pupille weit,
- altes Weib und Morphium machen sie eng wiederum.

Die **Linse** liegt direkt hinter der Pupille. Sie ist durchsichtig, frei von Nerven und Gefäßen sowie passiv verformbar. Durch die Verformung ändert sich ihre Brechkraft.

Merke!

- Eine starke Krümmung (höhere Brechkraft) ist für das Nahsehen,
- eine schwache Krümmung (geringere Brechkraft) für das Fernsehen erforderlich.

Im Inneren der Linse liegt der wenig verformbare **Linsenkern** (Ncl. lentis). Er ist von der verformbaren Linsenrinde umgeben. Im Alter schrumpft die Linsenrinde durch Wasserentzug. Dadurch kann die Linse nicht mehr so stark gekrümmt werden und es kommt zur **Altersweitsichtigkeit** (Presbyopie). Der **Ziliarkörper** (Corpus ciliare) ist eine kontraktile Ausstülpung der Uvea. Er dient der Aufhängung der Linse und ist mit ihr über die **Zonulafasern** verbunden. Der Ziliarkörper sezerniert aktiv das Kammerwasser in die hintere Augenkammer. Der M. ciliaris ist parasympathisch innerviert.

An der Innenseite des Lides im Tarsus liegen die Meibom-Drüsen. Die Entzündung dieser Drüsen heißt Chalazion (Hagelkorn).

In den Haarschaft der Wimpern münden die Ausführungsgänge der Zeis-Drüsen. Die Entzündung dieser Drüsen heißt Hordeolum (Gerstenkorn).

Merke!

- Die Kontraktion des M. ciliaris führt zu einer Annäherung des Ziliarkörpers an die Linse. Damit kann sich die Linse stärker krümmen.
- Bei Erschlaffung des M. ciliaris werden die Zonula-fasern angespannt, die Linse wird abgeflacht.

Der **Glaskörper** (Corpus vitreum) besteht zu 99 % aus Wasser. Er ist zellfrei sowie gefäßlos und füllt als gallertige Masse zu 75 % das Augeninnere. Er hat den gleichen Brechungsindex wie das Kammerwasser (1,33 dpt) und trägt dazu bei, die Lichtstrahlen auf die Retina zu fokussieren.

6.1.3 Reflexe

Der **Lichtreflex** (Pupillenreflex) führt bei starkem Lichteinfall zur zunehmenden Verengung der Pupille und bei schwachem Lichteinfall zur zunehmenden Erweiterung der Pupille. Über diesen Reflex wird versucht, den Lichteinfall ins Augeninnere möglichst konstant zu halten.

Merke!

Bei Beleuchtung einer Pupille verengt sich auch die Pupille der Gegenseite.
Bei Schädigung der Praetektalregion kommt es zur reflektorischen Pupillenstarre.

Zur **Akkomodation** (Naheinstellung) verengt sich die Pupille und die Linse krümmt sich stärker über die Konstriktion des M. ciliaris.

6.1.4 Schutzorgane des Auges

- Die **Orbita** (Augenhöhle) schützt das Auge vor mechanischen Reizen. Sie lässt Öffnungen für den Durchtritt von Nerven und Gefäßen.
- Die **Tunica conjunctiva** (Konjunktiva) ist von zahlreichen Gefäßen durchzogen und fixiert den Bulbus in der Orbita.
- Die **Tränendrüse** (Glandula lacrimalis) liegt über dem lateralen Lidwinkel in der Orbita. Sie produziert Tränenflüssigkeit und befeuchtet, reinigt, ernährt und schützt die vordere Bulbushälfte vor Austrocknung und Infektion.
- Die **Augenlider** bieten dem Auge mechanischen Schutz. Außerdem verteilen sie die Tränenflüssigkeit gleichmäßig auf der Horn- und Bindehaut.
- Die **Augenmuskeln** wurden bereits bei den Hirnnerven im Skript Anatomie 2 besprochen.

6.2 Ohr

Im Ohr liegen zwei Sinnesorgane, das **Hörorgan** und das **Gleichgewichtsorgan**. Man unterscheidet **äußeres Ohr, Mittelohr und Innenohr.** In diesem Skript beschränken wir uns auf die prüfungsrelevanten Aspekte des Mittel- und Innenohrs.

6.2.1 Mittelohr

Das Mittelohr besteht in erster Linie aus der **Paukenhöhle** (Cavum tympani). Dies ist ein lufthaltiger, mit isoprismatischem Epithel ausgekleideter Hohlraum. Er wird nach lateral durch das Trommelfell vom äußeren Gehörgang abgegrenzt. Nach medial besteht über das ovale und das runde Fenster eine Verbindung zum Innenohr. Nach vorn setzt sich die Paukenhöhle in die Tuba auditiva fort. Der wichtigste Inhalt der Paukenhöhle sind die **Gehörknöchelchen** (Ossicula auditoria). Die Funktion von **Hammer, Amboss und Steigbügel** besteht in der möglichst verlustarmen Schallübertragung von der Luft des äußeren Gehörgangs auf die Perilymphe des Innenohrs. Abb. 29, S. 59 zeigt den Weg der Schallübertragung vom äußeren Ohr auf das Innenohr.

Merke!

- Das ovale Fenster dient der Schallwellenaufnahme.
- Das runde Fenster dient der „Abstrahlung" bereits wahrgenommener Schallwellen.

Die **Tuba auditiva** (Ohrtrompete) verbindet die Paukenhöhle mit dem Nasopharynx. Sie dient der Belüftung des Mittelohrs und dem Druckausgleich zwischen Mittelohr und äußerer Atmosphäre. Weiterhin kann durch die Tuba auditiva Sekret aus der Paukenhöhle abfließen.

Merke!

Die Tuba auditiva verbindet die Paukenhöhle mit dem Nasopharynx.

Übrigens ...

- Bei Verschluss der Ohrtrompete kann es leicht zu einer bakteriellen Besiedelung der Paukenhöhle mit eitriger Mittelohrentzündung kommen. Durch die Paries tegmentalis der Paukenhöhle kann sich diese zu den Hirnhäuten und dem Temporallappen ausbreiten.
- Durch die Paries mastoideus (hintere Wand) der Paukenhöhe kann eine Mittelohrentzündung eine Thrombose des Sinus sigmoideus hervorrufen.
- Ohrspülungen können zu Hustenreiz oder Erbrechen durch Reizung von Vagusfasern führen.
- Bei der Otoskopie erscheint am Trommelfell ein Lichtreflex am vorderen unteren Quadranten.

6.2.2 Innenohr

Das Innenohr ist ein flüssigkeitsgefülltes Gangsystem. Es wird untergliedert in:

- **knöchernes Labyrinth** (mit Perilymphe gefüllt),
- **häutiges Labyrinth** (liegt innerhalb des knöchernen Labyrinths, ist mit Endolymphe gefüllt).

Die arterielle Gefäßversorgung des Innenohres erfolgt über die A. labyrinthi, einem Ast der A. basilaris. Seine Anatomie zeigt Abb. 29, S. 59.

Knöchernes Labyrinth: Zentral liegt hier das Vestibulum (Vorhof). Das knöcherne Labyrinth steht über das ovale Fenster mit dem Mittelohr in Kontakt. Nach einer Seite ist es mit der

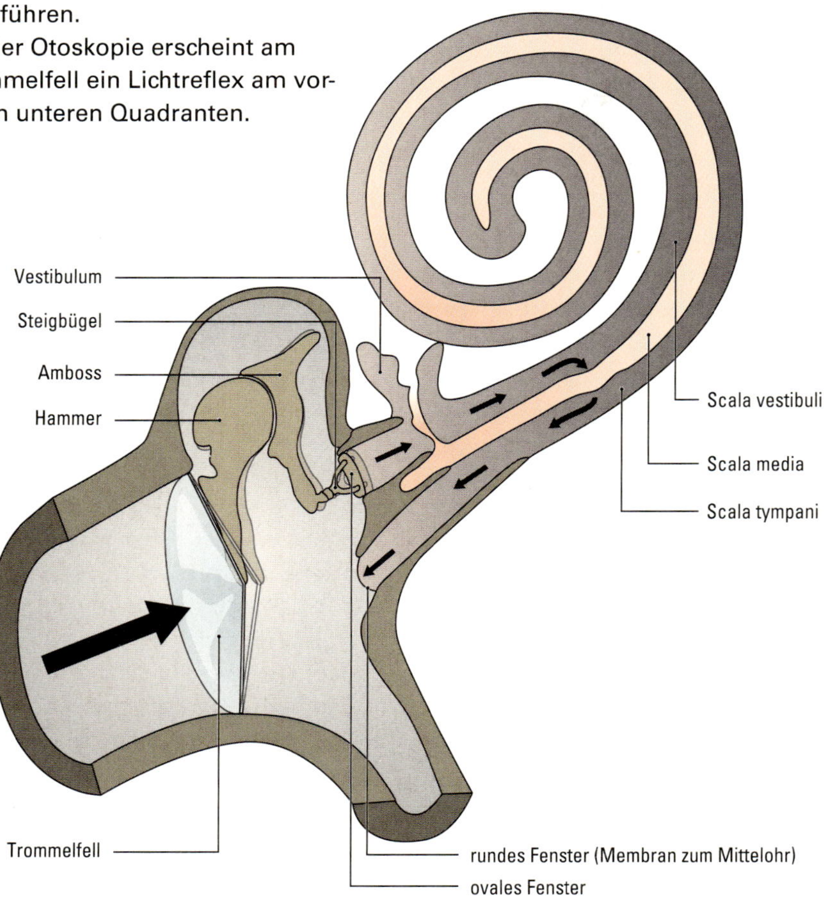

Abb. 28: Schallübertragung *medi-learn.de/6-ana3-28*

knöchernen Schnecke (Cochlea), nach der anderen Seite mit den drei knöchernen Bogengängen (Canales semicirculares) verbunden. Die drei Bogengänge stehen senkrecht aufeinander und bilden so die drei Raumebenen ab. Das knöcherne Skelett der Cochlea wird **Modiolus** genannt. Hier liegen die Zellkörper des ersten Neurons, welche die Erregung vom Innenohr zur Großhirnrinde leiten.

Membranöses (häutiges) Labyrinth: Das häutige Labyrinth liegt innerhalb des knöchernen Labyrinths. Im Bereich des knöchernen Vestibulums liegt zum einen der membranöse Sacculus, der mit dem **Ductus cochlearis** (Schneckengang) in Verbindung steht. Zum anderen liegt dort der **Utriculus**, von dem die drei häutigen Bogengänge abgehen.

Es können also zwei funktionell völlig unterschiedliche Anteile unterschieden werden:

- kochleärer Anteil (Ductus cochlearis zur Hörwahrnehmung),
- vestibulärer Anteil (Sacculus, Utriculus, Ductus semicirculares zur Lage- und Bewegungswahrnehmung).

Der Ductus cochlearis (mit Endolymphe gefüllt) trennt die obenliegende Scala vestibuli von der Scala tympani. Beide gehen am Helicotrema ineinander über und sind mit Perilym-

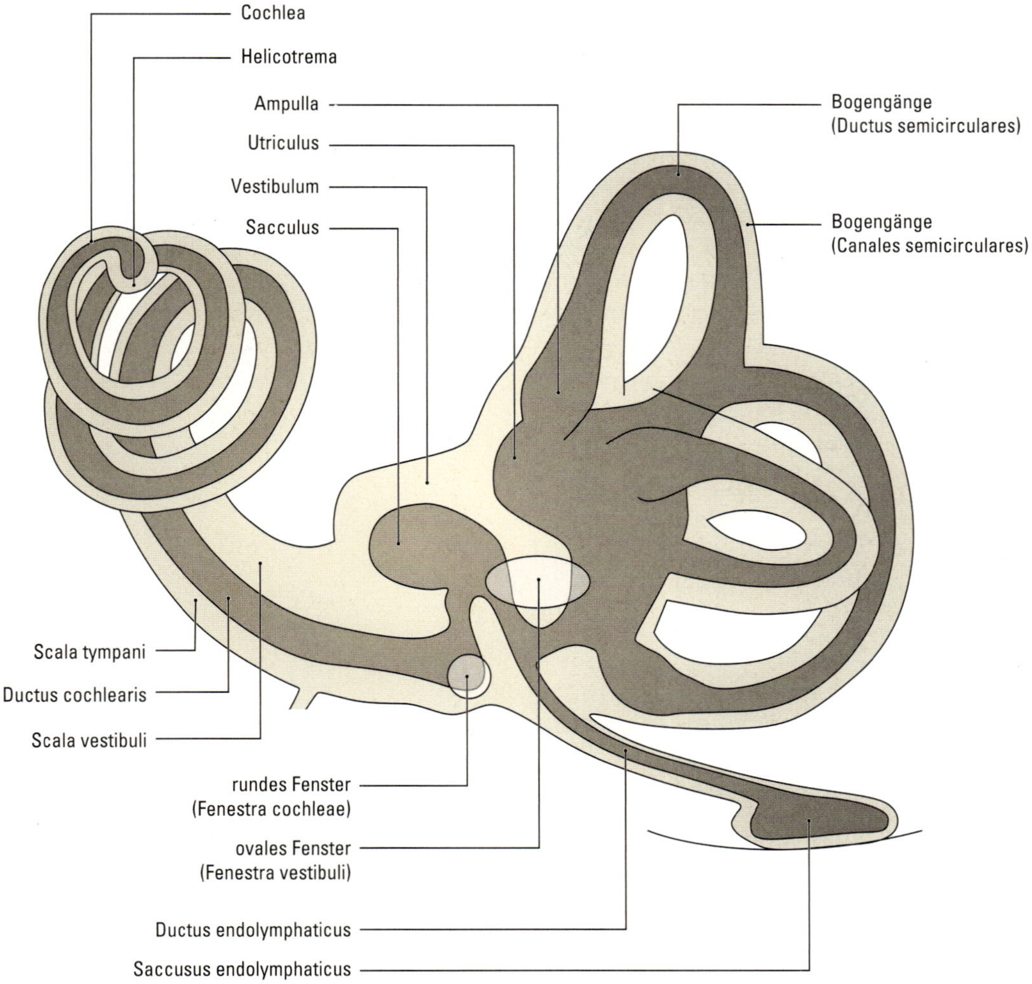

Abb. 29: Labyrinthsystem *medi-learn.de/6-ana3-29*

phe gefüllt. Während die Scala vestibuli mit dem Vestibulum in Verbindung steht, endet die Scala tympani am runden Fenster blind.

6.2.3 Hörvorgang

Die Schallwellen werden von der Gehörknöchelchenkette am ovalen Fenster durch den Steigbügel auf die Perilymphe übertragen. Die Schwingung setzt sich in der Scala vestibuli fort und läuft in Richtung Helicotrema. Dort läuft die Schwingung in der Scala tympani weiter und endet blind am runden Fenster. Paralell dazu wird durch die Schwingung der Perilymphe der Scala vestibuli der Ductus cochlearis in Schwingung versetzt. Dieser überträgt somit die Schwingung der Scala vestibuli noch vor Erreichen des Helicotremas auf die Scala tympani (s. Abb. 29, S. 59).
Zwischen Scala vestibuli und Ductus cochlearis liegt die **Reissner-Membran** (s. a. Skript Histologie 2). Die im Ductus cochlearis befindliche Endolymphe lässt sich nicht weiter komprimieren, deshalb lenkt die Schallwelle aus der Scala vestibuli die Reissner-Membran und simultan die **Basilarmembran** gegen die **Tektorialmembran** aus. Durch diese Auslenkung werden die auf der Basilarmembran befindlichen **äußeren Haarzellen** abgeschert, was in diesen ein Aktionspotential auslöst. Im Weiteren kommt es zur Aktivierung der **inneren Haarzellen.** Diese Impulse machen den wesentlichen Teil der akustischen Information des N. vestibulocochlearis aus.
Mehr zum Hörvorgang findest du im Skript Physiologie 3.

6.2.4 Gleichgewichtsorgan

Sacculus und Utriculus sind für die Wahrnehmung **linearer Beschleunigung** zuständig, während die Bogengänge für die **Drehbeschleunigung** des Kopfes zuständig sind.
Sacculus und Utriculus enthalten an bestimmten Stellen Sinnesfelder – **Maculae**. Macula sacculi und Macula utriculi stehen senkrecht aufeinander. Auf den Maculae befinden sich Sinneszellen mit Zilien, die in eine gallertige Membran einstrahlen. Auf der Membran (Otolithenmembran) befinden sich Calciumkarbonatkristalle (Otolithen). Bei jeder Beschleunigung des Kopfes führen die Otolithen durch ihre Trägheit zu einer scherkraftartigen Verschiebung der Otolithenmembran und damit zu einer Ablenkung und Erregung der Sinneszellen.
Die **Crista ampullaris** ist das Sinnesorgan der **Bogengänge**. Sie liegt jeweils in der Ampulle eines Bogengangs. Die Cristae ampullares sind wesentlich höher als die Maculae. Statt in die Otolithenmembran sind die Zilien der Sinneszellen in die gallertige Cupula eingebunden. Die **Cupula** besitzt das gleiche spezifische Gewicht wie die Endolymphe, unterliegt damit also nicht der Schwerkraft. Bei Kopfdrehung wird die Crista ampullaris gegen die aufgrund der Massenträgheit noch stehende Endolymphe ausgelenkt. Es kommt zum Abbiegen der Cupula und damit der Zilien, wodurch die Sinneszellen erregt werden.
Die Informationen aus dem Vestibularorgan führen zu reflektorischen Korrekturbewegungen von Rumpf, Extremitäten und Augen.
Mehr zur Funktion des Gleichgewichtsorgans findest du im Skript Physiologie 3.

DAS BRINGT PUNKTE

Zum Abschluss findest du hier die Kapitel 5 + 6 zusammgefasst.
Zum **Ventrikelsystem** solltest du wissen, dass jeder Ventrikel einen Plexus choroideus besitzt. Außerdem ist es hilfreich, die Nachbarstrukturen und die Ventrikelwände zu kennen. Damit lassen sich die Fragen mit Bildbeilage gut beantworten.

- Vorder- und Hinterhorn des Seitenventrikels besitzen keinen Plexus choroideus.
- Der Sulcus calcarinus senkt sich als Calcar avis in das Hinterhorn der Seitenventrikel ein.

Gern wird auch nach den drei großen **hirnversorgenden Arterien** gefragt.

- Die A. cerebri anterior versorgt den Frontal- und Parietallappen medialseits (s. IMPP-Bild 1, S. 64).
- Die A. cerebri media versorgt den Frontal- und Parietallappen (lateralseits) sowie die Basalganglien.
- Die A. cerebri posterior versorgt den Okzipitallappen sowie Teile des Temporallappens. A. vertebralis und A. basilaris versorgen Rückenmark, Hirnstamm und Kleinhirn. Mehrfach wurde auch nach dem Verlauf der A. vertebralis gefragt.

Neurohypophyse (HHL), Area postrema, Eminentia mediana (Infundibulum), Epiphyse, Subfornikalorgan, Subkommissuralorgan besitzen KEINE **Blut-Hirn-Schranke**.

Zu den **Sinus** gibt Abb. 25, S. 52 den meisten Aufschluss zur Beantwortung der Examensfragen. Häufig wurde auch nach Beziehungen von Nachbarorganen zu Sinus gefragt. Deshalb merk dir bitte, dass

- die Cellulae mastoideae enge Beziehungen zum Sinus sigmoideus haben und
- zum Sinus cavernosus die A. carotis interna, der N. abducens, der N. oculomotorius, der N. trochlearis, der N. ophthalmicus und der N. maxillaris in enger topografischer Beziehung stehen.

Die Prüfungslieblinge zum Thema Auge stehen bereits im Skript Anatomie 2. Deshalb beziehen sich die nachfolgenden Prüfungslieblinge nur auf das Thema **Ohr**. Merke dir bitte unbedingt die folgenden Fakten!

- Das Promontorium erhebt sich zwischen Fenestra vestibuli und Fenestra cochleae und wird durch die Basalwindung der Schnecke aufgeworfen. Nach vorne läuft das Promontorium gegen den Canalis musculotubarius aus.
- Das Promontorium hat Beziehung zur Paries labyrinthicus des Cavum tympani.
- Das Fenestra vestibuli hat enge Beziehung zur Paries labyrinthicus des Cavum tympani.
- Die Basilarmembran trennt Ductus cochlearis von Scala tympani.
- Die Reissner-Membran trennt Scala vestibuli und Ductus cochlearis.
- Die Tuba auditiva verbindet Paukenhöhle (Mittelohr) und Nasopharynx miteinander.
- Die apikale Windung der Schnecke ist der Paukenhöhle abgewandt.
- Der Schall wird über Malleus, Incus und Stapes auf das Fenestra vestibuli übertragen.
- Ductus cochlearis = membranöser Schneckengang; der Ductus cochlearis ist mit Endolymphe gefüllt und beginnt an der Basis der Cochlea, um blind im Helicotrema zu enden.
- Der M. stapedius wird durch den N. facialis innerviert.
- Die Perikaryen der Neurone, die die Erregung von den Sinneszellen der Cristae ampullares weiterleiten, liegen im inneren Gehörgang.

FÜRS MÜNDLICHE

Auf gehts zum letzten Teil dieses Skriptes. Ein paar Fragen noch zu den vorherigen beiden Kapiteln aus den mündlichen Prüfungsprotokollen – dann kannst du dich erstmal erholen.

1. **Erläutern Sie, wo Liquor produziert und wo wird er resorbiert wird?**
2. **Sagen Sie, was ist Liquor und wozu dient er?**
3. **Welche Hirnhäute kennen Sie?**
4. **Kennen Sie Unterschiede zwischen Rückenmark und Gehirn im Bezug auf die Hirnhäute?**
5. **Beschreiben Sie, was beim Verschluss der A. carotis interna geschieht?**
6. **Welche Gefäße versorgen Ihrer Meinung nach die Hirnhäute?**
7. **Sagen Sie, was sind Sinus?**
8. **Erklären Sie, wie das Blut aus dem Gehirn zum Herz gelangt!**
9. **Beschreiben Sie den Verlauf der Sehbahn!**
10. **Nennen Sie bitte die Augenmuskeln und den dazugehörenden, innervierenden Nerven!**
11. **Beschreiben Sie bitte den Verlauf der Hörbahn!**
12. **Wissen Sie, welcher Nerv den M. stapedius innerviert?**
13. **Was wissen Sie über die Tuba auditiva?**

---

1. Erläutern Sie, wo Liquor produziert und wo wird er resorbiert wird?
Produziert wird Liquor in allen vier Ventrikeln, resorbiert im äußeren Liquorraum im Rückenmark und durch die Arachnoidalzotten.

2. Sagen Sie, was ist Liquor und wozu dient er?
Liquor ist ein Ultrafiltrat des Bluts. Er reduziert das auf den Knochen wirkende Gewicht des Gehirns auf 50 g.

3. Welche Hirnhäute kennen Sie?

- Dura mater,
- Arachnoidea,
- Pia mater.

4. Kennen Sie Unterschiede zwischen Rückenmark und Gehirn im Bezug auf die Hirnhäute?
Ja, im RM gibt es einen Epiduralraum, im Gehirn nicht. Dort ist die Dura mit dem Periost verwachsen.

5. Beschreiben Sie, was beim Verschluss der A. carotis interna geschieht?
Der Ausfall kann z. T. durch den Circulus arteriosus Willisii mit Blut aus den anderen Arterien ausgeglichen werden.

6. Welche Gefäße versorgen Ihrer Meinung nach die Hirnhäute?
Die Aa. meningeae. Die A. meningea media ist die größte und zieht durch das Foramen spinosum.

FÜRS MÜNDLICHE

7. Sagen Sie, was sind Sinus?
Duraduplikaturen, venöse Blutleiter ohne den typischen Wandbau einer Vene, d. h. klappenlos.

8. Erklären Sie, wie das Blut aus dem Gehirn zum Herz gelangt!
Aus dem Gehirn in die Hirnvenen, von dort in die Sinus und von da in die V. jugularis interna, von dort zur V. cava superior und ins rechte Herz.

9. Beschreiben Sie den Verlauf der Sehbahn!
Die Sehbahn verläuft über Tractus opticus – Corpus geniculatum laterale – Gratiolet-Sehstrahlung – Area 17 (primäre Sehrinde).

10. Nennen Sie bitte die Augenmuskeln und den dazugehörenden, innervierenden Nerven!

- Der N. oculomotorius innerviert die Mm. rectus superior, rectus medialis, rectus inferior sowie obliquus inferior.
- Der N. trochlearis innerviert den M. obliquus superior.
- Der N. abducens innerviert den M. rectus lateralis.

11. Beschreiben Sie bitte den Verlauf der Hörbahn!
Die Hörbahn verläuft über Cochlea – Ncl. olivaris superior – Lemniscus lateralis – Colliculi inferiores, dort Kreuzung und danach Verlauf beidseits – Corpus geniculatum mediale – Hörstrahlung – primäre Hörrinde.

12. Wissen Sie, welcher Nerv den M. stapedius innerviert?
Der M. stapedius wird durch den N. facialis innerviert.

13. Was wissen Sie über die Tuba auditiva?
Die Tuba auditiva verbindet die Paukenhöhle mit dem Nasopharynx. Sie ist mit respiratorischem Epithel ausgekleidet.

So, jetzt hast du's geschafft!
Damit bist du im Physikum gut für das Thema ZNS gerüstet. Bleibt mir also nur noch eins: Dir viel Erfolg fürs Physikum und dein weiteres Studium zu wünschen.

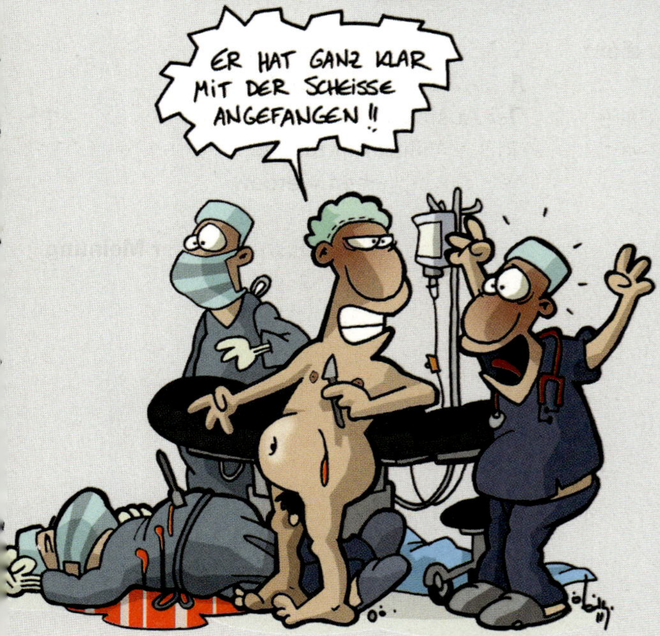

Mehr Cartoons unter www.medi-learn.de/cartoons

Pause

Geschafft! Hier noch ein kleiner Cartoon als Belohnung ...

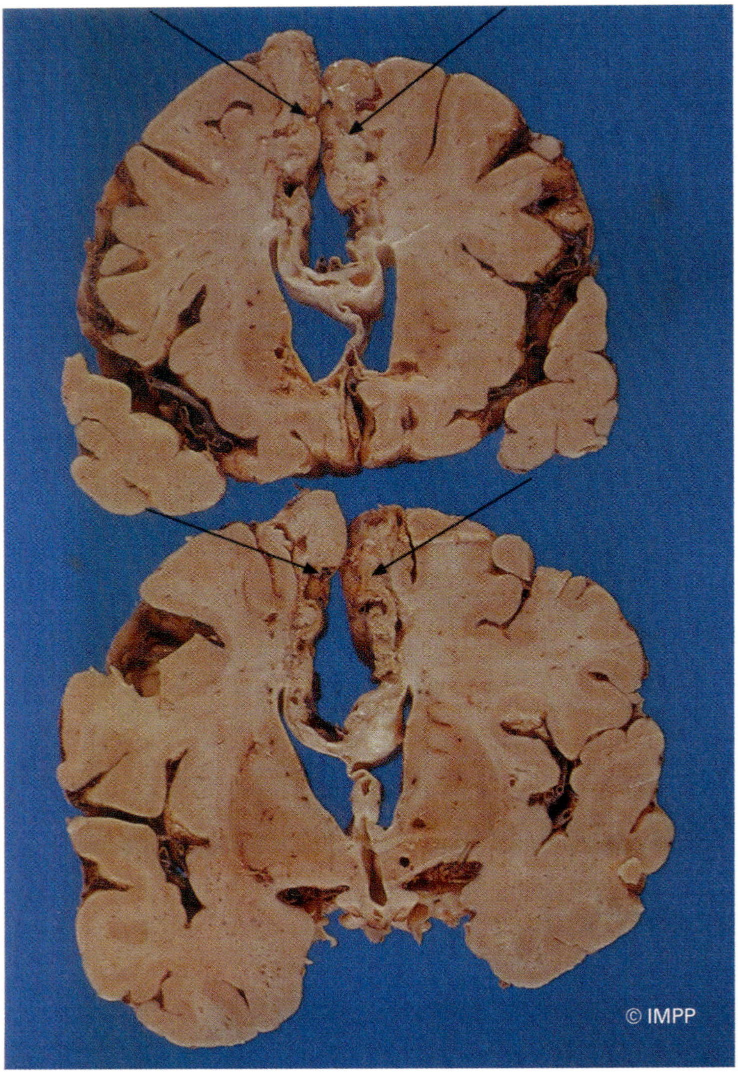

Diese Abbildung zeigt zwei Frontalschnitte durch das Gehirn. Die Pfeile zeigen auf Gebiete, in denen es zu Gewebsnekrosen aufgrund von Durchblutungsstörungen gekommen ist. Dabei handelt es sich am wahrscheinlichsten um Durchblutungsstörungen in den Gebieten der Aa. cerebri anteriores.

IMPP-Bild 1: Frontalschnitte durch das Gehirn

medi-learn.de/6-ana3-impp1

Index

Deine Meinung ist gefragt!
Es ist erstaunlich, was das menschliche Gehirn an Informationen erfassen kann. Slbest wnen kilene Fleher in eenim Txet entlheatn snid, so knnsat du die eigneltchie lofnrmotian deoncnh vershteen – so wie in dsieem Text heir.

Wir heabn die Srkitpe mecrfhah sehr sogrtfältg güpreft, aber vilcheliet hat auch uesnr Girehn – so wie deenis grdaee – unbeswust Fheler übresehne. Um in der Zuuknft noch bsseer zu wrdeen, bttein wir dich dhear um deine Mtiilhfe.

Sag uns, was dir aufgefallen ist, ob wir Stolpersteine übersehen haben oder ggf. Formulierungen verbessern sollten. Darüber hinaus freuen wir uns natürlich auch über positive Rückmeldungen aus der Leserschaft.

Deine Mithilfe ist für uns sehr wertvoll und wir möchten dein Engagement belohnen: Unter allen Rückmeldungen verlosen wir einmal im Semester Fachbücher im Wert von 250 Euro. Die Gewinner werden auf der Webseite von MEDI-LEARN unter www.medi-learn.de bekannt gegeben.

Schick deine Rückmeldung einfach per E-Mail an support@medi-learn.de oder trag sie im Internet in ein spezielles Formular für Rückmeldungen ein, das du unter der folgenden Adresse findest:

www.medi-learn.de/rueckmeldungen